普通高等教育"十一五"国家级规划教材

物 理 化 学

（第六版）

郑新生　唐树戈　李丽芳　王嘉讯　主编

科 学 出 版 社

北　京

内 容 简 介

本书集编者多年教学成果和经验总结,兼顾经典理论和学科发展,体现农林特色,利用少学时提纲挈领地向生物工程、食品科学和环境科学等与化学相关专业学生介绍物理化学的基本内容、方法和应用,强调基本概念和公式的物理意义,使其成为农林各专业学生学习基础课与专业课之间承上启下的桥梁。全书共 12 章,内容包括化学热力学基础、化学动力学、电化学、表面物理化学、胶体化学、结构化学等。每章均附有重难点的教学视频和反映学科进展的阅读资料,有利于学生主动学习和拓宽视野。

本书适合作为高等农林院校相关专业本科生物理化学课程教材,也可供生物、医学、轻工等专业的本科生和部分专业的研究生参考。

图书在版编目(CIP)数据

物理化学/郑新生等主编. —6 版.—北京:科学出版社,2022.1
普通高等教育"十一五"国家级规划教材
ISBN 978-7-03-064015-4

Ⅰ. ①物… Ⅱ. ①郑… Ⅲ. ①物理化学-高等学校-教材 Ⅳ. ①O64

中国版本图书馆 CIP 数据核字(2019)第 291032 号

责任编辑:赵晓霞 / 责任校对:杨 赛
责任印制:师艳茹 / 封面设计:迷底书装

科 学 出 版 社 出版
北京东黄城根北街 16 号
邮政编码:100717
http://www.sciencep.com

三河市宏图印务有限公司印刷
科学出版社发行 各地新华书店经销
*
1998 年 7 月第一版 开本:787×1092 1/16
2001 年 7 月第二版 印张:19
2004 年 7 月第三版 字数:450 000
2008 年 5 月第四版 2022 年 1 月第六版
2013 年 3 月第五版 2023 年 12 月第 39 次印刷
定价:69.00 元
(如有印装质量问题,我社负责调换)

《物理化学》(第六版)编写委员会

第六版前言

本书自 1998 年在科学出版社出版以来,被全国百余所农林院校使用,受到广大师生的欢迎和好评。2001 年作为国家"面向 21 世纪课程教材"再版,2008 年作为"普通高等教育'十一五'国家级规划教材"出版,这次以"新形态教材"再次修订出版。

党的二十大报告指出:"加强基础研究,突出原创,鼓励自由探索。"物理化学是化学学科的基础,对其他化学专业课的学习具有促进作用。本书经过二十余年的使用和凝练,在新版教材中突出了三个主要特色。一是内容精炼、重视基础,提纲挈领地介绍物理化学的基本内容、方法和应用。在不多于 50 学时的时间里,能够完成多分子物理化学(宏观部分)和单分子物理化学(微观部分)的教学任务。并且对表面化学和胶体化学做了比较详细和深入的讨论,对生化反应的标准平衡常数、酶催化反应、光化学反应等也做了相应介绍,为农林院校学生的专业学习奠定扎实的基础。二是知识结构主线清晰、层次分明。本书从能量变化的角度揭示物质的聚集形态与相变、反应方向与限度、反应速率与机理等变化的科学规律,用简洁的方式建立化学热力学和动力学基本框架,并将其应用到光化学、电化学、表面及胶体化学,形成一个相对完整的物理化学知识体系。三是采用专博相融、深入浅出的方式阐明物理化学的基本概念和原理。从问题的发现、着眼点的选择、解决的途径、结果与意义的不同层面体现出物理化学特有的严密逻辑性和系统性。

在这版新形态教材中,每章均配备了重难点的相关视频材料,便于学生的学习和教师间的交流。对物理化学的最新进展和应用也配有相关的阅读材料,有益于学生拓展学科视野和增加学习兴趣。读者可扫描书中二维码查看。另外,感兴趣的读者还可以观看在线开放课程"物理化学"(中国大学 MOOC,华中农业大学,王嘉讯)进行学习。希望读者在阅读新版教材的过程中,能够感受到豁然顿悟的乐趣,欣赏到理性思维的魅力。

本书中的提高内容用"*"标出,供教学选用;小字印刷是拓展知识,供选学。

参加本书修订的有董元彦、郑新生、王嘉讯、张瑾华、张东方、曹菲菲(华中农业大学,第 7、11、12 章),李丽芳、路福绥、李培强、黄丹丹(山东农业大学,第 8、9 章),唐树戈、牟林(沈阳农业大学,第 1、2 章),杨丽华、马晶军、高建平、赵影(河北农业大学,第 6 章),原弘(华中师范大学,第 3 章),范海林、梁大栋(吉林农业大学,第 4 章),刘有芹(华南农业大学,第 5 章),张天宝(山西农业大学,第 10 章)。全书由郑新生、李丽芳和王嘉讯定稿,董元彦教授审定。需要说明的是,华中农业大学尹业平,西北农林科技大学杨亚提、马海龙、李鹤,吉林农业大学吕晓丽虽然未参与本次修订工作,但本书仍沿用了他们编写的部分内容,因此在编写委员会中保留了他们的名字。

本次修订引用了国内外物理化学教材提供的经验和材料、有关物理化学学科发展的研究成果,在此谨向这些作者和科学家表示深深的谢意。感谢科学出版社赵晓霞编辑为本次修订出版所做的工作。向关心本书的各位同仁表示谢意。

由于编者水平所限,书中不妥之处在所难免,欢迎读者批评指正。

编 者

2023 年 12 月

第五版前言

本书自 1998 年初版以来,被国内多所高等院校选用,受到广大师生好评。2001 年本书被评为"面向 21 世纪课程教材"(第二版),2008 年入选"普通高等教育'十一五'国家级规划教材"(第四版)。本次修订,保持了教材内容的三个层次:第一是教学基本要求内容;第二是深入提高内容,用"＊"号标出,供教学选用;第三是拓宽知识面内容,用小字印刷,供学生阅读参考。全书计量单位均采用 SI 单位制。

物理化学是化学学科的基础,并不断地向生物学、工程学和医学等领域渗透,研究内容日益丰富。编者力图利用相对少的学时提纲挈领地向生物工程、食品科学和环境资源等化学相关专业学生介绍物理化学的基本内容、方法和应用,更加强调基本概念的准确性和公式的物理意义,使物理化学成为相关各专业学生学习基础理论课(如数学、物理、无机化学、有机化学和生物化学等)与专业理论课(如生物工程、食品工程和环境监测等)之间承上启下的桥梁。

本次修订对个别章节进行了调整和增删,使教材更加精炼,教师授课更易处理,学生阅读更易理解。①在每一章的起始增加了学习的基本内容和主要思想的提要,有利于授课教师在教材处理上更加有的放矢,让学生能够迅速抓住学习的基本脉络,理解其实质,尽快建立起自己的知识框架;②对一些相对复杂的数学推导(如第 4 章的 1.1 节)进行了改写,简化数学推导,强化对结论的理解,指明它的物理意义及其在应用中必须满足的条件;③删减陈旧内容,增加现代知识,使教材内容与科学发展和社会进步相适应。修订中将光化学内容进行了调整,对光物理过程内容进行了扩充。大幅度地改写或替换了各章的阅读材料,使其更具前沿性、趣味性和农林特色。

经验表明,在物理化学的学习过程中,学生动手演算一定数量的习题,有利于提高学生分析问题、解决问题的能力,启发学生的创新思维。在这次修订中,对教材中的例题和习题进行了增删,避免简单化,注重启发性。随着多媒体辅助教学的普及,本书第三版、第四版所附的光盘已不再必需。如有读者需要,与编者或出版社联系,可继续提供所需光盘。

参加本次修订的有董元彦、郑新生、原弘、尹业平、王嘉讯、张瑾华、张东方(华中农业大学,第 4、7、11、12 章),路福绥、李丽芳、李培强(山东农业大学,第 9、10 章),唐树戈、牟林(沈阳农业大学,第 1、2 章),杨丽华、马晶军、赵影(河北农业大学,第 6 章),杨亚提、赵海双、马亚团、马海龙、李鹤(西北农林科技大学,第 8 章),吕晓丽、梁大栋、范海林(吉林农业大学,第 3 章),刘有芹(华南农业大学,第 5 章)。全书最后由董元彦、郑新生、原弘定稿。

本次修订引用了国内外物理化学教材提供的经验和材料、有关物理化学学科发展的研究成果,在此谨向这些成果的贡献者表示深深的谢意。本书第五版的问世离不开科学出版社大力、长期的支持,谨向他们致以诚挚的感谢。向关心本书的各位同仁表示谢意。由于水平所限,书中谬误之处难免,欢迎读者批评指正。

编　者

2012 年 12 月

第四版前言

21 世纪科学技术发展进步,特别是化学科学飞速发展,化学与生命、材料、资源与环境等学科的相互渗透日益加深,使得物理化学学科面临大量新的信息和新的问题。时代迫切要求物理化学课程教学要随着科学的发展、社会的进步做出相应的调整和改革:必须依据国家对人才培养的新要求,构筑教材新体系;跟踪化学学科发展,教材内容推陈出新;加强基础理论,注重理论与实践的结合,为培养创新型人才作出贡献。

本书是在面向 21 世纪教学改革的进程中诞生的,并在 21 世纪中国高等学校农林类专业数理化基础课程的创新与实践课题研究中不断修改、完善。编者力求使本书具有较高的水平,具有科学性和系统性。同时也能反映化学学科的新进展,展现农业科学、生命科学的发展与物理化学的联系,具有先进性和一定的趣味性。本书强调概念准确,着重阐明物理意义,避免不必要的推导和证明,计量单位采用 SI 单位制。本书内容分为三个层次:第一层次是教学基本要求的内容;第二层次是深入提高的内容,用星号标出,供教学选用;第三层次是拓宽知识面的内容,用小字体印刷,供学生阅读参考。

本书第一版 1998 年出版,近十年来多所农林院校在教学中使用,受到广大师生的欢迎和好评。2001 年作为国家“面向 21 世纪课程教材”再版,2008 年本书作为普通高等教育“十一五”国家级规划教材再次修订出版。

物理化学是介于通用理论课程(如数学、物理学、无机化学、有机化学、生物化学等)与专业理论课程(如化工原理、生物工程、环境工程等)之间的基础理论课程,处于承上启下的枢纽地位。其主要内容包括研究物质变化或迁移的方向和限度的化学热力学、研究化学反应速率和机理的化学动力学、研究物质结构和性能之间关系的结构化学。

国外的物理化学教材一直涵盖结构化学的内容,在我国由于历史的原因,结构化学一般不包含在物理化学教材之内,而另设课程讲授。近年来这一情况发生了变化,部分新出版的物理化学教材已经包含了结构化学的内容。农林院校通常不开设结构化学课程,因此造成农林院校的学生只学习宏观层次的变化规律,而不了解微观世界的变化本质,学生的知识结构产生断层,这将给我国农业科技人才的培养造成不利的影响。

本书作为普通高等教育“十一五”国家级规划教材,修订中增加了结构化学基础、光谱学简介等内容,同时对各章节进行了调整、增删,提高了教材的系统性,将更加符合生命科学、生物工程、食品科学、环境工程等专业实际发展的需要。

参加本书修订的有董元彦、郑新生、尹业平、王嘉讯、张瑾华(华中农业大学,第 8、11、12 章),路福绥、李丽芳(山东农业大学,第 10 章),唐树戈、卜平宇、佘世雄(沈阳农业大学,第 1、2 章),杨丽华、马晶军(河北农业大学,第 5、6 章),杨亚提、赵海双、马亚团、张红俊、李鹤(西北农林科技大学,第 9 章),吕晓丽、范海林、梁大栋(吉林农业大学,第 3、4、7 章)。全书最后由董元彦、路福绥、唐树戈定稿。

　　在此向关心本书的各位同仁表示谢意,同时欢迎读者继续对本书提出批评和建议。感谢科学出版社为本书的出版所做的大量工作。由于水平所限,书中谬误之处难免,欢迎读者批评指正。

编　者

2007 年 10 月

第三版前言

本书在面向 21 世纪教学改革的进程中诞生,几年来在多所农林院校的教学实践中使用,受到广大师生的欢迎和好评,并在"21 世纪中国高等学校农林类专业数理化基础课程的创新与实践课题"研究中得以修改、完善。

为适应新世纪的教学要求,根据使用本书学校反馈的信息和专家们的意见,本书编委于 2004 年再次对全书进行了修改,对部分章节内容进行调整,增加了阅读材料。为逐步适应双语教学的要求,各章增加了英文小结和部分英文习题。

参与第三版修订的除第二版编委会的大部分成员外,还有尹业平(华中农业大学)、唐树戈(沈阳农业大学)和丁志伟(山东农业大学)。全书最后由董元彦、李宝华、路福绥定稿。

感谢科学出版社编辑刘俊来、杨向萍,他们为本书再次修订出版做了大量的工作。同时向关心本书的各位同仁表示谢意。由于作者水平所限,书中谬误之处在所难免,欢迎读者对本书提出批评和建议。

编　者
2004 年 5 月

第二版前言

本书是在面向 21 世纪教学改革的进程中诞生的,几年来在多所农林院校的教学实践中使用,普遍受到师生的欢迎和好评。

1999 年本书通过了农业部组织的软科学成果评审,参加评审的专家有:吴秉亮(武汉大学)、高盘良(北京大学)、赵士铎(中国农业大学)、贾之慎(浙江大学)、杨桂梧(内蒙古农业大学)、宋冶(东北林业大学)、杨龙寿(扬州大学)。专家们充分肯定本书"能以较少的篇幅正确地讲述化学热力学的基本原理,同时以较大篇幅讨论与农业和生命科学有密切关系的表面及胶体化学、电化学、光化学等。""书内有教学基本要求的内容,又有深入提高的内容,还有一些拓宽知识面的内容。提高和拓宽部分的素材大多取自与农业和生命现象有关的领域,便于学生联系实际进行学习,也描述了学科当前的发展方向。""符合农业院校教学的基本要求,也符合面向 21 世纪教学改革的要求。"专家们同时也指出了书中的不足之处并提出了中肯的意见和建议。

根据专家们的意见和从各使用本书学校反馈的信息,本书编委会对全书进行了修改、润色,对部分章节的内容进行增删、调整。参与修订的除编委会的大部分成员外,还有尹业平(华中农业大学)和唐树戈(沈阳农业大学)。

本书作为面向 21 世纪教学改革的成果,经全国高等农业院校教学指导委员会基础课学科组和教育部高等教育司批准,以"面向 21 世纪课程教材"出版第二版,在此向关心本书的各位同仁表示谢意,同时欢迎读者继续对本书提出批评和建议。

编　者
2000 年 12 月

第一版前言

本书为高等农业院校"物理化学"课程的教科书,适用于土壤和植物营养、环境资源、食品科学、生命科学、农药、植物保护、生理生化、畜牧兽医等专业的本科生,也可供综合大学和师范院校生物系及林业、医学、轻工业等各类院校和部分专业研究生及教师参考。

全书分为化学热力学、电化学、化学动力学和光化学、表面化学、胶体化学五篇共 15 章。根据学科的发展和面向 21 世纪教学改革的要求,适当强化了化学动力学、表面化学和胶体化学的内容,精简了经典热力学部分,增加了非平衡态热力学、相平衡、生物电势和膜电势、化学电源、凝胶等章节。全书内容分为三个层次:第一层次是教学基本要求的内容;第二层次是深入提高的内容,用星号标出,供教学中选用;第三层次是拓宽知识面的内容,用小字印刷,供学生阅读参考。

本教材是在面向 21 世纪的教学改革进程中诞生的。编者力求使本教材具有较高的水平,具有科学性和系统性。同时也能反映化学学科的新进展,展现农业科学、生命科学的发展与物理化学的联系,具有先进性和一定的趣味性。本书强调概念准确,着重阐明物理意义,避免不必要的推导和证明。全书计量单位采用 SI 单位制。

由于水平所限,本书与编者的期望尚有不少差距,书中谬误之处难免,欢迎读者批评指正。

参加本书编写的有董元彦(华中农业大学,绪论,第七、八、九章)、李宝华(沈阳农业大学,第一、二章)、路福绥、李丽芳、盛峰(山东农业大学,第十四、十五章)、杨丽华、马晶军(河北农业大学,第五、六章)、杨亚提、赵海双(西北农业大学,第十二、十三章)、康立娟、吕晓丽(吉林农业大学,第三、四章)、窦跃华、王静(南京农业大学,第十、十一章)。全书最后由董元彦、李宝华、路福绥修改定稿。黄天栋教授为本书编写提出了许多宝贵建议,在此表示感谢。

编　者

1997 年 10 月

目　录

绪　论

物理化学是从能量转化的角度，用定量、系统的方法研究和表达化学。人们赖以生存的自然环境包括大气围绕的地球和太阳光辐射。照射到地球表面上的太阳光子所携带的能量通常为 $3\sim4eV$，这个能量值恰与原子间的结合力化学键相当。因此，在自然环境中太阳光驱动最深刻的变化是化学变化，不可能引起原子核内粒子的分裂。从这个意义上讲，化学承载着人类从原子、分子层面上认识自然、理解自然，与自然形成恰当和谐的重大期望。同时，化学是合成新物质的科学，通过创造可再生的、最小限度影响地球生态圈的高级新型材料，能够缓和目前的资源压力，促进人与自然的和谐发展。

化学是在原子、分子层面上研究物质转化的规律。化学反应的过程看上去复杂多变，但仍然遵循能量转化规律，如宏观的化学变化规律可以用热力学和统计热力学来描述，微观上物质的转化遵循薛定谔的能量本征方程，即量子力学规律。

物理化学从研究方法上看，是从物理现象和化学现象的联系找出物质变化的基本原理；从研究主题上看，是研究化学系统一般规律和理论的学科。物理化学是介于通用理论课程（如高等数学、大学物理等）与专业理论课程（如化工原理、环境工程原理等）之间的基础理论课程，处于承上启下的枢纽地位。物理化学不仅是化学学科的理论基础，也是构成工程技术、生命科学的基础，并在寻找新工艺、新材料及提高效率，减少能耗，防止污染方面起着重要作用。

1. 物理化学的主要任务

（1）化学反应进行的方向与限度是化学热力学要解决的问题。在一定的条件下，一个化学反应能否发生；向哪个方向进行；进行到什么程度为止；温度、压力、浓度等因素的变化对化学反应有什么影响；化学反应的热效应和可利用的能量是多少……这些问题都是化学热力学研究的范畴。

（2）化学动力学研究的对象是化学反应的速率和机理，解决化学反应以什么速率进行；浓度、温度、压力和催化剂等各种因素对化学反应速率有什么影响；反应的机理（历程）是什么；如何控制反应使之按预期的方式进行等问题。

化学热力学的研究可以解决反应可能性问题，化学动力学的研究则解决反应的实现性问题。

（3）结构化学研究物质的结构与性能的关系，从微观角度探讨物质的性质及变化的规律。

物理化学中还包括光化学、电化学、胶体化学等许多分支，这些内容对农业院校的学生也十分重要。

2. 物理化学与农业、生命科学的关系

由于物理化学既研究物质的变化过程，又考察相应过程的能量变化，因此它对物质的分离与纯化、输运与控制、化合与降解等方面具有重要的指导作用。例如，利用物理化学的理论和方法能够有效地研究酶催化动力学、土壤体系的吸附-解吸动力学、农药降解动力学、食品保

鲜、污染物在环境中的运动迁移和演化等。结构化学、量子化学在生物学中的应用已发展成量子生物学这一新的交叉学科。模拟光合作用、模拟生物固氮等研究为农业生产的发展开辟了新的天地。

自然界中大多数植物利用光合作用将水和二氧化碳转化为碳水化合物,这些化合物又是地球上所有生物赖以生存与发展的物质基础。这一过程的实质是太阳能转化为化学能,化学能又转化为生物能的过程。物理化学正是研究物质变化与能量转换关系的一门学科。因此,物理化学是农业和生命科学发展的一块重要基石,在食品化学、环境科学和生命科学等许多领域中起着重要作用。

3. 学习物理化学的方法

学习物理化学的关键是正确理解基本概念、理论模型和基本公式,切忌死记硬背。不仅要理解公式中每一个符号所代表的物理意义,还要知道公式在什么条件下能够使用,什么条件下不能使用。要做到这一点,就必须熟悉公式是如何得到的,它是一个简单的定义,还是一个粗略的实验规律总结;是来自于没有任何近似的热力学定律推论,还是通过近似条件得到的物理化学公式。对物理化学基本概念正确理解的深刻程度,代表着对这门学科的认知水平。

演算习题是学习物理化学的重要环节,很多知识是通过解题之后才能学到的。解物理化学习题,一是要明确系统的始、终态,知晓系统的性质,是理想气体还是非理想气体,是液体还是固体,是均相系统还是多相系统。二是了解过程的性质,是等温过程还是等压过程,是可逆过程还是不可逆过程,是等容过程还是绝热过程。三是根据过程的性质选择合适的计算公式。物理化学中的许多公式都有严格的使用条件,使用时要仔细甄别。有时需要从基本公式进行必要的推导,才能得到实际计算所需要的公式。四是统一单位,进行具体计算,实践表明,统一物理量的单位是减少计算错误的有效方法。五是联系实际问题,对所得结果加以应用。物理化学的一些理论知识通过解习题,所得定量结果对解决其他实际问题有很好的指导作用。

在学习每一章之后,做一个框图式的总结是建立起物理化学知识框架的有效方法。找出每一章的一个或若干个中心公式,以此为基础建立本章主要公式和基本概念的网络化关系,则本章内容的科学逻辑跃然纸上,各个公式的来历一目了然,使自己的知识系统化,整体化,逐步训练和培养严谨和系统的逻辑思维能力。

物理化学的学习不能靠短时间的强读强记,应该主动阅读教材和相关参考书,在读书中思考,在思考中读书,体会解决科学问题的柳暗花明,将挑战转变成机会。把科学精神融入自己的内心深处,自觉用它来实践自己的人生。在接受一个科学理论时,清楚知道它的前提条件,根据外界条件的变化去把握理论模型的应用。

第1章 化学热力学基础

介绍热力学(thermodynamics)基本概念,应用能量守恒原理研究伴随物理和化学过程中的能量变化,体系与环境之间交换的能量——热和功与体系的热力学能变化和焓变化的关系。阐明物理和化学过程自发变化的原因,重点研究熵变的概念、计算和利用它判断过程的方向和限度。

热力学研究各种能量相互转换过程所遵循的规律。热力学这个名词是历史遗留下来的。热力学发展初期,为了提高热机的效率,它只研究热和机械功之间的转换关系。随着科学的发展,热力学研究的范围逐渐扩大,如将热力学方法应用在工程学上称为工程热力学;应用在化学上称为化学热力学(chemical thermodynamics),化学热力学是物理化学课程的重要内容之一。

化学热力学的一切结论主要建立在热力学两个经验定律的基础上,它们分别称为热力学第一定律和第二定律。这两个定律是热力学方法的基础。热力学第三定律是 20 世纪初发现的,它不像热力学第一、第二定律那样重要和应用广泛,只在化学平衡的计算上有一定的应用。热力学第一、第二定律是人们长期科学实践的经验总结,有着牢固的实验基础,具有高度的普遍性和可靠性。

热力学方法有两个特点:只研究由大量分子、原子构成的宏观体系,只要知道体系的宏观性质,确定体系的状态,当体系的状态改变时,就可以根据热力学数据对体系的能量变化进行计算,得出有用的结论,用于指导实践。热力学方法不研究物质的微观结构,不研究体系的变化速率、过程、机理及个别质点的行为,这是热力学的局限性。

1.1 热力学的能量守恒原理

1.1.1 基本概念

1. 体系与环境

根据需要,将所研究的对象称为体系或系统(system),而与体系有关的其余部分称为环境(surrounding)。体系与环境的划定完全是人为的,可以是实际的,也可以是想象的。

依据体系与环境之间有无能量和物质的交换,体系又分为三类:①敞开体系(open system),体系与环境之间既有物质交换又有能量交换;②封闭体系(closed system),体系与环境之间只有能量交换而无物质交换;③孤立体系(isolated system),体系与环境之间既无能量交换又无物质交换。真正的孤立体系是不存在的,它只是为研究问题的方便所做的人为抽象而

已。热力学中通常把与体系有关的环境部分与体系合并在一起视为一孤立体系,即

$$体系+环境\longrightarrow 孤立体系$$

2. 体系的性质

用以确定体系状态的各种宏观物理量称为体系的性质或状态性质(property of system),如温度、压力、体积、质量、密度、浓度等,它们都是体系自身的性质。根据它们与体系物质量的关系,可分为广度性质(extensive properties)和强度性质(intensive properties)两类。

(1)广度性质。这种性质的数值与体系中物质的量成正比,并具有加和性,如质量、体积、热容等。在一定条件下,体系的某一广度性质数值是体系内各部分该性质数值的加和。

(2)强度性质。这种性质的数值与体系内物质的量无关,没有加和性,如体系的温度、压力、浓度、密度等。强度性质通常是由两个广度性质之比构成,如质量与体积之比为密度,体积与物质的量之比为摩尔体积。

3. 状态与状态函数

体系的物理性质和化学性质的综合表现称为体系的状态(state)。描述体系的状态要用到体系的一系列性质,如物质的量、温度、体积、压力、组成等。当这些宏观性质都有确定值时,体系就处于一定的宏观状态。而体系某性质的数值发生了变化,就是体系的状态发生了变化。通常把体系变化前的状态称为始态,变化后的状态称为终态。由此可知,体系的状态与体系性质的数值是密切相关的。体系的状态发生变化,必然引起体系性质的数值变化;体系的状态一定,体系性质也有确定的数值。体系性质的数值与体系状态保持一种函数关系,因此称体系的性质为体系的状态函数(state function)。状态函数的特点是其改变值只决定于体系的始态与终态,与变化的途径无关。在数学上状态函数具有全微分的性质,可以按全微分的关系来处理。例如,气体性质 p、V、T 之间可写成下列函数关系

$$V = V(T,p)$$

则

$$dV = \left(\frac{\partial V}{\partial T}\right)_p dT + \left(\frac{\partial V}{\partial p}\right)_T dp$$

由状态 1 变到状态 2 的体积改变量为

$$\Delta V = \int_{V_1}^{V_2} dV = V_2 - V_1$$

状态函数沿闭合回路的积分为零,即

$$\oint dV = 0$$

由于体系性质之间存在相互联系,因此在确定体系的状态时,只要确定其中几个独立变化的性质即可确定体系的状态,并不需要对体系的所有性质逐一描述。例如,在一定条件下,对物质数量不变的理想气体体系,只需确定两个性质,就可以确定其状态。

4. 过程与途径

当体系的状态发生变化时,把状态变化的经过称为过程(process),而把完成变化的具体步骤称为途径(path)。热力学常用的过程有:①定温过程,是指体系的始态温度 T_1、终态温度

T_2 及环境温度 T_e 均相等，即 $T_1=T_2=T_e$；②定压过程，是指体系的始态压力 p_1、终态压力 p_2 及环境压力 p_e 均相等，即 $p_1=p_2=p_e$；③定容过程，是指体系变化时体积不变的过程；④绝热过程，是指体系与环境间无热交换的过程；⑤循环过程，是指体系从一状态出发经一系列变化后又回到原来状态的过程。

5. 热与功

体系状态发生变化时通常与环境进行能量交换。热力学变化中所交换的能量有两种形式。一种是因体系与环境间有温度差所引起的能量流动，称为热（heat），体系状态变化时表现为吸热或放热，热以符号 Q 表示。按热力学习惯，本书规定：体系吸热，Q 为正值；体系放热，Q 为负值。除热以外，体系与环境间因压力差或其他机电"力"引起的能量流动称为功（work），功以符号 W 表示。本书规定：体系对环境做功，W 为负值；环境对体系做功，W 为正值。功的种类有多种，如体积功（volume work）、电功、表面功等。热力学中把除体积功（或称为膨胀功）以外的功统称为有用功，或非体积功（nonvolume work）。

热和功是体系的状态发生变化时与环境交换的能量，因此热和功不是状态函数，而是过程量。

1.1.2　热力学第一定律

1. 能量守恒定律

能量守恒定律在热力学体系的应用称为热力学第一定律（first law of thermodynamics）。它是人们长期经验的总结，应用范围极广，自然界发生的一切现象从未发现有违反热力学第一定律的。在能量守恒定律正式建立之前，有人曾企图设计一种不需外界供给能量而能做功的机器——第一类永动机，它违反能量守恒定律，经多次尝试均告失败。到 1850 年科学界公认能量守恒是自然界的规律之后，才科学地提出"第一类永动机不可能制成"这一论断，这是热力学第一定律的一种说法。

2. 热力学能和热力学第一定律的数学式

任何一个封闭体系在完成指定始、终态间的变化时，可经过无数不同的途径。实验表明虽然各种途径的 Q、W 值各不相同，但 $Q+W$ 的值却一致，与途径无关。这说明体系有一性质（状态函数），当体系由始态到达终态时，该性质的改变量可用 $Q+W$ 量度。该性质称为热力学能（thermodynamic energy）[旧称内能（internal energy）]，用符号 U 表示。体系由状态 1 到状态 2，热力学能的改变量 ΔU 等于体系从环境吸收的热与环境对体系做功的加和，即

$$\Delta U = U_2 - U_1 = Q + W \tag{1-1a}$$
$$dU = \delta Q + \delta W \tag{1-1b}$$

这是热力学第一定律的数学式。热力学能是状态函数，用微分符号 d 表示其微变，热和功不是状态函数，只能用变分符号 δ 表示其微变。

式(1-1)将体系与环境间交流的能量区分为热和功，但能量在体系内不可再区分，即无法区分做功的热力学能和传热的热力学能。

热力学能是能量的一种形式，是广度量，其绝对值尚无法确定。但这不影响其应用，热力学中往往通过计算热力学能的变化值 ΔU 来解决实际问题。

1.2　可逆过程与最大功

1.2.1　功与过程的关系

若体系反抗外压 p_e 体积改变了 dV,则体积功为

$$\delta W = -p_e dV \tag{1-2}$$

或

$$W = \int -p_e dV$$

若 $dV > 0$,$-p_e dV < 0$,表示体系消耗能量对环境做功;若 $dV < 0$,$-p_e dV > 0$,表示环境消耗能量对体系做功。

考察 $n\,\mathrm{mol}$ 理想气体定温下由始态 (n, T, p_1, V_1) 经四种途径膨胀至终态 (n, T, p_2, V_2) 所做的体积功,四种途径分别如下:

(1) 向真空膨胀(或称自由膨胀)至终态。体系向真空膨胀时,反抗的外压 $p_e = 0$,所以体积功为

$$W_{\text{I}} = -\int_{V_1}^{V_2} p_e dV = 0$$

(2) 一次膨胀。恒定外压 $p_e = p_2$,体系膨胀至终态时体系做的体积功为

$$W_{\text{II}} = -\int_{V_1}^{V_2} p_e dV = -p_2(V_2 - V_1)$$

(3) 二次膨胀。先恒定外压 $p_e = p'(p_1 > p' > p_2)$,使体积膨胀至 V',再恒定外压为 $p_e = p_2$ 膨胀至 V_2,这个过程体系的功为

$$W_{\text{III}} = -\int_{V_1}^{V'} p' dV - \int_{V'}^{V_2} p_2 dV = -p'(V' - V_1) - p_2(V_2 - V')$$

因为 $p' > p_2$,所以

$$W_{\text{III}} < W_{\text{II}}$$

即

$$|W_{\text{III}}| > |W_{\text{II}}|$$

体系的二次膨胀比一次膨胀做功要大。如果膨胀次数增多,体系做功可以更大。

(4) 可逆膨胀。设想每次膨胀都使外压 p_e 比体系的压力 p 小一个无穷小的量 $dp(p_e = p - dp)$,体系膨胀 dV。经过无限长的时间无限多次膨胀,体系由始态到达终态。过程进行的每一步,体系都非常接近平衡态,这种由一连串无限接近平衡态所构成的过程,热力学上称之为可逆过程(reversible process)。又由于体系在每一瞬间都反抗最大的外压,经过无数次膨胀至终态,因此它做的功最大。因为 $p_e = p - dp$,故体系所做的膨胀功为

$$W_{\text{IV}} = -\int_{V_1}^{V_2} p_e dV = -\int_{V_1}^{V_2} (p - dp) dV$$

略去二级无穷小量 $dp dV$,并代入理想气体状态方程,则有

$$W_{\text{IV}} = -\int_{V_1}^{V_2} p dV = -\int_{V_1}^{V_2} \frac{nRT}{V} dV = -nRT \ln \frac{V_2}{V_1}$$

$$= -nRT \ln \frac{p_1}{p_2} \tag{1-3a}$$

这四种定温变化过程的功可用图 1-1 来表示。向真空膨胀做的功 $W_I = 0$；一次膨胀做功 W_{II} 的绝对值由面积 $dcgh$ 表示；二次膨胀做功的绝对值由面积 $dbefgh$ 表示；可逆过程做功的绝对值由面积 $daegh$ 表示。由图 1-1 可见，四种过程体系对环境做功的大小顺序为 $|W_I| < |W_{II}| < |W_{III}| < |W_{IV}|$，在定温可逆过程中做功最大。

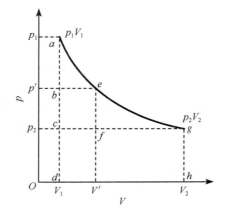

图 1-1　功与过程的关系

如果将过程逆转，即让体系始终在外压比气体压力大 dp 的情况下，定温地由 $p_2 V_2$ 压缩回到 $p_1 V_1$。环境在此过程中对体系做功为

$$W = -nRT \ln \frac{V_1}{V_2} \qquad (1-3b)$$

在整个压缩过程中，环境对体系的变化始终使用了最小的外压，环境做功为最小。

比较式(1-3a)和式(1-3b)可知，体系经定温可逆膨胀与经定温可逆压缩两过程所做功大小相等而符号相反。说明体系经可逆变化恢复原状后，环境得功 $W_{IV} + W = 0$，根据热力学第一定律，因体系变化的 $\Delta U = 0$，故环境得热 $Q = 0$，即环境没有功和热的得失，也恢复了原状。其他三种过程中，体系恢复原状时，环境均发生变化，损失功而得到热，即在环境中留下了永久的痕迹，它们均为不可逆过程。

1.2.2　可逆过程的特点

可逆过程有如下特点：①可逆过程是体系在无限接近平衡态下的微小变化。可逆过程进行时，因变化的动力与阻力相差为一无穷小量，所以过程进行得无限缓慢。②若循原过程相反的方向无限缓慢变化，可使体系与环境同时恢复原状。③可逆过程中，体系对环境做功最大，而环境对体系做功最小。

可逆过程是理想化的过程，实际上是不存在的。实际过程都是不可逆的，可逆过程是实际过程所能达到的极限，使实际过程接近可逆过程可以提高实际过程的效率。热力学函数的变化值有时只有通过可逆过程才能得以计算。因此设计可逆过程这一科学方法是非常重要的。

例 1-1　298K 时 5mol 的理想气体，从 10dm³ 膨胀至 30dm³，试计算下列过程的功：(1) 向真空膨胀；(2) 在恒定 10.1325kPa 的外压下膨胀；(3) 定温可逆膨胀。

解　(1)　　　　　　　　$p_e = 0$　　　　$W = -\sum p_e dV = 0$

(2)　　　　　　　　　　　　$p_e = 10.1325\text{kPa}$

$$W = -p_e(V_2 - V_1) = -10.1325\text{kPa} \times (30-10)\text{dm}^3 = -202.6\text{J}$$

(3)　　　　$W = -nRT\ln(V_2/V_1)$

$$= -5\text{mol} \times 8.314\text{J} \cdot \text{mol}^{-1} \cdot \text{K}^{-1} \times 298\text{K} \times \ln(30\text{dm}^3/10\text{dm}^3)$$

$$= -13609.5\text{J}$$

1.3 热 与 过 程

1.3.1 定容热 Q_V

只做体积功的体系发生变化，由式(1-1b)知

$$dU = \delta Q + \delta W = \delta Q - p dV$$

定容过程

$$dU = \delta Q_V \tag{1-4a}$$

或

$$\Delta U = Q_V \tag{1-4b}$$

式(1-4b)表明，只做体积功的定容过程，体系吸收的热等于热力学能的变化。

1.3.2 定压热 Q_p

只做体积功的体系定压下发生变化，由式(1-1a)知

$$\Delta U = Q + W = Q - p_e \Delta V$$

定压热

$$Q_p = \Delta U + p_e \Delta V = (U_2 - U_1) + p(V_2 - V_1)$$
$$= (U_2 + p_2 V_2) - (U_1 + p_1 V_1)$$

因为 U、p、V 是体系的性质，它们的组合 $U + pV$ 也一定是体系的性质，为此定义这个性质为一新的状态函数，称为焓(enthalpy)，用 H 表示

$$H \equiv U + pV \tag{1-5}$$

则

$$Q_p = H_2 - H_1 = \Delta H \tag{1-6a}$$

$$\delta Q_p = dH \tag{1-6b}$$

$$\Delta H = \Delta U + \Delta(pV) \tag{1-7}$$

式(1-6)表示，只做体积功的体系在定压过程中吸收的热等于焓的变化。由式(1-5)知，因体系的热力学能 U 的绝对值无法确定，焓的绝对值也无法确定。焓具有能量的单位。

式(1-4)和式(1-6)表明，在定容或定压条件下，只做体积功的体系的定容热(Q_V)或定压热(Q_p)在数值上与状态函数的改变量相等，但不能由此认为 Q_V、Q_p 也是状态函数。

1.3.3 相变热（焓）

物质的聚集状态发生变化称为相变。定温定压下一定量物质在相变过程中，体系吸收或放出的热称为相变热（焓），用 ΔH 表示，如蒸发热（焓）$\Delta_{vap} H$、熔化热（焓）$\Delta_{fus} H$、升华热（焓）$\Delta_{sub} H$ 等。各种物质相变热可由实验测得，也可从物理化学手册中查到。例如，在 373K 及 101.325kPa 压力下，水的蒸发热为 2255.2kJ·kg^{-1}，而水蒸气的凝结热为 -2255.2kJ·kg^{-1}。

1.3.4 热容

使一定量的均相物质在无相变、无化学变化的条件下温度升高 1K 所需的热称为热容(heat capacity)，热容的单位为 J·K^{-1}。定容热容(heat capacity at constant volume)及定压

热容(heat capacity at constant pressure)的定义分别为

$$C_V = \frac{\delta Q_V}{dT} \tag{1-8}$$

$$C_p = \frac{\delta Q_p}{dT} \tag{1-9}$$

若体系只做体积功,因 $\delta Q_V = dU$,$\delta Q_p = dH$,则

$$C_V = \left(\frac{\partial U}{\partial T}\right)_V \tag{1-10}$$

$$C_p = \left(\frac{\partial H}{\partial T}\right)_p \tag{1-11}$$

因此体系的热力学能、焓的变化可由以下两式求得

$$dU = C_V dT \tag{1-12}$$

$$dH = C_p dT \tag{1-13}$$

1.3.5　热容与温度的关系

物质的热容与温度有关,常用的定压摩尔热容 $C_{p,\mathrm{m}}$ 与温度的经验关系式有两种,即

$$C_{p,\mathrm{m}} = a + bT + cT^2$$
$$C_{p,\mathrm{m}} = a + bT + c'T^{-2} \tag{1-14}$$

式中:a、b、c 与 c' 均为经验常数,这些常数可在物理化学手册中查到。

1.4　理想气体的热力学

1.4.1　焦耳实验

焦耳(Joule)在 1843 年曾做过低压气体的自由膨胀实验,实验装置如图 1-2 所示。将带活塞的连通器置于水浴槽中。开始时,右边的容器抽成真空,这时测出水浴槽的温度。然后打开连通器的活塞,左容器内的气体就向右边膨胀。因右边为真空,故膨胀过程不做功,$W = 0$。膨胀后再测水的温度,发现温度并没有变化,即 $\Delta T = 0$,这说明气体自由膨胀过程中体系与环境没有热交换,$Q = 0$。由热力学第一定律知,自由膨胀过程的 $\Delta U = 0$。后来精确实验证明焦耳实验的结果只有对理想气体才是完全正确的,由此得结论:理想气体在自由膨胀过程中热力学能保持不变。

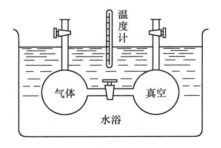

图 1-2　焦耳实验

将理想气体的热力学能写成温度与体积的函数,即 $U = U(T,V)$,状态变化时有

$$dU = \left(\frac{\partial U}{\partial T}\right)_V dT + \left(\frac{\partial U}{\partial V}\right)_T dV$$

由焦耳实验知,气体自由膨胀过程 $dT = 0$,$dU = 0$,故

$$\left(\frac{\partial U}{\partial V}\right)_T = 0 \tag{1-15}$$

同理可以证明

$$\left(\frac{\partial U}{\partial p}\right)_T = 0 \tag{1-16}$$

式(1-15)与式(1-16)说明:在无相变化,化学变化的封闭体系中,理想气体的热力学能只是温度的函数,不随体积和压力而变化。

因为 $H = U + pV$,对一定量的理想气体,温度一定时,其 pV 为一常数,所以

$$\left(\frac{\partial H}{\partial V}\right)_T = \left(\frac{\partial U}{\partial V}\right)_T + \left[\frac{\partial(pV)}{\partial V}\right]_T$$

此式右端两项均为零,故

$$\left(\frac{\partial H}{\partial V}\right)_T = 0 \tag{1-17}$$

同理有

$$\left(\frac{\partial H}{\partial p}\right)_T = 0 \tag{1-18}$$

式(1-17)和式(1-18)说明,理想气体的焓也只是温度的函数,与体积、压力的变化无关。

1.4.2　理想气体 ΔU、ΔH 的计算

因理想气体的热力学能、焓只是温度的函数,故

$$dU = \left(\frac{\partial U}{\partial T}\right)_V dT = C_V dT \tag{1-19}$$

$$dH = \left(\frac{\partial H}{\partial T}\right)_p dT = C_p dT \tag{1-20}$$

在无相变、无化学变化的过程中

$$\Delta U = \int_{T_1}^{T_2} C_V dT = \int_{T_1}^{T_2} nC_{V,m} dT$$

$$\Delta H = \int_{T_1}^{T_2} C_p dT = \int_{T_1}^{T_2} nC_{p,m} dT$$

应用上述公式计算理想气体的 ΔU、ΔH 时,可不受定容、定压条件的限制。

1.4.3　理想气体的 $C_{p,m}$ 与 $C_{V,m}$ 的关系

由焓的定义 $H = U + pV$ 知,体系发生变化

$$dH = dU + d(pV)$$

对只做体积功的理想气体,状态变化时

$$nC_{p,m} dT = nC_{V,m} dT + nR dT$$

故

$$C_{p,m} = C_{V,m} + R \tag{1-21}$$

或

$$C_p = C_V + nR \tag{1-22}$$

根据气体分子运动论知,在通常条件下:

单原子理想气体 $\qquad C_{V,m}=\dfrac{3}{2}R \qquad C_{p,m}=\dfrac{5}{2}R$

双原子理想气体 $\qquad C_{V,m}=\dfrac{5}{2}R \qquad C_{p,m}=\dfrac{7}{2}R$

1.4.4　理想气体的绝热可逆过程

体系在变化时,与环境没有热交换的过程为绝热过程。根据热力学第一定律,当 $\delta Q=0$ 时, $dU=\delta W$。对只做体积功的理想气体,状态变化时

$$p_e dV =- dU \tag{1-23}$$

式(1-23)表明,理想气体绝热变化时,体系膨胀做功将导致体系热力学能降低,即体系的温度要下降。当理想气体绝热可逆膨胀时

$$p_e dV = p dV =- dU =- nC_{V,m}dT$$

将理想气体 $p=\dfrac{nRT}{V}$ 代入得 $R\dfrac{dV}{V}=-C_{V,m}\dfrac{dT}{T}$。在有限变化范围内,将 $C_{V,m}$ 看作常量,积分上式得

$$R\ln\dfrac{V_2}{V_1}=-C_{V,m}\ln\dfrac{T_2}{T_1} \tag{1-24}$$

将理想气体 $\dfrac{T_2}{T_1}=\dfrac{p_2 V_2}{p_1 V_1}$ 及 $C_{p,m}-C_{V,m}=R$ 代入式(1-24)得

$$C_{p,m}\ln\dfrac{V_1}{V_2}=C_{V,m}\ln\dfrac{p_2}{p_1} \tag{1-25}$$

式(1-24)和式(1-25)是绝热可逆过程方程式,根据这两式可计算绝热可逆变化过程 p、V、T 的关系及功或热力学能的变化。

1.5　化学反应热

1.5.1　化学反应热的含义

测定化学反应热并研究其规律的科学称为热化学。热化学的基本理论是热力学第一定律。根据热力学第一定律,因反应物的热力学能与产物的热力学能不同,化学反应进行时表现为有吸热或放热现象。实践证明,大多数的化学反应为放热反应。热化学中规定:只做体积功的化学反应体系,在反应物与产物的温度相等的条件下,反应体系所吸收或放出的热称为化学反应热,简称反应热(heat of reaction)。

化学反应热通常是定容或定压条件下测定的,因而有定容反应热 Q_V 与定压反应热 Q_p 之分。一般在定容条件下测定定容热,但大多数化学反应是在定压条件下发生的,因此需确定 Q_V 与 Q_p 间的关系。

1.5.2　反应进度

反应进度(advancement of reaction)是物理化学中的一个重要物理量。反应进度 ξ 用以表示反应进行的程度。

对一任意化学反应

$$aA + dD \longrightarrow gG + hH \tag{1-26}$$

可表示为

$$0 = \sum_B \nu_B R_B \tag{1-27}$$

式中：ν_B 为反应物或产物 R_B 的化学计量系数，相应于式（1-26）所表示的反应计量方程式 $\nu_A = -a$，$\nu_D = -d$，$\nu_G = g$，$\nu_H = h$。化学计量系数量纲为 1，对于产物为正，对于反应物为负。

在反应开始时，各物质的量为 $n_B(0)$。随反应进行到时刻 t，反应物的量减少，产物的量增加，此时各物质的量为 $n_B(t)$。显然各物质的量的增加或减少，均与其化学计量系数有关。反应进度 ξ 定义为

$$\xi = \frac{n_B(t) - n_B(0)}{\nu_B} = \frac{\Delta n_B}{\nu_B} \tag{1-28}$$

式中：ξ 的量纲是 mol。从式（1-28）可以看出，$\xi = 1$mol 的物理意义是有 $a$mol 的反应物 A 和 $d$mol 的反应物 D 参加反应完全消耗，可以生成产物 $g$mol 的 G 和 $h$mol 的 H。

例如，合成氨反应

$$3H_2 + N_2 \rule[0.5ex]{2em}{0.4pt} 2NH_3$$

反应进度 $\xi = 1$mol，表示 3mol H_2 与 1mol N_2 完全反应，生成 2mol NH_3。反应进度 ξ 与该反应在一定条件下达到平衡时的转化率没有关系。若将合成氨的反应计量方程式写为

$$\frac{3}{2}H_2 + \frac{1}{2}N_2 \rule[0.5ex]{2em}{0.4pt} NH_3$$

反应进度 $\xi = 1$mol，则表示消耗了 $\frac{3}{2}$mol 的 H_2 和 $\frac{1}{2}$mol 的 N_2，生成 1mol NH_3。所以反应进度与反应计量方程式的写法有关，它是以计量方程式为单元来表示反应进行的程度，而且用反应体系中的任意一种物质的变化量来表示，所得的值均相同。故国际纯粹与应用化学联合会（IUPAC）建议在化学计算中采用反应进度。

式（1-28）可以改写为

$$n_B(t) = n_B(0) + \nu_B \xi \tag{1-29}$$

由于 $n_B(0)$ 与 ν_B 均为常数，故微分得

$$dn_B(t) = \nu_B d\xi \tag{1-30}$$

若考虑某一时间段 $t_2 \sim t_1$ 内 B 物质的量的变化，将式（1-30）取定积分得

$$\Delta n_B = \nu_B \Delta \xi \tag{1-31}$$

式中：$\Delta \xi$ 为反应进度变量。式（1-28）中的反应进度 ξ 就是从反应开始时到时刻 t_2 时间段内 $(t_2 - t_0)$ 的 $\Delta \xi$。

在普通化学中，已知反应的定压热效应即为焓变 ΔH，ΔH 与参加反应的物质的量有关，即与反应进度变量 $\Delta \xi$ 有关

$$\Delta H = \Delta \xi \, \Delta_r H_m \tag{1-32}$$

式中：$\Delta_r H_m$ 为反应的摩尔焓变。下标 m 表示反应进度变量 $\Delta \xi = 1$mol；下标 r 表示反应（reaction），若是生成反应，则用 f（formation）为下标，若是燃烧反应，则用 c（combustion）为下标。$\Delta_r H_m$ 的单位是 $J \cdot mol^{-1}$，而 ΔH 的单位是 J，二者是不同的。

例 1-2 0.4146g 甲酸在 298.2K，$p^{\ominus 1)}$ 下完全燃烧，放热 4.558kJ，试分别按下列两种反应计量方程式计算 $\Delta_r H_m$，并讨论二者的关系。

$$CH_2O_2(l) + \frac{1}{2}O_2(g) \longrightarrow CO_2(g) + H_2O(l) \tag{i}$$

$$2CH_2O_2(l) + O_2(g) \longrightarrow 2CO_2(g) + 2H_2O(l) \tag{ii}$$

解 甲酸的摩尔质量为 46.03×10^{-3} kg·mol^{-1}，它是反应物，$\Delta n_{CH_2O_2}$ 为负值。

$$\Delta n_{CH_2O_2} = -\frac{0.4146 \times 10^{-3}\, kg}{46.03 \times 10^{-3}\, kg \cdot mol^{-1}} = -9.007 \times 10^{-3}\, mol$$

根据式(i)，$\Delta \xi(i) = 9.007 \times 10^{-3}$ mol，代入式(1-32)得

$$-4.558 \times 10^3\, J = 9.007 \times 10^{-3}\, mol \times \Delta_r H_m(i)$$

故

$$\Delta_r H_m(i) = -506.1 kJ \cdot mol^{-1}$$

根据式(ii)，$\Delta \xi(ii) = 4.504 \times 10^{-3}$ mol，代入式(1-32)得

$$-4.558 \times 10^3\, J = 4.504 \times 10^{-3}\, mol \times \Delta_r H_m(ii)$$

故

$$\Delta_r H_m(ii) = -1012 kJ \cdot mol^{-1}$$

由于计量方程式(ii)的计量系数比计量方程式(i)的大一倍，故 0.4146g 甲酸燃烧按计量方程式(i)的反应进度 $\Delta \xi(i)$ 比按计量方程式(ii)的反应进度 $\Delta \xi(ii)$ 大一倍，而 $\Delta_r H_m(i)$ 的数值只有 $\Delta_r H_m(ii)$ 的一半。

1.5.3 定压反应热 Q_p 与定容反应热 Q_V 的关系

设封闭体系内一化学反应的反应物分别经定温定压过程和定温定容过程得到同一产物，如下所示：

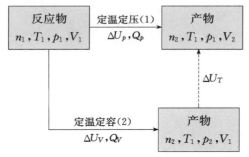

假定图中虚线表示一个没有化学变化和相变化的定温过程，该过程的热力学变化为 ΔU_T。当反应体系只做体积功

途径(1) $Q_p = \Delta H = \Delta U_p + p\Delta V$

途径(2) $Q_V = \Delta U_V$

所以

$$Q_p - Q_V = \Delta U_p + p\Delta V - \Delta U_V$$

根据状态函数特点可知 $\Delta U_p = \Delta U_V + \Delta U_T$，代入上式得

$$Q_p - Q_V = \Delta U_T + p\Delta V$$

---

1) 1982 年以前用的标准压力 $p^{\ominus} = 101.3$ kPa(1atm)。为了与 SI 单位制一致，IUPAC 在 1982 年建议以 1bar$ = 10^5$ Pa 作为标准压力。大多数新出版的热力学数据表都以 $p^{\ominus} = 1$bar$ = 10^5$ Pa 为标准压力，本书也尽量采用这些数据。

当产物为凝聚态如固体或液体,由于定温下凝聚态的体积随压力的变化很小,引起热力学能变化很小,因此 $\Delta U_T \approx 0$;若产物均为理想气体,则由于理想气体的热力学能只是温度的函数,有 $\Delta U_T = 0$,因此

$$Q_p = Q_V + p\Delta V \tag{1-33}$$

(1)反应物与产物只有固体和液体。因固体和液体的体积在反应前后变化很小,$p\Delta V \approx 0$,所以 $Q_p \approx Q_V$。

(2)反应体系中有气体。视气体为理想气体,当反应进度 $\xi = 1\text{mol}$ 时,$p\Delta V = \sum\limits_B \nu_B(g)RT$,因是定温过程,$R$ 是常量。假定产物气体物质的量为 $\nu_{B,p}(g)$,反应物气体物质的量为 $-\nu_{B,R}(g)$,则 $\sum\limits_B \nu_B(g) = \nu_{B,p}(g) + \nu_{B,R}(g)$。这样对有理想气体出现的反应有

$$\left.\begin{aligned} Q_{p,m} &= Q_{V,m} + \sum_B \nu_B(g)RT \\ \Delta H_m &= \Delta U_m + \sum_B \nu_B(g)RT \end{aligned}\right\} \tag{1-34}$$

例 1-3　在氧弹热量计中,测得 25℃时 1mol 液态苯完全燃烧,生成二氧化碳和液态水,放热 3264.09kJ,计算反应的定压热 $Q_{p,m}$。

解　反应

$$C_6H_6(l) + 7\frac{1}{2}O_2(g) \longequal 6CO_2(g) + 3H_2O(l)$$

反应前后气体物质的量的变化为

$$\sum_B \nu_B(g) = 6 - 7\frac{1}{2} = -\frac{3}{2}$$

$$\begin{aligned} Q_{p,m} &= Q_{V,m} + \sum_B \nu_B(g)RT \\ &= -3264.09\text{kJ}\cdot\text{mol}^{-1} - \frac{3}{2} \times 8.314\text{J}\cdot\text{mol}^{-1}\cdot\text{K}^{-1} \times 298\text{K} \times 10^{-3} \\ &= -3268\text{kJ}\cdot\text{mol}^{-1} \end{aligned}$$

1.5.4　热化学方程式

标明反应热的化学反应式称为热化学方程式。由于定压反应热和定容反应热在数值上等于反应的 ΔH 和 ΔU,而 ΔH 与 ΔU 又与物质的聚集状态、所处的温度、压力有关,故书写热化学方程式时,必须注明条件。固体物质如有多种晶形,要注明物质的晶形,如 C(石墨)、C(金刚石)。溶液中的反应要注明物质的浓度。不注明温度、压力则表示反应是在 $T = 298\text{K}$、$p = p^\ominus$ 下进行的。$\Delta_r H_m^\ominus$ 是指标准状态下反应进度为 1mol 时的反应热。例如

$$N_2(g) + 3H_2(g) \longequal 2NH_3(g) \qquad \Delta_r H_m^\ominus = -92.38\text{kJ}\cdot\text{mol}^{-1}$$

$$C(石墨) + O_2(g) \longequal CO_2(g) \qquad \Delta_r H_m^\ominus = -393.5\text{kJ}\cdot\text{mol}^{-1}$$

1.5.5　赫斯定律

赫斯(Гесс,1840)根据大量的实验事实总结出关于反应热的定律:一个化学反应,不论是一步完成还是分几步完成,其反应热是相同的。即反应热只与反应体系的始、终态有关,而与变化途径无关,这称为赫斯定律,是热化学中最基本的定律。

赫斯定律是实验定律,在热力学第一定律确定之后,可以从理论上得到圆满的解释。因为 $Q_V = \Delta U$、$Q_p = \Delta H$,而 ΔU、ΔH 只与体系的始态(U_1, H_1)、终态(U_2, H_2)有关,与途径无关。

赫斯定律的实用性很大,利用它可将化学方程式像普通代数方程一样进行计算,根据已准确测定的反应热数据,通过加加减减就可以得到实际上难以测定的反应热。例如,已知

$$C(s) + O_2(g) = CO_2(g) \qquad \Delta_r H_m^\ominus(i) = -393.5 \text{kJ} \cdot \text{mol}^{-1} \qquad (i)$$

$$CO(g) + \frac{1}{2}O_2(g) = CO_2(g) \qquad \Delta_r H_m^\ominus(ii) = -283.0 \text{kJ} \cdot \text{mol}^{-1} \qquad (ii)$$

则反应(i)减去反应(ii)得

$$C(s) + \frac{1}{2}O_2(g) = CO(g) \qquad (iii)$$

$$\Delta_r H_m^\ominus(iii) = \Delta_r H_m^\ominus(i) - \Delta_r H_m^\ominus(ii)$$
$$= -393.5 \text{kJ} \cdot \text{mol}^{-1} - (-283.0 \text{kJ} \cdot \text{mol}^{-1}) = -110.5 \text{kJ} \cdot \text{mol}^{-1}$$

赫斯定律不仅适用于反应热的计算,也适用于各种状态函数改变量的计算。

1.5.6　几种反应热

定温定压下化学反应热效应等于产物焓的总和与反应物焓的总和之差

$$\Delta_r H_m = \left(\sum_B H_B\right)_{产物} - \left(\sum_B H_B\right)_{反应物} = \sum_B \nu_B H_{B,m}$$

如果知道反应中各物质 B 的焓的绝对值,任一反应的热效应就可以直接计算了,这种方法最为简便。但焓的绝对值无法测定,为此采用一个相对标准求出各种物质的相对焓值,建立一套热化学数据,用于化学反应热效应的计算。

热力学规定物质的标准状态是标准压力 $p^\ominus$(100kPa)下的纯物质状态:

固体　标准压力 $p^\ominus$ 下最稳定的晶体状态

液体　标准压力 $p^\ominus$ 下纯液体状态

气体　标准压力 $p^\ominus$ 下纯气体物质的理想气体状态

标准状态没有指明温度,随着温度变化物质可有无数个标准态。为构建热力学数据的方便,一般选择 298K 作为规定温度。

1. 标准摩尔生成焓

在指定温度标准状态下,由元素的最稳定单质生成 1mol 化合物时的反应热称为该化合物的标准摩尔生成焓(standard molar enthalpy of formation),以 $\Delta_f H_m^\ominus$ 表示。

规定在指定温度标准状态下,元素的最稳定单质的标准生成焓值为零。一个化合物生成反应的标准摩尔焓变就是该化合物的标准摩尔生成焓。

例如,在 298K 及标准压力下

$$\frac{1}{2}H_2(g) + \frac{1}{2}Cl_2(g) = HCl(g) \qquad \Delta_r H_m^\ominus = -92.3 \text{kJ} \cdot \text{mol}^{-1}$$

则

$$\Delta_r H_m^\ominus = \Delta_f H_{m,HCl}^\ominus - \left(\frac{1}{2}\Delta_f H_{m,H_2}^\ominus + \frac{1}{2}\Delta_f H_{m,Cl_2}^\ominus\right)$$

$$-92.3 \text{kJ} \cdot \text{mol}^{-1} = \Delta_f H_{m,HCl}^\ominus - \left(\frac{1}{2} \times 0 + \frac{1}{2} \times 0\right) \text{kJ} \cdot \text{mol}^{-1}$$

所以

$$\Delta_f H_{m,HCl}^{\ominus} = -92.3 \text{kJ} \cdot \text{mol}^{-1}$$

各种物质在298K时的标准摩尔生成焓数据可从物理化学数据手册查到。对任意化学反应

$$a\text{A} + d\text{D} = g\text{G} + h\text{H}$$

298K及标准压力 $p^{\ominus}$ 下的 $\Delta_r H_m^{\ominus}$ 与物质B的标准生成热 $\Delta_f H_{m,B}^{\ominus}$ 的关系为

$$\Delta_r H_m^{\ominus} = \sum_B \nu_B \Delta_f H_{m,B}^{\ominus} \tag{1-35}$$

式中：ν_B 为反应式中物质B的化学计量数。

2. 标准摩尔燃烧焓

绝大多数有机物质都可以燃烧。1mol物质在指定温度及 $p^{\ominus}$ 下完全燃烧生成稳定的产物时的反应热称为该物质的标准摩尔燃烧焓（standard molar enthalpy of combustion），以 $\Delta_c H_m^{\ominus}$ 表示。所谓的稳定产物是指

$$\text{C} \rightarrow CO_2(g), \quad \text{H} \rightarrow H_2O(l), \quad \text{S} \rightarrow SO_2(g), \quad \text{N} \rightarrow N_2(g), \quad \text{Cl} \rightarrow HCl(aq)$$

例如，298K时反应

$$C_2H_5OH(l) + 3O_2(g) = 2CO_2(g) + 3H_2O(l) \qquad \Delta_r H_m^{\ominus} = -1366.8 \text{kJ} \cdot \text{mol}^{-1}$$

根据标准摩尔燃烧焓的定义，$C_2H_5OH(l)$ 的标准摩尔燃烧焓为

$$\Delta_c H_m^{\ominus} = \Delta_r H_m^{\ominus} = -1366.8 \text{kJ} \cdot \text{mol}^{-1}$$

298K时物质的标准摩尔燃烧焓数据在有关手册中可查到。

由赫斯定律知，反应 $a\text{A} + d\text{D} = g\text{G} + h\text{H}$ 的反应热为

$$\Delta_r H_m^{\ominus} = a\Delta_c H_{m,A}^{\ominus} + d\Delta_c H_{m,D}^{\ominus} - g\Delta_c H_{m,G}^{\ominus} - h\Delta_c H_{m,H}^{\ominus}$$

即

$$\Delta_r H_m^{\ominus} = -\sum_B \nu_B \Delta_c H_{m,B}^{\ominus} \tag{1-36}$$

例 1-4 在298K、$p^{\ominus}$ 下，葡萄糖（$C_6H_{12}O_6$）和乳酸（$CH_3CHOHCOOH$）的标准摩尔燃烧焓分别为 $-2808 \text{kJ} \cdot \text{mol}^{-1}$ 和 $-321.2 \text{kJ} \cdot \text{mol}^{-1}$。求在298K及标准状态下，酶将葡萄糖转化为乳酸的反应热。

解
$$C_6H_{12}O_6(s) \longrightarrow 2CH_3CHOHCOOH(l)$$

$$\Delta_r H_m^{\ominus} = \Delta_c H_{m,葡}^{\ominus} - 2\Delta_c H_{m,乳}^{\ominus}$$

$$= -2808 \text{kJ} \cdot \text{mol}^{-1} - (-321.2 \text{kJ} \cdot \text{mol}^{-1} \times 2) = -2166 \text{kJ} \cdot \text{mol}^{-1}$$

3. 离子标准摩尔生成焓

在指定温度及标准状态下，由稳定单质生成溶于大量水的1mol离子时的热效应称为离子标准摩尔生成焓，用 $\Delta_f H_m^{\ominus}(aq)$ 表示，"aq"表示无限稀水溶液。并规定氢离子的标准摩尔生成焓为零，$\Delta_f H_{m,H^+}^{\ominus} = 0$，由此可求得其他离子的标准摩尔生成焓。例如

$$\frac{1}{2}H_2(g) + \frac{1}{2}Cl_2(g) \xrightarrow{H_2O} H^+(aq) + Cl^-(aq) \qquad \Delta_r H_m^{\ominus} = -167.44 \text{kJ} \cdot \text{mol}^{-1}$$

根据以上规定知 $\Delta_f H_{m,Cl^-(aq)}^{\ominus} = \Delta_r H_m^{\ominus} = -167.44 \text{kJ} \cdot \text{mol}^{-1}$。

298K时离子标准摩尔生成焓数据可由有关手册上查得，由离子标准摩尔生成焓数据计算化学反应热的公式为

$$\Delta_r H_m^{\ominus} = \sum_B \nu_B \Delta_f H_{m,B}^{\ominus}(aq) \tag{1-37}$$

1.5.7 反应热与温度的关系

根据某已知温度如 298K 的反应热,计算另一温度下的反应热,须知反应热与温度的关系。

定温定压下,任一反应的反应热为 $\Delta_r H_m = \sum H_{产物} - \sum H_{反应物}$。对 T 求偏微商,即

$$\left(\frac{\partial \Delta_r H_m}{\partial T}\right)_p = \sum\left(\frac{\partial H_{产物}}{\partial T}\right)_p - \sum\left(\frac{\partial H_{反应物}}{\partial T}\right)_p = \sum C_{p(产物)} - \sum C_{p(反应物)} = \Delta C_p$$

$$\tag{1-38}$$

式(1-31)称为基尔霍夫(Kirchhoff)公式的微分式。它表明,定压反应热随温度的变化率等于产物与反应物定压热容之差。定压下式(1-38)又可写成

$$d\Delta_r H_m = \Delta C_p dT$$

从 $T_1 \sim T_2$ 定积分得

$$\Delta_r H_m(T_2) = \Delta_r H_m(T_1) + \int_{T_1}^{T_2} \Delta C_p dT \tag{1-39}$$

式(1-39)为基尔霍夫公式的积分式。在温度变化范围不大时,可认为 ΔC_p 为常数,式(1-39)变为

$$\Delta_r H_m(T_2) = \Delta_r H_m(T_1) + \Delta C_p(T_2 - T_1) \tag{1-40}$$

如果 ΔC_p 与温度有关,将 ΔC_p 的具体函数式代入,积分后可求 $\Delta_r H_m(T_2)$。

例 1-5 SO_2 氧化反应及各物质的 $\Delta_f H_m^{\ominus}(298)$ 和 $C_{p,m}$ 数据如下,求 500K 时该反应的 $\Delta_r H_m^{\ominus}$。

$$SO_2(g) + \frac{1}{2}O_2(g) =\!\!= SO_3(g)$$

	SO_2	O_2	SO_3
$\Delta_f H_m^{\ominus}/(kJ \cdot mol^{-1})$	-296.9	0	-395.2
$C_{p,m}/(J \cdot mol^{-1} \cdot K^{-1})$	42.5	31.42	57.32

解 298K 时

$$\Delta_r H_m^{\ominus} = \sum_B \nu_B \Delta_f H_{m,B}^{\ominus}$$

$$= \left[-395.2 \times 1 - \left(-296.9 \times 1 + 0 \times \frac{1}{2}\right)\right] kJ \cdot mol^{-1}$$

$$= -98.3 kJ \cdot mol^{-1}$$

$$\Delta C_p = \left[57.32 - \left(42.5 + 31.42 \times \frac{1}{2}\right)\right] J \cdot mol^{-1} \cdot K^{-1}$$

$$= -0.89 J \cdot mol^{-1} \cdot K^{-1}$$

500K 时

$$\Delta_r H_m^{\ominus}(500K) = \Delta_r H_m^{\ominus}(298K) + \Delta C_p(T_2 - T_1)$$

$$= [-98.3 + (-0.89) \times (500 - 298) \times 10^{-3}] kJ \cdot mol^{-1}$$

$$= -98.5 kJ \cdot mol^{-1}$$

 扫一扫　微量量热法测定生物活性

1.6　自发过程的特点与热力学第二定律

热力学第一定律表明,一切过程都遵守能量守恒原理,无一例外。而不违反能量守恒原理的过程是否都能自动发生? 一旦自发进行,过程的方向和限度是什么? 这些问题热力学第一定律都不能回答。而热力学第二定律回答过程能否自发进行以及自发进行的方向和限度等问题。

1.6.1　自发过程的特点

在一定条件下,不需外力推动就能自动发生的过程称为自发过程。自发过程都有确定的方向和限度。例如,热自发地由高温物体流向低温物体,直至两物体的温度相等,推动力是温度差;气体总是由高压处自发流向低压处,至两处压力相等时停止流动,推动力是压力差;浓度不均匀的溶液中,溶质自动向低浓度部分扩散,当各部分浓度相等时停止扩散,推动力是浓度差。这样的例子很多,说明自发过程一旦发生,总是沿单方向进行,达到一定限度即平衡时才停止变化,而它们的逆向变化则不能自动发生。

自发过程的逆向变化虽不能自动发生,但可由环境对其做功来完成。例如,理想气体向真空自由膨胀后,可由一个定温可逆压缩过程使气体恢复原状,这时环境对体系做功 W,体系恢复原状后,又将数值等于 W 的热返还给环境。在体系复原的同时,环境却失去功 W,得到等量的热。环境的能量在数值上无变化,但却产生了功变热的变化,留下了不可消除的后果,环境不能恢复原状。

这种体系经历某过程后,体系与环境的状态都发生了变化,无论用什么方法都不能使体系和环境同时恢复原状而不引起任何其他变化,则这种过程称为不可逆过程。一切自发过程的共同特点是都具有热力学的不可逆性,都是不可逆过程。

1.6.2　热力学第二定律

自然界存在的自发过程,一旦发生之后,其后果是不能消除的。开尔文(Kelvin)和克劳修斯(Clausius)在总结热力学第二定律时各自的表述如下:

开尔文说法:"不可能从单一热源取热使之全部变为功而不产生其他变化",又可表述为"第二类永动机不可能制成"。虽然这种由单一热源取热做功并不违背热力学第一定律,但因涉及热功转换,经验告诉我们这种永动机不可能制造成功。

克劳修斯说法:"热不能自动地由低温热源传到高温热源而不发生其他变化。"

开尔文说法和克劳修斯说法都是经验事实的总结,它们都涉及热是否可以完全转化为功。利用上述两种说法去判断某一过程特别是化学反应过程能否自发进行,以及进行的方向和限度是困难的。为寻找一切自发过程的共同判据,克劳修斯在考察了卡诺(Carnot)定理后,总结出一个新的状态函数熵,用熵的变化来判断过程的自发性。

1.7　熵增加原理与化学反应方向

1.7.1　卡诺定理

卡诺为从理论上求得热功转化的最大效率,设想有一理想可逆热机工作在温度为 T_1 和

$T_2(T_1 > T_2)$ 的两个热源之间,经卡诺循环后,由高温热源吸热为 Q_1,对环境做功 W,同时向低温热源放热为 Q_2,得出卡诺热机的效率为

$$\eta_R = -\frac{W}{Q} = \frac{Q_1 + Q_2}{Q_1} = \frac{T_1 - T_2}{T_1} \tag{1-41}$$

式(1-41)表明,卡诺热机的效率只与两热源的温度有关。低温热源温度 T_2 不可能为零,故只能是 $\eta_R < 1$。这说明热是不能完全转化为功的,在理论上证明了热与功的不等价性。热机如果只与一个热源相接触,即 $T_1 = T_2$,热机的效率 $\eta_R = 0$。

在分析卡诺循环得出的结论基础上,卡诺提出了著名的卡诺定理:工作在两个温度不同热源间的一切热机,以卡诺热机的效率最大,且与工作物质无关。若以 η_R 表示可逆热机的效率,η 表示任意热机的效率,卡诺定理可表示为

$$\eta_R \geqslant \eta \tag{1-42}$$

或

$$\eta = \frac{Q_1 + Q_2}{Q_1} \leqslant \frac{T_1 - T_2}{T_1} \tag{1-43}$$

式中:等号适用于可逆热机,不等号适用于不可逆热机。

克劳修斯在重新审查卡诺的工作结果后指出,卡诺定理中包含着一个新的原理,并由此引出状态函数熵,为解决过程的自发性找到一个共同的判据。

将卡诺定理的式(1-43)重排得

$$\left. \begin{array}{l} \dfrac{Q_1}{T_1} + \dfrac{Q_2}{T_2} \leqslant 0 \\[3mm] \sum\limits_i \dfrac{Q_i}{T_i} \leqslant 0 \end{array} \right\} \tag{1-44}$$

或

式中:$\dfrac{Q}{T}$ 称为热温商。式(1-44)表明,卡诺循环的热温商之和等于零,而不可逆循环的热温商之和小于零。由此构成了过程的可逆性与过程热温商间的关系。

1.7.2　可逆过程的热温商与熵变

对任意可逆循环,可用极为接近的绝热线和等温线划分出一连串的小卡诺循环,如图 1-3 所示。两个相邻的小卡诺循环有一段绝热线是共同的(虚线部分),对前一个卡诺循环若表示是膨胀做功,则后一个卡诺循环是压缩做功,因功值相等,完成两个循环后正好抵消。因此,任意一可逆循环可以用封闭折线来代替。对任意一个小卡诺循环有 $\dfrac{\delta Q_1}{T_1} + \dfrac{\delta Q_2}{T_2} = 0$,所有小卡诺循环加和为零,即

$$\left(\frac{\delta Q_1}{T_1} + \frac{\delta Q_2}{T_2}\right) + \left(\frac{\delta Q_3}{T_3} + \frac{\delta Q_4}{T_4}\right) + \cdots + \left(\frac{\delta Q_{i-1}}{T_{i-1}} + \frac{\delta Q_i}{T_i}\right) = 0$$

或

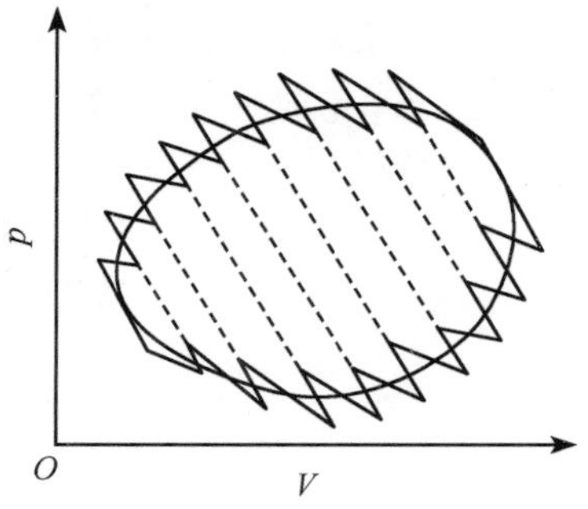

图 1-3　任意可逆循环

$$\sum_i \frac{\delta Q_i}{T_i} = 0$$

若将绝热线画得无限接近,封闭折线就与任意循环的曲线相重合,这时有

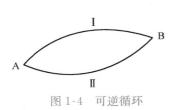

图 1-4　可逆循环

$$\sum_i \left(\frac{\delta Q_i}{T_i}\right)_R = 0 \quad \text{或} \quad \oint \frac{\delta Q_R}{T} = 0 \tag{1-45}$$

式中：δQ_R 表示一极微小可逆过程交换的热量；因过程是可逆的，所以 T 既是环境温度也是体系的温度；$\oint$ 表示一闭合曲线的积分。式(1-45)表明，对任何可逆循环过程仍有热温商之和为零的结论。

如果一个可逆循环先经可逆途径 I 由 A 变到 B，再经可逆途径 II 由 B 变到 A 而完成，如图 1-4 所示。由式(1-45)得

$$\oint \frac{\delta Q_R}{T} = \int_A^B \left(\frac{\delta Q_R}{T}\right)_I + \int_B^A \left(\frac{\delta Q_R}{T}\right)_{II} = 0$$

即

$$\int_A^B \left(\frac{\delta Q_R}{T}\right)_I = -\int_B^A \left(\frac{\delta Q_R}{T}\right)_{II} = \int_A^B \left(\frac{\delta Q_R}{T}\right)_{II}$$

这个等式表明，体系可逆由 A 变到 B，沿不同途径的热温商积分值相等，与途径无关。由此判定被积变量 $\frac{\delta Q_R}{T}$ 必为某一状态函数的全微分。克劳修斯定义这个状态函数为熵(entropy)，用 S 表示

$$dS \equiv \frac{\delta Q_R}{T} \tag{1-46}$$

若以 S_A、S_B 分别表示体系始、终态的熵，则体系的熵变 ΔS 为

$$\left.\begin{array}{l} \Delta S = S_B - S_A = \int_A^B \frac{\delta Q_R}{T} \\[2mm] \Delta S - \int_A^B \frac{\delta Q_R}{T} = 0 \end{array}\right\} \tag{1-47}$$

或

式(1-47)表明，可逆过程中体系的熵变等于过程的热温商之和。

熵是体系的性质，是状态函数；熵的单位是 $J \cdot K^{-1}$；熵为广度性质，有加和性。

1.7.3　不可逆过程的热温商与熵变

若体系经不可逆过程 IR 由 A 变到 B，再经可逆途径 R 由 B 变到 A，完成一不可逆循环，如图 1-5 所示。变化过程由式(1-44)得

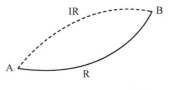

图 1-5　不可逆循环

$$\sum_i \left(\frac{\delta Q_i}{T}\right)_{IR} < 0$$

即

$$\sum_i \left(\frac{\delta Q_i}{T_i}\right)_{IR, A \to B} + \int_B^A \left(\frac{\delta Q}{T}\right)_R < 0$$

因为

$$\int_B^A \left(\frac{\delta Q}{T}\right)_R = S_A - S_B$$

所以

$$\sum_i \left(\frac{\delta Q_i}{T}\right)_{IR, A \to B} < \Delta S_{A \to B} = S_B - S_A \tag{1-48}$$

式(1-48)表明,体系经不可逆过程由 A 变到 B,过程的热温商之和小于过程的熵变。

1.7.4　热力学第二定律的数学表达式

将式(1-47)和式(1-48)合并后得

$$
\left.
\begin{aligned}
\Delta S &\geqslant \sum \frac{\delta Q}{T} \\
\mathrm{d}S &\geqslant \frac{\delta Q}{T}
\end{aligned}
\right\}
\tag{1-49}
$$

式中:等号适用于可逆过程,不等号适用于不可逆过程。式(1-49)是克劳修斯不等式,它也是热力学第二定律(second law of thermodynamics)的数学表达式。克劳修斯不等式比从经验出发的叙述更为概括,而且原则上可以用于计算。使用该式时要明确,体系的熵变 ΔS 是状态函数的变化,只取决于体系变化的始、终态,与变化的途径无关。而过程的热温商之和却与过程的可逆性有关系。在可逆过程中,热温商之和等于体系的熵变;不可逆过程的热温商之和小于体系的熵变,体系的熵变要设计可逆过程,根据可逆过程的热温商来计算。

过程的热温商比体系的熵变小得越多,说明过程的不可逆程度越高。用克劳修斯不等式可判断过程不可逆程度的大小,热温商大于体系熵变的过程是不可能发生的,因为它违背热力学第二定律。

1.7.5　熵增加原理

将克劳修斯不等式用于孤立体系的变化,因 $\delta Q = 0$,所以不等式变为

$$
(\mathrm{d}S)_{\text{孤}} \geqslant 0 \quad \text{或} \quad (\Delta S)_{\text{孤}} \geqslant 0 \tag{1-50}
$$

式(1-50)表明,孤立体系内发生的一切可逆过程,体系的熵值不变,即 $\mathrm{d}S = 0$;发生的一切不可逆过程都将是熵增加的,即 $\mathrm{d}S > 0$;孤立体系内熵减小的过程不可能发生。另外,因孤立体系不受环境的影响,若其中发生熵增加的不可逆过程,必定是自发的过程。因此,孤立体系的熵判据为

$$
(\Delta S)_{\text{孤}} \geqslant 0 \qquad
\begin{aligned}
&\text{自发过程} \\
&\text{可逆过程}
\end{aligned}
\tag{1-51}
$$

式(1-51)表明,孤立体系内发生的过程总是自发地向着熵增加的方向进行,直到体系的熵增加到最大值时,体系达到平衡态。这个规律就是熵增加原理(principle of entropy increasing)。

在解决实际过程的方向时,总是将体系和与体系有关的环境加在一起构成孤立体系,此时

$$
\Delta S_{\text{总}} = (\Delta S)_{\text{孤}} = \Delta S_{\text{体}} + \Delta S_{\text{环}} \geqslant 0 \tag{1-52}
$$

用式(1-52)可计算出孤立体系的总熵变,用以判断过程是否自发进行。

计算环境的熵变时,可将环境看成一个无限大的热源,在变化过程中,环境吸收或放出有限的热量不足以改变环境的状态,因此环境的变化总是可逆的,因 $Q_{\text{环}} = -Q_{\text{体}}$,所以

$$
\Delta S_{\text{环}} = -\frac{Q_{\text{体}}}{T_{\text{环}}} \tag{1-53}
$$

1.7.6　熵变的计算

计算熵变时首先要判断过程是否可逆。若为可逆过程,可直接计算;若为不可逆过程,则须设计可逆过程完成指定始、终态间的变化,再根据设计的可逆过程进行计算。如果要判断变化的自发性,则还要计算环境的熵变,并与体系的熵变一起构成总熵变,再根据熵判据做出

判断。

当非体积功为零时，由热力学第一定律 $\delta Q = dU + pdV$ 和熵的定义式 $\Delta S = \int \dfrac{\delta Q_R}{T}$ 可得

$$\Delta S = \int \frac{dU + pdV}{T} \tag{1-54}$$

1. 理想气体的简单状态变化过程的熵变

这种变化过程是指无相变、无化学变化的过程。例如，理想气体由始态 (p_1, V_1, T_1) 变到终态 (p_2, V_2, T_2) 的熵变的计算，可设计成经定压可逆和定温可逆两个过程来完成，即

$$\text{始态}(p_1, V_1, T_1) \xrightarrow{\quad \Delta S \quad} \text{终态}(p_2, V_2, T_2)$$

定压可逆 $\Big\lvert \Delta S_1 \qquad\qquad \Delta S_2 \Big\uparrow$ 定温可逆
$$p_1, V, T_2$$

对于定压可逆过程，根据式(1-54)，有

$$\Delta S_1 = \int \frac{dU + pdV}{T} = \int \frac{dH}{T} = \int_{T_1}^{T_2} \frac{nC_{p,m}dT}{T}$$

$$\Delta S_1 = nC_{p,m} \ln \frac{T_2}{T_1} \tag{1-55}$$

对于定温可逆过程，根据式(1-54)，因 $dU = 0$，则

$$\Delta S_2 = nR \ln \frac{p_1}{p_2} \tag{1-56}$$

因此体系完成始、终态间变化过程的熵变为

$$\Delta S = \Delta S_1 + \Delta S_2 = nC_{p,m} \ln \frac{T_2}{T_1} + nR \ln \frac{p_1}{p_2}$$

同理，若通过定容可逆和定温可逆途径完成此过程，则

$$\Delta S = nC_{V,m} \ln \frac{T_2}{T_1} + nR \ln \frac{V_2}{V_1}$$

例 1-6 1mol、298K 的理想气体经(1)定温可逆膨胀，(2)向真空自由膨胀两种过程，压力由 101.3kPa 变到 10.13kPa。计算两种过程体系的熵变，并判断过程的自发性。

解 (1)因是理想气体的定温可逆膨胀，由式(1-56)有

$$\Delta S_{\text{体}} = nR \ln \frac{p_1}{p_2} = 1\text{mol} \times 8.314\text{J} \cdot \text{mol}^{-1} \cdot \text{K}^{-1} \times \ln \frac{101.3\text{kPa}}{10.13\text{kPa}}$$

$$= 19.14\text{J} \cdot \text{K}^{-1}$$

因为

$$Q_{\text{环}} = -Q_{R,\text{体}} = -T\Delta S_{\text{体}}$$

$$\Delta S_{\text{环}} = \frac{Q_{\text{环}}}{T} = -\Delta S_{\text{体}} = -19.14\text{J} \cdot \text{K}^{-1}$$

所以

$$\Delta S_{\text{总}} = \Delta S_{\text{体}} + \Delta S_{\text{环}} = 0$$

(2)向真空自由膨胀时，因体系的始、终态相同，所以体系熵变与定温可逆过程相同，即

$$\Delta S_{\text{体}} = 19.14\text{J} \cdot \text{K}^{-1}$$

而自由膨胀过程体系与环境无热交换，$Q_{\text{环}} = 0$，所以 $\Delta S_{\text{环}} = \dfrac{Q_{\text{环}}}{T} = 0$。

自由膨胀过程的总熵变 $\Delta S_{\text{总}} = \Delta S_{\text{体}} + \Delta S_{\text{环}} = 19.14\text{J} \cdot \text{K}^{-1} > 0$，所以自由膨胀过程是自发的。

2. 理想气体混合过程的熵变

设有 n_A mol 的理想气体 A 和 n_B mol 的理想气体 B 分别放置在用隔板分成的两容器内（$p_A = p_B$），如图 1-6 所示，抽去隔板，两种气体在定温下混合达平衡，且混合前后体系的总压力不变。该过程的熵变可做如下计算：

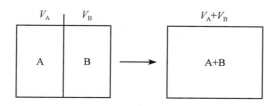

图 1-6　气体的混合

A 气体的熵变

$$\Delta S_A = n_A R \ln \frac{V_A + V_B}{V_A}$$

B 气体的熵变

$$\Delta S_B = n_B R \ln \frac{V_A + V_B}{V_B}$$

混合气体的熵变

$$\Delta S_{体} = \Delta S_A + \Delta S_B = n_A R \ln \frac{V_A + V_B}{V_A} + n_B R \ln \frac{V_A + V_B}{V_B}$$

根据分体积定律，并将 $\dfrac{V_A + V_B}{V_A} = \dfrac{n_A + n_B}{n_A} = \dfrac{1}{x_A}$，$\dfrac{V_A + V_B}{V_B} = \dfrac{1}{x_B}$ 及 $n_A = n x_A$，$n_B = n x_B$ 代入上式得

$$\Delta S_{体} = - n_A R \ln x_A - n_B R \ln x_B = -nR(x_A \ln x_A + x_B \ln x_B)$$

对多种气体的混合可得

$$\Delta S_{体} = -nR \sum_B x_B \ln x_B \tag{1-57}$$

因 $x_B < 1$，$\Delta S_{体} > 0$，及理想气体混合时与环境无热交换，$\Delta S_{环} = 0$，则

$$\Delta S_{总} = \Delta S_{体} + \Delta S_{环} > 0$$

定温下理想气体的混合过程是自发进行的，混合后体系的总熵变大。

例 1-7　求 2mol A 气体与 3mol B 气体在定温定压下混合过程的熵变。

解　混合后 $x_A = \dfrac{n_A}{n_A + n_B} = \dfrac{2}{2+3} = 0.4$，$x_B = \dfrac{3}{2+3} = 0.6$，$n = (2+3)$mol，代入式（1-57）得

$$\begin{aligned}
\Delta S_{体} &= -nR \sum_B x_B \ln x_B \\
&= -5\text{mol} \times 8.314\text{J} \cdot \text{mol}^{-1} \cdot \text{K}^{-1} \times (0.4\ln 0.4 + 0.6\ln 0.6) \\
&= 27.98\text{J} \cdot \text{K}^{-1} > 0
\end{aligned}$$

两种气体混合后熵是增加的。

---

3. 相变过程的熵变

相变化一般是在定温定压下发生的，分可逆相变与不可逆相变。如果在某一温度和压力下参加变化的两相可以平衡共存，则可认为发生的是可逆相变，若两相不能平衡共存，则发生不可逆相变。例如，在 101.3kPa、273K 时水的液相与固相可平衡共存；在 101.3kPa 及 373K 时水的气相和液相可平衡共存。在上述两种条件下水变冰和水变气的过程是可逆过程。定温

定压发生可逆相变时的熵变为

$$\Delta S = \frac{Q_R}{T} = \left(\frac{n\Delta H_m}{T}\right)_{相变} \tag{1-58}$$

如两相在不平衡条件下发生不可逆相变,不能直接使用式(1-58)计算,要在指定的始、终态间设计一可逆过程进行计算。

例1-8 计算 101.3kPa 及 273K 下 1mol 液态水凝固为冰时的熵变。已知 $\Delta H_凝 = -6020\,J \cdot mol^{-1}$。

解 101.3kPa、273K 时,冰、水两相可平衡共存,发生的是可逆相变,用式(1-58)计算,即

$$\Delta S = \frac{n\Delta H_凝}{T} = \frac{1mol \times (-6020J \cdot mol^{-1})}{273K} = -22.05J \cdot K^{-1}$$

水凝固为冰是体系的熵减小的过程。

例1-9 例1-8的变化若是在 101.3kPa、263K 下发生,求此过程的熵变,并判断该过程的方向。已知 $C_{p,m水} = 75.3J \cdot mol^{-1} \cdot K^{-1}$,$C_{p,m冰} = 37.6J \cdot mol^{-1} \cdot K^{-1}$。

解 263K、101.3kPa 下,冰、水不能平衡共存,是不可逆相变,为此设计如下可逆过程完成始、终态间的变化:

$$\Delta S = \Delta S_1 + \Delta S_2 + \Delta S_3$$

$$\Delta S_1 = \int_{T_1}^{T_2} \frac{C_{p,水}\,dT}{T} = nC_{p,m,水}\ln\frac{T_2}{T_1} = 1mol \times 75.3J \cdot mol^{-1} \cdot K^{-1} \times \ln\frac{273K}{263K} = 2.81J \cdot K^{-1}$$

根据例1-8,有

$$\Delta S_2 = -22.05J \cdot K^{-1}$$

$$\Delta S_3 = \int_{T_2}^{T_1} \frac{C_{p,m,冰}\,dT}{T} = nC_{p,m,冰}\ln\frac{T_1}{T_2} = 1mol \times 37.6J \cdot mol^{-1} \cdot K^{-1} \times \ln\frac{263K}{273K} = -1.40J \cdot K^{-1}$$

所以

$$\Delta S_体 = [2.81 + (-22.05) - 1.40]J \cdot K^{-1} = -20.6J \cdot K^{-1}$$

用 $\Delta S_体$ 尚不能判断过程的方向,还要计算出环境的熵变,将两者熵变合在一起考虑。

因是定压过程,所以过程的定压热 $\Delta H = \Delta H_1 + \Delta H_2 + \Delta H_3$ 可用基尔霍夫公式由 ΔH_2 和 ΔC_p 求得

$$\Delta H = \Delta H_2 + \int_{T_1}^{T_2} \Delta C_p\,dT$$

因温度变化很小,ΔC_p 可看作常数,上式变为

$$\Delta H = \Delta H_2 + \Delta C_p(T_2 - T_1)$$
$$= -6020J \cdot mol^{-1} + (75.3 - 37.6)J \cdot mol^{-1} \cdot K^{-1} \times (273 - 263)K$$
$$= -5643J \cdot mol^{-1}$$

$$\Delta S_环 = \frac{-\Delta H}{T} = \frac{1mol \times 5643J \cdot mol^{-1}}{263K} = 21.46J \cdot K^{-1}$$

$$\Delta S_总 = \Delta S_体 + \Delta S_环 = (-20.64 + 21.46)J \cdot K^{-1} = 0.82J \cdot K^{-1} > 0$$

所以 263K 及 101.3kPa 下水凝固为冰是自发的。

4. 纯液体、纯固体的 p、V、T 变化过程

液体、固体物质的可压缩性很小，定温定压下可近似地看作状态无变化，所以 $\Delta S = 0$。

当体系的温度变化时，熵要变化，这时 $C_p \approx C_V$，所以对温度变化的过程的熵变计算公式为

$$\Delta S = \int \frac{\delta Q_R}{T} = \int_{T_1}^{T_2} nC_{V,\mathrm{m}} \frac{\mathrm{d}T}{T} = nC_{V,\mathrm{m}} \ln \frac{T_2}{T_1} \tag{1-59}$$

求不同温度液体混合过程的熵变，应先计算混合达平衡时的温度，再分别计算每种液体变温过程中的熵变，然后将其加和起来即得混合过程的熵变。

1.8 化学反应的熵变

1.8.1 热力学第三定律

20 世纪初，人们根据一系列低温实验事实和推测，又总结出一个经验定律，它的内容为：在热力学温度零度时，任何纯物质的完美晶体的熵值都等于零。这就是热力学第三定律（third law of thermodynamics），它的数学表达式是

$$\lim_{T \to 0} S_T = 0 \quad \text{或} \quad S_{0\mathrm{K}} = 0$$

所谓完美晶体，是指质点形成完全有规律的点阵结构，以一种几何方式去排列原子或分子，而内部无任何缺陷的晶体。统计力学从理论上根据熵的微观意义证明，热力学温度零度时，将纯物质完美晶体的熵值规定为零是有充分根据的。

1.8.2 物质的规定熵 S_T 和标准熵 $S_{\mathrm{m}}^{\ominus}(T)$

根据热力学第三定律规定的 $S_{0\mathrm{K}} = 0$，将物质在定压下从 0K 升温到 T，且无相变的情况下，过程的熵变就等于物质在温度 T 时的熵值 S_T

$$\Delta S = S_T - S_{0\mathrm{K}} = S_T = \int_0^T nC_{p,\mathrm{m}} \frac{\mathrm{d}T}{T} \tag{1-60}$$

S_T 就是物质在指定状态下的规定熵。而 1mol 纯物质在指定温度 T 及标准状态的规定熵称为标准熵，用 $S_{\mathrm{m}}^{\ominus}(T)$ 表示。由数据表查得的物质标准熵均为 $T = 298\mathrm{K}$ 时 $S_{\mathrm{m}}^{\ominus}(298\mathrm{K})$ 的值。

根据热力学第三定律计算纯物质的标准熵时，没有式(1-60)那样简单，因为纯物质在标准压力 $p^{\ominus}$ 下，由 0~298K 的温度变化区间会出现相变，且极低温度（0~16K）下的热容数据难以测定。实际计算某纯物质的标准熵，要将相变引起的熵变考虑在内，用德拜(Debye)公式 $C_{V,\mathrm{m}} = \alpha T^3$ 代替低温下物质的 $C_{p,\mathrm{m}}$（α 为物质的特性常数，低温晶体的 $C_{V,\mathrm{m}} \approx C_{p,\mathrm{m}}$）进行熵变的计算。例如，HCl 由 0K 时的固态变为 298K 时的气态共经历以下几个过程：

$$\mathrm{HCl(s_1)} \xrightarrow{\Delta S_1} \mathrm{HCl(s_1)} \xrightarrow{\Delta S_2} \mathrm{HCl(s_1)} \xrightarrow{\Delta S_3} \mathrm{HCl(s_2)} \xrightarrow{\Delta S_4} \mathrm{HCl(s_2)} \xrightarrow{\Delta S_5}$$
$$0\mathrm{K} \qquad\qquad 16\mathrm{K} \qquad\qquad 98.4\mathrm{K} \qquad\qquad 98.4\mathrm{K} \qquad\qquad 158.9\mathrm{K}$$

$$\mathrm{HCl(l)} \xrightarrow{\Delta S_6} \mathrm{HCl(l)} \xrightarrow{\Delta S_7} \mathrm{HCl(g)} \xrightarrow{\Delta S_8} \mathrm{HCl(g)}$$
$$158.9\mathrm{K} \qquad\quad 188.1\mathrm{K} \qquad\quad 188.1\mathrm{K} \qquad\quad 298\mathrm{K}$$

则标准熵计算公式为

$$S_{\mathrm{m}}^{\ominus}(298\mathrm{K}) = \sum_i \Delta S_i = \int_0^{16} \alpha T^3 \frac{\mathrm{d}T}{T} + \int_{16}^{98.4} C_{p,\mathrm{m}}(\mathrm{s_1}) \frac{\mathrm{d}T}{T} + \frac{\Delta_{\mathrm{trs}} H_{\mathrm{m}}^{\ominus}}{98.4} + \int_{98.4}^{158.9} C_{p,\mathrm{m}}(\mathrm{s_2}) \frac{\mathrm{d}T}{T} + \frac{\Delta_{\mathrm{fus}} H_{\mathrm{m}}^{\ominus}}{158.9}$$

$$+ \int_{158.9}^{188.1} C_{p,\mathrm{m}}(\mathrm{l}) \frac{\mathrm{d}T}{T} + \frac{\Delta_{\mathrm{vap}} H_{\mathrm{m}}^{\ominus}}{188.1} + \int_{188.1}^{298} C_{p,\mathrm{m}}(\mathrm{g}) \frac{\mathrm{d}T}{T}$$

式中：s_1、s_2 分别表示两种晶形。只要在数据表上查得 HCl 的各种 $C_{p,m}$ 及相变热 ΔH 数据代入上式，即可计算出在 298K 及 $p^{\ominus}$ 下 HCl(g) 的 $S_m^{\ominus}(298K)$ 值。$\Delta_{trs}H_m^{\ominus}$、$\Delta_{fus}H_m^{\ominus}$ 和 $\Delta_{vap}H_m^{\ominus}$ 分别代表标准摩尔晶形转变焓、标准摩尔熔化焓和标准摩尔汽化焓。

常见单质和化合物的 $S_m^{\ominus}(298K)$ 数据在物理化学手册中均可查得。

1.8.3 化学反应熵变的计算

在 298K 及标准压力下，化学反应

$$aA + dD \Longrightarrow gG + hH$$

反应熵变

$$\Delta_r S_m^{\ominus} = \sum_B \nu_B S_{m,B}^{\ominus} \tag{1-61}$$

式中：ν_B 和 $S_{m,B}^{\ominus}$ 分别为化学反应式中物质 B 的计量系数和物质 B 的标准摩尔熵。

例 1-10 在 298K 及 $p^{\ominus}$ 下，蔗糖发生氧化反应。查得各物质的标准熵如下，试计算该化学反应的熵变。

$$C_{12}H_{22}O_{11}(s) + 12O_2(g) \Longrightarrow 12CO_2(g) + 11H_2O(l)$$

$S_m^{\ominus}/(J \cdot mol^{-1} \cdot K^{-1})$ 360.24   205.03   213.6   69.91

解 $\Delta_r S_m^{\ominus} = \sum_B \nu_B S_{m,B}^{\ominus} = (11 \times 69.91 + 12 \times 213.6 - 1 \times 360.24 - 12 \times 205.03) J \cdot mol^{-1} \cdot K^{-1}$

$= 511.6 J \cdot mol^{-1} \cdot K^{-1}$

*1.9　熵的统计意义

1.9.1 概率概念

概率(probability)是指某一事件出现的机会或可能性。由大量质点构成的体系是服从概率定律的。例如，将一容积为 V 的盒子中间用一带孔的隔板将盒子分为容积相等的 V_1 和 V_2 两部分，孔的大小可允许小球随意通过。现讨论以下几种情况。

(1) 开始时 V_1 内有 2 个完全相同的小球，并将小球标记为 a 和 b，以辨认小球在盒内所处的位置。摇动盒子后，小球有 3 种分布方式；4 种分配样式，每种分配样式为一种微观状态。2 个小球同时出现在 V_1 或 V_2 内的概率是 $(1/2)^2 = 1/4$，2 个小球分布在 V_1 和 V_2 内各 1 个的概率为 $2/4 = 1/2$。

(2) 如果有 4 个不相同的小球，其标记分别为 a、b、c 和 d，欲将它们分布在 V_1 和 V_2 内，摇动盒子后，共有 5 种分布方式和 16 种分配样式（微观状态）。小球完全集中在 V_1 或 V_2 内的概率为 $(1/2)^4 = 1/16$，而均匀分布(V_1 和 V_2 内各有 2 个小球)的概率为 $6/16$(表 1-1)。

表 1-1　小球分布示意图

小球数/个	分布方式	分配样式		分配样式数（微观状态数）
		V_1	V_2	
2	(2,0)	ab		1
	(0,2)		ab	1
	(1,1)	a b	b a	2

续表

小球数/个	分布方式	分配样式		分配样式数 （微观状态数）
		V_1	V_2	
4	(4,0)	abcd		1
	(3,1)	abc abd acd bcd	d c b a	4
	(2,2)	ab ac ad bc bd cd	cd bd bc ad ac ab	6
	(1,3)	a b c d	bcd acd abd abc	4
	(0,4)		abcd	1

　　由于 $V_1=V_2$，4 个小球在盒内每种分配样式出现的机会是均等的。但 5 种不同的分布方式出现的概率却不相同，规律是分配样式数（微观状态）越多，对应的分布方式出现的概率就越大。4 个小球在 V_1、V_2 内均匀分布方式出现的概率最大，为 6/16；而集中在 V_1 或 V_2 的分布方式的概率最小，为 1/16。开始时在 V_1 内放置小球数越多，摇动盒子后，均匀分布的概率会越大，而小球完全集中在 V_1 或 V_2 内的概率越小。例如，100 个小球在盒内，均匀分布的概率已达 98.5%，而完全集中在 V_1 或 V_2 内的概率为 $(1/2)^{100}$，几乎为零。这就是说，小球数目多时，小球分布完全返回到 V_1 内的可能性几乎不存在。

1.9.2　熵的统计意义

　　由以上讨论可知，有一个确定的宏观状态，就有一定数目的微观状态与之相对应，因此将实现某一分布的微观状态数称为这一分布的热力学概率（或混乱度，disorder），用符号 Ω 表示。热力学概率与数学概率的区别在于热力学概率是大于 1 的整数，数值很大，而数学概率则一定是小于 1 的分数。

　　理想气体向真空膨胀是一典型的自发过程。如果把气体分子全部集中在容器一端的状态称为有序态，混乱度小，而气体分子均匀分布在整个容器的状态称为无序态，混乱度大。显然，理想气体向真空膨胀这一自发过程，是自发地向着热力学概率大的变化过程。用混乱度的概念来判断自发过程的方向、限度的结论是：在孤立体系中，自发过程总是朝着体系的混乱度增加的方向进行，而混乱度减小的过程是不能自动实现的；当体系混乱度达到最大的状态（平衡态）时，过程就停止了，这就是热力学第二定律所阐明的自发过程的本质。这一结论是由统计规律得来的，统计规律只适用于由大量微观粒子构成的体系的行为。

1.9.3　熵与混乱度的关系

　　热力学过程中，体系的热力学概率 Ω 与熵 S 有着同步变化的规律，即 Ω 增加，S 也增加；反之亦然。玻尔兹曼（Boltzmann）由统计理论推导得出

$$S = k_{\mathrm{B}}\ln\Omega \tag{1-62}$$

式中：$k_B = R/L$，为玻尔兹曼常量。式(1-62)将体系的宏观性质熵与微观状态数混乱度联系起来。公式指明，熵是体系混乱度的量度，一个体系混乱度越大，熵也越大。例如，物质的熵随温度升高而增大；同一物质在条件相同的情况下，聚集状态不同，熵值也不同，规律是 $S_g > S_l > S_s$；一些化学反应若质点数增多，则混乱度变大，熵也变大，而质点数减少的反应熵也变小。

扫一扫　非平衡态热力学——耗散结构理论简介

Summary

Chapter 1　Foundation of Chemical Thermodynamics

1. The property of the system is called station function, it is determined only by the state of the system. Heat and work is not state function.

2. The first law of thermodynamics is in a simple but practical form：$dU = \delta Q + \delta W$. Here U is the station function-thermodynamic energy. Enthalpy, the another station function, is defined by the relation：$H \equiv U + pV$.

3. Heat capacity at constant volume is the rate of change of the thermodynamic energy with temperature at constant volume $C_V = \dfrac{\delta Q_V}{dT} = \left(\dfrac{\partial U}{\partial T}\right)_V$. Heat capacity at constant pressure is the rate of change of the enthalpy with temperature at constant pressure $C_p = \dfrac{\delta Q_p}{dT} = \left(\dfrac{\partial H}{\partial T}\right)_p$.

4. The thermodynamics energy and enthalpy of ideal gas is depended only on temperature. $U = f(T)$, $H = f(T)$. Adiabatic reversible expansion of ideal gas conforms to adiabatic process equation：

$$R\ln \frac{V_2}{V_1} = -C_{V,m}\ln \frac{T_2}{T_1}$$

5. ΔU or ΔH for any chemical reaction is independent on the path, that is independent on any intermediate reactions that may occur. This principle is called Hess law.

6. The standard reaction enthalpy $\Delta_r H_m^{\ominus}$ is the change in enthalpy when the reactants in their standard states change to products in their standard states. The standard state of a substance at a specified temperature (normally 298K) is its pure form at 10^5 Pa pressure, or at $p^{\ominus}$.

7. When the temperature is changed from T_1 to T_2, the reaction enthalpy is calculated with Kirchhoff's equation：

$$\Delta_r H_m(T_1) = \Delta_r H_m(T_2) + \int_{T_1}^{T_2} \sum \nu_B C_{p,m}(B) dT$$

8. Entropy (S) is the property of system and a state function. The differential change in a process

dS is the ratio of heat and temperature in a reversible process $dS \equiv \dfrac{\delta Q_R}{T}$. The second law of thermodynamics is in the form of Clausius inequality: $dS \geqslant \dfrac{\delta Q}{T}$ or $\Delta S \geqslant \sum \dfrac{\delta Q}{T}$.

9. The principle of the increase of entropy is applied to judge spontaneity of a process in an isolated system, that is the entropy criterion.

10. The third law of thermodynamics is that, entropy of pure crystalline solid is taken as zero at the absolute zero degree of thermodynamics temperature, $S_{0K} = 0$. Standard entropy $S_m(B)$ is per molar pure substance's symbol entropy at any desired temperature T and standard state. Entropy change in chemical reaction is calculated with $\Delta S(298K) = \sum\limits_{B} \nu_B S_{B,m}$.

习　题

1-1　气体体积功的计算式 $W = \int -p_{外}\, dV$ 中,为什么要用环境的压力 $p_{外}$? 在什么情况下可用体系的压力 $p_{体}$?

1-2　298K 时,5mol 的理想气体,在(1)定温可逆膨胀为原体积的 2 倍;(2)定压下加热到 373K。已知 $C_{V,m} = 28.28 \mathrm{J \cdot mol^{-1} \cdot K^{-1}}$。计算两过程的 Q、W、ΔU 和 ΔH。

1-3　容器内有理想气体,$n = 2\mathrm{mol}$,$p = 10p^{\ominus}$,$T = 300\mathrm{K}$。求(1)在空气中膨胀了 $1\mathrm{dm^3}$,做功多少? (2)对抗 $1p^{\ominus}$ 定外压膨胀到容器内压力为 $1p^{\ominus}$,做了多少功? (3)膨胀时外压总比气体的压力小 dp,问容器内气体压力降到 $1p^{\ominus}$ 时,气体做多少功?

1-4　1mol 理想气体在 300K 下,从 $1\mathrm{dm^3}$ 定温可逆地膨胀至 $10\mathrm{dm^3}$,求此过程的 Q、W、ΔU 及 ΔH。

1-5　1mol H_2 由始态 25℃ 及 $p^{\ominus}$ 可逆绝热压缩至 $5\mathrm{dm^3}$,求(1)最后温度;(2)最后压力;(3)过程做功。

1-6　40g 氮在 $3p^{\ominus}$ 下从 25℃ 加热到 50℃,试求该过程的 ΔH、ΔU、Q 和 W。设氮是理想气体。

1-7　已知水在 100℃ 时蒸发热为 $2259.4 \mathrm{J \cdot g^{-1}}$,则 100℃ 时蒸发 30g 水,过程的 ΔU、ΔH、Q 和 W 为多少(计算时可忽略液态水的体积)?

1-8　1200K、标准压力下,进行 1mol 反应 $CaCO_3(s) == CaO(s) + CO_2(g)$,吸热 180 kJ,计算该过程的 W、ΔU、ΔH。

1-9　298K 时将液态苯氧化为 CO_2 和液态 H_2O,其定容热为 $-3267 \mathrm{kJ \cdot mol^{-1}}$,求定压反应热。

1-10　有 2mol 理想气体,$C_{V,m} = 32.97 \mathrm{J \cdot K^{-1} \cdot mol^{-1}}$,由 323K、$100\mathrm{dm^3}$ 加热膨胀至 423K、$150\mathrm{dm^3}$,求此过程的熵变。

1-11　300K 时 2mol 理想气体由 $1\mathrm{dm^3}$ 可逆膨胀至 $10\mathrm{dm^3}$,计算此过程的熵变。

1-12　已知反应在 298K 时有关数据如下:

$$C_2H_4(g) + H_2O(g) == C_2H_5OH(l)$$

	$C_2H_4(g)$	$H_2O(g)$	$C_2H_5OH(l)$
$\Delta_f H_m^{\ominus}/(\mathrm{kJ \cdot mol^{-1}})$	52.3	-241.8	-277.6
$C_{p,m}/(\mathrm{J \cdot mol^{-1} \cdot K^{-1}})$	43.6	33.6	111.5

求(1)该温度下反应的 $\Delta_r H_m^{\ominus}$;(2)反应物的温度为 288K,产物温度为 348K 时反应的 $\Delta_r H_m^{\ominus}$。

1-13　定容下,理想气体 1mol N_2 由 300K 加热到 600K,求过程 ΔS。已知 $C_{p,m,N_2} = (27.00 + 0.006T) \mathrm{J \cdot mol^{-1} \cdot K^{-1}}$。

1-14　若习题 1-13 是在定压下进行,求过程的熵变。

1-15　101.3kPa 下,2mol 甲醇在正常沸点 337.2K 时汽化,求体系和环境的熵变各为多少? 已知甲醇的汽化热 $\Delta H_m = 35.1 \mathrm{kJ \cdot mol^{-1}}$。

1-16　绝热瓶中有 373K 的热水,因绝热瓶绝热稍差,有 4000J 热流入温度为 298K 的空气中,求(1)绝热瓶的 $\Delta S_{体}$;(2)环境的 $\Delta S_{环}$;(3)总熵变 $\Delta S_{总}$。

1-17　在 298K 及 $p^{\ominus}$ 下,用过量 100％的空气燃烧 1mol CH_4,若反应热完全用于加热产物,求燃烧所能达到的最高温度。所需热力学数据如下所示。

	CH_4	O_2	CO_2	$H_2O(g)$	N_2
$\Delta_f H_m^{\ominus}/(kJ \cdot mol^{-1})$	−74.81	0	−393.51	−241.82	
$C_{p,m}/(J \cdot mol^{-1} \cdot K^{-1})$		28.17	26.75	29.16	27.32

1-18　在 110℃、10^5Pa 下使 1mol $H_2O(l)$蒸发为水蒸气,计算这一过程体系和环境的熵变。已知 H_2O(g)和 $H_2O(l)$的热容分别为 1.866J · g^{-1} · K^{-1} 和 4.184J · g^{-1} · K^{-1},在 100℃、10^5Pa 下 $H_2O(l)$的汽化热为 2255.176J · g^{-1}。

1-19　298K 将 1mol N_2 从 100kPa 经不同途径压缩至 600kPa,求该过程体系和环境的熵变。

(1) 等温可逆压缩;(2) 用 600kPa 的外压等温压缩到终态。

1-20　1mol ideal gas with $C_{V,m}=21$J · mol^{-1} · K^{-1}, was heated from 300K to 600K by (1) reversible isochoric process,(2) reversible isobaric process. Calculate the ΔU separately.

1-21　Calculate the heat of vaporization of 1mol liquid water at 20℃,101.325kPa. $\Delta_{vap} H_m^{\ominus}$(water)=40.67kJ · mol^{-1},$C_{p,m}$(water)=75.3J · mol^{-1} · K^{-1},$C_{p,m}$(water vapor)=33.2 J · mol^{-1} · K^{-1} at 100℃,101.325kPa.

第2章 自由能、化学势和溶液

引入重要的辅助热力学状态函数——吉布斯自由能,利用它的改变量来判断在一定条件下过程的自发性和预测体系在该过程中所能做的最大非体积功。介绍热力学在多组分体系中的应用,定义多组分体系中任意组分的偏摩尔量和化学势,讨论在气体或液体混合物中任一组分化学势的表示方式,并利用化学势研究理想溶液和稀溶液的性质。

2.1 自由能判据

2.1.1 热力学第一、第二定律联合式

将热力学第一定律 $\delta Q = dU + p_e dV - \delta W'$ 代入克劳修斯不等式 $dS \geqslant \dfrac{\delta Q}{T}$,整理后得

$$- dU + T dS - p_e dV \geqslant - \delta W' \tag{2-1}$$

式中:$\delta W'$ 为非体积功,也称有用功。式(2-1)即为热力学第一、第二定律联合式。由该式出发,限制某些条件可引出两个新的判断过程变化方向和限度的判据。

2.1.2 吉布斯自由能及判据

1. 吉布斯自由能

在定温定压条件下, $T dS = d(TS)$,$p_e dV = p dV = d(pV)$,代入式(2-1)得

$$- d(U - TS + pV) \geqslant - \delta W' \tag{2-2a}$$

或

$$- d(H - TS) \geqslant - \delta W' \tag{2-2b}$$

因式(2-2)中 U、p、V、T、S、H 都是状态函数,它们的组合也必定是状态函数。吉布斯(Gibbs)定义这个新函数为自由能,称为吉布斯自由能(Gibbs free energy),用符号 G 表示

$$G \equiv U + pV - TS \equiv H - TS \tag{2-3}$$

吉布斯自由能是状态函数,具广度性质,其绝对值不能确定,具有能量量纲。

将式(2-3)代入式(2-2)得

或

$$\left. \begin{array}{l} - dG_{T,p} \geqslant - \delta W' \\ - \Delta G_{T,p} \geqslant - W' \end{array} \right\} \tag{2-4}$$

式(2-4)表明,定温定压下的可逆过程,体系吉布斯自由能的减少等于体系对外所做最大非体积功,即 $-\Delta G_{T,p}=-W'_R$;在定温定压不可逆过程中,体系吉布斯自由能的减少大于体系所做的非体积功,即 $-\Delta G_{T,p}>-W'$。

2. 吉布斯自由能判据

许多化学反应和相变化都是在定温定压下进行的,故对定温定压下只做体积功($W'=0$)的封闭体系,式(2-4)应写成

或
$$\left.\begin{array}{l}dG_{T,p}\leqslant 0\\ \Delta G_{T,p}\leqslant 0\end{array}\right\} \tag{2-5}$$

式(2-5)表示,定温定压下,只做体积功的封闭体系总是自发地向着吉布斯自由能降低($\Delta G_{T,p}<0$)的方向变化;当吉布斯自由能降低到最小值($\Delta G_{T,p}=0$)时体系便达到了平衡态;体系吉布斯自由能升高($\Delta G_{T,p}>0$)的过程不能自发进行。这个原理称为吉布斯自由能降低原理。式(2-5)就是吉布斯自由能判据(criterion of Gibbs free energy),通常又写成

封闭体系 $\quad \Delta G_{T,p,W'=0}\left\{\begin{array}{ll}<0 & \text{自发过程}\\ =0 & \text{平衡态}\\ >0 & \text{非自发过程}\end{array}\right. \tag{2-6}$

根据式(2-6),只要计算出体系的 $\Delta G_{T,p,W'=0}$,就能对体系的自发性做出判断。

吉布斯自由能判据的优点:在定温定压条件下可直接用体系的热力学量变化进行判断,不需要考虑环境的热力学量;既能判断过程进行的方式是可逆还是不可逆,又可判断过程的方向和限度。

2.1.3 亥姆霍兹自由能及判据

在定温定容条件下,由式(2-1)可得 $-d(U-TS)\geqslant-\delta W'$,亥姆霍兹(Helmholtz)定义
$$F\equiv U-TS \tag{2-7}$$
F 称为亥姆霍兹自由能(Helmholtz free energy)。将式(2-7)代入得

或
$$\left.\begin{array}{l}-dF_{T,V}\geqslant-\delta W'\\ -\Delta F_{T,V}\geqslant-W'\end{array}\right\} \tag{2-8}$$

若在定温定容下,只做体积功($W'=0$)的封闭体系发生变化,则
$$dF\leqslant 0 \quad\quad \text{或} \quad\quad \Delta F\leqslant 0 \tag{2-9}$$
式中:等号适用于可逆过程,不等号适用自发过程。式(2-9)表明,定温定容只做体积功的可逆过程 $\Delta F=0$,体系处于平衡态;同样条件下,不可逆过程 $\Delta F<0$,即自发过程。式(2-9)是定温定容条件下体系变化的方向和限度的亥姆霍兹自由能判据(criterion of Helmholtz free energy)。

2.2 吉布斯自由能与温度、压力的关系

2.2.1 热力学函数间的关系

前面介绍的 5 个状态函数 U、H、S、G 和 F 之间的关系为
$$H=U+pV \quad\quad F=U-TS$$

$$G = U + pV - TS = H - TS = F + pV$$

其中 U 和 S 是最基本的热力学函数,是热力学第一、第二定律的直接结果,具有明确的物理意义。由 U 和 S 引出的三个辅助函数 H、G 和 F 实际是状态函数的组合,它们在一定条件下可以有着类似热力学能和熵的作用,在某些条件下的改变量用来量度热和功,如定温定压只做体积功时,$\Delta H = Q_p$;定温定压可逆过程 $\Delta G = W'$;定温定容可逆过程 $\Delta F = W'$。离开这些特定条件,它们就没有明确的物理意义,这三个关系也不成立。

2.2.2　热力学基本关系式

封闭体系的可逆过程,$\delta Q_R = TdS$,$\delta W = -pdV + \delta W'$,由热力学第一、第二定律联合式得

$$dU = TdS - pdV + \delta W' \tag{2-10}$$

分别微分 $H = U + pV$,$G = U + pV - TS$ 及 $F = U - TS$,并代入式(2-10)得

$$dH = TdS + Vdp + \delta W' \tag{2-11}$$

$$dG = -SdT + Vdp + \delta W' \tag{2-12}$$

$$dF = -SdT - pdV + \delta W' \tag{2-13}$$

式(2-10)~式(2-13)适用于可逆过程。

对于封闭体系只做体积功($W' = 0$)的可逆过程,式(2-10)~式(2-13)变为

$$dU = TdS - pdV \tag{2-14}$$

$$dH = TdS + Vdp \tag{2-15}$$

$$dG = -SdT + Vdp \tag{2-16}$$

$$dF = -SdT - pdV \tag{2-17}$$

这 4 个关系式在推导时虽然使用可逆条件($\delta Q_R = TdS$),但因这 4 个关系式中的物理量均为体系的性质,是状态函数,所以对组成不变的封闭体系的不可逆过程也适用。

2.2.3　吉布斯自由能随温度的变化

定压下,由式(2-16)得

$$\left(\frac{\partial G}{\partial T}\right)_p = -S \tag{2-18}$$

对于任意相变或化学变化

$$A \longrightarrow D$$

$$\Delta G = G_D - G_A$$

$$\left(\frac{\partial \Delta G}{\partial T}\right)_p = \left(\frac{\partial G_D}{\partial T}\right)_p - \left(\frac{\partial G_A}{\partial T}\right)_p = -S_D - (-S_A)$$

即

$$\left(\frac{\partial \Delta G}{\partial T}\right)_p = -\Delta S \tag{2-19}$$

式(2-19)比式(2-18)更有实用价值。

由 G 的定义式 $G = H - TS$,在定温下得

$$\Delta G = \Delta H - T\Delta S \tag{2-20}$$

由式(2-20)得 $-\Delta S = \dfrac{\Delta G - \Delta H}{T}$,代入式(2-19)得

$$\left(\frac{\partial \Delta G}{\partial T}\right)_p = \frac{\Delta G - \Delta H}{T} \tag{2-21a}$$

将式(2-21a)两端乘以 $\frac{1}{T}$ 得 $\frac{\left(\frac{\partial \Delta G}{\partial T}\right)_p}{T} - \frac{\Delta G}{T^2} = -\frac{\Delta H}{T^2}$。此式的左端是 $\Delta G/T$ 对 T 的微分,故可写成

$$\left[\frac{\partial\left(\frac{\Delta G}{T}\right)}{\partial T}\right]_p = -\frac{\Delta H}{T^2} \tag{2-21b}$$

式(2-19)~式(2-21)都称为吉布斯-亥姆霍兹式,对物理变化和化学变化都适用。

2.2.4　吉布斯自由能随压力的变化

根据式(2-16),$dG = -SdT + Vdp$,定温下得

$$\left(\frac{\partial G}{\partial p}\right)_T = V \tag{2-22}$$

对理想气体,定温下积分式(2-22)得 $\int_{G_1}^{G_2} dG = \int_{p_1}^{p_2} Vdp = \int_{p_1}^{p_2} \frac{nRT}{p} dp$

$$\Delta G = G_2 - G_1 = nRT\ln\frac{p_2}{p_1} \tag{2-23}$$

若 $p_1 = p^\ominus$,$n = 1\text{mol}$,则

$$\Delta G_m = G_m - G_m^\ominus = RT\ln\frac{p}{p^\ominus} \tag{2-24}$$

式中:$G_m^\ominus$ 为标准摩尔吉布斯自由能;G_m 为摩尔吉布斯自由能。

对固体或液体,它们的体积受压力的影响很小,可看作常数,式(2-22)可写成

$$\Delta G = \int_{p_1}^{p_2} Vdp = V(p_2 - p_1) \tag{2-25}$$

2.3　ΔG 的 计 算

定温定压下,ΔG 可用来判断化学变化、相变化进行的方向和限度,也可用来量度体系对外做的最大非体积功。在计算 ΔG 时,只有对可逆过程才可应用积分式,如遇不可逆变化,必须设计可逆过程进行计算。

2.3.1　简单的 p、V、T 变化过程 ΔG 的计算

例 2-1　在 298K 时,1mol 理想气体从压力为 101.325kPa 定温膨胀至 10.1325kPa,试计算经 (1) 定温可逆膨胀;(2) 自由膨胀过程的 ΔG。

解　(1) 定温可逆膨胀过程

$$\Delta G = nRT\ln\frac{p_2}{p_1} = 1\text{mol} \times 8.314\ \text{J} \cdot \text{mol}^{-1} \cdot \text{K}^{-1} \times 298\text{K} \times \ln\frac{10.1325\text{kPa}}{101.325\text{kPa}}$$

$$= -5705\text{J}$$

(2) 气体的自由膨胀虽然是不可逆过程,但始、终态与(1)相同,故 $\Delta G = -5705\text{J}$。

2.3.2　相变过程 ΔG 的计算

可逆相变是在两相平衡条件下进行的,是定温定压过程,$dT=0$、$dp=0$,所以可逆相变的 $\Delta G_{T,p}=0$。若为不可逆相变,应在始、终态间设计一可逆过程计算 ΔG。

例 2-2　计算 1mol、298K、101.325kPa 的过冷水蒸气变成同温同压下的液态水的 ΔG,并判断过程的自发性。已知该温度下液态水的饱和蒸气压为 3.168kPa;液态水的 $V_m=0.018\ dm^3 \cdot mol^{-1}$,且与压力无关。

解　这是一个定温定压下的不可逆相变。为计算相变的 ΔG,在相同的始、终态间设计的可逆过程如下:

$$H_2O(g,298K,101.325kPa) \xrightarrow{\ \Delta G\ } H_2O(l,298K,101.325kPa)$$

$$\Delta G_1 \downarrow \text{定温可逆} \qquad\qquad \Delta G_3 \uparrow \text{定温可逆}$$

$$H_2O(g,298K,3.168kPa) \xrightarrow[\text{定温可逆}]{\ \Delta G_2\ } H_2O(l,298K,3.168kPa)$$

其中

$$\begin{aligned}
\Delta G_1 &= nRT\ln\frac{p_2}{p_1}\\
&= 1mol \times 8.314J \cdot mol^{-1} \cdot K^{-1} \times 298K \times \ln\frac{3.168kPa}{101.325kPa}\\
&= -8586J\\
\Delta G_2 &= 0\\
\Delta G_3 &= \int_{p_1}^{p_2} Vdp = \int_{p_1}^{p_2} nV_m dp = nV_m(p_2-p_1)\\
&= 1mol \times 0.018dm^3 \cdot mol^{-1} \times (101.325-3.168)kPa = 1.8J
\end{aligned}$$

故

$$\Delta G = \Delta G_1 + \Delta G_2 + \Delta G_3 = -8586J + 0 + 1.8J = -8584J$$

此过程 $\Delta G < 0$,所以是自发的。

2.3.3　化学反应 $\Delta_r G_m$ 的计算

计算化学反应的 $\Delta_r G_m$,可先由各物质的 $\Delta_f H_{m,B}^\ominus$ 和 $S_{m,B}^\ominus$ 算出反应的 $\Delta_r H_m^\ominus$ 和 $\Delta_r S_m^\ominus$,再根据 $\Delta_r G_m^\ominus = \Delta_r H_m^\ominus - T\Delta_r S_m^\ominus$ 算出 $\Delta_r G_m^\ominus$。也能由 $d\Delta G = -\Delta S dT$ 计算出某温度 T 的 $\Delta_r G_m^\ominus(T)$。

例 2-3　已知化学反应及各物质的标准生成热、标准熵如下:

$$CO_2(g) + 2NH_3(g) \Longrightarrow (NH_2)_2CO(s) + H_2O(l)$$

	$CO_2(g)$	$2NH_3(g)$	$(NH_2)_2CO(s)$	$H_2O(l)$
$\Delta_f H_m^\ominus/(kJ \cdot mol^{-1})$	-393.5	-46.19	-333.2	-285.8
$S_m^\ominus/(J \cdot mol^{-1} \cdot K^{-1})$	213.6	192.5	104.6	69.96

(1) 判断 298K 及 $p^\ominus$ 下反应的自发性;

(2) 假定 $\Delta_r S_m^\ominus$ 与温度无关,估算 $(NH_2)_2CO$ 自发分解的最低温度。

解　(1) $\Delta_r H_m^\ominus = \sum_B \nu_B \Delta_f H_{m,B}^\ominus$

$$= [-285.8 + (-333.2) - (-393.5) - 2 \times (-46.19)] kJ \cdot mol^{-1}$$

$$= -133.1kJ \cdot mol^{-1}$$

$$\Delta_r S_m^\ominus = \sum_B \nu_B S_{m,B}^\ominus = (104.6 + 69.96 - 2 \times 192.5 - 213.6) J \cdot mol^{-1} \cdot K^{-1}$$

$$= -424J \cdot mol^{-1} \cdot K^{-1}$$

$$\Delta_r G_m^{\ominus} = \Delta_r H_m^{\ominus} - T\Delta_r S_m^{\ominus} = -133.1\text{kJ} \cdot \text{mol}^{-1} - 298\text{K} \times (-424) \times 10^{-3}\text{kJ} \cdot \text{mol}^{-1} \cdot \text{K}^{-1}$$

$$= -6.77\text{kJ} \cdot \text{mol}^{-1}$$

计算表明,298K 及 $p^{\ominus}$ 下,合成 $(NH_2)_2CO$ 反应是自发的。

(2) 该反应的 $\left(\dfrac{\partial \Delta_r G_m^{\ominus}}{\partial T}\right)_p = -\Delta_r S_m^{\ominus} = 424\text{J} \cdot \text{mol}^{-1} \cdot \text{K}^{-1} > 0$,升温使 $\Delta_r G_m^{\ominus}$ 增加。设当温度高于 T 时,$\Delta_r G_m^{\ominus}(T) > 0$,上述反应不能自发正向进行,即 $(NH_2)_2CO$ 可以自发分解,则

$$\int_{\Delta_r G_m^{\ominus}(298)}^{0} d\Delta_r G_m^{\ominus} = \int_{298}^{T} -\Delta_r S_m^{\ominus} \, dT$$

$$0 - \Delta_r G_m^{\ominus}(298) = -\Delta_r S_m^{\ominus}(T - 298)$$

解得 $T = 314\text{K}$。当 $T > 314\text{K}$ 时可使 $(NH_2)_2CO$ 自发分解。

2.4 偏 摩 尔 量

纯物质体系或组成恒定的多组分体系的状态只要两个独立的变量(一般选用 T 和 p)就可以确定,如 $Z = Z(T,p)$。当多组分封闭体系内组成改变或有相变、化学变化时,体系广度性质的改变 dZ 除与 T、p 有关外,还与各组分物质的量的变化有关。函数式为

$$Z = Z(T,p,n_1,n_2,n_3,\cdots)$$

由此可引出两个新的状态函数:偏摩尔量(partial molar quantity)和化学势(chemical potential)。

纯物质的广度性质具有简单的加和性。例如,298K 时甲醇的摩尔体积 V_m(甲醇)$=$ 40.5cm^3 $\cdot$ mol^{-1},将 1mol 甲醇加入到任意量的甲醇中,体系的体积增加了 40.5cm^3。而物质在多组分均相体系中的广度性质与纯态体系不同。例如,将 1mol 甲醇加入到数量很大的水溶液(大至加入 1mol 甲醇后体系的浓度仍保持不变)中,体系的体积增加不是 40.5cm^3,增加的体积与水溶液中甲醇的浓度有关。如果溶液中甲醇的摩尔分数分别为 0.2、0.4 和 0.6 时,加入 1mol 甲醇使体积分别增大 37.8cm^3、39cm^3 和 39.8cm^3。这说明体系组成改变引起的体积(或其他广度性质)的改变与体系的状态(如浓度等)有关。为与纯物质的摩尔体积相区别,将这种与体系浓度相对应的体积数值称为偏摩尔体积。对其他广度性质也有这种概念,如偏摩尔焓、偏摩尔吉布斯自由能等,统称为偏摩尔量。

2.4.1 偏摩尔量的定义

组成可变的多组分均相体系,任一广度性质 Z 可以写成温度、压力与各组分的量的函数

$$Z = Z(T,p,n_1,n_2,\cdots)$$

当体系的状态发生微小变化时,状态函数 Z 的变化是全微分

$$dZ = \left(\frac{\partial Z}{\partial T}\right)_{p,n} dT + \left(\frac{\partial Z}{\partial p}\right)_{T,n} dp + \left(\frac{\partial Z}{\partial n_1}\right)_{T,p,n_z} dn_1 + \left(\frac{\partial Z}{\partial n_2}\right)_{T,p,n_z} dn_2 + \cdots \qquad (2\text{-}26)$$

式中:下标 n 表示体系中各组分的量都不变;n_z 表示除指定的某组分外,其余各组分的物质的量均不变。当体系在定温定压下发生变化时,定义

$$Z_{B,m} = \left(\frac{\partial Z}{\partial n_B}\right)_{T,p,n_z} \qquad (2\text{-}27)$$

则

$$dZ = \sum_{B} Z_{B,m} dn_B \qquad (2-28)$$

式(2-27)为物质 B 的偏摩尔量定义式，$Z_{B,m}$ 称为组分 B 的偏摩尔量。偏摩尔量的物理意义是，定温定压下，向浓度一定的无限大体系中加入 1mol 某组分 B 而引起体系中某一广度性质 Z 的改变量；或是在 T、p 及各组分物质的量都保持不变时，体系中某一广度性质 Z 随组分 B 的偏摩尔变化率。

应注意，只有在定温定压条件下，只有广度性质才有偏摩尔量。偏摩尔量是强度性质，它与 T、p 有关，也与体系中组分 B 的浓度有关。

2.4.2　偏摩尔量的集合公式

在定温定压下，按体系中各组分的量之比，缓慢加入各组分，因各组分的摩尔比不变化，对式(2-28)积分

$$Z = \int_{0}^{n_1} Z_{1,m} dn_1 + \int_{0}^{n_2} Z_{2,m} dn_2 + \cdots = n_1 Z_{1,m} + n_2 Z_{2,m} + \cdots$$

即

$$Z = \sum_{B} n_B Z_{B,m} \qquad (2-29)$$

式(2-29)就是偏摩尔量集合公式。公式表明定温定压下，多组分体系中任一广度性质之值等于各组分的量与其偏摩尔量之积的加和。

2.5　化　学　势

2.5.1　偏摩尔吉布斯自由能——化学势

在各种偏摩尔量中，以偏摩尔吉布斯自由能最重要。在多组分体系中，物质 B 的偏摩尔吉布斯自由能称为化学势(chemical potential)，用符号 μ_B 表示。故物质 B 的化学势[1]定义为

$$\mu_B = G_{B,m} = \left(\frac{\partial G}{\partial n_B}\right)_{T,p,n_z} \qquad (2-30)$$

μ_B 是体系的强度性质，单位是 $J \cdot mol^{-1}$。

多组分体系吉布斯自由能的变化，由 $G = G(T,p,n)$ 全微分可得

$$dG = \left(\frac{\partial G}{\partial T}\right)_{p,n} dT + \left(\frac{\partial G}{\partial p}\right)_{T,n} dp + \left(\frac{\partial G}{\partial n_1}\right)_{T,p,n_z} dn_1 + \left(\frac{\partial G}{\partial n_2}\right)_{T,p,n_z} dn_2 + \cdots$$

与式(2-16)相比较，有 $\left(\frac{\partial G}{\partial T}\right)_{p,n} = -S$，$\left(\frac{\partial G}{\partial p}\right)_{T,n} = V$，将式(2-30)代入则

$$dG = -SdT + Vdp + \sum_{B} \mu_B dn_B \qquad (2-31)$$

---

1) 根据式(2-14)~式(2-17)的热力学函数基本关系式，对多组分均相体系可写成 $U = U(S,V,n_1,n_2,\cdots)$，$H = H(S,p,n_1,n_2,\cdots)$，$F = F(T,V,n_1,n_2,\cdots)$，$G = G(T,p,n_1,n_2,\cdots)$。将这 4 个热力学函数全微分，能得不同条件下体系状态函数对各组分量的变化率，即广义的化学势

$$\mu_B = \left(\frac{\partial U}{\partial n_B}\right)_{S,V,n_z} = \left(\frac{\partial H}{\partial n_B}\right)_{S,p,n_z} = \left(\frac{\partial F}{\partial n_B}\right)_{T,V,n_z} = \left(\frac{\partial G}{\partial n_B}\right)_{T,p,n_z}$$

定温定压下

$$dG_{T,p} = \sum_{B} \mu_B \, dn_B \qquad (2\text{-}32)$$

根据式(2-29)，偏摩尔吉布斯自由能集合公式为

$$G = \sum_{B} n_B G_{B,m} = \sum_{B} n_B \mu_B \qquad (2\text{-}33)$$

对纯物质

$$\mu = \frac{G}{n} = G_m$$

2.5.2　化学势与温度和压力的关系

1. 化学势与温度的关系

在定压及各组分物质的量恒定条件下，将化学势对温度求偏微商得

$$\left(\frac{\partial \mu_B}{\partial T}\right)_{p,n} = \left[\frac{\partial}{\partial T}\left(\frac{\partial G}{\partial n_B}\right)_{T,p,n_z}\right]_{p,n} = \left[\frac{\partial}{\partial n_B}\left(\frac{\partial G}{\partial T}\right)_{p,n}\right]_{T,p,n_z} = -\left(\frac{\partial S}{\partial n_B}\right)_{T,p,n_z} = -S_{B,m}$$

即

$$\left(\frac{\partial \mu_B}{\partial T}\right)_{p,n} = -S_{B,m} \qquad (2\text{-}34a)$$

或

$$d\mu_B = -S_{B,m} dT \qquad (2\text{-}34b)$$

2. 化学势与压力的关系

在定温及各组分物质的量恒定的条件下，将化学势对压力求偏微商得

$$\left(\frac{\partial \mu_B}{\partial p}\right)_{T,n} = \left[\frac{\partial}{\partial p}\left(\frac{\partial G}{\partial n_B}\right)_{T,p,n_z}\right]_{T,n} = \left[\frac{\partial}{\partial n_B}\left(\frac{\partial G}{\partial p}\right)_{T,n}\right]_{T,p,n_z} = \left(\frac{\partial V}{\partial n_B}\right)_{T,p,n_z} = V_{B,m}$$

即

$$\left(\frac{\partial \mu_B}{\partial p}\right)_{T,n} = V_{B,m} \qquad (2\text{-}35a)$$

或

$$d\mu_B = V_{B,m} \, dp \qquad (2\text{-}35b)$$

对纯物质体系，因 $\mu = \dfrac{G}{n} = G_m$，所以

$$d\mu = dG_m = -S_m dT + V_m dp \qquad (2\text{-}36)$$

定压时

$$d\mu = -S_m dT \qquad \left(\frac{\partial \mu}{\partial T}\right)_p = -S_m \qquad (2\text{-}37)$$

定温时

$$d\mu = V_m dp \qquad \left(\frac{\partial \mu}{\partial p}\right)_T = V_m \qquad (2\text{-}38)$$

2.5.3　化学势在相平衡中的应用

定温定压下，不做非体积功的多组分体系吉布斯自由能变量为式(2-32)

$$dG = \sum_B \mu_B \, dn_B$$

根据吉布斯自由能判据，在恒定 T、p 及 $W'=0$ 时，有

$$\sum_B \mu_B dn_B \leqslant 0 \qquad \begin{matrix} \text{自发过程} \\ \text{平衡态} \end{matrix} \tag{2-39}$$

式(2-39)即为化学势判据。

设多组分体系有 α、β 两相，在 T、p 恒定不变及 $W'=0$ 的条件下，有 dn_B 的 B 物质由 α 相转移到 β 相中。因 α 相中失去物质的量为 $-dn_B$，β 相中增加物质的量为 dn_B，因此

$$dG_B = \mu_B^\alpha(-dn_B) + \mu_B^\beta \, dn_B = (\mu_B^\beta - \mu_B^\alpha)\, dn_B$$

若物质由 α 相向 β 相的迁移是自发进行的，$dG<0$，则

$$(\mu_B^\beta - \mu_B^\alpha)\, dn_B < 0$$

因为 $dn_B>0$，所以

$$\mu_B^\beta - \mu_B^\alpha < 0 \qquad \text{或} \qquad \mu_B^\beta < \mu_B^\alpha$$

若体系达平衡，$dG=0$，则

$$\mu_B^\beta - \mu_B^\alpha = 0 \qquad \text{或} \qquad \mu_B^\beta = \mu_B^\alpha$$

由以上分析可知，定温定压及 $W'=0$ 条件下，物质总是由化学势高的相向化学势低的相自发转移，当物质在两相中的化学势相等时即达相平衡。

定温定压及 $W'=0$ 的条件下，若多组分体系在多相中达平衡，设每一相(α，β，γ，$\cdots$)中都含有各种组分，各种组分在每一相中的化学势必然相等，即

$$\mu_B^\alpha = \mu_B^\beta = \mu_B^\gamma = \cdots$$

2.6　气体的化学势与标准态

2.6.1　理想气体的化学势

1mol 单组分理想气体，定温下发生变化，压力由 $p^\ominus \rightarrow p$，由式(2-38)，$d\mu = V_m dp$ 及 $V_m = \dfrac{RT}{p}$ 可得

$$d\mu = RT\,\frac{dp}{p}$$

定温下对上式积分

$$\int_{\mu_1}^{\mu_2} d\mu = \int_{p^\ominus}^{p} RT\,\frac{dp}{p}$$

得

$$\mu_2 = \mu_1 + RT\ln\frac{p}{p^\ominus}$$

对于纯物质，$\mu = \dfrac{G}{n}$，因 G 的绝对值无法测得，μ 的绝对值也无法知道。为衡量 μ 的高低，把标准态(温度为 T、压力为标准压力 $p^\ominus$)下的理想气体的化学势作为标准，并写作 $\mu^\ominus(T)$。而相同的温度下，压力为 p 的理想气体化学势为 μ，则

$$\mu = \mu^{\ominus}(T) + RT\ln\frac{p}{p^{\ominus}} \tag{2-40}$$

式(2-40)就是单组分理想气体的化学势公式。标准态化学势 $\mu^{\ominus}(T)$ 值与温度 T 及气体种类有关。

混合理想气体中,每种气体的行为与该种气体单独占有相同体积的行为相同。故混合理想气体中某种气体的化学势应与这种气体在纯态时一样,即混合理想气体中组分 B 的化学势为

$$\mu_B = \mu_B^{\ominus}(T) + RT\ln\frac{p_B}{p^{\ominus}} \tag{2-41}$$

式中:p_B 为 B 气体在混合气体中的分压;$\mu_B^{\ominus}(T)$ 为 B 气体在温度为 T、压力为 $p^{\ominus}$ 时的标准态化学势,即理想气体的标准态化学势。

2.6.2　实际气体的化学势

对实际气体,因为 $pV \neq nRT$,所以用 $\mathrm{d}\mu = V_m\mathrm{d}p$ 积分处理得不到上述化学势的简单形式。为使实际气体的化学势公式仍保持与理想气体化学势公式有一样的简单形式,路易斯(Lewis)提出用逸度 f 代替压力 p,对实际气体校正,并定义

$$f = \gamma p \tag{2-42}$$

式中:p 为实际气体的压力;f 为校正后的压力,称为逸度或有效压力;γ 为逸度系数。所以纯组分实际气体的化学势公式可以写成

$$\mu = \mu^{\ominus}(T) + RT\ln\frac{f}{p^{\ominus}} \tag{2-43}$$

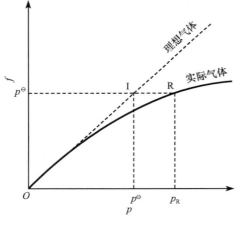

图 2-1　气体的标准态

式中:$\mu^{\ominus}(T)$ 为理想气体的标准态化学势,在图 2-1 中是 I 点状态的化学势。对实际气体,这个状态是假想的,因为当 $f = p^{\ominus}$ 时,实际气体并不具有理想气体的行为,所以 $\mu^{\ominus}(T)$ 对实际气体并不存在,实际气体仅在低压($p \to 0$)下才接近理想气体的行为,即 $\lim\limits_{p \to 0}\dfrac{f}{p} = 1$,$\gamma = 1$ 的情况。

混合实际气体中组分 B 的化学势公式与式(2-41)类似,只是用 f_B 代替 p_B,即

$$\mu_B = \mu_B^{\ominus}(T) + RT\ln\frac{f_B}{p^{\ominus}} \tag{2-44}$$

式中:f_B 为组分 B 的有效分压;$\mu_B^{\ominus}(T)$ 为标准态化学势。

2.7　溶液中各组分的化学势

溶液中各组分常有溶剂(记作 A)、溶质(记作 B)之分,溶在液体中的气体、固体是溶质,液体是溶剂。如果是液体溶在液体中,常将物质的量多的称为溶剂,量少的称为溶质,这种区分不是绝对的。

2.7.1 稀溶液的两个实验定律

1. 拉乌尔定律

拉乌尔(Raoult)根据大量的稀溶液实验发现,定温下稀溶液的蒸气压与溶液的组成具有线性关系。

定温下,稀溶液中溶剂的蒸气压 p_A 等于该温度时纯溶剂的饱和蒸气压 p_A^* 与溶液中溶剂的摩尔分数 x_A 的乘积。拉乌尔定律(Raoult's law)的数学式为

$$p_A = p_A^* x_A \qquad (2\text{-}45)$$

若溶液仅由 x_A 的 A 和 x_B 的 B 两种组分构成,则 $x_A + x_B = 1$,拉乌尔定律可写成

$$\frac{p_A^* - p_A}{p_A^*} = x_B \qquad (2\text{-}46)$$

式(2-46)表明,溶剂蒸气压降低与纯溶剂的饱和蒸气压之比等于溶质的摩尔分数。这是拉乌尔定律的另一种形式。

2. 亨利定律

亨利(Henry)总结了挥发性溶质在稀溶液的溶解度与其平衡分压的关系时指出:定温下,稀溶液中挥发性溶质的平衡分压(p_B)与其在溶液中的浓度(x_B)成正比。亨利定律(Henry's law)的数学形式为

$$p_B = k_x x_B \qquad (2\text{-}47)$$

式中:k_x 为亨利常量,它与溶质、溶剂的性质及温度、压力和浓度的表示方法等有关。溶质的浓度还可以用物质的量浓度(c_B)、质量摩尔浓度(b_B)表示,T、p 一定时公式为

$$p_B = k_x x_B = k_c c_B = k_b b_B$$

由于溶质的浓度表示方法不同,亨利常量各不相同,$k_x \neq k_c \neq k_b$。亨利定律适用范围是稀溶液,且要求溶质在气、液两相中具有相同的分子状态。

2.7.2 理想溶液中各组分的化学势

1. 理想溶液

在定温定压下,任一组分在全部浓度范围内都符合拉乌尔定律的溶液,称为理想溶液(ideal solution)。旋光异构体的混合物、立体异构体的混合物以及紧邻同系物的混合物等都近似于理想溶液,如邻位、对位二甲苯以及甲醇和乙醇等构成的溶液。一般认为,理想溶液各组分分子大小相同,分子间作用力彼此相等。因而当一种组分取代另一组分分子时,没有空间结构和能量的变化,宏观表现为体积有加和性、混合时无热效应。许多溶液在一定浓度区间内与理想溶液相近,服从的规律很简单,所以引入理想溶液这一科学模型,在实际和理论上都有意义。

2. 理想溶液中各组分的化学势

由两种或两种以上易挥发物质组成的理想溶液,在定温定压条件下,溶液的蒸气相与液相达平衡时,根据相平衡条件,溶液中任一组分 B 在液相和气相中的化学势相等,即 $\mu_B(l) =$

$\mu_B(g)$。若将蒸气看作理想气体,则

$$\mu_B(l) = \mu_B(g) = \mu_B^{\ominus}(T) + RT\ln\frac{p_B}{p^{\ominus}}$$

根据拉乌尔定律,将 $p_B = p_B^* x_B$ 代入,并去掉气、液标记,得

$$\mu_B = \mu_B^{\ominus}(T) + RT\ln\frac{p_B^*}{p^{\ominus}} + RT\ln x_B$$

因为定温、定压时,组分 B 的蒸气压 p_B^* 也为定值,令

$$\mu_B^*(T, p_B^*) = \mu_B^{\ominus}(T) + RT\ln\frac{p_B^*}{p^{\ominus}}$$

则组分 B 的化学势为

$$\mu_B = \mu_B^*(T, p_B^*) + RT\ln x_B \tag{2-48}$$

当 $x_B = 1$ 时,$\mu_B^*(T, p_B^*)$ 是纯组分 B 的化学势,它是温度和压力的函数。选取温度 T 和压力 p(p 为溶液上面混合蒸气中各组分的平衡分压之和)时,纯液体状态作为理想溶液中组分 B 的标准态。而压力 p 对 p^* 的影响不大,所以 $\mu_B^*(T, p) = \mu_B^*(T, p_B^*)$,这样式(2-48)又写成

$$\mu_B = \mu_B^*(T, p) + RT\ln x_B \tag{2-49}$$

式(2-49)是理想溶液中任一组分 B 的化学势公式,也是理想溶液的热力学定义式。任一组分的化学势均可用式(2-49)表示的溶液即为理想溶液。

2.7.3　稀溶液中各组分的化学势

定温定压下,在一定浓度范围内,溶剂服从拉乌尔定律,溶质服从亨利定律的稀溶液称为理想稀溶液(或稀溶液)。

1. 稀溶液中溶剂的化学势

由于稀溶液中溶剂 A 遵守拉乌尔定律,因此稀溶液中溶剂的化学势表示式应与理想溶液中各组分化学势表示式相同,溶剂 A 的化学势为

$$\mu_A = \mu_A^*(T, p) + RT\ln x_A$$

式中:$\mu_A^*(T, p)$ 为 $x_A = 1$ 时纯溶剂的化学势。即稀溶液中溶剂的标准态就是 T、p 条件下的纯溶剂。

2. 稀溶液中溶质的化学势

在一定 T、p 下,稀溶液中溶质 B 在气、液两相达平衡时,由式(2-40)知

$$\mu_B(l) = \mu_B(g) = \mu_B^{\ominus}(T) + RT\ln\frac{p_B}{p^{\ominus}}$$

因稀溶液中溶质服从亨利定律,将 $p_B = k_x x_B$ 代入得

$$\mu_B(l) = \mu_B(g) = \mu_B^{\ominus}(T) + RT\ln\frac{k_x}{p^{\ominus}} + RT\ln x_B$$

令

$$\mu_{B,x}^{\ominus}(T, p) = \mu_B^{\ominus}(T) + RT\ln\frac{k_x}{p^{\ominus}}$$

则稀溶液中溶质 B 的化学势为

$$\mu_B = \mu_{B,x}^{\ominus}(T,p) + RT\ln x_B \qquad (2\text{-}50)$$

式中：$\mu_{B,x}^{\ominus}(T,p)$ 为溶质 B 用摩尔分数表示的在标准态时的标准化学势。这个标准态对溶质 B 是不存在的，因为当 $x_B = 1$ 时，溶液已不是理想稀溶液，式(2-50)已不能再应用，这个状态是假想的状态。如图 2-2 所示，图中 k_B 点是理想稀溶液中溶质 B 的标准态，它不同于实际存在的纯溶质状态 p_B^* 点，式(2-50)中的 $\mu_{B,x}^{\ominus}(T,p)$ 是假想的 k_B 点的化学势，而不是状态 p_B^* 点的化学势 $\mu_B^*(T,p)$，即 $\mu_{B,x}^{\ominus}(T,p) \neq \mu_B^*(T,p)$。

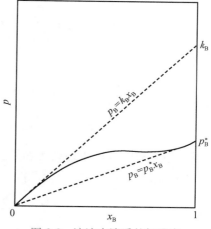

图 2-2　溶液中溶质的标准态

实际应用中，溶质的浓度还可以用物质的量浓度 c、质量摩尔浓度 b 表示，由于 $p_B = k_{B,c}c_B$ 及 $p_B = k_{B,b}b_B$，还可以得到

$$\mu_B = \mu_{B,c}^{\ominus}(T,p) + RT\ln\frac{c_B}{c^{\ominus}} \qquad (2\text{-}51)$$

式中

$$\mu_{B,c}^{\ominus}(T,p) = \mu_B^{\ominus}(T) + RT\ln\frac{k_{B,c}c_B^{\ominus}}{p^{\ominus}}$$

$$\mu_B = \mu_{B,b}^{\ominus}(T,p) + RT\ln\frac{b_B}{b^{\ominus}} \qquad (2\text{-}52)$$

式中

$$\mu_{B,b}^{\ominus}(T,p) = \mu_B^{\ominus}(T) + RT\ln\frac{k_{B,b}b_B^{\ominus}}{p^{\ominus}}$$

式(2-50)~式(2-52)都表示稀溶液中溶质 B 的化学势，由于浓度的表示方法不同，它们的标准态化学势也互不相同，即 $\mu_{B,x}^{\ominus}(T,p) \neq \mu_{B,c}^{\ominus}(T,p) \neq \mu_{B,b}^{\ominus}(T,p)$ 但溶质的化学势 μ_B 无论用何种浓度表示都是一样的。

2.7.4　理想溶液的通性

理想溶液有一些特殊的性质。

(1) $\Delta_{mix}V = 0$。定温定组成下，将式(2-49)对 p 求偏微商

$$\left(\frac{\partial\mu_B}{\partial p}\right)_{T,n} = \left\{\frac{\partial}{\partial p}\left[\mu_B^*(T,p) + RT\ln x_B\right]\right\}_{T,n} = \left[\frac{\partial\mu_B^*(T,p)}{\partial p}\right]_{T,n}$$

得

$$V_{B,m}{}^{1)} = V_m(B)$$

即理想溶液中任一组分的偏摩尔体积等于纯物质的摩尔体积。又因为

$$\Delta_{mix}V = \sum_B n_B V_{B,m} - \sum_B n_B V_m(B) = 0$$

所以在理想溶液形成的过程中无体积变化。

---

1)　$V_{B,m}$ 是物质 B 的偏摩尔体积，$V_m(B)$ 是物质 B 的摩尔体积。

（2）$\Delta_{\mathrm{mix}}S>0$。定压定组成条件下，将式(2-49)对 T 求偏微商

$$\left(\frac{\partial \mu_{\mathrm{B}}}{\partial T}\right)_{p,n} = \left\{\frac{\partial}{\partial T}[\mu_{\mathrm{B}}^*(T,p) + RT\ln x_{\mathrm{B}}]\right\}_{p,x} = \left[\frac{\partial \mu_{\mathrm{B}}^*(T,p)}{\partial T}\right]_{p,n} + R\ln x_{\mathrm{B}}$$

得

$$S_{\mathrm{B,m}} = S_{\mathrm{m}}(\mathrm{B}) - R\ln x_{\mathrm{B}}$$

而

$$\Delta_{\mathrm{mix}}S = \sum_{\mathrm{B}} n_{\mathrm{B}} S_{\mathrm{B,m}} - \sum_{\mathrm{B}} n_{\mathrm{B}} S_{\mathrm{m}}(\mathrm{B}) = -\sum_{\mathrm{B}} R n_{\mathrm{B}} \ln x_{\mathrm{B}} > 0$$

所以由纯组分混合形成理想溶液的混合过程熵增大。

（3）$\Delta_{\mathrm{mix}}G<0$。设混合前和混合后体系的吉布斯自由能分别为 G_1 和 G_2，则

$$G_1 = \sum_{\mathrm{B}} n_{\mathrm{B}} G_{\mathrm{m}}(\mathrm{B}) = \sum_{\mathrm{B}} n_{\mathrm{B}} \mu_{\mathrm{B}}^*(T,p)$$

$$G_2 = \sum_{\mathrm{B}} n_{\mathrm{B}} G_{\mathrm{B,m}} = \sum_{\mathrm{B}} n_{\mathrm{B}} \mu_{\mathrm{B}}^*(T,p) + RT\sum_{\mathrm{B}} n_{\mathrm{B}} \ln x_{\mathrm{B}}$$

混合过程

$$\Delta_{\mathrm{mix}}G = G_2 - G_1 = RT\sum_{\mathrm{B}} n_{\mathrm{B}} \ln x_{\mathrm{B}} < 0$$

（4）$\Delta_{\mathrm{mix}}H=0$。定温下，$\Delta G = \Delta H - T\Delta S$，所以

$$\Delta_{\mathrm{mix}}H = \Delta_{\mathrm{mix}}G + T\Delta_{\mathrm{mix}}S = 0$$

2.7.5　非理想溶液中各组分的化学势

非理想溶液(nonideal solution)中由于各组分分子间作用力不同，或溶剂浓度不是很大、溶质浓度不是很小，造成溶剂不服从拉乌尔定律，溶质不服从亨利定律，这样的溶液既不是理想溶液，也不是理想稀溶液。为了使非理想稀溶液中物质的化学势公式也具有简单的形式，路易斯提出活度(activity)的概念，用活度 a 代替浓度。令

$$a = \gamma x \tag{2-53}$$

式中：a 为相对活度，简称活度；γ 为活度系数(activity coefficient)；a 与 γ 均为量纲 1 的数。γ 与溶质、溶剂性质有关，还与溶液的浓度、温度有关。引入活度概念后，拉乌尔定律为

$$p_{\mathrm{A}} = p_{\mathrm{A}}^* a_{\mathrm{A},x} \qquad a_{\mathrm{A},x} = \gamma_{\mathrm{A},x} x_{\mathrm{A}}$$

亨利定律为

$$p_{\mathrm{B}} = k_x a_{\mathrm{B},x} \qquad a_{\mathrm{B},x} = \gamma_{\mathrm{B},x} x_{\mathrm{B}}$$
$$p_{\mathrm{B}} = k_c a_{\mathrm{B},c} \qquad a_{\mathrm{B},c} = \gamma_{\mathrm{B},c} c_{\mathrm{B}}/c^{\ominus}$$
$$p_{\mathrm{B}} = k_b a_{\mathrm{B},b} \qquad a_{\mathrm{B},b} = \gamma_{\mathrm{B},b} b_{\mathrm{B}}/b^{\ominus}$$

（1）非理想溶液中溶剂的化学势。用活度表示的溶剂的化学势为

$$\mu_{\mathrm{A}} = \mu_{\mathrm{A}}^*(T,p) + RT\ln a_{\mathrm{A}} \tag{2-54}$$

式中：$\mu_{\mathrm{A}}^*(T,p)$ 为温度为 T 及标准压力 $p^{\ominus}$ 下纯溶剂的化学势，即 $a_{\mathrm{A}}=1$，$\gamma_{\mathrm{A}}=1$，$x_{\mathrm{A}}=1$ 的状态。

（2）非理想溶液中溶质的化学势。用活度表示的溶质的化学势为

$$\left.\begin{array}{l} \mu_{\mathrm{B}} = \mu_{\mathrm{B},x}^{\ominus}(T,p) + RT\ln a_{\mathrm{B},x} \\ \mu_{\mathrm{B}} = \mu_{\mathrm{B},c}^{\ominus}(T,p) + RT\ln a_{\mathrm{B},c} \\ \mu_{\mathrm{B}} = \mu_{\mathrm{B},b}^{\ominus}(T,p) + RT\ln a_{\mathrm{B},b} \end{array}\right\} \tag{2-55}$$

式中：$\mu_{B,x}^{\ominus}(T,p)$ 为温度 T、标准压力 $p^{\ominus}$ 下，$a_{B,x}=1$，$\gamma_{B,x}=1$，$x_B=1$ 时仍能服从亨利定律的溶质的假想态；$\mu_{B,c}^{\ominus}(T,p)$ 为 T、$p^{\ominus}$ 下，$a_{B,c}=1$，$\gamma_{B,c}=1$，$c_B=1\mathrm{mol \cdot dm^{-3}}$ 时仍能服从亨利定律时溶质的假想态；$\mu_{B,b}^{\ominus}(T,p)$ 为 T、$p^{\ominus}$ 下，$a_{B,b}=1$，$\gamma_{B,b}=1$，$b_B=1\mathrm{mol \cdot kg^{-1}}$ 时溶质的假想态。

2.8　稀溶液的依数性

由不挥发溶质构成的溶液，有溶液的蒸气压下降、沸点升高、凝固点降低以及在半透膜两侧能产生渗透压等四个性质。如果是非电解质的稀溶液，这四种性质在数量上又仅与溶质的质点数有关，而与溶质的性质无关，这种性质称为稀溶液的依数性（colligative property）。稀溶液的蒸气压下降是拉乌尔定律的直接结果，由化学势可导出其他三种性质与稀溶液浓度间的关系。

2.8.1　渗透压

在如图 2-3 所示的装置中，用半透膜将纯溶剂与溶液隔开，分为 Ⅰ、Ⅱ 两部分，半透膜只允许溶剂分子穿过，而溶质分子不能穿过。在一定温度下，溶剂分子穿过半透膜进入溶液，这种现象称为渗透。当渗透达平衡时，溶液的液面会升高，由于液面升高而产生的额外压力 π 称为渗透压（osmotic pressure）。图 2-3(a) 为渗透开始时的状态，(b) 为渗透平衡时的状态。

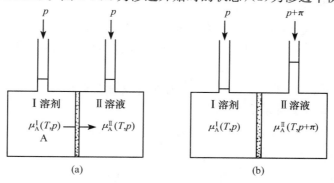

图 2-3　渗透压示意图

渗透开始，纯溶剂和溶液中溶剂 A 的化学势分别为

$$\mu_A^{\mathrm{I}}(T,p) = \mu_A^*(T,p)$$
$$\mu_A^{\mathrm{II}}(T,p) = \mu_A^*(T,p) + RT\ln x_A$$

因为 $x_A < 1$，所以 $\mu_A^{\mathrm{I}}(T,p) > \mu_A^{\mathrm{II}}(T,p)$，纯溶剂要向溶液方向扩散，产生渗透现象。当渗透达平衡时，溶液与纯溶剂的液面差引起的压力即为渗透压 π。此时溶液上方的压力为 $p+\pi$。因已达平衡，纯溶剂与溶液中溶剂的化学势相等。

$$\mu_A^{\mathrm{I}}(T,p) = \mu_A^{\mathrm{II}}(T,p+\pi)$$
$$\mu_A^{\mathrm{II}}(T,p+\pi) = \mu_A^*(T,p+\pi) + RT\ln x_A$$
$$\mu_A^{\mathrm{I}}(T,p) = \mu_A^*(T,p)$$

则

$$\mu_A^*(T,p+\pi) + RT\ln x_A = \mu_A^*(T,p)$$
$$-RT\ln x_A = \mu_A^*(T,p+\pi) - \mu_A^*(T,p)$$

该式右端表示定温下，溶剂的化学势由于 p 变到 $p+\pi$，根据式(2-38)有

$$\mu_A^*(T, p+\pi) - \mu_A^*(T, p) = \int_p^{p+\pi} V_m(A) \, \mathrm{d}p$$

因纯液体的摩尔体积 $V_m(A)$ 受压力的影响很小,可认为是常数,所以

$$\int_p^{p+\pi} V_m(A) \, \mathrm{d}p = \pi V_m(A)$$

用溶质浓度代替溶剂的浓度得 $-RT \ln x_A = -RT \ln(1-x_B)$,因 x_B 远小于1,将 $\ln(1-x_B)$ 按

级数展开得 $\ln(1-x_B) = -x_B + \frac{1}{2}x_B^2 - \frac{1}{3}x_B^3 + \cdots \approx -x_B \approx -\frac{n_B}{n_A}$,故

$$RT \frac{n_B}{n_A} = \pi V_m(A)$$

整理得

$$\pi = \frac{n_B}{n_A V_m(A)} RT = \frac{n_B}{V_A} RT$$

即

$$\pi = cRT$$

该式即为范特霍夫(van't Hoff)公式。由推导过程可知,它只适用于稀溶液。

*2.8.2　凝固点降低

固体溶剂与溶液成平衡时的温度称为溶液的凝固点(freezing point),这里指由纯溶剂形成的固体,而不是固溶体。设在压力 p 时,溶液的凝固点为 T,则在两相平衡时有

$$\mu_A(1, T, p, x_A) = \mu_A(s, T, p)$$

式中:1和s分别表示液态和固态。在定压下若使溶液的浓度由 x_A 变到 $x_A + \mathrm{d}x_A$,则凝固点相应地由 T 变到 $T + \mathrm{d}T$,重新建立平衡时

$$\mu_A(1) + \mathrm{d}\mu_A(1) = \mu_A(s) + \mathrm{d}\mu_A(s)$$

因为 $\mu_A(1) = \mu_A(s)$,所以 $\mathrm{d}\mu_A(1) = \mathrm{d}\mu_A(s)$。

液相化学势是由溶液的浓度和温度同时变化引起的,固相化学势则仅是温度引起的,故

$$\left[\frac{\partial \mu_A(1)}{\partial T}\right]_{p,x} \mathrm{d}T + \left[\frac{\partial \mu_A(1)}{\partial x_A}\right]_{T,p} \mathrm{d}x_A = \left[\frac{\partial \mu_A(s)}{\partial T}\right]_p \mathrm{d}T$$

在纯组分中 $\left[\dfrac{\partial \mu_A(s)}{\partial T}\right]_p = -S_m(A)$,在多组分中 $\left[\dfrac{\partial \mu_A(1)}{\partial T}\right]_{p,x} = -S_{A,m}(1)$,而

$$\left[\frac{\mathrm{d}\mu_A(1)}{\mathrm{d}x_A}\right]_{T,p} = \frac{\partial}{\partial x_A}[\mu_A^*(T, p) + RT \ln x_A]_{T,p} = \frac{RT}{x_A}$$

将这些关系式代入上式得

$$-S_{A,m}(1)\mathrm{d}T + \frac{RT}{x_A}\mathrm{d}x_A = -S_m(A)\mathrm{d}T$$

$$\frac{RT}{x_A}\mathrm{d}x_A = [S_{A,m}(1) - S_m(A)]\mathrm{d}T = \Delta S_m \mathrm{d}T$$

当溶液与固体两相平衡时,有

$$\Delta G_m(A) = \Delta H_m(A) - T\Delta S_m(A) = 0$$

即

$$\Delta S_m = \frac{\Delta H_m(A)}{T}$$

$\Delta H_m(A)$ 为溶剂 A 的摩尔熔化热,对稀溶液 $\Delta H_m(A)$ 近似等于纯溶剂 A 的摩尔熔化热 $\Delta_{fus}H_m(A)$,代入上式得

$$\frac{RT}{x_A}dx_A = \frac{\Delta_{fus}H_m(A)}{T}dT$$

设纯溶剂($x_A=1$)的凝固点为 T_f^*,浓度为 x_A 时溶液的凝固点为 T_f,对上式定积分

$$\int_1^{x_A}\frac{dx_A}{x_A} = \int_{T_f^*}^{T_f}\frac{\Delta_{fus}H_m(A)}{R}\frac{dT}{T^2}$$

温度变化不大时,$\Delta_{fus}H_m(A)$ 可看作与温度无关,则得

$$\ln x_A = \frac{-\Delta_{fus}H_m(A)}{R}\left(\frac{1}{T_f}-\frac{1}{T_f^*}\right) = \frac{-\Delta_{fus}H_m(A)}{R}\left(\frac{T_f^*-T_f}{T_fT_f^*}\right)$$

令 $\Delta T_f = T_f^*-T_f$,$T_fT_f^* \approx (T_f^*)^2$,且稀溶液中

$$-\ln x_A = -\ln(1-x_B) \approx x_B \approx \frac{n_B}{n_A}$$

则上式可写成

$$\Delta T_f = \frac{R(T_f^*)^2}{\Delta_{fus}H_m(A)}\frac{n_B}{n_A}$$

该式即为稀溶液的凝固点降低公式。

设溶剂和溶质的质量分别为 m_A 和 m_B,其摩尔质量分别为 M_A 和 M_B,则上式又可写成

$$\Delta T_f = \frac{R(T_f^*)^2}{\Delta_{fus}H_m(A)}\frac{M_Am_B}{M_Bm_A}$$

所以

$$\Delta T_f = K_f b_B$$

式中:$K_f = \frac{R(T_f^*)^2}{\Delta_{fus}H_m(A)}M_A$,称为凝固点下降常数;$b_B$ 为溶液的质量摩尔浓度。

例如,以水为溶剂时,就可由上式算得 K_f 值

$$K_f(水) = \frac{8.314J \cdot mol^{-1} \cdot K^{-1} \times (273.15K)^2 \times 18 \times 10^{-3}kg \cdot mol^{-1}}{6017.4J \cdot mol^{-1}}$$
$$= 1.86kg \cdot K \cdot mol^{-1}$$

以苯为溶剂时

$$K_f(苯) = \frac{8.314J \cdot mol^{-1} \cdot K^{-1} \times (278.6K)^2 \times 78 \times 10^{-3}kg \cdot mol^{-1}}{9832.9J \cdot mol^{-1}}$$
$$= 5.12kg \cdot K \cdot mol^{-1}$$

几种溶剂的 K_f 值列于表 2-1。

表 2-1 几种溶剂的 K_f 值

溶剂	水	乙酸	苯	环己烷	萘
凝固点 T_f^*/℃	0.00	16.60	5.53	6.5	80.25
K_f/(kg·K·mol^{-1})	1.86	3.90	5.12	20	7.0

*2.8.3　沸点升高

沸点(boiling point)是指液体的蒸气压等于外压时的温度。根据拉乌尔定律,在定温时,当溶液中溶质是不挥发性的,溶液的蒸气压总是低于纯溶剂的蒸气压,故溶液的沸点比纯溶剂的要高。

在一定温度下,当溶液中溶剂 A 与溶液上方的溶剂 A 的蒸气压达到平衡时,根据相平衡条件,溶剂 A 在气液两相中的化学势相等

$$\mu_A^*(g) = \mu_A(l) = \mu_A^*(l) + RT \ln x_A$$

若溶液浓度有 dx_A 的变化,沸点相应地有 dT 的变化,用与凝固点相同的方法处理可得

$$\Delta T_b = \frac{R(T_b^*)^2}{\Delta_{vap} H_m} \frac{n_B}{n_A}$$

式中:$\Delta T_b = T_b - T_b^*$,T_b^* 为纯溶剂的沸点,T_b 为溶液的沸点;$\Delta_{vap} H_m$ 为溶剂的摩尔蒸发焓。将溶剂、溶质的量换算为质量摩尔浓度

$$\Delta T_b = \frac{R(T_b^*)^2}{\Delta_{vap} H_m} \frac{M_A m_B}{M_B m_A} = K_b b$$

式中:$K_b = \frac{R(T_b^*)^2}{\Delta_{vap} H_m} M_A$,称为沸点升高常数,它只与溶剂的性质有关。例如,以水为溶剂时

$$K_b = \frac{8.314 J \cdot mol^{-1} \cdot K^{-1} \times (373.15K)^2 \times 18 \times 10^{-3} kg \cdot mol^{-1}}{2259.9 kJ \cdot g^{-1} \times 18 \times 10^{-3} kg \cdot mol^{-1} \times 10^3}$$

$$= 0.512 kg \cdot K \cdot mol^{-1}$$

几种溶剂的 K_b 值列于表 2-2。

表 2-2　几种溶剂的 K_b 值

溶剂	水	甲醇	乙醇	丙酮	苯	四氯化碳
$T_b^* / ℃$	100	64.51	78.33	56.15	80.10	76.72
$K_b/(kg \cdot K \cdot mol^{-1})$	0.51	0.83	1.19	1.73	2.60	5.02

2.9　分配定律及其应用

2.9.1　分配定律

定温定压下,在同时共存的两种互不相溶的液体 α、β 中加入少量某种物质 B,当 B 在 α、β 两溶剂中溶解达平衡时

$$\mu_B^\alpha = \mu_B^\beta$$

即

$$\mu_B^{\alpha,\ominus} + RT \ln a_B^\alpha = \mu_B^{\beta,\ominus} + RT \ln a_B^\beta$$

整理得

$$\frac{a_B^\alpha}{a_B^\beta} = \exp\left[(\mu_B^{\beta,\ominus} - \mu_B^{\alpha,\ominus})/RT\right] = K_a$$

当溶液很稀时,可用 c_B^α 和 c_B^β 代替 a_B^α 和 a_B^β,则上式写为

$$\frac{c_{B}^{\alpha}}{c_{B}^{\beta}} = K \qquad (2\text{-}56)$$

式(2-56)即为分配定律(distribution law),说明在定温定压下溶质在两种共存且不互溶的溶剂中的浓度之比为常数 K。K 称为分配常数,是与溶质、溶剂以及温度、压力有关的函数,但压力对其影响较小,可忽略。

式(2-56)仅适用于在两溶剂中有相同形态的溶质。如果溶质分子在某一溶剂中出现离解、缔合,则需根据具体情况做校正后才能使用式(2-56)。

实验测得在 291K 及 $p^{\ominus}$ 下,I_2 在 H_2O 层(10mL)、CS_2 层(10mL)的分配见表 2-3。

表 2-3 I_2 在 H_2O 与 CS_2 中的分配

$c_{I_2}(CS_2)/(g \cdot dm^{-3})$	$c_{I_2}(H_2O)/(g \cdot dm^{-3})$	$K = c_{I_2}(CS_2)/c_{I_2}(H_2O)$
0.076	0.0017	410
4.1	0.010	410
6.6	0.016	410
12.9	0.032	400

2.9.2 萃取

用一种与溶液不相混溶的溶剂,从溶液中分离出某种溶质的操作称为萃取(extraction),所加溶剂为萃取剂。使用分配定律可计算萃取效率。

设用体积为 V_2 的某萃取剂,从体积为 V_1 的含溶质为 mg 的溶液中萃取该溶质,并设溶质分子在萃取剂中与原溶液中形态相同。当分配达平衡时,原溶液中溶质的质量剩 m_1g,则根据分配定律 $K = \dfrac{(m-m_1)/V_2}{m_1/V_1}$,整理得

$$m_1 = m\frac{V_1}{KV_2+V_1}$$

若用同样体积的萃取剂进行第二次萃取,留在原溶液中溶质的质量 m_2 为

$$m_2 = m\left(\frac{V_1}{KV_2+V_1}\right)^2$$

经 n 次萃取后,留在原溶液中的溶质为

$$m_n = m\left(\frac{V_1}{KV_2+V_1}\right)^n$$

因为 $\dfrac{V_1}{KV_2+V_1} < 1$,所以 n 次萃取后,留在原溶液中的溶质 m_n 已很少。

萃取操作在生产和科研中用途很广,在天然产物有效成分的提取、精制、成分分析等中均有应用。

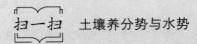 扫一扫　土壤养分势与水势

Summary

Chapter 2　Free Energy，Chemical Potential and Solution

1. Gibbs free energy G is defined as $G \equiv U + pV - TS \equiv H - TS$. Helmholtz free energy F is defined by the relation $F \equiv U - TS$.

2. Gibbs free energy is applied to judge a process is reversible or spontaneous in a closed system at constant temperature and constant pressure，that is Gibbs free energy criterion.

3. Thermodynamics basic equation for one-component system is
$$dG = -SdT + Vdp$$

4. Partial molar quantities is $Z_{B,m} = \left(\dfrac{\partial Z}{\partial n_B}\right)_{T,p,n_{z(z \neq B)}}$ and chemical potential (μ) is defined as $\mu_B \equiv \left(\dfrac{\partial G}{\partial n_B}\right)_{T,p,n_{z(z \neq B)}}$.

5. Substance is transported from state with high chemical potential to state with low chemical potential until equilibrium in a closed system.

6. Chemical potential of a substance is $\mu_B(T,p) = \mu_B^{\ominus}(T) + RT \ln a_B$，for ideal gas，real gas，ideal solution or dilute solution，various system with various standard state and various $\mu_B^{\ominus}(T)$.

7. Solvent and solute in dilute solution is conformed Raoult's law and Henry's law separately.

习　　题

2-1　判断下列过程的 Q、W、ΔU、ΔH、ΔS、ΔG 值的正负。

（1）理想气体自由膨胀；

（2）两种理想气体在绝热箱中混合。

2-2　说明下列各式的适用条件。

（1）$\Delta G = \Delta H - T\Delta S$；

（2）$dG = -SdT + Vdp$；

（3）$-\Delta G = -W'$。

2-3　298K 时 1mol 理想气体从体积 10dm³ 膨胀到 20dm³。计算（1）定温可逆膨胀；（2）向真空膨胀两种情况下的 ΔG。

2-4　某蛋白质由天然折叠态变到张开状态的变性过程的焓变 $\Delta_r H_m^{\ominus}$ 和熵变 $\Delta_r S_m^{\ominus}$ 分别为 251.04 kJ·mol⁻¹和 753 J·mol⁻¹·K⁻¹，计算（1）298K 时蛋白变性过程的 $\Delta_r G_m^{\ominus}$；（2）发生变性过程的最低温度。

2-5　298K、$p^{\ominus}$ 下，1mol 铅与乙酸铜在原电池内反应可得电功 9183.87kJ，吸热 216.35kJ，试计算 ΔU、ΔH、ΔS 和 ΔG。

2-6　1mol 液态苯在其沸点 353K、标准压力下汽化,汽化热为 395J·g^{-1},求此过程的 Q、W、ΔU、ΔH、ΔG。

2-7　1mol 双原子理想气体从 298K、100kPa 绝热可逆压缩至 600kPa,求该过程的 Q、W、ΔU、ΔH、ΔS、ΔG。(已知理想气体的 $C_{p,m}=3.5R$,始态的 $S_m=205.14J·K^{-1}·mol^{-1}$)

2-8　广义化学势

$$\mu_B = \left(\frac{\partial G}{\partial n_B}\right)_{T,p,n_z} = \left(\frac{\partial U}{\partial n_B}\right)_{S,V,n_z} = \left(\frac{\partial H}{\partial n_B}\right)_{S,p,n_z} = \left(\frac{\partial F}{\partial n_B}\right)_{T,V,n_z}$$

式中哪几项不是偏摩尔量?

2-9　由 2.0mol A 和 1.5mol B 组成的二组分溶液的体积为 425cm^3,已知 $V_{B,m}$ 为 250.0 $cm^3·mol^{-1}$,求 $V_{A,m}$。

2-10　298K 及 $p^{\ominus}$ 下,将 1mol 液态苯加入到 $x_{苯}=0.2$ 的苯和甲苯构成的量很大的溶液中,求该过程的 ΔG。

2-11　308K 时,丙酮的饱和蒸气压为 4.3×10^4 Pa,今测得 $x_{氯仿}=0.3$ 的氯仿-丙酮溶液蒸气中丙酮蒸气的分压为 2.7×10^4 Pa,问此溶液是否为理想溶液?

2-12　由 A 和 B 组成近似的理想溶液,在 B 的摩尔分数为 0.03,温度为 370.26K 时,溶液的蒸气压为 101325Pa,已知纯 A 在该温度下的饱和蒸气压是 91293.8Pa。计算相同温度时,B 的摩尔分数为 0.02 的溶液上方(1)A 的蒸气分压;(2)B 的蒸气分压。

2-13　在 100g 苯中加入 13.76g C_6H_5—C_6H_5(联苯)构成的稀溶液,其沸点由苯的正常沸点 353.2K 上升到 355.5K。求(1)苯的摩尔沸点升高常数;(2)苯的摩尔蒸发热。

2-14　(1)若 A,B 两种物质在 α、β 两相中达平衡,下列哪种关系式代表这种情况? ① $\mu_A^{\alpha}=\mu_B^{\beta}$,② $\mu_A^{\alpha}=\mu_A^{\beta}$,③ $\mu_B^{\alpha}=\mu_B^{\beta}$;

(2) 若 A 在 α、β 两相中达平衡,而 B 正由 β 相向 α 相迁移,下列关系式是否正确? ①$\mu_A^{\alpha}=\mu_A^{\beta}$,②$\mu_B^{\alpha}>\mu_B^{\beta}$。

2-15　(1)同种理想气体分别处于 298K、110kPa 及 310K、110kPa,写出气体两种状态的化学势表达式,并判断两种状态的化学势 μ 和标准化学势 $\mu^{\ominus}$ 是否相等;(2)写出同温同压下纯苯和苯-甲苯理想溶液中组分苯的化学势,并判断苯的两种状态的 μ^*、μ 是否相等;(3)写出在 T、p 下达渗透平衡的纯溶剂与稀溶液中溶剂的化学势公式,比较两者的标准态化学势 μ^*、化学势 μ 是否相等。

2-16　(1)在定温定压下,A,B 两种纯固态物质的化学势是否相等?(2)在定温定压下,写出 A 物质作为非理想溶液中溶质时,以 a_x、a_c、a_b 三种活度表示的化学势公式。并比较三种标准态化学势是否相等。

2-17　在 298K 及 $p^{\ominus}$ 下,金刚石、石墨的有关数据如下:

物质	$\Delta_c H_m^{\ominus}/(kJ·mol^{-1})$	$S_m^{\ominus}/(J·mol^{-1}·K^{-1})$	$\rho/(kg·m^{-3})$
金刚石	−395.40	2.377	3513
石墨	−393.51	5.740	2260

讨论:(1)298K 及 $p^{\ominus}$ 下,石墨能否转变为金刚石;(2)用加热或加压的方法能否使石墨转变为金刚石,并计算转变条件。

2-18　400K,10^5 Pa,1mol ideal gas was reversibly isothermally compressed to 10^6 Pa. Calculate $Q,W,\Delta H$, $\Delta S,\Delta G,\Delta U$ of this process.

2-19　Calculate $\Delta G=$?

$$H_2O(1mol,l,100℃,101.325kPa)\longrightarrow H_2O(1mol,g,100℃,2\times101.325kPa)$$

第3章 相 平 衡

相平衡研究的是体系的温度、压力、浓度等与相态和相组成的关系。本章介绍吉布斯相律和单组分两相平衡体系的克拉贝龙方程及克拉贝龙-克劳修斯方程;讨论单组分和二组分体系相图及其应用,明确体系在某一条件下稳定存在的相态及可实现的相变。

在科研和生产中,常常需要对原料和产品进行必要的分离和提纯。最常用的分离和提纯方法是蒸馏、萃取、结晶和吸收等。这些方法的理论基础就是相平衡原理。相平衡是化学热力学的主要研究对象之一。

3.1 相 律

3.1.1 基本概念

1. 相与相数

体系内部物理性质与化学性质完全均匀的部分称为相(phase)。相与相之间有明显的界面(interface),可以用物理的方法将其分开。体系中相的总数称为相数,以 P 表示。同一体系在不同的条件下可以有不同的相,其相数也可能不同。例如,水在 100Pa 压力下,373K 以上时以气相存在;在 373K 时气、液两相共存;在 273～373K 时以液相存在;而在 611.0Pa,273.16K 时气、液、固三相共存。

由于各种气体可以无限制的均匀混合,彼此之间无界面可分,因此无论体系中有多少种气体,都是一相。对于液体,则视不同液体间的相互溶解度不同,可以有一相、两相甚至三个液相同时共存。对于固体,不管混合得多么均匀,体系中有几种固体物质,就有几个固相。如果几种固体物质之间已达到分子程度的混合,则只有一相,称为固溶体。

2. 组分与组分数

用以确定平衡体系中所有各相组成所需的最少数目的独立物质称为独立组分(independent component),简称组分(component)。组分的数目称为组分数,以符号 C 表示。体系中所含化学物质的数目称为物种数,以符号 S 表示。

组分数与物种数是两个不同的概念。当构成体系的各种物质之间没有任何化学平衡存在时,体系中有多少种物质就应该有多少个组分,即 $C=S$。若各种物质之间有化学平衡存在,则组分数小于物种数。例如,Cl_2、PCl_3 和 PCl_5 三种物质之间存在如下化学平衡:

$$PCl_5 \rightleftharpoons PCl_3 + Cl_2$$

该体系中物种数为 3,但组分数 $C=2$。因为此体系的三种物质中,某一物质可由其他两种物质通过化学反应产生。即使一开始在体系中不加入这种物质,它也仍然可以产生,并存在于体系之中。如用 R 表示体系中独立的化学平衡数,则 $C=S-R$。

需要注意的是,R 表示的是独立的化学平衡数。例如,气相反应

$$CO+H_2O \Longrightarrow CO_2+H_2 \tag{i}$$

$$H_2+\frac{1}{2}O_2 \Longrightarrow H_2O \tag{ii}$$

$$CO+\frac{1}{2}O_2 \Longrightarrow CO_2 \tag{iii}$$

虽然三个反应同时存在,但反应(iii)可由(i)和(ii)得到,因此其独立化学平衡数 $R=2$。

若体系中除化学平衡外,还存在浓度限制条件,则用 R' 表示独立浓度限制条件数。如上面提过的 Cl_2、PCl_3、PCl_5 三种物质组成的体系,若三种物质间的浓度比为任意值,则为二组分体系。若控制 $c(PCl_3)=c(Cl_2)$,则为单组分体系。通过 PCl_5 一种物质即可产生 PCl_3 和 Cl_2,且 $c(PCl_3):c(Cl_2)=1$,因此

$$C=S-R-R' \tag{3-1}$$

独立浓度限制条件数中的"独立"二字的含义与独立化学平衡数中的"独立"的含义完全相同,如 NaCl 水溶液中离子浓度间存在如下关系:

$$c(Na^+)=c(Cl^-)$$
$$c(H^+)=c(OH^-)$$
$$c(Na^+)+c(H^+)=c(Cl^-)+c(OH^-)$$

三个关系式中浓度限制条件只有两个是独立的,第三个条件可由其他两个得到,因此 $R'=2$。另外,物质之间的浓度限制条件只能在同一相中应用。不同相之间不存在浓度限制条件。例如,$CaCO_3$ 分解生成 CaO 和 CO_2,虽然分解产物的物质的量相同,但 CO_2 为气相,CaO 为固相,二者之间不存在浓度限制条件。

由上述讨论可知 C 与 S 既有联系,又不相同。在相平衡讨论中用组分数 C 比用物种数 S 讨论问题来得更简单。例如,NaCl 水溶液若只考虑 NaCl 和 H_2O 两种物质,则 $S=2$,$R=0$,$R'=0$,则 $C=S-R-R'=2-0-0=2$。若考虑 NaCl 电离平衡 $NaCl \Longrightarrow Na^+ +Cl^-$,则体系中 $S=4(NaCl,H_2O,Na^+,Cl^-)$,$R=1$,$R'=1$,则 $C=S-R-R'=4-1-1=2$ 可见 S 不同而 C 相同。

3. 自由度 f

在不引起旧相消失和新相产生(保持相的数目和类型不变)的前提下,可以在一定范围内变动的独立变量如浓度、温度、压力等称为独立可变因素。其数目为自由度(degree of freedom),用 f 表示。例如,水以单液相存在时,温度和压力在一定范围内发生变化都不会使液相消失或生成新相,此时温度、压力是两个独立可变的强度性质,自由度 $f=2$。当水与水蒸气(或冰)两相平衡共存时,若指定了温度,压力必须为此温度下水的饱和蒸气压,不能改变。反之指定了压力,温度也随之而定,故此时只有一个独立变量,$f=1$。当冰、水、水蒸气三相平衡共存时,温度一定为 273.16K,压力一定为 611Pa,均不能任意改变,一旦改变条件,必然引起某一相或两相消失,此时体系自由度 $f=0$。

自由度是研究相平衡的重要概念,可以通过相律确定体系的自由度。

3.1.2　相律

相律(phase rule)是 1876 年吉布斯根据热力学基本原理推导而来的,它是热力学在多相

体系应用的结果。

设在平衡体系中有 S 种物质，P 个相。若每一种物质在 P 个相中都存在，则每一相中有 S 个浓度变量，描述体系状态的总变量数为 $SP+2$，2 是指温度和压力两个变量。

各变量间的平衡关系式共三种。

(1) 每一相中各物质摩尔分数之和等于 1，共 P 个关系式。

(2) 根据相平衡条件，每种物质在各相中的化学势相等，共 $S(P-1)$ 个关系式。

(3) 独立化学平衡关系式的数目 R 和独立浓度限制条件数目 R'。体系中关系式总数为 $P+S(P-1)+R+R'$。

由此可求得自由度数 $f=SP+2-[P+S(P-1)+R+R']$，整理得相律的一般表达式

$$f=C-P+2 \tag{3-2}$$

其中 $C=S-R-R'$。

式(3-2)表明体系的自由度随体系的组分数增加而增加，随相数增加而减少。

在推导相律的过程中应用了相平衡条件，因此相律只适用于平衡体系。体系中每种物质不一定都存在于每一相中，这并不影响相律的结果。当体系固定温度或压力时

$$f'=C-P+1 \tag{3-3}$$

当体系温度和压力都固定时

$$f''=C-P \tag{3-4}$$

f' 和 f'' 都称为条件自由度。

相律只能对多相平衡体系做定性描述，不能解决各变量间的定量关系。如根据相律可确定一个体系有几个相，有几个因素对相平衡产生影响，但不能指明具体是哪些相，以及每一相的数量是多少。研究相平衡体系，除了相律，还需用热力学的有关定律和经验加以补充。

例 3-1 碳酸钠和水可以组成下列化合物：$Na_2CO_3 \cdot H_2O$，$Na_2CO_3 \cdot 7H_2O$，$Na_2CO_3 \cdot 10H_2O$。

(1) $p^\ominus$ 下，与碳酸钠水溶液及冰共存的含水盐最多可有几种？(2) 30℃ 时，与水蒸气平衡共存的含水盐最多可有几种？

解 此体系 $C=2$。

(1) 压力为 $p^\ominus$ 时，$f'=C-P+1=3-P$，$f=0$ 时 P 有最大值为 3，已有碳酸钠水溶液与冰两相，因此与之共存的含水盐最多只有一种。

(2) 30℃ 时，$f'=C-P+1=3-P$，$f=0$，$P=3$，已有水蒸气一相，则与之共存的含水盐为两种。但在此两个问题中均无法确定是哪种含水盐。

3.2 单组分体系

对于单组分体系 $C=1$，根据相律 $f=C-P+2=3-P$，说明单组分体系中最多三相共存，此时体系没有独立变量。当 $P=1$ 时 $f=2$，即体系为双变量体系，指温度和压力在一定范围内可任意变动。当 $P=2$ 时 $f=1$，此时温度和压力两个变量存在一定的依存关系，指定了一个，另一个也随之确定下来。

3.2.1 克拉贝龙方程

定温定压下，某纯物质两相平衡共存，根据相平衡条件，即有

$$\mu^\alpha(T,p) = \mu^\beta(T,p)$$

当温度改变 dT，压力改变 dp 后，达到新的平衡状态，即

$$\mu^\alpha + d\mu^\alpha = \mu^\beta + d\mu^\beta$$

则

$$d\mu^\alpha = d\mu^\beta$$

对于纯物质 $d\mu = dG_m$，且 $dG_m = -S_m dT + V_m dp$，则

$$-S_m^\alpha dT + V_m^\alpha dp = -S_m^\beta dT + V_m^\beta dp$$

移项整理

$$\frac{dp}{dT} = \frac{S_m^\beta - S_m^\alpha}{V_m^\beta - V_m^\alpha} = \frac{\Delta S_m}{\Delta V_m}$$

式中：ΔS_m、ΔV_m 分别为定温定压下可逆相变中熵变和体积改变值，因为可逆相变热 $\Delta H_m = T\Delta S_m$，则

$$\frac{dp}{dT} = \frac{\Delta H_m}{T\Delta V_m} \tag{3-5}$$

式(3-5)即为克拉贝龙(Clapeyron)方程。它适用于纯物质的任意两相平衡体系，反映了相变时体系的压力随温度的变化关系。

对于有气相参加的平衡体系，固相、液相的体积与气相的体积相比可以忽略不计，故 $\Delta V_m = V_{m,g} - V_m \approx V_{m,g}$，把气体视为理想气体，则 $\Delta V_m \approx V_{m,g} = \frac{RT}{p}$，代入式(3-5)中则 $\frac{dp}{dT} = \frac{\Delta H_m}{RT^2/p}$，整理得

$$\frac{d\ln p}{dT} = \frac{\Delta H_m}{RT^2} \tag{3-6}$$

式(3-6)称为克拉贝龙-克劳修斯方程，其中 ΔH_m 为液体的摩尔蒸发热或固体的摩尔升华热。若 ΔH_m 在一定温度范围内为定值，可在 $T_1 \rightarrow T_2$，$p_1 \rightarrow p_2$ 范围内对式(3-6)进行定积分，得

$$\ln \frac{p_2}{p_1} = \frac{\Delta H_m}{R}\left(\frac{1}{T_1} - \frac{1}{T_2}\right) \tag{3-7}$$

式(3-7)称为克拉贝龙-克劳修斯方程的定积分式。根据此式可求某纯物质在某一温度下的饱和蒸气压。若对式(3-6)不定积分，可得

$$\ln \frac{p}{p^\ominus} = -\frac{\Delta H_m}{R}\frac{1}{T} + C \tag{3-8}$$

式中：C 为积分常数。式(3-8)为克拉贝龙-克劳修斯方程的不定积分式，表明纯物质的饱和蒸气压和温度的倒数是线性关系，可用实验数据绘制 $\ln \frac{p}{p^\ominus}$-$\frac{1}{T}$ 关系图，由斜率 $-\frac{\Delta H_m}{R}$ 求相变热 ΔH_m。

例 3-2 已知水在 100℃时饱和蒸气压为 1.01×10^5 Pa，汽化热为 40.68kJ·mol^{-1}，试计算(1)水在 95℃时的饱和蒸气压；(2)水在 1.06×10^5 Pa 下的沸点。

解 (1) $T_1 = 373K$，$p_1 = 1.01\times10^5$ Pa，$T_2 = 368K$

$$\ln \frac{p_2}{p_1} = \frac{\Delta_{vap} H_m}{R}\left(\frac{1}{T_1} - \frac{1}{T_2}\right)$$

$$\ln\frac{p_2}{1.01\times10^5}=\frac{40.68\times10^3}{8.314}\left(\frac{1}{373}-\frac{1}{368}\right)\qquad p_2=8.45\times10^4\,\text{Pa}$$

(2) $T_1=373\text{K},p_1=1.01\times10^5\,\text{Pa},p_2=1.06\times10^5\,\text{Pa}$

$$\ln\frac{1.06\times10^5}{1.01\times10^5}=\frac{40.68\times10^3}{8.314}\left(\frac{1}{373}-\frac{1}{T_2}\right)\qquad T_2=374.4\text{K}=101.2\,℃$$

3.2.2 水的相图

根据实验将体系的状态与温度、压力、浓度等因素的关系用图形表示,这种图形称为相图(phase diagram)。单组分体系 $f=3-P$,自由度最大值为2,可用平面坐标的两个轴分别表示温度和压力两个变量,在二维平面图上展现体系的平衡状态。

水的相图(图 3-1)由三条线交于 O 点,将平面分成三个相区。

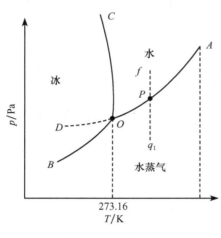

图 3-1 水的相图

(1) 相区:AOB、AOC 和 BOC 三个相区分别表示水蒸气、水和冰。在每一相区内 $P=1,f=2$。表明在每一相区内温度和压力在一定范围内的变动不会引起相的改变。换言之,在单相区中必须同时确定温度和压力两个变量,体系的状态才能完全确定下来。

(2) 线:两个单相区的交界线是两相区,表示有两相共存,$P=2,f=1$。说明在线上温度和压力两个变量中只能有一个独立可变。

(i) OA 线是水与水蒸气两相平衡共存线,即为水的饱和蒸气压曲线,每个温度值对应一个饱和蒸气压值。OA 线不能无限向上延长,只能到 A 点截止,此点为水的临界点(647.3K,$2.2\times10^7\,\text{Pa}$),在临界点液态和气态界面消失。

(ii) OC 线表示水与冰两相平衡共存,即为冰的熔点曲线。OC 线也不能无限向上延长,达到一定程度时相图变复杂,出现不同结构的冰。

(iii) OB 线表示冰与水蒸气两相平衡共存,称为冰的升华曲线,OB 线在理论上可延长到绝对零度附近。

(iv) OD 线为 OA 线的反向延长线,水冷却到 273.16K 以下仍无冰析出,称为过冷水。OD 线表示过冷水与水蒸气平衡共存,OD 线在 OB 线之上,即过冷水的蒸气压比同温下处于稳定状态的冰的蒸气压大,因此过冷水处于一种不稳定状态,称亚稳状态(参阅 10.2 节)。

OA、OB、OC 三条线的斜率可由克拉贝龙方程表示

$$OA\ 线\qquad\left(\frac{\mathrm{d}p}{\mathrm{d}T}\right)_{蒸发}=\frac{\Delta_{\text{vap}}H_m}{T(V_g-V_l)}$$

$$OB\ 线\qquad\left(\frac{\mathrm{d}p}{\mathrm{d}T}\right)_{升华}=\frac{\Delta_{\text{sub}}H_m}{T(V_g-V_s)}$$

$$OC\ 线\qquad\left(\frac{\mathrm{d}p}{\mathrm{d}T}\right)_{熔化}=\frac{\Delta_{\text{fus}}H_m}{T(V_l-V_s)}$$

因为 $\Delta_{\text{sub}}H_m>\Delta_{\text{vap}}H_m$,所以 OB 线斜率大于 OA 线,另外 $\Delta_{\text{fus}}H_m>0$,但 $V_l-V_s<0$,则 OC

线斜率为负,增大压力冰的熔点降低。

(3) O 点为 OA、OB、OC 三线交点,此时冰、水、水蒸气三相共存,$P=3$,是三相区,也称为 0 点,为水的三相点。根据相律,在三相点 $f=0$,即此时温度、压力都有确定值,不能随意改变。水的三相点 $T=273.16\text{K},p=611\text{Pa}$。

3.3 二组分双液体系

对于二组分体系,根据相律 $C=2$ 时,$f=4-P$,P 最小为 1,所以自由度最多为 3,即体系的状态最多可由三个独立变量来确定。这三个变量通常为温度、压力和组成 (x),所以二组分体系的状态要用三个坐标的立体图形表示。为了简化讨论,通常固定其中一个变量,得到立体图形中的某一个截面图。这种平面图有三种:$p\text{-}x$ 图,$T\text{-}x$ 图,$p\text{-}T$ 图。常用前两种,在平面图上 $f'=2$,同时共存相数最多为 3。

3.3.1 理想完全互溶双液系

两个纯液体组分可以按任意比例相互混合成均一液相的体系,称为完全互溶双液系。若混合溶液中任一组分在全部浓度范围内蒸气压与组成的关系都符合拉乌尔定律,则这样的双液系又称为理想完全互溶双液系。理想溶液即属于这一类体系。

1. 定温下的 $p\text{-}x$ 图

设组分 A 和 B 可形成理想溶液,根据拉乌尔定律有 $p_A=p_A^* x_A,p_B=p_B^* x_B=p_B^*(1-x_A)$,则定温下溶液总蒸气压 $p=p_A+p_B=p_A^* x_A+p_B^*(1-x_A)=p_B^*+(p_A^*-p_B^*)x_A$。根据此式在定温下以 x_A 为横坐标、p 为纵坐标作 $p\text{-}x$ 图为一直线,如图 3-2 所示。

由于 A、B 二组分蒸气压不同,则在某一温度下,当气、液两相平衡共存时,气液两相的组成也不相同。用 y 表示气相组成,根据分压定律,$y_A=\dfrac{p_A}{p}=\dfrac{p_A^* x_A}{p_B^*+(p_A^*-p_B^*)x_A}$,

$y_B=\dfrac{p_B^* x_B}{p_B^*+(p_A^*-p_B^*)x_A}$,可求出平衡时的气相组成 y_A 和 y_B,

同时可知 $\dfrac{y_A}{y_B}=\dfrac{p_A^* x_A}{p_B^* x_B}$。设 $p_A^*>p_B^*$,A 为易挥发组分,则可得

$\dfrac{y_A}{y_B}>\dfrac{x_A}{x_B}$。由于 $y_A+y_B=1,x_A+x_B=1$,故 $y_A>x_A$。表明易挥发的组分在气相中的组成大于它在液相中的组成。同理 $x_B>y_B$ 即不易挥发的组分在液相中的组成较大。图 3-3 给出了蒸气压 p 与气相组成 y、液相组成 x 间的关系。直线为

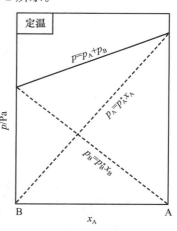

图 3-2 理想溶液的 $p\text{-}x$ 图

$p\text{-}x$ 液相线,曲线为 $p\text{-}y$ 气相线,此图完整地描述了某一温度下的气、液两相平衡状态。在液相线以上的区域为混合溶液的液态单相区,在气相线以下为气态单相区,中间月牙部分为气、液两相平衡共存区。

2. 定压下 T-x 图

根据 p-x 图可给出定压下的 T-x 图。以苯-甲苯双液系为例,首先在一系列不同温度下测定混合溶液总蒸气压与组成的关系,绘出一系列 p-x 线,如图3-4(a)所示。在该图纵坐标为标准压力处作一水平线,与各 p-x 线分别交于 x_1、x_2、x_3、⋯,所对应沸点分别为 381.2K、373K、365.2K、⋯。从沸点与组成的对应关系可得图 3-4(b)中的液相线,用同样的方法可从 p-x 图中的 p-y 线得到图 3-4(b)的气相线。图 3-4(b)就是 T-x 图,由液相线与气相线组成。在 T-x 图中气相线在上,气相线以上为气态单相区,液相线以下为液态单相区,中间月牙部分为气、液两相共存区。

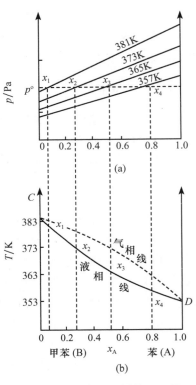

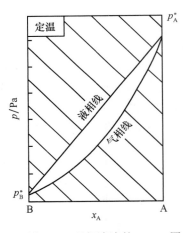

图 3-3　理想溶液的 p-x-y 图

图 3-4　从 p-x 图绘 T-x 图

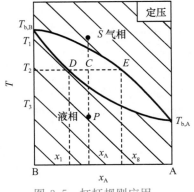

图 3-5　杠杆规则应用

也可测出一系列不同组成的溶液沸点所对应的气、液两相组成,直接绘制 T-x 相图。

3. 物系点与相点

相图中表示体系总组成状态的点称为物系点;表示各相组成和状态的点称为相点。

如图 3-5 所示,当组成为 x_A 的体系处于温度 T_1 时即 S 点所示状态,此时体系只有一个气相存在,S 点既表示体系总组成又表示气相组成,既为物系点又为相点。当体系降温至 T_2 时,物系点沿垂线下移到 C 点,此时气、液两相平衡共存,过 C 点作一与横轴平行的直线,分别交气相线、液相线于两点,即表示体系气相组成的气相点 E 和体系液相组成的液相点 D,可见二相平衡共存区内物系点与相点分离。当体系继续降温至 T_3 时物系点为 P,此时为液态单相区,物系点即为相点。

4. 杠杆规则

如图 3-5 所示,当体系处在物系点 C 时体系总组成为 x_A,体系物质总量为 n mol,此时气相组成 x_g,共有 n_g mol 气态物质,液相组成 x_1,共有 n_1 mol 液态物质,则有以下关系

$$n = n_1 + n_g \tag{3-9}$$
$$nx_A = n_1 x_1 + n_g x_g \tag{3-10}$$

将式(3-9)代入式(3-10)中,整理后可得

$$n_1(x_A - x_1) = n_g(x_g - x_A)$$

由图 3-5 可知,$x_A - x_1$ 相当于线段 $\overline{DC}$,$x_g - x_A$ 相当于线段 $\overline{CE}$,则 $\dfrac{n_1}{n_g} = \dfrac{\overline{CE}}{\overline{DC}}$。可以把图 3-5 中 $\overline{DE}$ 看作一个以 C 点为支点的杠杆,上述关系称为杠杆规则(level rule)。

杠杆规则适用于相图上任何两相平衡共存的区域。如果体系的组成以质量分数表示,通过杠杆规则得到的就是平衡共存两相的相对质量。

5. 精馏原理

要把完全互溶的二组分体系分离成两个纯组分体系需要进行精馏处理。如图 3-6 所示,设待分离混合物总组成为 x,当温度加热到 T_4 时,物系点为 O,此时溶液部分汽化,两相共存,气相组成为 y_4,液相组成为 x_4。在气相中易挥发的 B 组分有所增加,而液相中难挥发的 A 组分浓度有所增加。

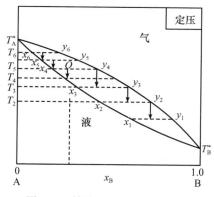

图 3-6　精馏过程 T-x 示意图

把组成为 y_4 的气相降温至 T_3,则气相部分冷凝,得到组成为 x_3 的液相和组成为 y_3 的气相。气相中 B 组分浓度又有所增加。使组成为 y_3 的气相再次冷凝,得到组成为 y_2 的气相,再次将该气相冷却降温,如此反复操作,每重复一次冷凝过程,气相中组分 B 的含量就增大一次,最后可得到组成接近于纯 B 的蒸气。

把组成为 x_4 的液相加热到 T_5,则液相部分汽化,得到组成为 x_5 的液相和组成为 y_5 的气相,在组成为 x_5 的液相中难挥发的组分 A 的含量有所增加。如此重复升温,由图 3-6 可知 $x_6 > x_5 > x_4$,最后可得到组成接近于纯 A 的液相。

将气相部分冷凝和液相部分汽化,可使气相组成沿气相线下降,最后得到易挥发的低沸点组分;液相组成沿液相线上升,最后得到难挥发的高沸点组分。这种连续进行部分汽化与部分冷凝,使混合液得以分离就是精馏(rectification)的原理。

工业上在精馏塔中进行精馏过程。精馏塔中有许多塔板,物料在最下层的塔釜(蒸馏器)中经加热后,蒸气通过塔板上的浮阀与塔板上的液体接触,高沸点物冷凝为液体并放出热量,使液体中低沸点物质蒸发为蒸气,进入高一层塔板。所以上升的蒸气中低沸点物质的含量总

比下一层塔板上来蒸气的含量大;而下降到下一层板的液体中,其高沸点物质的含量就比上一层要大。由于每一层塔板都进行蒸气部分冷凝和液体部分汽化,有 n 层塔板的精馏塔就发生 n 次该过程,最终使二组分分开。

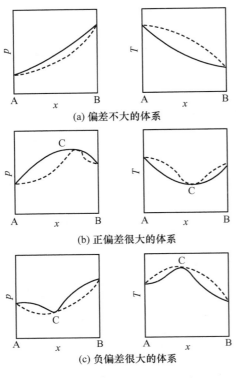

图 3-7　各类非理想完全互溶双液系液-气平衡图

(a) 偏差不大的体系

(b) 正偏差很大的体系

(c) 负偏差很大的体系

3.3.2　非理想完全互溶双液系

完全互溶双液系通常为非理想溶液,它们不能在全部浓度范围内遵守拉乌尔定律,称为非理想完全互溶双液系。根据其与理想溶液相比所产生的偏差大小,大致可分三类。

1. 正偏差或负偏差都不很大的体系

如图 3-7(a)所示,在此类相图中,气、液相线都不是直线。此类体系有 CH_3OH-H_2O, $C_6H_6-CH_3COCH_3$, $CH_3Cl-C_2H_5OC_2H_5$, $CCl_4-C_6H_6$ 等。产生偏差的原因根据具体情况各有不同,常见的有以下几种解释:①组分 A 与 B 混合后发生了化学反应,溶液中 A、B 的分子数都减少,其蒸气压相对降低,产生负偏差;②组分 A 或 B 为缔合分子,混合后发生离解使溶液中 A 或 B 的分子数目增加,蒸气压加大,产生正偏差;③各组分间引力不同,混合后 A、B 都容易逸出,蒸气压增大,产生正偏差。

2. 正偏差很大的体系

如图 3-7(b)所示,由于 p_A、p_B 偏离拉乌尔定律都很大,因此在 p-x 图上产生最高点,相应的在 T-x 图上出现最低点,此时对应的体系称为共沸溶液或共沸混合物。溶液的蒸气压恒大于两个纯组分的蒸气压。溶液的沸点恒低于两个纯组分的沸点。此类体系有 $C_2H_5OH-H_2O$, $C_2H_5OH-C_6H_6$, $CH_3OH-C_6H_6$ 等。

3. 负偏差很大的体系

如图3-7(c)所示,在 p-x 图上产生最低点,在 T-x 图上产生最高点。溶液的蒸气压恒低于纯组分的蒸气压,溶液的沸点恒高于任一组分的沸点。此类体系有 $HCl-H_2O$,HNO_3-H_2O 等。

图 3-7 中实线为液相线,虚线为气相线,其中(b)、(c)类相图可认为是由两个完全互溶双液系相图,即两个(a)类相图组合成的。当体系的物系点为最高点(或最低点)C 时,气、液两相组成相同,即 $x_1=x_g$,加热至沸腾,沸点始终不变,此点 $f^*=0$ 称为恒沸点(有最高、最低之分)。该组成的混合物称为恒沸混合物,它的组成随压力的改变而发生变化,虽然沸点不变,但它不是化合物。由于恒沸点存在,对于后两类体系,无法通过蒸馏同时得到纯组分 A 和 B,只能得到纯 A 和组成为 C 的混合物或得到纯 B 和组成为 C 的混合物。

在非理想完全互溶双液系中,一个组分 A 有正(负)偏差,另一组分 B 也有正(负)偏差。

*3.3.3 部分互溶双液系

当两种组分性质差异较大,在某些温度下两种组分相互溶解度都不大,只有当一种组分的量相对很少,另一组分的量相对很大时,两液体才能溶成均匀的一相。此类体系称部分互溶双液系,其 T-x 图主要有以下几类。

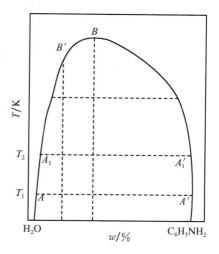

图 3-8　H_2O-$C_6H_5NH_2$ 溶解度图

1. 具有最高临界溶解温度的类型

图 3-8 是 H_2O-$C_6H_5NH_2$ 溶解度图。在 T_1 温度下,取少量苯胺加入到水中,苯胺在水中完全溶解。继续加入苯胺,物系点水平向右移动。当苯胺在水中溶解达到饱和时,溶液分为两层,一层为饱和了苯胺的水溶液,称富水层。相点为 A。另一层为饱和了水的苯胺,称富胺层,相点为 A'。两层平衡共存。若在该温度下继续加入苯胺,两层中二组分的组成不变,只是两层的质量比例发生变化。若升温至 T_2 后重复上述过程,则苯胺在水中溶解度沿 AA_1 向上变化,水在苯胺中溶解度沿 $A'A_1'$ 向上变化,继续升温,相互溶解度加大,两层组成逐渐接近,最后会聚于 B 点,形成单相溶液。在 B 点以上温度时,水与苯胺可以任意比例相互混合。B 点称为临界点,B 点所对应温度称为临界溶解温度。临界溶解温度的高低反映了此二组分相互溶解能力的强弱。临界溶解温度越低说明它们的互溶性越好,因此可利用此温度值选择优良萃取剂。

图 3-8 中 AB 线可认为是苯胺在水中的溶解度曲线,$A'B$ 线相当于水在苯胺中的溶解度曲线。两曲线交于 B 点,将相图分为两个相区,曲线以外为液相单相区,曲线以内(帽形区)为共轭的两相区,在两相区内可利用杠杆原理表示共轭双液层的相对质量。此类体系有水-酚,水-异丁醇等。

2. 具有最低临界溶解温度的类型

图 3-9 为水-三乙基胺溶解度示意图。此类体系与第一类刚好相反,二组分在低温时可以任意混溶成均匀一相,温度升高,则互溶度降低,形成共轭双液层。

3. 同时具有最高、最低临界溶解温度的类型

如图 3-10 所示,此类体系有封闭式的溶解度曲线,在高温或低温下二组分可以任意比例混溶成单一液相。而在某一温度范围内二组分部分互溶分层,此类体系有水-烟碱体系。

*3.3.4 完全不互溶双液系

两种液体彼此相互溶解程度非常小,以致可以忽略不计,这样的体系称为完全不互溶双液系,如 H_2O-C_6H_5Br、H_2O-CS_2 等。

此类体系中,A、B 共存时各自的分压与单独存在时的压力一样,不受另一组分含量多少的影响,体系总蒸气压为两个纯组分蒸气压之和,即 $p = p_A^* + p_B^*$,总压高于任一组分的分压。当 $p = p_{外}$ 时,混合物沸腾,因此混合物的沸点恒低于任一组分的沸点。图 3-11 给出了 H_2O-C_6H_5Br 体系的 p-x 图和 T-x 图。

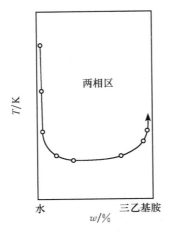

图 3-9   水-三乙基胺溶解度图

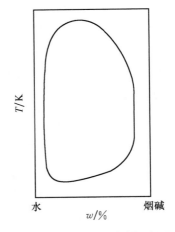

图 3-10   水-烟碱溶解度图

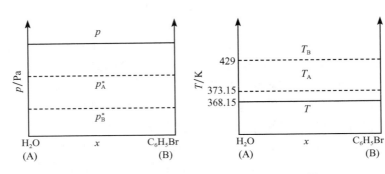

图 3-11 $H_2O\text{-}C_6H_5Br$ 的 $p\text{-}x$ 图和 $T\text{-}x$ 图

　　某些有机化合物沸点高,稳定性差,温度上升到沸点之前就可能分解,对于它们的分离提纯不能采用简单蒸馏,可采取水蒸气蒸馏。

　　由图 3-11 可知,溴苯沸点约 429K,水沸点 373.2K,混合物沸点 368.15K,当混合物达沸点温度时,体系开始沸腾,溴苯与水同时馏出。由于二者不互溶,很容易从馏出物中将二者分开。这种方法称为水蒸气蒸馏,它的效率可用水蒸气消耗系数来衡量。

　　水蒸气消耗系数 $=w_{H_2O}/w_B$,w_{H_2O} 和 w_B 分别为馏出物中水与有机化合物 B 的质量分数。因有

$$p_{H_2O}^* = p_{H_2O} = px_{H_2O}^g = p\,\frac{n_{H_2O}}{n_{H_2O}+n_B} \qquad p_B^* = p_B = px_B^g = p\,\frac{n_B}{n_{H_2O}+n_B}$$

可得

$$\frac{p_{H_2O}^*}{p_B^*} = \frac{n_{H_2O}}{n_B} = \frac{w_{H_2O}}{w_B}\,\frac{M_B}{M_{H_2O}}$$

则有

$$\frac{w_{H_2O}}{w_B} = \frac{p_{H_2O}^*}{p_B^*}\,\frac{M_{H_2O}}{M_B} \tag{3-11}$$

一般来说有机化合物的摩尔质量远比水大,蒸气压比水低,因此馏出物中有机化合物含量不会太低。p_B^*、M_B 越大,水蒸气消耗系数越小,效率越高。虽然目前有机化合物提纯多用减压蒸

馏的方法,但由于水蒸气蒸馏设备简单,操作容易,仍具有重要的实际意义。

*3.4　二组分固-液体系

　　二组分固-液体系又称二组分凝聚体系,此体系在低温时为固态,高温时为液态(熔融态)。它主要包括合金体系、水盐体系,还有两种有机物或有机盐形成的体系。

　　研究此类体系常把压力定为 $p^\ominus$,这样的压力可使体系中只有固相、液相而无气相。由于固定了压力,本节中所研究相图都是 T-x 图,相律表示为 $f' = C - P + 1$。

　　根据互溶程度,此类体系可分为固相完全不互溶的简单低共熔体系、固相生成化合物的体系、固相完全互溶体系和固相部分互溶体系等四类。本节只讨论简单低共熔体系。

3.4.1　热分析法

　　热分析法是绘制相图常用的基本方法之一,其原理是配制总组成递变的一系列样品,加热至一定温度后,让体系缓慢而均匀冷却,记录温度随时间的变化,绘制温度-时间曲线,称为步冷曲线。当体系内有相的变化时,步冷曲线上将出现拐点或平台,据此来绘制体系相图。

1. Bi-Cd 体系相图的绘制

　　取五组试样进行热分析:①纯 Bi;②含 Cd 20%,Bi 80%;③含 Cd 40%,Bi 60%;④含 Cd 70%,Bi 30%;⑤纯Cd。分别绘制它们的步冷曲线,如图3-12所示,对步冷曲线进行分析。

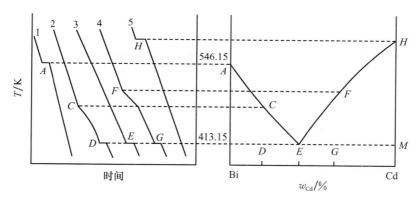

图 3-12　Bi-Cd 体系步冷曲线绘相图

　　(1) 纯 Bi 试样。将 Bi 熔融后,停止加热,任其缓慢冷却。最初为单纯降温过程,温度呈直线下降。当温度降至 546.15K 时(A 点),有固态 Bi 析出,此时体系为单组分两相平衡,温度不变。根据相律 $C = 1$,$P = 2$,$f' = 1 - 2 + 1 = 0$,步冷曲线上出现平台,即压力一定时有固定熔点。当液态 Bi 全部凝固后,体系成为单相,$P = 1$,所以 $f' = 1$,温度又继续下降。根据步冷曲线的平台可确定相图中 A 点为 Bi 的熔点。

　　(2) 在液相中进行冷却时,首先温度呈直线下降,为单一降温过程。当温度达 C 点所示温度时,熔化物对 Bi 达饱和,有固态 Bi 析出。由于放出凝固热,使体系冷却速率变慢,步冷曲线坡度改变,出现拐点 C,说明体系有固相 Bi 析出,可据此确定相图中 C 点,此时二组分两相平衡,根据相律 $f' = 2 - 2 + 1 = 1$,故温度可继续下降。当温度降至 413.15K 时(D 点),固态 Cd 也开始析出,此时三相共存(纯 Bi 固相、纯 Cd 固相、熔液),$f' = 0$,温度不可改变,步冷曲线上出现平台。根据平台温度可确定相图中 D 点。当纯 Bi 与纯 Cd 完全析出后体系变为纯 Bi 固相与纯 Cd 固相两相共存,$f' = 1$,温度继续下降,为单纯降温过程。

（3）含 Cd 40％的样品。此试样在 413.15K 之前无固相析出，当达此温度后纯 Bi 与纯 Cd 同时析出，与液相三相共存，$f'=0$，温度不变，步冷曲线上出现平台，由此可确定相图中 E 点。当纯 Bi 与纯 Cd 完全析出后，温度继续下降，$f'=1$。E 点称为此类体系的三相点。

（4）含 Cd 70％样品步冷曲线与（2）相似，有拐点和平台，不同的只是先析出 Cd，后析出 Bi。

（5）纯 Cd 试样曲线与（1）相似，首先为单纯降温，后纯 Cd 析出，曲线上出现平台，由此可确定相图中 H 点为 Cd 的熔点。

通过步冷曲线上的拐点和平台可确定相图中几个特殊的点，绘出简单低共熔体系相图，如图 3-13 所示。

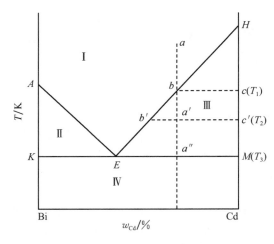

图 3-13　Bi-Cd 相图

Ⅰ区为熔液单相区，$P=1$，$f'=2$，即在一定范围内温度与组成均可发生改变而没有新相产生。Ⅱ区为纯 Bi 固相与熔液两相平衡共存区 $P=2$，$f'=1$，即在该区内温度和组成只能有一个在一定范围内发生变化，才不会有新相生成。Ⅲ区为纯 Cd 固相与熔液平衡共存区，$P=2$，$f'=1$，温度和组成中只有一个独立变量。在Ⅱ，Ⅲ区内可根据杠杆规则求两相的相对数量。Ⅳ区为纯 Bi 与纯 Cd 平衡共存区，$P=2$，$f'=1$，只有一个独立变量。

AE 线为纯 Bi 与熔液达平衡时，熔液组成与温度的关系曲线，即为 Bi 的溶解度曲线。同样 EH 线为 Cd 的溶解度曲线。KEM 线为三相线，在该线上纯 Bi、纯 Cd 与组成为 E 的熔液三相共存，$f'=0$，无独立变量。

A 点为纯 Bi 熔点，H 点为纯 Cd 熔点，E 点为三相点，也称低共熔点，该点所析出的纯 Bi 细晶与纯 Cd 细晶的混合物称低共熔混合物。

2. 物系点在 a 处的体系降温过程

物系点处于 a 的 Bi-Cd 体系降温时首先为单纯冷却过程，在单相区内物系点与相点重合，$f'=2$。当温度降至 T_1 时物系点落在 b 处，熔液对 Cd 达到饱和，有纯 Cd 析出，两相平衡共存，$f'=1$，温度可继续下降。此时液相点与物系点重合，固相点为 c。当温度降至 T_2 时，物系点移到 a'，仍为两相共存，$f'=1$。固相点下移至 c'，液相点沿 Cd 的熔化曲线移至 b'。当温度达 T_3 时，物系点移到 a''，此时熔液对 Bi 也达饱和，开始有 Bi 析出，此时三相共存，$f'=0$，三相的组成与温度均不能改变。此时固相点为 M，液相点为 E。只有当组成为 E 的熔液全部转化为 Bi 和 Cd 后，物系点进入Ⅳ区，$P=2$，$f'=1$。

3.4.2　溶解度法

溶解度法多用于水盐体系。测定不同温度下盐的饱和水溶液的浓度、相应固相的组成等数据，以绘制相图，该方法称为溶解度法。属于简单低共熔类型的水盐体系有 $NaCl-H_2O$ 和

$(NH_4)_2SO_4$-H_2O。

图 3-14 为$(NH_4)_2SO_4$-H_2O体系的示意图。Ⅰ区为液态单相区,$C=2$,$P=1$,$f'=2$,即组成和温度可在一定范围内变化。Ⅱ区为盐与饱和溶液两相平衡共存区,$f'=1$,只有一个独立变量,杠杆规则适用。Ⅲ区为冰与溶液两相平衡共存区。Ⅳ区为冰与盐两相平衡共存区,杠杆规则同样适用。

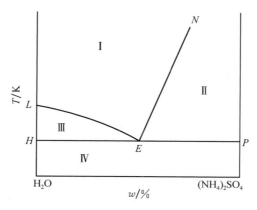

图 3-14　$(NH_4)_2SO_4$-H_2O相图

LE线为水的冰点下降线,EN线为$(NH_4)_2SO_4$的饱和溶解度曲线,E点为三相点,此时冰、溶液、固态$(NH_4)_2SO_4$三相共存,$P=3$,$f'=0$,组成在E点以左的溶液冷却先析出冰,组成在E点以右的溶液冷却先析出盐,组成为E的溶液冷却时冰和盐同时析出,形成简单低共熔混合物。

 超临界流体

Summary

Chapter 3　Phase Equilibrium

1. The phase rule $f=C-P+2$. Here P is the number of phase in the system, C is the number of independent components, and f is degrees of freedom.

2. A phase diagram of a substance shows the regions of pressure and temperature at which its various phase are thermodynamically stable.

3. Clapeyron equation $\dfrac{\mathrm{d}p}{\mathrm{d}T}=\dfrac{\Delta H_m}{T\Delta V_m}$ and Clapeyron-Clausius equation $\dfrac{\mathrm{dln}p}{\mathrm{d}T}=\dfrac{\Delta H_m}{RT^2}$, $\ln\dfrac{p_2}{p_1}=\dfrac{\Delta H_m}{R}\left(\dfrac{1}{T_1}-\dfrac{1}{T_2}\right)$ or $\ln\dfrac{p}{p^\ominus}=-\dfrac{\Delta H_m}{R}\dfrac{1}{T}+C$ show the relation of pressure and temperature between two phases in the state of equilibrium of any pure substance.

习　题

3-1　下列各体系的独立组分数和自由度分别为多少?

(1) $NH_4Cl(s)$ 部分分解为 $NH_3(g)$ 和 $HCl(g)$;

(2) 上述体系中再额外加入少量的 $NH_3(g)$;

(3) $NH_4HS(s)$ 和任意量的 $NH_3(g)$、$H_2S(g)$ 混合达平衡;

(4) $C(s)$ 与 $CO(g)$、$CO_2(g)$、$O_2(g)$ 在 700℃ 时达平衡。

3-2　$CaCO_3(s)$ 在高温下分解为 $CaO(s)$ 和 $CO_2(g)$:(1)若在定压 CO_2 气体中将 $CaCO_3(s)$ 加热,实验证明加热过程中,在一定温度范围内 $CaCO_3$ 不会分解;(2)若保持 CO_2 压力恒定,实验证明只有一个温度能使 $CaCO_3$ 和 CaO 混合物不发生变化。根据相律解释上述事实。

3-3　液态 As 的蒸气压与温度的关系为 $\ln p(Pa) = -\dfrac{2460}{T} + 11.58$,固态 As 蒸气压与温度关系为 $\ln p(Pa) = -\dfrac{6947}{T} + 15.69$,求 As 的三相点温度与压力。

3-4　373.2K 时水的蒸发热为 $40.67 kJ \cdot mol^{-1}$,求当外压降到 $0.66 p^{\ominus}$ 时水的沸点。

3-5　山脚下的大气压力为 101.325kPa,山顶上的大气压力为 71kPa,求山顶上水的沸点。已知水的汽化热为 $40.6 kJ \cdot mol^{-1}$。

3-6　乙酰乙酸乙酯的蒸气压与温度的关系是 $\ln p = -5960/T + B$,它的正常沸点是 181℃,则在 70℃ 减压蒸馏时,压力应降至多少? 它的摩尔汽化热是多少?

3-7　由 A、B 组成的理想互溶双液系,在某温度下气液两相平衡时,$n(g) = 3mol$,$n(l) = 5mol$,此时液相的组成 $x_B(l) = 0.2$,气相组成 $x_B(g) = 0.7$,求体系的组成 x_B。

3-8　硝基苯($C_6H_5NO_2$)与水是互不相溶体系,在压力为 1.01×10^5 Pa 时,沸点为 99℃,此时水蒸气压力为 9.74×10^4 Pa,试求 100g 馏出物中含硝基苯多少克?

3-9　30℃ 时,以 60g 水、40g 酚混合,此时体系分两层,酚层含酚 70%,水层含水 92%,求酚层、水层各多少克?

3-10　The vapor pressure of water is 101.3kPa at 100℃ and heat of vaporization is 40.68 kJ · mol^{-1}. Calculate (1) the vapor pressure of water at 95℃,(2) the boiling point of water with 106.3kPa.

第 4 章 化学平衡

利用化学势及化学反应等温式研究化学反应在特定条件下的方向与限度。通过确定体系的吉布斯自由能的最小值建立反应的标准吉布斯自由能改变与平衡常数的关系,根据热力学数据预测化学反应混合物的平衡组成。讨论平衡常数的测定和计算方法,分析反应温度等一些因素对化学平衡的影响。

在化工生产中,除了希望能获得优质产品外,还要求高产率、低成本。在一定条件下,一个化学反应的产率究竟有多大,以及外界条件如温度、压力和反应物浓度等因素对反应的产率有何影响,在什么条件下可获得较大产率等,都与化学平衡有关。

4.1 化学反应的方向及限度

4.1.1 化学反应的方向

定温定压、只做体积功的封闭体系中,某化学反应 $a\mathrm{A}+d\mathrm{D}\Longrightarrow g\mathrm{G}+h\mathrm{H}$ 发生微小变化,由体系的吉布斯自由能变化 $\mathrm{d}G=\sum_{\mathrm{B}}\mu_{\mathrm{B}}\mathrm{d}n_{\mathrm{B}}$ 及 $\mathrm{d}n_{\mathrm{B}}=\nu_{\mathrm{B}}\mathrm{d}\xi$ 得

$$\mathrm{d}G=\sum_{\mathrm{B}}\nu_{\mathrm{B}}\mu_{\mathrm{B}}\mathrm{d}\xi$$

或
$$\left(\frac{\partial G}{\partial \xi}\right)_{T,p}=\sum_{\mathrm{B}}\nu_{\mathrm{B}}\mu_{\mathrm{B}}=\Delta_{\mathrm{r}}G_{\mathrm{m}} \tag{4-1}$$

式(4-1)中的 $\Delta_{\mathrm{r}}G_{\mathrm{m}}$ 称为化学反应的吉布斯自由能改变量,单位是 $\mathrm{J}\cdot\mathrm{mol}^{-1}$。

当 $\left(\frac{\partial G}{\partial \xi}\right)_{T,p}<0$,因 $\mathrm{d}\xi>0$,则 $\mathrm{d}G_{T,p}<0$,即 $\Delta_{\mathrm{r}}G_{\mathrm{m}}<0$ 或 $\sum_{\mathrm{B}}\nu_{\mathrm{B}}\mu_{\mathrm{B}}<0$,反应物的化学势之

和大于产物的化学势之和时,正反应自发进行;而当 $\left(\frac{\partial G}{\partial \xi}\right)_{T,p}>0$,$\sum_{\mathrm{B}}\nu_{\mathrm{B}}\mu_{\mathrm{B}}>0$,反应逆向自发

进行;当 $\left(\frac{\partial G}{\partial \xi}\right)_{T,p}=0$,$\sum_{\mathrm{B}}\nu_{\mathrm{B}}\mu_{\mathrm{B}}=0$,即反应物的化学势之和与产物的化学势之和相等时,反应

达到平衡。由图 4-1 可以看出,化学反应方向性问题是一个瞬时的概念,$\left(\frac{\partial G}{\partial \xi}\right)_{T,p}$ 是体系的吉

布斯自由能随反应进度变化曲线在某一点切线的斜率,在定温定压下,反应进度不同时,

$\left(\frac{\partial G}{\partial \xi}\right)_{T,p}$ 不同,反应进行的方向与 $\left(\frac{\partial G}{\partial \xi}\right)_{T,p}$ 有关。

4.1.2　化学反应的限度

化学反应的限度对应于体系的吉布斯自由能随反应进度变化的最小值。它的存在原因可以通过如下的理想气体反应来说明。

$$A \longrightarrow B$$

	A	B
$t=0$	1	0
$t=\xi$	$1-\xi$	ξ

当反应进度为 ξ 时,体系的吉布斯自由能为

$$G = \sum_B n_B \mu_B = (1-\xi)\mu_A + \xi\mu_B$$

$$= (1-\xi)\left(\mu_A^\ominus + RT\ln\frac{p_A}{p^\ominus}\right) + \xi\left(\mu_B^\ominus + RT\ln\frac{p_B}{p^\ominus}\right)$$

各组分的分压与反应体系的总压 p 的关系为 $p_B = px_B$,x_B 代表气体的摩尔分数,则

$$G = \left\{(1-\xi)\mu_A^\ominus + \xi\mu_B^\ominus + RT\ln\frac{p}{p^\ominus}\right\} + RT[(1-\xi)\ln x_A + \xi\ln x_B]$$

上式右方大括号中的数值相当于反应进度为 ξ 时,体系中各气体单独存在且各自的压力均为总压 p 时的吉布斯自由能之和,最后一项相当于混合吉布斯自由能。若 $p=p^\ominus$,得

$$G = (1-\xi)\mu_A^\ominus + \xi\mu_B^\ominus + RT[(1-\xi)\ln x_A + \xi\ln x_B] \tag{4-2}$$

当 $\xi=0$ 时,$x_A=1$,$G=\mu_A^\ominus$。当 $\xi=1$ 时,$x_B=1$,$G=\mu_B^\ominus$。而当 ξ 在 0～1,绘图得到类似图 4-1 的曲线,具有最低点。若不考虑混合吉布斯自由能,则

$$G = \mu_A^\ominus + (\mu_B^\ominus - \mu_A^\ominus)\xi$$

体系的吉布斯自由能 G 随反应进度 ξ 的变化呈直线关系,如图 4-1 中的虚线所示,不存在化学平衡。实际上化学反应一旦发生,生成的产物就与反应物混合,产生具有负值的混合吉布斯自由能,定温定压下吉布斯自由能的最低值,对应着化学反应的限度。

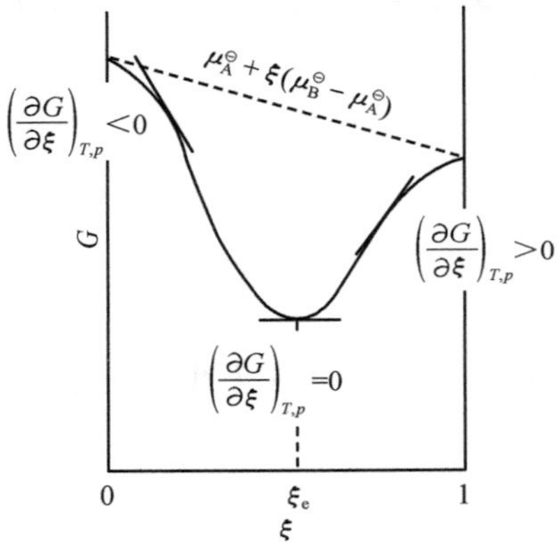

图 4-1　体系的吉布斯自由能和 ξ 的关系

4.2　化学反应等温式及化学反应的平衡常数

4.2.1　化学反应等温式与化学反应平衡常数

定温定压下,任一化学反应 $aA + dD \Longrightarrow gG + hH$,由式(4-1)知

$$\Delta_r G_m = \sum_B \nu_B \mu_B$$

代入组分 B 的化学势 $\mu_B = \mu_B^\ominus + RT\ln a_B$ 得

$$\sum_B \nu_B \mu_B = \sum_B \nu_B(\mu_B^\ominus + RT\ln a_B) = \sum_B \nu_B \mu_B^\ominus + RT\ln\frac{a_G^g a_H^h}{a_A^a a_D^d}$$

因为 $\sum_B \nu_B \mu_B = \Delta_r G_m$,$\sum_B \nu_B \mu_B^\ominus = \Delta_r G_m^\ominus$,令 $Q = \dfrac{a_G^g a_H^h}{a_A^a a_D^d}$,$Q$ 称为相对活度商。由上式写成

$$\Delta_r G_m = \Delta_r G_m^{\ominus} + RT\ln Q \qquad (4\text{-}3)$$

式(4-3)表明,决定反应自发方向的量 $\Delta_r G_m$ 除与物质本性决定的 $\Delta_r G_m^{\ominus}$ 有关外,还与体系中各组分的相对活度商 Q 有关,式(4-3)称为化学反应等温式(reaction isotherm),又称范特霍夫等温式。

当化学反应达平衡时,$\sum_B \nu_B \mu_B = \Delta_r G_m = 0$,各组分的相对活度即为反应达平衡时的相对活度,式(4-3)为

$$0 = \sum_B \nu_B \mu_B^{\ominus} + RT\ln \frac{a_G^g a_H^h}{a_A^a a_D^d}$$

即

$$\sum_B \nu_B \mu_B^{\ominus} = -RT\ln \frac{a_G^g a_H^h}{a_A^a a_D^d} \qquad (4\text{-}4a)$$

在一定的温度下,$\sum_B \nu_B \mu_B^{\ominus}$ 为一常数,式(4-4a)右端平衡时的相对活度商也为一常数,用 $K^{\ominus}$ 表示,称为标准平衡常数(standard equilibrium constant),即

$$K^{\ominus} = \frac{a_G^g a_H^h}{a_A^a a_D^d}$$

所以

$$\Delta_r G_m^{\ominus} = -RT\ln K^{\ominus} \qquad (4\text{-}4b)$$

式(4-4b)表明,化学反应的标准平衡常数 $K^{\ominus}$ 与反应的标准吉布斯自由能变化 $\Delta_r G_m^{\ominus}$ 相关联,根据此式,可由化学反应的 $\Delta_r G_m^{\ominus}$ 直接计算反应的标准平衡常数 $K^{\ominus}$。

将式(4-4b)代入式(4-3)得

或

$$\left.\begin{array}{l} \Delta_r G_m = -RT\ln K^{\ominus} + RT\ln Q \\ \Delta_r G_m = RT\ln \dfrac{Q}{K^{\ominus}} \end{array}\right\} \qquad (4\text{-}5)$$

式(4-5)是化学反应等温式的又一种形式。比较一个反应的 Q 与 $K^{\ominus}$ 的比值,可根据式(4-5)判断反应的自发方向。

4.2.2 使用标准平衡常数的注意事项

1. 理想气体反应的平衡常数

对理想气体反应体系,各组分的化学势为

$$\mu_B = \mu_B^{\ominus}(T) + RT\ln \frac{p_B}{p^{\ominus}}$$

用平衡时各组分的 $p_B/p^{\ominus}$ 代替相对活度 a,可得

$$K^{\ominus} = \frac{a_G^g a_H^h}{a_A^a a_D^d} = \frac{(p_G/p^{\ominus})^g (p_H/p^{\ominus})^h}{(p_A/p^{\ominus})^a (p_D/p^{\ominus})^d}$$

$K^{\ominus}$ 是以 $p_B/p^{\ominus}$ 表示的标准平衡常数,为量纲 1 的量。因 $\mu_B^{\ominus}(T)$ 仅为温度的函数,所以 $K^{\ominus}$ 也仅是温度的函数。相应的化学反应等温式为

$$\Delta_r G_m = \Delta_r G_m^{\ominus} + RT\ln Q$$

式中:Q 为以 $p_B/p^{\ominus}$ 表示的分压商。

2. 非理想气体反应的平衡常数

非理想气体反应体系中各组分的化学势为

$$\mu_B = \mu_B^{\ominus}(T) + RT\ln\frac{f_B}{p^{\ominus}}$$

以各组分 $f_B/p^{\ominus}$ 代替相对活度，则非理想气体反应体系的标准平衡常数为

$$K^{\ominus} = \frac{(f_G/p^{\ominus})^g (f_H/p^{\ominus})^h}{(f_A/p^{\ominus})^a (f_D/p^{\ominus})^d}$$

化学反应等温式中的 Q 是以 $f_B/p^{\ominus}$ 表示的逸度商。

3. 理想溶液反应的平衡常数

理想溶液反应体系中各组分的化学势为

$$\mu_B = \mu_B^{\ominus}(T,p) + RT\ln x_B$$

所以

$$K^{\ominus} = \frac{x_G^g x_H^h}{x_A^a x_D^d}$$

对凝聚体系，$K^{\ominus}$ 受压力的影响较小，所以可认为凝聚相体系中 $K^{\ominus}$ 与压力无关。

4. 稀溶液反应的平衡常数

稀溶液反应体系中各组分的浓度除用摩尔分数 x_B 表示外，还可以用相对物质的量浓度 $c_B/c^{\ominus}$ 或相对质量摩尔浓度 $b_B/b^{\ominus}$ 表示，所以平衡常数有

$$K^{\ominus} = \frac{x_G^g x_H^h}{x_A^a x_D^d}$$

$$K^{\ominus} = \frac{(c_G/c^{\ominus})^g (c_H/c^{\ominus})^h}{(c_A/c^{\ominus})^a (c_D/c^{\ominus})^d}$$

$$K^{\ominus} = \frac{(b_G/b^{\ominus})^g (b_H/b^{\ominus})^h}{(b_A/b^{\ominus})^a (b_D/b^{\ominus})^d}$$

5. 多相反应的平衡常数

参与反应的各组分处于不同相的化学反应称为多相反应。例如，定温定压下 $CaCO_3$ 的分解反应

$$CaCO_3(s) \Longrightarrow CaO(s) + CO_2(g)$$

平衡时，$\mu_{CaCO_3(s)} = \mu^{\ominus}(T,p)$，$\mu_{CaO(s)} = \mu^{\ominus}(T,p)$，视 CO_2 为理想气体，$\mu_{CO_2(g)} = \mu^{\ominus}(T) + RT\ln\frac{p}{p^{\ominus}}$，根据式(4-2)得

$$RT\ln(p_{CO_2}/p^{\ominus}) = -\left[\mu_{CO_2(g)}^{\ominus} + \mu_{CaO(s)}^{\ominus} - \mu_{CaCO_3(s)}^{\ominus}\right]$$

$$RT\ln(p_{CO_2}/p^{\ominus}) = -\Delta_r G_m^{\ominus}$$

所以

$$K^{\ominus} = p_{CO_2}/p^{\ominus}$$

在这类平衡中，平衡常数式中不出现纯固体、纯液体组分的浓度项。

4.3　平衡常数的测定和计算

4.3.1　平衡常数的测定

当一个化学反应达平衡时，各组分的浓度或分压不再随时间变化，可用测定浓度或分压的

方法确定其平衡常数。

（1）物理方法：用体系中物质的物理性质间接测定浓度或分压，如通过测物质的吸光度、折射率、电导率、pH 及压力和体积等。这种方法快速、简捷、不干扰化学平衡。

（2）化学方法：在不破坏平衡的条件下，用化学分析的方法测定各组分的浓度。测定前常须采用一些措施使反应停止。由于很多化学反应很难达到化学平衡，或测定平衡组分的浓度或分压较为困难，所以通过实验测定平衡常数的局限性很大，故化学方法应用较少。

例 4-1　在 903K 及 100kPa 下，使 SO_2 和 O_2 各 1mol 反应，平衡后使气体流出冷却，用碱液吸收 SO_3 和 SO_2 后，在 273K 及 100kPa 下测得 O_2 体积为 13.78dm³，计算该氧化反应的平衡常数。

解
$$p_{总} = 100kPa$$

平衡时 O_2 的量为

$$n_{O_2} = \frac{pV}{RT} = \frac{100kPa \times 13.78dm^3}{8.314kPa \cdot dm^3 \cdot mol^{-1} \cdot K^{-1} \times 273K} = 0.61mol$$

$$SO_2(g) + \frac{1}{2}O_2(g) \Longrightarrow SO_3(g)$$

初始 n_B/mol	1	1	0
平衡 n_B/mol	$1-2(1-0.61)$	0.61	$(1-0.61) \times 2 = 0.78$
	$= 0.22$		

平衡时　　$\sum n_B = (0.22 + 0.61 + 0.78)mol = 1.61mol$

所以　　$K^{\ominus} = \dfrac{(p_{SO_3}/p^{\ominus})}{(p_{SO_2}/p^{\ominus})(p_{O_2}/p^{\ominus})^{1/2}} = \dfrac{0.78/1.61}{(0.22/1.61)(0.61/1.61)^{1/2}} = 5.8$

4.3.2　平衡常数的计算

由式(4-4b)知，$\Delta_r G_m^{\ominus} = -RT\ln K^{\ominus}$，只要由热力学数据计算出反应的 $\Delta_r G_m^{\ominus}$，即可求得标准平衡常数 $K^{\ominus}$。由物质的 $\Delta_f G_m^{\ominus}$，$\Delta_f H_m^{\ominus}$ 及 $S_m^{\ominus}$ 计算反应的 $\Delta_r G_m^{\ominus}$ 方法有

$$\Delta_r G_m^{\ominus} = \sum_B \nu_B \Delta_f G_m^{\ominus} \tag{4-6}$$

$$\Delta_r G_m^{\ominus} = \sum_B \nu_B \Delta_f H_{B,m}^{\ominus} - T\sum_B \nu_B S_{B,m}^{\ominus} \tag{4-7}$$

用热力学数据 $\Delta_r G_m^{\ominus}$ 很容易求得反应的标准平衡常数。

例 4-2　已知 298K 及 $p^{\ominus}$ 下化学反应和各物质的 $\Delta_f G_m^{\ominus}$，计算反应的标准平衡常数 $K^{\ominus}$。

$$CH_4(g) + 2H_2O(g) \Longrightarrow CO_2(g) + 4H_2(g)$$

$\Delta_f G_m^{\ominus}/(kJ \cdot mol^{-1})$	-50.72	-228.60	-394.38

解
$$\Delta_r G_m^{\ominus} = \sum_B \nu_B \Delta_f G_{B,m}^{\ominus}$$

$$= [4 \times 0 - 394.38 - (-50.72) - 2 \times (-228.6)]kJ \cdot mol^{-1}$$

$$= 113.54kJ \cdot mol^{-1}$$

$$K^{\ominus} = \exp\left(\frac{-\Delta_r G_m^{\ominus}}{RT}\right) = \exp\left(\frac{-113.54 \times 10^3 J \cdot mol^{-1}}{8.314J \cdot mol^{-1} \cdot K^{-1} \times 298K}\right)$$

$$= 1.25 \times 10^{-20}$$

在稀溶液中,各组分的化学势为 $\mu_B = \mu_B^\ominus + RT\ln(c_B/c^\ominus)$。$\mu_B^\ominus$ 是在指定 T、$p^\ominus$ 下,$c_B = 1\,mol \cdot dm^{-3}$ 且保持稀溶液性质的假想态的化学势。对稀溶液中的反应,反应标准吉布斯自由能改变应是各种物质都处于这种状态时的标准吉布斯自由能变化,用 $\Delta_r G_m^\ominus(c^\ominus)$ 表示。稀溶液中进行反应的平衡常数 $K^\ominus$ 与 $\Delta_r G_m^\ominus(c^\ominus)$ 的关系为

$$\Delta_r G_m^\ominus(c^\ominus) = -RT\ln K^\ominus$$

由纯物质反应的 $\Delta_r G_m^\ominus$ 换算成稀溶液中反应的 $\Delta_r G_m^\ominus(c^\ominus)$ 的过程设计如下

$$
\begin{array}{ccc}
a\mathrm{A}(c_A^\ominus) & \xrightarrow{\Delta_r G_m^\ominus(c^\ominus)} & d\mathrm{D}(c_D^\ominus) \\
\big\uparrow \Delta G_A & & \big\uparrow \Delta G_D \\
a\mathrm{A}(c_A) & & d\mathrm{D}(c_D) \\
\big\uparrow \Delta G'_A & & \big\uparrow \Delta G'_D \\
a\mathrm{A}(纯) & \xrightarrow{\Delta_r G_m^\ominus} & d\mathrm{D}(纯)
\end{array}
$$

c_A、c_D 分别为 A、D 物质在溶液中的饱和溶解度。因 $\Delta G'_A$、$\Delta G'_D$ 分别为 A、D 物质在溶液中溶解达平衡时的吉布斯自由能变化,在定温定压只做体积功的情况下,它们都为零。而 ΔG_A、ΔG_D 的变化为

$$
\begin{aligned}
\Delta G_A &= a[\mu_A^\ominus(c_A^\ominus) - \mu_A(c_A)] \\
&= a[\mu_A^\ominus(c_A^\ominus) - \mu_A^\ominus(c_A^\ominus) - RT\ln(c_A/c^\ominus)] \\
&= -RT\ln(c_A/c^\ominus)^a
\end{aligned}
$$

同理

$$\Delta G_D = -RT\ln(c_D/c^\ominus)^d$$

根据赫斯定律

$$\Delta_r G_m^\ominus(c^\ominus) + \Delta G_A + \Delta G'_A = \Delta_r G_m^\ominus + \Delta G_D + \Delta G'_D$$

$$\Delta_r G_m^\ominus(c^\ominus) = \Delta_r G_m^\ominus + \Delta G_D - \Delta G_A$$

代入上式

$$\Delta_r G_m^\ominus(c^\ominus) = \Delta_r G_m^\ominus - RT\ln(c_D/c^\ominus)^d + RT\ln(c_A/c^\ominus)^a$$

所以

$$\Delta_r G_m^\ominus(c^\ominus) = \Delta_r G_m^\ominus + RT\ln\frac{(c_A/c^\ominus)^a}{(c_D/c^\ominus)^d} \tag{4-8}$$

例 4-3 298K,$p^\ominus$ 下,在 80% 乙醇水溶液中右旋葡萄糖的 α 型和 β 型之间的转换反应为

$$\alpha\text{-右旋葡萄糖} \Longleftrightarrow \beta\text{-右旋葡萄糖}$$

已知 α-右旋葡萄糖饱和溶解度为 $20\,g \cdot dm^{-3}$,$\Delta_f G_m^\ominus(\alpha) = -902.9\,kJ \cdot mol^{-1}$;$\beta$-右旋葡萄糖饱和溶解度为 $49\,g \cdot dm^{-3}$,$\Delta_f G_m^\ominus(\beta) = -901.2\,kJ \cdot mol^{-1}$。求该转型反应的平衡常数 $K^\ominus$。

解
$$
\begin{aligned}
\Delta_r G_m^\ominus &= \Delta_f G_m^\ominus(\beta) - \Delta_f G_m^\ominus(\alpha) \\
&= -901.2\,kJ \cdot mol^{-1} - (-902.9\,kJ \cdot mol^{-1}) = 1.7\,kJ \cdot mol^{-1}
\end{aligned}
$$

根据式(4-8),有

$$\Delta_r G_m^{\ominus}(c^{\ominus}) = \Delta_r G_m^{\ominus} + RT\ln\frac{(c_\alpha/c^{\ominus})}{(c_\beta/c^{\ominus})}$$

$$= 1.7\times10^3 \, J\cdot mol^{-1} + 8.314 J\cdot mol^{-1}\cdot K^{-1}\times298K\times\ln\left(\frac{20/M}{49/M}\right)$$

$$= -5.2\times10^2 \, J\cdot mol^{-1}$$

$$\ln K^{\ominus} = -\frac{\Delta_r G_m^{\ominus}(c^{\ominus})}{RT} = \frac{5.2\times10^2 \, J\cdot mol^{-1}}{8.314 J\cdot mol^{-1}\, K^{-1}\times298K} = 0.21$$

$$K^{\ominus} = 1.2$$

4.4 影响化学平衡的因素

对已达平衡的化学反应,改变各组分的浓度或分压、改变反应的总压力、加入惰性气体等,都会使平衡发生移动,在新的条件下重建平衡。这些因素对化学平衡的影响是只改变平衡状态而不改变平衡常数 $K^{\ominus}$。

由热力学算出的标准平衡常数一般都是 298K 时的 $K^{\ominus}$ 值,要求其他温度的标准平衡常数,须找出 $K^{\ominus}$ 与 T 的关系。由式(4-4b)可得

$$\frac{\Delta_r G_m^{\ominus}}{T} = -R\ln K^{\ominus}$$

定压下对 T 求偏微商得

$$\frac{\partial}{\partial T}\left(\frac{\Delta_r G_m^{\ominus}}{T}\right)_p = -R\left(\frac{\partial \ln K^{\ominus}}{\partial T}\right)_p$$

将吉布斯-亥姆霍兹方程

$$\frac{\partial}{\partial T}\left(\frac{\Delta_r G_m^{\ominus}}{T}\right)_p = -\left(\frac{\Delta_r H_m^{\ominus}}{T^2}\right)_p$$

代入上式得

$$\left(\frac{\partial \ln K^{\ominus}}{\partial T}\right)_p = \frac{\Delta_r H_m^{\ominus}}{RT^2}$$

标准平衡常数只是温度的函数,所以

$$\frac{d\ln K^{\ominus}}{dT} = \frac{\Delta_r H_m^{\ominus}}{RT^2} \tag{4-9}$$

式(4-9)给出了标准平衡常数随温度的变化关系。由式(4-9)可得出以下结论:

(1) 对吸热反应,$\Delta_r H_m^{\ominus}>0$,$d\ln K^{\ominus}/dT>0$,当温度升高时,标准平衡常数$K^{\ominus}$变大,平衡向增加生成物方向移动;当温度降低时,$K^{\ominus}$值变小,平衡向生成反应物方向移动。

(2) 对放热反应,$\Delta_r H_m^{\ominus}<0$,$d\ln K^{\ominus}/dT<0$,升温 $K^{\ominus}$ 变小,平衡向增加反应物方向移动;降温 $K^{\ominus}$ 变大,平衡向增加产物方向移动。

温度变化不大时,视 $\Delta_r H_m^{\ominus}$ 为常数,将式(4-9)求不定积分得

$$\ln K^{\ominus} = -\frac{\Delta_r H_m^{\ominus}}{RT} + c \tag{4-10}$$

测得某反应一系列温度下的 $K^{\ominus}$ 值,以 $\ln K^{\ominus}$ 对 $\frac{1}{T}$ 作图得一直线,由直线斜率可求反应 $\Delta_r H_m^{\ominus}$。

将式(4-9)求定积分得

$$\ln \frac{K_2^\ominus}{K_1^\ominus} = \frac{\Delta_r H_m^\ominus}{R}\left(\frac{1}{T_1} - \frac{1}{T_2}\right) \tag{4-11}$$

如果温度变化较大,必须代入 $\Delta_r H_m^\ominus = f(T)$ 进行积分。由式(4-11),根据反应 T_1 时 $K_1^\ominus$ 及 $\Delta_r H_m^\ominus$ 值可求 T_2 时的 $K_2^\ominus$。

例 4-4 已知 $CaCO_3$ 在 1170K 时的分解压力为 100.0kPa,反应 $CaCO_3(s) \Longrightarrow CaO(s) + CO_2(g)$ 的 $\Delta_r H_m^\ominus$ 在本题计算范围内恒定为 170.8kJ·mol^{-1}。若空气中 CO_2 的摩尔分数为 0.3%,计算 $CaCO_3$ 在空气中开始分解的温度。

解 反应的标准平衡常数 $K^\ominus = p_{CO_2}/p^\ominus$,由题意 $T_1 = 1170$K 时

$$K_1^\ominus = 100.0\text{kPa}/100.0\text{kPa} = 1$$

$$\Delta_r H_m^\ominus = 1.708 \times 10^5 \text{J·mol}^{-1}$$

$$K_2^\ominus = 0.003 p^\ominus / p^\ominus = 0.003$$

代入式(4-11)

$$\ln \frac{K_2^\ominus}{K_1^\ominus} = \frac{\Delta_r H_m^\ominus}{R}\left(\frac{1}{T_1} - \frac{1}{T_2}\right)$$

$$\ln \frac{0.003}{1} = \frac{1.708 \times 10^5 \text{J·mol}^{-1}}{8.314 \text{J·mol}^{-1}\cdot\text{K}^{-1}}\left(\frac{1}{1170\text{K}} - \frac{1}{T_2}\right)$$

解得

$$T_2 = 879\text{K}$$

*4.5　生化反应的标准态和平衡常数

生物化学反应大多在稀溶液中进行,生物化学和物理化学对溶液中溶质标准态的规定不同,从而使平衡常数值也不同。在生物化学中,除物理化学对溶质标准态的一些规定外,还规定 pH=7 的条件,即 $c_{H^+} = 10^{-7}\text{mol·dm}^{-3}$ 或 $b_{H^+} = 10^{-7}\text{mol·kg}^{-1}$,原因是生理上和土壤中的一些变化是在中性条件下进行的。因而生物化学和土壤科学中的标准态常称为生化标准态(biochemical standard state),或副标准态,用上标符号"⊕"表示。反应的吉布斯自由能变化用 $\Delta_r G_m^\oplus$ 表示,平衡常数用 $K^\oplus$ 表示,称为生化标准平衡常数,以示与 $\Delta_r G_m^\ominus$ 及 $K^\ominus$ 的区别。在没有 H^+ 参加的生化反应中,$\Delta_r G_m^\oplus$ 和 $\Delta_r G_m^\ominus$ 没有区别;而有 H^+ 参加的生化反应中,$\Delta_r G_m^\oplus$ 和 $\Delta_r G_m^\ominus$ 有时相差很大,甚至会出现 $\Delta_r G_m^\oplus > 0$,而 $\Delta_r G_m^\ominus < 0$ 的情况。

设生化反应为

$$A + B \Longrightarrow C + x H^+$$

生化标准态是 $c_A = c_B = c_C = 1\text{mol·dm}^{-3}$ 及 $c_{H^+} = 10^{-7}\text{mol·dm}^{-3}$,则

$$\Delta_r G_m^\oplus = \Delta_r G_m^\ominus + RT\ln(c_{H^+}/c^\ominus)^x = \Delta_r G_m^\ominus + xRT\ln 10^{-7} \tag{4-12}$$

如 $x=1$,$T=298$K,则

$$\Delta_r G_m^\oplus = \Delta_r G_m^\ominus - 39.95\text{kJ·mol}^{-1}$$

这表明,在产物中含有 H^+ 的生化反应,当 $c_{H^+} = 10^{-7}\text{mol·dm}^{-3}$ 时,$\Delta_r G_m^\oplus$ 比 $\Delta_r G_m^\ominus$ 小 39.95kJ·mol^{-1},所以反应在 pH=7 时比在 pH=0 时更容易进行。

如果将 $\Delta_r G_m^\oplus = -RT\ln K^\oplus$ 及 $\Delta_r G_m^\ominus = -RT\ln K^\ominus$ 对照,上述反应有

$$-RT\ln K^\oplus = -RT\ln K^\ominus + RT\ln(10^{-7})^x$$

得

$$K^{\oplus}=K^{\ominus}/(10^{-7})^{x}$$

如果 H^+ 作为反应物参加反应

$$A+xH^+ \Longrightarrow B+C$$

当 $x=1, T=298K$ 时

$$\Delta_r G_m^{\oplus} = \Delta_r G_m^{\ominus} + 39.95kJ \cdot mol^{-1} \tag{4-13}$$

说明 H^+ 作为反应物参加反应,在 pH=7 时比在 pH=0 反应更难进行,它的逆反应却更容易进行。

例 4-5 NAD^+ 和 NADH 是菸酰胺腺嘌呤二核甘酸的氧化态和还原态,氧化还原关系为

$$NADH+H^+ \Longrightarrow NAD^+ +H_2$$

(1) 已知在 298K 时,反应的 $\Delta_r G_m^{\ominus}=-21.83kJ \cdot mol^{-1}$,计算反应的 $\Delta_r G_m^{\oplus}$、$K^{\ominus}$ 和 $K^{\oplus}$;

(2) 计算当 $c_{NADH}=1.5 \times 10^{-2} mol \cdot dm^{-3}$, $c_{H^+}=3 \times 10^{-5} mol \cdot dm^{-3}$, $c_{NAD^+}=4.6 \times 10^{-3} mol \cdot dm^{-3}$ 和 $p_{H_2}=1.01kPa$ 时的 $\Delta_r G_m$,并判断反应方向。

解 (1) H^+ 出现在反应物一侧

$$\Delta_r G_m^{\oplus} = \Delta_r G_m^{\ominus} + 39.95kJ \cdot mol^{-1} = (-21.83+39.95)kJ \cdot mol^{-1} = 18.12kJ \cdot mol^{-1}$$

因为

$$\Delta_r G_m^{\ominus} = -RT\ln K^{\ominus}$$

所以

$$-21.83 \times 10^3 J \cdot mol^{-1} = -8.314J \cdot mol^{-1} \cdot K^{-1} \times 298K \ln K^{\ominus}$$

故

$$K^{\ominus}=6.7 \times 10^3$$

因为

$$\Delta_r G_m^{\oplus} = -RT\ln K^{\oplus}$$

所以

$$18.12 \times 10^3 J \cdot mol^{-1} = -8.314J \cdot mol^{-1} \cdot K^{-1} \times 298K \ln K^{\oplus}$$

故

$$K^{\oplus}=6.7 \times 10^{-4}$$

计算结果表明 $K^{\ominus}$ 与 $K^{\oplus}$ 相差达 10^7。

(2)
$$Q=\frac{\frac{c_{NAD^+}}{c^{\ominus}} \frac{p_{H_2}}{p^{\ominus}}}{\frac{c_{NADH}}{c^{\ominus}} \frac{c_{H^+}}{c^{\ominus}}}=\frac{4.6 \times 10^{-3} \times \frac{1}{100}}{1.5 \times 10^{-2} \times 3 \times 10^{-5}}=102.2$$

$$\Delta_r G_m = \Delta_r G_m^{\ominus} + RT\ln Q$$
$$=-21830J \cdot mol^{-1} + 8.314J \cdot mol^{-1} \cdot K^{-1} \times 298K \times \ln 102.2$$
$$=-10.36kJ \cdot mol^{-1}$$

若用 $\Delta_r G_m^{\oplus}$ 计算

$$Q=\frac{\frac{c_{NAD^+}}{c^{\ominus}} \frac{p_{H_2}}{p^{\ominus}}}{\frac{c_{NADH}}{c^{\ominus}} \frac{c_{H^+}}{c^{\ominus}}}=\frac{4.6 \times 10^{-3} \times \frac{1}{100}}{1.5 \times 10^{-2} \times \frac{3 \times 10^{-5}}{10^{-7}}}=1.02 \times 10^{-5}$$

$$\Delta_r G_m = \Delta_r G_m^{\oplus} + RT \ln Q$$
$$= 18120 \text{J} \cdot \text{mol}^{-1} + 8.314 \text{J} \cdot \text{mol}^{-1} \cdot \text{K}^{-1} \times 298 \text{K} \times \ln(1.02 \times 10^{-5})$$
$$= -10.36 \text{kJ} \cdot \text{mol}^{-1}$$

因 $\Delta_r G_m < 0$,反应可正向自发进行。

该结果表明,对生化反应尽管 $\Delta_r G_m^{\oplus}$ 和 $\Delta_r G_m$ 不同及 $K^{\oplus}$ 和 $K^{\ominus}$ 不同,但反应的吉布斯自由能变化 $\Delta_r G_m$ 只与始态和终态有关,虽然参考的标准态不同,计算结果却是相同的。

扫一扫　反应的耦合

Summary

Chapter 4　Chemical Equilibrium

1. For reaction $a\text{A} + d\text{D} \Longrightarrow g\text{G} + h\text{H}$, the chemical potential criterion $\sum \nu_B \mu_B = \sum \nu_B \mu_B^{\ominus} + RT \ln \prod a_B^{\nu_B}$ is used to judge spontaneity of the reaction.

2. The standard equilibrium constant is expressed as
$$K^{\ominus} = \prod_B (a_B)^{\nu_B} = \exp(-\Delta_r G_m^{\ominus}/RT)$$

The reaction isotherm is
$$\Delta_r G_m = -RT \ln K^{\ominus} + RT \ln Q \quad \text{or} \quad \Delta_r G_m = \Delta_r G_m^{\ominus} + RT \ln Q.$$

3. van't Hoff equation $\dfrac{\mathrm{d}\ln K^{\ominus}}{\mathrm{d}T} = \dfrac{\Delta_r H_m}{RT^2}$, $\ln \dfrac{K_2^{\ominus}}{K_1^{\ominus}} = \dfrac{\Delta_r H_m}{R}\left(\dfrac{1}{T_1} - \dfrac{1}{T_2}\right)$ or $\ln K^{\ominus} = -\dfrac{\Delta_r H_m}{R} \times \dfrac{1}{T} + C$

show the relation of the standard equilibrium constant and temperature of the reaction.

习　　题

4-1　为什么说化学反应的平衡态是反应进行的最大限度?

4-2　影响化学平衡的因素有哪些? 哪些因素不影响平衡常数?

4-3　已知反应 $N_2O_4(g) \Longrightarrow 2NO_2(g)$ 在 298K 时 $\Delta_r G_m^{\oplus} = 4.78 \text{kJ} \cdot \text{mol}^{-1}$,试判断在该温度及下列条件下的反应方向。

(1) $p_{N_2O_4} = 1.013 \times 10^5 \text{Pa}$, $p_{NO_2} = 1.013 \times 10^6 \text{Pa}$;

(2) $p_{N_2O_4} = 1.013 \times 10^5 \text{Pa}$, $p_{NO_2} = 1.013 \times 10^{15} \text{Pa}$;

(3) $p_{N_2O_4} = 3.039 \times 10^5 \text{Pa}$, $p_{NO_2} = 2.026 \times 10^5 \text{Pa}$。

4-4　反应 $C(s) + H_2O(g) \Longrightarrow H_2(g) + CO(g)$ 若在 1000K 及 1200K 时的 $K^{\ominus}$ 分别为 2.472 及 37.58。试计算在此温度范围内的平均反应热 $\Delta_r H_m^{\ominus}$ 及在 1100K 时的标准平衡常数 $K^{\ominus}$。

4-5　已知 298K 时反应 $N_2O_4(g) \Longrightarrow 2NO_2(g)$ 的 $K_1^{\ominus} = 0.141$,求

(1) $N_2O_4(g) \Longrightarrow 2NO_2(g)$ 的 $\Delta_r G_{m,(1)}^{\ominus}$; (2) $\dfrac{1}{2}N_2O_4(g) \Longrightarrow NO_2(g)$ 的 $\Delta_r G_{m,(2)}^{\ominus}$, $K_2^{\ominus}$。

4-6　在 27℃时,理想气体反应 $A \Longrightarrow B$ 的 $K^{\ominus} = 0.10$。计算(1)化学反应的 $\Delta_r G_m^{\ominus}$;(2)当反应物 A 的分

压为 2.02×10^6 Pa,产物 B 的分压为 1.01×10^5 Pa 时,求反应体系的 $\Delta_r G_m$,判断反应自发进行的方向。

4-7 已知 $PCl_5(g) \Longrightarrow PCl_3(g) + Cl_2(g)$,在 200℃ 时 $K^\ominus = 0.308$。求(1)200℃、101.3kPa 下 PCl_5 的分解率;(2)组成为 1:5 的 PCl_5 和 Cl_2 的混合物在 200℃、101.3kPa 下 PCl_5 的分解率。

4-8 298K 时 $NH_4HS(s)$ 在抽真空的容器内按下式分解:

$$NH_4HS(s) \Longrightarrow NH_3(g) + H_2S(g)$$

达平衡时,测得反应体系的总压力为 66.66kPa。求 $K^\ominus$。

4-9 标准压下乙苯脱氢制苯乙烯反应,已知 873K 时 $K_p^\ominus = 0.178$。若原料气中乙苯和水蒸气的物质的量比 1:9,求乙苯的最大转化率,若不添加水蒸气,则乙苯的转化率为若干?

4-10 已知反应

(1) $H_2O_2 \Longrightarrow H_2 + O_2$,$\Delta_r G_{m,(1)}^\ominus = 136.8$kJ·mol⁻¹;

(2) 丙氨酸 $+ H_2O \longrightarrow$ 丙酮酸盐 $+ NH_4^+ + H_2$,$\Delta_r G_{m,(2)}^\ominus = 54.4$kJ·mol⁻¹。

计算 pH=7 时下列反应的 $\Delta_r G_m^\ominus$:丙氨酸 $+ O_2 + H_2O \longrightarrow$ 丙酮酸盐 $+ NH_4^+ + H_2O_2$。

4-11 已知 I^- 和 I_3^- 在 298K 时的标准吉布斯生成自由能分别为 -51.67kJ·mol⁻¹ 和 -51.50kJ·mol⁻¹,I_2 在水中的溶解度为 0.00132mol·dm⁻³,求反应 $I^- + I_2 \Longrightarrow I_3^-$ 在 298K 时的平衡常数 $K^\ominus$。

4-12 At 1500K, $p^\ominus$, reaction (1) $H_2O(g) \Longrightarrow H_2(g) + \frac{1}{2}O_2(g)$ degree of dissociation of $H_2O(g)$ was 2.21×10^{-4}, reaction (2) $CO_2(g) \Longrightarrow CO(g) + \frac{1}{2}O_2(g)$ degree of dissociation of $CO_2(g)$ was 4.8×10^{-4}. Calculate $K^\ominus$ of reaction (3) $CO(g) + H_2O(g) \Longrightarrow CO_2(g) + H_2(g)$.

4-13 6% (mole fraction) of SO_2 and 12% of O_2 was mixed with inert gas, reacted at 100kPa. Calculate the temperature that 80% of SO_2 was transformed into SO_3 at equilibrium. It is known that $\Delta_r H_m^\ominus = -98.86$kJ·mol⁻¹, $\Delta_r S_m^\ominus = -94.03$J·mol⁻¹·K⁻¹.

第 5 章　电解质溶液

电解质溶液(electrolyte solution)具有许多与一般物质溶液不同的特性,本章将在介绍离子电迁移的基础上学习电导、电导率和摩尔电导率等基本概念,掌握电导测定的基本原理及应用。进而讨论强电解质溶液导电特性与浓度的关系,提出离子独立运动定律。在对电解质溶液的活度及活度系数进行定义后阐述强电解质溶液理论相关内容(离子氛模型、德拜-休克尔极限公式、翁萨格理论等)。

电解质溶液是离子导电体,依靠溶液中存在的离子迁移而导电,导电的同时在电极上发生化学反应。

5.1　离子的电迁移

5.1.1　电解质溶液的导电机理

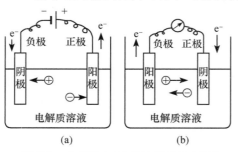

图 5-1　电解池(a)和原电池(b)示意图

能导电的物质称为导体。导体分为两类:第一类导体是电子导体,依靠自由电子的迁移导电;第二类导体是离子导体,依靠离子的迁移导电。以电解 $CuCl_2$ 水溶液为例[图5-1(a)]。将两个铂电极连接外电源,并插入 $CuCl_2$ 水溶液中,当有电流通过电解质溶液时,溶液中的 Cu^{2+} 在电场作用下向阴极(cathode)移动,Cl^- 向阳极(anode)移动,当外加电势足够高时,Cu^{2+} 与阴极上的电子相结合发生还原反应生成金属 Cu,同时阳极上 Cl^- 给出电子发生氧化反应放出氯气,即

阴极	$Cu^{2+}(aq) + 2e^- \longrightarrow Cu(s)$
阳极	$2Cl^-(aq) \longrightarrow Cl_2(g) + 2e^-$
两个电极的总反应	$CuCl_2(aq) \rightleftharpoons Cu(s) + Cl_2(g)$

由此可以看出电解质溶液的导电机理是,在外电源电场的作用下,电解质溶液中的正、负离子分别向两个电极(electrode)移动,迁移到电极附近的离子分别在两个电极上进行氧化或还原作用。

电解池和原电池的工作原理如图 5-1 所示,溶液中的正、负离子分别向两极迁移,在电极上发生化学反应,再通过外电路构成一个闭合回路。

需要说明的是,原电池和电解池中的电极命名目前尚不统一,通常采用下列原则:①按电

势高低命名,电势高者为正极(positive electrode),低者为负极(negative electrode)。②按电极上发生反应类型命名,发生氧化反应者为阳极,发生还原反应者为阴极。

习惯上电解池用阴、阳极来命名,原电池用正、负极来命名。但有些场合下两种命名法都使用,在原电池中,负极是阳极,正极是阴极;在电解池中,正极是阳极,负极是阴极。

5.1.2　法拉第定律

在两电极上发生反应的物质的量与通过的电量有关,法拉第(Faraday)总结为电极上发生化学反应的物质的量与通过的电量成正比,通过相同的电量,不同物质发生反应的物质的量与其电荷数成反比,这就是法拉第定律(Faraday's law)

$$q = \Delta n \mid Z \mid F \tag{5-1}$$

式中:Δn 为电极上发生反应的物质的量(mol);q 为通过的电量(C);$\mid Z \mid$ 为离子电荷数的绝对值;F 为法拉第常量,其值是 96485C $\cdot$ mol^{-1}。法拉第定律是最准确的定律之一。

5.1.3　离子的电迁移

1. 离子淌度

在直流电场作用下,电解质溶液中的正、负离子分别向阴、阳电极方向移动,离子的这种运动称为离子的电迁移。

离子迁移的速率除了与离子的本性(离子半径、所带电荷)以及溶液的黏度及温度有关外,还与电场的电势梯度(dE/dl)有关。离子迁移的动力来自电场,当电场稳定时,离子迁移速率(v)正比于电势梯度(dE/dl),即

$$v = U \frac{\mathrm{d}E}{\mathrm{d}l} \tag{5-2}$$

式中:U 称为离子淌度(ionic mobility),表明电势梯度为单位数值时的离子迁移速率,单位是 m^2 $\cdot$ V^{-1} $\cdot$ s^{-1}。

2. 离子迁移数

电解质溶液的导电是正、负离子向两极迁移电量叠加的结果,正、负离子同时承担着导电的任务,每种离子迁移的电量是不相同的。

离子迁移数(transference number of ion)是指在一电解质溶液中各种离子的导电份额或导电百分数,用 t_B 表示,即

$$t_B \equiv q_B/q \tag{5-3}$$

式中:q_B 为离子 B 传输的电量;q 为通过溶液的总电量。

对于只含有一种正离子和一种负离子的电解质溶液而言,正、负离子的迁移数分别为

$$t_+ = \frac{q_+}{q_+ + q_-} \qquad t_- = \frac{q_-}{q_+ + q_-} \tag{5-4}$$

故

$$t_+ + t_- = 1$$

推算得知,离子迁移数与离子淌度间的关系为

$$t_+ = \frac{U_+}{U_+ + U_-} \quad t_- = \frac{U_-}{U_+ + U_-} \tag{5-5}$$

由于离子淌度与电势梯度的强弱无关,可知离子迁移数也与电势梯度无关。

影响离子迁移数的因素很多,如溶液浓度及种类、温度、离子半径、溶剂性质等。表 5-1 列出 298K 时不同浓度电解质溶液中正离子迁移数的数值。

表 5-1　正离子的迁移数(298K)

电解质	浓度/(mol·dm^{-3})			
	0.01	0.05	0.10	0.20
HCl	0.825	0.829	0.831	0.834
LiCl	0.329	0.321	0.317	0.311
NaCl	0.392	0.388	0.385	0.382
KCl	0.490	0.490	0.490	0.489
NH$_4$Cl	0.491	0.491	0.491	0.491
KBr	0.483	0.483	0.483	0.484
KI	0.488	0.488	0.489	0.489
AgNO$_3$	0.465	0.466	0.468	—
KNO$_3$	0.508	0.509	0.510	0.512
$\frac{1}{2}$CaCl$_2$	0.426	0.414	0.406	0.395
$\frac{1}{2}$K$_2$SO$_4$	0.483	0.487	0.489	0.491
$\frac{1}{2}$Na$_2$SO$_4$	0.385	0.383	0.383	0.383

5.2　电导及其应用

5.2.1　电导、电导率与摩尔电导率

1. 电导

导体的导电能力可用电导(conductance)G 来表示,电导 G 为电阻 R 的倒数,$G=1/R$,单位是西门子(siemens),符号为 S。

2. 电导率

若导体具有均匀截面,其电导与截面积 A 成正比,与长度 l 成反比,即

$$G = \kappa A/l \tag{5-6}$$

式中:κ 为比例系数,称为电导率(conductivity),单位为 S·m^{-1},它的物理意义是相距 1m 的两个面积均为 1m^2 的电极间溶液的电导,其值与电解质的种类、温度及浓度等因素有关。

3. 摩尔电导率

摩尔电导率(molar conductivity)Λ_m 表示在两个相距 1m 的平行电极间,1mol 电解质溶液所具有的电导。由于电解质溶液的体积随浓度改变发生变化,$V_m=1/c$,故

$$\Lambda_m = \kappa/c \tag{5-7}$$

式中:Λ_m 的单位为 S·m^2·mol^{-1};c 的单位为 mol·m^{-3}。

摩尔电导率 Λ_m 有两种不同的表示法,一种以 1mol 电荷的量为基本单元,本教材用此方

法;另一种以 1mol 电解质的量为基本单元。这两种表示方法对于 1-1 价型电解质是一致的,对于其他类型的电解质则不同。例如,用第一种方法,$\Lambda_m\left(\dfrac{1}{2}CuSO_4\right)=7.17\times10^{-3}$ S · m² · mol⁻¹;用第二种方法,$\Lambda_m(CuSO_4)=14.34\times10^{-3}$ S · m² · mol⁻¹。

5.2.2 电导的测定

测定电解质溶液的电导,实际上是用韦斯顿(Weston)电桥测定电解质溶液的电阻 (图 5-2)。图 5-2 中 R 为电导池,将交流讯号加在电桥上,电桥平衡时电导池(conductance cell)内溶液的电导

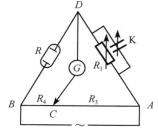

图 5-2 电导测定示意图

$$G=\frac{1}{R}=\frac{R_3}{R_1 R_4} \qquad (5-8)$$

电导池又称电导电极,由两片固定在玻璃支架上的铂片组成。其距离与面积之比 l/A 称为电导池(电极)常数(cell constant),可按式(5-6)用已知电导率的标准溶液标定而得。表 5-2 列出 298K 时标准 KCl 溶液的电导率 κ。

表 5-2 KCl 溶液的电导率(298K)

$c/(mol \cdot dm^{-3})$	电导率 $\kappa/(S \cdot m^{-1})$					
	273K	278K	283K	288K	293K	298K
0.01	0.0766	0.0890	0.1020	0.1147	0.1278	0.1410
0.02	0.1521	0.1752	0.1994	0.2243	0.2501	0.2765
0.10	0.715	0.822	0.933	1.048	1.167	1.288
1.00	6.541	7.414	8.391	9.252	10.207	11.180

例 5-1 用一电导池在 298K 测得 0.02mol · dm⁻³ KCl 溶液电阻为 82.4Ω,浓度为 0.0050mol · dm⁻³ 的 $\dfrac{1}{2}K_2SO_4$ 溶液电阻为 326Ω。试求(1)电导池常数 l/A;(2)0.0050mol · dm⁻³ $\dfrac{1}{2}K_2SO_4$ 溶液的电导率 κ 和摩尔电导率 Λ_m。

解 (1)查表 5-2 得 0.02mol · dm⁻³ KCl 溶液电导率 $\kappa=0.2765$S · m⁻¹,由式(5-6)可得电导池常数

$$l/A=\kappa/G=\kappa R=0.2765S \cdot m^{-1}\times82.4\Omega=22.8m^{-1}$$

(2)由式(5-6)和式(5-7)可得 $\dfrac{1}{2}K_2SO_4$ 溶液的电导率 κ' 和摩尔电导率 Λ_m 分别为

$$\kappa'=G\frac{l}{A}=\frac{1}{R}\frac{l}{A}=\frac{1}{326\Omega}\times22.8m^{-1}=6.99\times10^{-2}S \cdot m^{-1}$$

$$\Lambda_m=\kappa'/c=\frac{6.99\times10^{-2}S \cdot m^{-1}}{0.0050\times10^3 mol \cdot m^{-3}}=1.40\times10^{-2}S \cdot m^2 \cdot mol^{-1}$$

5.2.3 强电解质溶液的电导率、摩尔电导率与浓度的关系

强电解质溶液的电导率随浓度增大而增加,当浓度达到一定值后,正负离子间相互作用增强,离子运动受到影响,电导率下降。弱电解质随浓度增大电离度减小,离子数目变化不大,其电导率随浓度的变化不明显(图 5-3)。

强电解质溶液的摩尔电导率随浓度减小而增大。溶液的浓度越低,离子间的距离越大,相互间作用力越小,含有 1mol 电荷的电解质溶液的导电能力越强。浓度很稀的强电解质溶液

的摩尔电导率 Λ_m 与溶液浓度的平方根 $\sqrt{c}$ 之间有线性关系

$$\Lambda_m = \Lambda_m^{\infty}(1 - \beta\sqrt{c}) \tag{5-9}$$

式(5-9)为科尔劳乌施(Kohlrausch)公式。各种不同电解质 Λ_m 与 $\sqrt{c}$ 的关系如图 5-4 所示。对于强电解质可测定一系列不同浓度溶液的电导率,分别求出摩尔电导率 Λ_m,并将 Λ_m 对 $\sqrt{c}$ 作图,用外推法求得强电解质的无限稀释摩尔电导率 Λ_m^{∞}。

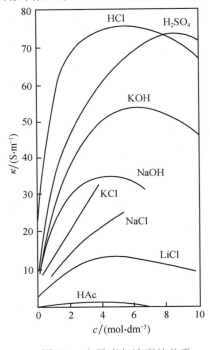

图 5-3　电导率与浓度的关系

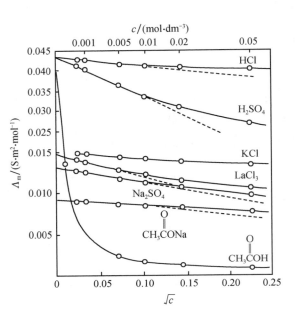

图 5-4　298K 时一些电解质在水溶液中的摩尔电导率与浓度的关系

5.2.4　离子独立运动定律及离子摩尔电导率

科尔劳乌施经过研究提出了离子独立运动定律:在无限稀释溶液中电解质完全电离,并且离子间相互无影响。表 5-3 列出某些电解质溶液的无限稀释摩尔电导率(298K)。

表 5-3　某些电解质溶液的无限稀释摩尔电导率(298K)

电解质	$\Lambda_m^{\infty}/(S \cdot m^2 \cdot mol^{-1})$	差值	电解质	$\Lambda_m^{\infty}/(S \cdot m^2 \cdot mol^{-1})$	差值
KCl	0.01499	3.49×10^{-3}	HCl	0.04262	4.9×10^{-4}
LiCl	0.01150		HNO$_3$	0.04213	
KNO$_3$	0.01450	3.49×10^{-3}	KCl	0.01499	4.9×10^{-4}
LiNO$_3$	0.01101		KNO$_3$	0.01450	
KOH	0.02715	3.48×10^{-3}	LiCl	0.01150	4.9×10^{-4}
LiOH	0.02367		LiNO$_3$	0.01101	

每种离子对溶液电导的贡献是独立的,电解质的无限稀释摩尔电导率 Λ_m^{∞} 是组成该电解质的正、负离子的无限稀释摩尔电导率的加和。

1-1 价型电解质

$$\Lambda_m^\infty = \Lambda_{m^+}^\infty + \Lambda_{m^-}^\infty \tag{5-10}$$

$M_{\nu_+} A_{\nu_-}$ 价型电解质

$$\Lambda_m^\infty = \nu_+ \Lambda_{m^+}^\infty + \nu_- \Lambda_{m^-}^\infty \tag{5-11}$$

式中:ν_+、ν_-分别为正、负离子的个数。

离子的无限稀释摩尔电导率取决于离子本性,在确定溶剂、温度等条件下是定值。利用离子独立运动定律,可以从已知离子的无限稀释摩尔电导率计算某一电解质的无限稀释摩尔电导率。这对弱电解质非常有用,因为弱电解质不服从科尔劳乌施公式,不能用实验直接测得 Λ_m^∞,但如果已知有关强电解质 Λ_m^∞ 值,即可计算弱电解质的 Λ_m^∞。例如:

$$\Lambda_m^\infty(HAc) = \Lambda_m^\infty(H^+) + \Lambda_m^\infty(Ac^-)$$
$$= \Lambda_m^\infty(H^+) + \Lambda_m^\infty(Cl^-) + \Lambda_m^\infty(Na^+) + \Lambda_m^\infty(Ac^-) - \Lambda_m^\infty(Na^+) - \Lambda_m^\infty(Cl^-)$$
$$= \Lambda_m^\infty(HCl) + \Lambda_m^\infty(NaAc) - \Lambda_m^\infty(NaCl)$$

表 5-4 列出某些离子的无限稀释摩尔电导率(298K),从表 5-4 中发现 H^+ 和 OH^- 的 Λ_m^∞ 特别大。这是因为在电场作用下,H^+ 和 OH^- 如图 5-5 所示,把电荷在相邻水分子间作接力式传递,其结果是 H^+ 和 OH^- 以很快的速率向阴极或阳极迁移,导致 H^+ 和 OH^- 的 Λ_m^∞ 值明显较大。

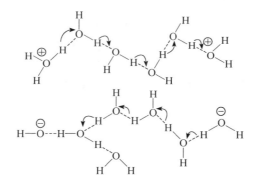

图 5-5　H^+ 和 OH^- 在电场中的传递方式

表 5-4　某些离子的无限稀释摩尔电导率(298K)

正离子	$\Lambda_m^\infty \times 10^{-4}/(S \cdot m^2 \cdot mol^{-1})$	负离子	$\Lambda_m^\infty \times 10^{-4}/(S \cdot m^2 \cdot mol^{-1})$
Ag^+	61.9	Br^-	78.1
$\frac{1}{2}Ba^{2+}$	63.9	Cl^-	76.35
$\frac{1}{2}Ca^{2+}$	59.5	F^-	54.4
$\frac{1}{3}Cr^{3+}$	67	CN^-	78
$\frac{1}{2}Cu^{2+}$	55	$\frac{1}{2}CO_3^{2-}$	72
$\frac{1}{2}Fe^{2+}$	54	$\frac{1}{2}CrO_4^{2-}$	85
$\frac{1}{3}Fe^{3+}$	68	HCO_3^-	44.5

续表

正离子	$\Lambda_m^\infty \times 10^{-4}/(S \cdot m^2 \cdot mol^{-1})$	负离子	$\Lambda_m^\infty \times 10^{-4}/(S \cdot m^2 \cdot mol^{-1})$
H^+	349.82	HSO_4^-	50
K^+	73.5	I^-	76.8
Li^+	38.69	NO_3^-	71.4
$\frac{1}{2}Mg^{2+}$	53.06	OH^-	198.6
NH_4^+	73.5	$\frac{1}{3}PO_4^{3-}$	69.0
Na^+	50.11	$\frac{1}{2}SO_4^{2-}$	80.0
$\frac{1}{2}Pb^{2+}$	71	Ac^-	40.9
$\frac{1}{2}Zn^{2+}$	52.8	$\frac{1}{2}C_2O_4^{2-}$	74.2

5.2.5　电导测定的应用

1. 检验水的纯度与计算水的离子积

在工农业生产、环境科学等众多领域,都需要进行水质检测,衡量水纯度的一个指标就是电导率。普通蒸馏水的电导率是 $1 \times 10^{-3} S \cdot m^{-1}$,重蒸馏水和去离子水的电导率均小于 $1 \times 10^{-4} S \cdot m^{-1}$。所以只要测定水的电导率就可以知道水中离子数量是否超标,水的纯度是否符合要求。

水的离子积也可以通过测定电导率来求算。例如,25℃时纯水的密度为 $0.997 \times 10^3 kg \cdot m^{-3}$,电导率 $\kappa = 5.5 \times 10^{-6} S \cdot m^{-1}$,则

$$c_{H_2O} = \frac{0.997 \times 10^3 kg \cdot m^{-3}}{18.02 \times 10^{-3} kg \cdot mol^{-1}} = 55.3 \times 10^3 mol \cdot m^{-3} = 55.3 mol \cdot dm^{-3}$$

由式(5-7) $\Lambda_m = \dfrac{\kappa}{c}$,得

$$\Lambda_{m,H_2O} = \frac{\kappa_{H_2O}}{c_{H_2O}} = \frac{5.5 \times 10^{-6} S \cdot m^{-1}}{55.3 \times 10^3 mol \cdot m^{-3}} = 0.99 \times 10^{-10} S \cdot m^2 \cdot mol^{-1}$$

而

$$\Lambda_{m,H_2O}^\infty = \Lambda_{m,H^+}^\infty + \Lambda_{m,OH^-}^\infty$$
$$= (3.498 \times 10^{-2} + 1.986 \times 10^{-2}) S \cdot m^2 \cdot mol^{-1}$$
$$= 5.484 \times 10^{-2} S \cdot m^2 \cdot mol^{-1}$$

故可求得水的电离度

$$\alpha = \frac{\Lambda_{m,H_2O}}{\Lambda_{m,H_2O}^\infty} = \frac{0.99 \times 10^{-10} S \cdot m^2 \cdot mol^{-1}}{5.484 \times 10^{-2} S \cdot m^2 \cdot mol^{-1}} = 1.8 \times 10^{-9}$$

H^+ 与 OH^- 的离子浓度为

$$c_{H^+} = c_{OH^-} = \alpha c_{H_2O}$$
$$= 1.8 \times 10^{-9} \times 55.3 mol \cdot dm^{-3}$$
$$= 1.0 \times 10^{-7} mol \cdot dm^{-3}$$

所以水的离子积为

$$K_w = \frac{c_{H^+}}{c^\ominus}\frac{c_{OH^-}}{c^\ominus} = (1.0 \times 10^{-7})^2 = 1.0 \times 10^{-14}$$

2. 电导滴定

利用滴定过程中体系电导的变化来判断滴定终点的方法称为电导滴定。电导滴定可用于酸碱中和反应、氧化-还原反应、沉淀反应等各类滴定反应。电导滴定不需要指示剂,故对于颜色较深或有混浊的溶液尤为有用,因为此时观察指示剂的变色较为困难。以中和滴定为例,图 5-6 中 a 线表示强碱滴定强酸的曲线,b 线为强碱滴定弱酸的曲线,虚线为滴定终点,两条线均有明显转折点,可以用来判断滴定终点。又如,用 $AgNO_3$ 浓溶液滴定 $[Co(NH_3)_5Cl]Cl_2$ 稀溶液

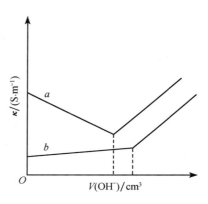

$$[Co(NH_3)_5Cl]^{2+} + 2Cl^- + 2Ag^+ + 2NO_3^- \longrightarrow$$
$$[Co(NH_3)_5Cl]^{2+} + 2NO_3^- + 2AgCl\downarrow$$

图 5-6　电导滴定曲线

在滴定过程中,NO_3^- 逐渐代替了配合物外界的 Cl^-,而 $\Lambda_m^\infty(NO_3^-) < \Lambda_m^\infty(Cl^-)$,所以溶液的电导逐渐降低。过化学计量点后,溶液中有过量的 $AgNO_3$ 存在,故溶液的电导增大。

3. 求弱电解质的电离度

弱电解质的 Λ_m 和 Λ_m^∞ 数值的大小分别反映溶液在一般情况下和无限稀释条件下的导电能力,它们之间的差别是因部分电离与全部电离产生的离子数目不同造成的,从而有

$$\alpha = \frac{\Lambda_m}{\Lambda_m^\infty} \tag{5-12}$$

式中:α 即为该弱电解质在浓度 c 时的电离度。

例 5-2　25℃时 0.1000mol·dm^{-3} 的 HAc 溶液 Λ_m 为 5.201×10^{-4}S·m^2·mol^{-1},求该 HAc 溶液的电离度。

解　查表 5-4 得

$$\Lambda_m^\infty(HAc) = \Lambda_m^\infty(H^+) + \Lambda_m^\infty(Ac^-)$$
$$= (349.8 + 40.9) \times 10^{-4}\,S \cdot m^2 \cdot mol^{-1}$$
$$= 390.7 \times 10^{-4}\,S \cdot m^2 \cdot mol^{-1}$$
$$\alpha = \frac{\Lambda_m}{\Lambda_m^\infty} = \frac{5.201 \times 10^{-4}\,S \cdot m^2 \cdot mol^{-1}}{390.7 \times 10^{-4}\,S \cdot m^2 \cdot mol^{-1}} = 0.01331$$

4. 求难溶盐的溶解度和溶度积

某些难溶盐(如 $AgCl$,$BaSO_4$ 等)在水中溶解度极小,通常的化学分析方法难以直接测定,借助电导法则能很方便地测得。先测定难溶盐饱和溶液的电导率 κ,再从中减去高纯水的电导率即可得到难溶盐的电导率,即

$$\kappa_{盐} = \kappa_{溶液} - \kappa_{H_2O} \tag{5-13}$$

又根据摩尔电导率公式 $\Lambda_m = \dfrac{\kappa}{c}$，并且由于浓度很小可以近似认为难溶盐饱和溶液的 $\Lambda_m \approx \Lambda_m^\infty$，因此

$$c = \kappa_{盐} / \Lambda_{m盐}^\infty \tag{5-14}$$

例 5-3　298K 时测得 AgCl 饱和溶液和高纯水的 κ 值分别为 $3.41 \times 10^{-4} S \cdot m^{-1}$ 和 $1.60 \times 10^{-4} S \cdot m^{-1}$。计算该温度下 AgCl 的溶解度和溶度积。

解　$\kappa_{AgCl} = \kappa_{AgCl溶液} - \kappa_{H_2O} = (3.41 - 1.60) \times 10^{-4} S \cdot m^{-1} = 1.81 \times 10^{-4} S \cdot m^{-1}$

查表 5-4 得

$$\Lambda_m^\infty(AgCl) = \Lambda_m^\infty(Ag^+) + \Lambda_m^\infty(Cl^-)$$
$$= (6.19 + 7.635) \times 10^{-3} S \cdot m^2 \cdot mol^{-1}$$
$$= 1.38 \times 10^{-2} S \cdot m^2 \cdot mol^{-1}$$

因为

$$c = \frac{\kappa}{\Lambda_m^\infty}$$

所以

$$c = \frac{1.81 \times 10^{-4} S \cdot m^{-1}}{1.38 \times 10^{-2} S \cdot m^2 \cdot mol^{-1}} = 1.31 \times 10^{-2} mol \cdot m^{-3} = 1.31 \times 10^{-5} mol \cdot dm^{-3}$$

又因为溶液浓度很小，活度系数可近似为 1，所以

$$K_{sp} = \frac{c_{Ag^+}}{c^\ominus} \frac{c_{Cl^-}}{c^\ominus} = (1.31 \times 10^{-5})^2 = 1.72 \times 10^{-10}$$

习惯上溶解度用 S 来表示，单位是 $g \cdot dm^{-3}$，即

$$S = (143.4 \times 1.31 \times 10^{-5}) g \cdot dm^{-3} = 1.88 \times 10^{-3} g \cdot dm^{-3}$$

电导法在农业生物科学中应用非常广泛，在盐碱地区作土壤调查时常通过测土壤浸提液的电导率以判断其含盐量；用电导滴定法测蛋白质的等电点；判断乳状液是油包水型还是水包油型；以及环境污染中 SO_2 的分析等。

5.3　强电解质溶液的活度及活度系数

5.3.1　活度和活度系数

在第 2 章中定义溶质的活度为 $a_B = \gamma_B b_B / b^\ominus$，其化学势为 $\mu_B = \mu_B^\ominus + RT \ln a_B$。

对于电解质溶液来说情况更为复杂。在电解质溶液中独立运动的粒子是离子，因此以正、负离子的活度来表示相对应离子的化学势。

$$\mu_+ = \mu_+^\ominus + RT \ln a_+ \qquad \mu_- = \mu_-^\ominus + RT \ln a_-$$

其中正、负离子的活度分别为

$$a_+ = \gamma_+ b_+ / b^\ominus \qquad a_- = \gamma_- b_- / b^\ominus$$

任意强电解质 $M_{\nu_+} A_{\nu_-}$ 的化学势与正、负离子的化学势的关系为

$$\mu_{M_{\nu_+} A_{\nu_-}} = \nu_+ \mu_+ + \nu_- \mu_- = (\nu_+ \mu_+^\ominus + \nu_- \mu_-^\ominus) + RT \ln(a_+^{\nu_+} a_-^{\nu_-})$$
$$= \mu_{M_{\nu_+} A_{\nu_-}}^\ominus + RT \ln a_{M_{\nu_+} A_{\nu_-}}$$

其中

$$\mu^{\ominus}_{M_{\nu_+}A_{\nu_-}} = \nu_+ \mu^{\ominus}_+ + \nu_- \mu^{\ominus}_-$$

则

$$a_{M_{\nu_+}A_{\nu_-}} = a^{\nu_+}_+ a^{\nu_-}_- \tag{5-15}$$

式(5-15)即为电解质活度与其正、负离子活度的关系式。

由于溶液中正、负离子总是同时存在的,因此用实验方法难以测得单种离子的活度。通常用可以测定的物理量——离子平均活度(mean ionic activity)$a_\pm$来代替a_+和a_-,$a_\pm$的定义为

$$a_\pm \overset{\text{def}}{=\!=\!=} (a^{\nu_+}_+ a^{\nu_-}_-)^{1/\nu} \tag{5-16}$$

且平均活度系数(mean ionic activity coefficient)$\gamma_\pm$和平均质量摩尔浓度$b_\pm$的定义为

$$\gamma_\pm = (\gamma^{\nu_+}_+ \gamma^{\nu_-}_-)^{1/\nu} \tag{5-17}$$

$$b_\pm = (b^{\nu_+}_+ b^{\nu_-}_-)^{1/\nu} \tag{5-18}$$

式中:$\nu = \nu_+ + \nu_-$,而从式(5-15)～式(5-18)可以得出电解质活度与离子平均活度间的关系为

$$a_{M_{\nu_+}A_{\nu_-}} = a^{\nu_+}_+ a^{\nu_-}_- = a^{\nu}_\pm$$

平均活度与平均活度系数、平均质量摩尔浓度间的关系为

$$a_\pm = \gamma_\pm b_\pm / b^{\ominus} \tag{5-19}$$

应特别指出:$b_\pm$和$\gamma_\pm$虽有相似的定义式,但不能就此认为$b_B = b_\pm$,事实上(b_B就是$b_{M_{\nu_+}A_{\nu_-}}$)

$$b_+ = \nu_+ b_B \qquad b_- = \nu_- b_B$$

$$b^{\nu}_\pm = (\nu_+ b_B)^{\nu_+} (\nu_- b_B)^{\nu_-} = (\nu^{\nu_+}_+ \nu^{\nu_-}_-) b^{\nu}_B$$

$$b_\pm = (\nu^{\nu_+}_+ \nu^{\nu_-}_-)^{1/\nu} b_B \tag{5-20}$$

例 5-4 现有 $0.1\,mol\cdot kg^{-1}\,La_2(SO_4)_3$ 溶液,求其平均浓度 $b_\pm$。

解 $\nu_+ = 2 \qquad \nu_- = 3$

所以

$$\nu = 5$$

$$b_B = 0.1\,mol\cdot kg^{-1}$$

故

$$b_\pm = (\nu^{\nu_+}_+ \nu^{\nu_-}_-)^{1/\nu} b_B = (2^2 \times 3^3)^{1/5} \times 0.1\,mol\cdot kg^{-1} = 0.3\,mol\cdot kg^{-1}$$

5.3.2 影响离子平均活度系数的因素

表 5-5 列出一些电解质在水溶液中的平均活度系数(298K)。

表 5-5 一些电解质在水溶液中的平均活度系数(298K)

电解质	浓度/(mol·dm⁻³)								
	0.001	0.002	0.005	0.01	0.05	0.1	0.5	1.0	3.0
HCl	0.966	0.952	0.928	0.904	0.830	0.798	0.768	0.809	1.31
H₂SO₄	0.830	0.757	0.608	0.544	0.340	0.255	0.154	0.100	0.142
HBr	0.966	0.932	0.929	0.906	0.808	0.805	0.790	0.871	—
KOH	—	—	0.920	0.900	0.824	0.798	0.732	0.755	—

续表

电解质	浓度/(mol · dm^{-3})								
	0.001	0.002	0.005	0.01	0.05	0.1	0.5	1.0	3.0
NaOH	—	—	0.900	0.818	0.766	0.690	0.688	0.678	—
KCl	0.965	0.952	0.923	0.901	0.815	0.769	0.651	0.606	0.572
NaCl	0.965	0.952	0.927	0.912	0.819	0.778	0.682	0.658	0.719
NaNO$_3$	0.966	0.953	0.930	0.900	0.820	0.758	0.615	0.348	—
Na$_2$SO$_4$	0.887	0.847	0.778	0.714	0.536	0.453	0.270	0.204	—
ZnSO$_4$	0.700	0.508	0.477	0.387	0.202	0.150	0.063	0.044	0.041
ZnCl$_2$	0.880	0.840	0.789	0.731	0.578	0.515	0.429	0.337	—
CaCl$_2$	0.888	—	0.789	0.732	0.384	0.324	0.318	0.123	—

从表 5-5 可以看出：

（1）稀溶液离子平均活度系数的值随浓度降低而增大，在无限稀释时达到 1。这是因为离子间距离增大，静电引力减小，对理想溶液的偏差相应减小。溶液浓度高时，随浓度增大离子平均活度系数增大，甚至大于 1。这是因为此时离子的大小不可忽视，离子与溶剂的相互作用也不可忽视。由于离子溶剂化作用，自由的溶剂分子相应减少，离子的有效浓度相应增加。并且溶剂分子在离子周围的定向排列还会使溶剂的介电常数增大，从而进一步减弱离子间的相互作用。上述因素均使离子平均活度系数随着浓度的增加而增大，甚至可能出现活度系数大于 1 的情况。

（2）离子电荷数对 $\gamma_{\pm}$ 影响较大。离子电荷数越大，静电引力产生的影响也越大，表现为相同浓度下同价型的电解质有大体相等的 $\gamma_{\pm}$，而不同价型的电解质 $\gamma_{\pm}$ 相差较大。

（3）溶液中其他电解质对 $\gamma_{\pm}$ 也会产生影响，说明 $\gamma_{\pm}$ 与溶液整体的电解质含量有关。

综上所述，在一定温度下，离子平均活度系数 $\gamma_{\pm}$ 与溶液整体的离子浓度以及所含离子的电荷数有关，路易斯于 1921 年提出了离子强度（ionic strength）I 这个概念

$$I \equiv \frac{1}{2} \sum_{B} b_{B} Z_{B}^{2} \tag{5-21}$$

式中：b_B 为溶液中离子 B 的质量摩尔浓度；Z_B 为其电荷数。路易斯提出的 $\gamma_{\pm}$ 与 I 的经验公式是

$$\lg \gamma_{\pm} = -A' \sqrt{I/b^{\ominus}} \tag{5-22}$$

式中：A' 为常数，与温度、溶剂种类有关。从式（5-22）可知，指定电解质处于离子强度相同的不同溶液中，即使该电解质在各溶液中浓度不一样，但是 $\gamma_{\pm}$ 却相同。

*5.4   强电解质溶液理论

5.4.1   离子氛模型

阿伦尼乌斯（Arrhenius）的部分电离理论应用到弱电解质上是成功的，但不适用于强电解质溶液。1923 年，德拜（Debye）和休克尔（Hückel）从离子互吸和离子热运动的概念出发，建立了离子氛（ionic atmosphere）模型（图 5-7）。一方面正、负离子间的静电引力使离子有规则地排列，而另一方面热运动又要使离子无序分布。两者相互作用，结果形成在一定时间间隔里，每个离子的周围，异电性离子的密度大于同电性离子的密度。即在中心离子的周围形成一个

如同大气式的球形异电性"离子氛",越接近中心离子,异电性离子越多。必须指出,溶液中每个离子均是中心离子,同时又是其他异电性离子离子氛的组成部分。此外,由于离子处于不断的热运动之中,就使原有离子氛不断消失,新的离子氛不断形成,即离子氛在不断地改组和变化。

德拜和休克尔通过离子氛模型,形象地将电解质溶液中众多离子间复杂的相互作用归结为中心离子与离子氛之间的作用,而这种互吸作用影响溶液的性质,造成强电解质溶液与理想溶液之间的偏差。

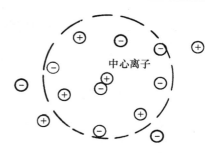

图 5-7　离子氛模型示意图

5.4.2　德拜-休克尔极限公式

以离子氛模型为基础,借助于玻尔兹曼分布定律,利用泊松(Poisson)方程进行数学处理,德拜和休克尔成功导出了离子活度系数公式

$$\lg\gamma_B = -AZ_B^2\sqrt{I/b^\ominus} \tag{5-23}$$

式中:温度、溶剂一定时,A 为定值。

由于单种离子的活度系数无法直接测得,需要将它转换成平均活度系数的形式,即

$$\lg\gamma_\pm = -A|Z_+\,Z_-|\sqrt{I/b^\ominus} \tag{5-24}$$

298K 时,水溶液中 $A=0.509$。

式(5-23)和式(5-24)均称为德拜-休克尔极限公式。以 $\lg\gamma_\pm$ 对 $\sqrt{I/b^\ominus}$ 作图应得直线,如图 5-8所示。观察发现实验测定值(实线)与理论计算值(虚线)在稀溶液时基本吻合,说明德拜-休克尔公式是正确的,其适用范围是离子强度 $I<0.01\text{mol}\cdot\text{kg}^{-1}$ 的稀溶液。

在德拜-休克尔理论基础上,考虑到离子水合、缔合及离子的体积等因素,可导出一个修正公式

$$\lg\gamma_\pm = \frac{-A|Z_+\,Z_-|\sqrt{I/b^\ominus}}{1+\alpha\beta\sqrt{I/b^\ominus}} \tag{5-25}$$

式中:α 为离子的平均有效直径;A、β 为常数。

对于 298K 的水溶液 $\alpha\beta\approx1$,所以公式(5-25)又可简化为

$$\lg\gamma_\pm = -\frac{A|Z_+\,Z_-|\sqrt{I/b^\ominus}}{1+\sqrt{I/b^\ominus}} \tag{5-26}$$

式(5-26)适用范围较大,为离子强度 $I<0.1\text{mol}\cdot\text{kg}^{-1}$。

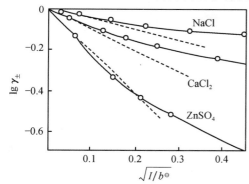

图 5-8　极限公式的验证

例 5-5　应用德拜-休克尔极限公式,计算 25℃时 $0.001\text{mol}\cdot\text{kg}^{-1}$ $K_3Fe(CN)_6$ 的离子平均活度系数。

解　$I = \dfrac{1}{2}\sum_B b_B Z_B^2 = \dfrac{1}{2}\times(0.001\times3\times1^2+0.001\times1\times3^2)\text{mol}\cdot\text{kg}^{-1}=0.006\text{mol}\cdot\text{kg}^{-1}$

$$\lg\gamma_\pm=-A\,|\,Z_+Z_-\,|\,\sqrt{I/b^{\ominus}}=-0.509\times1\times3\times\sqrt{0.006}=-0.1183$$
$$\gamma_\pm=0.7616$$

5.4.3 翁萨格理论

1927 年,翁萨格(Onsager)把德拜-休克尔理论应用到有电场作用下的电解质溶液中,从而将科尔劳乌施经验公式提高到新的水平。

在无限稀释溶液中,离子间距很大,静电作用可以忽略,这样就可认为无离子氛形成,溶液的电导为 Λ_m^∞。在一般平衡状态下,离子氛以对称形式存在,即符号相反的电荷平均分配于中心离子的周围。而且离子氛的存在影响中心离子的移动速率,进而影响电解质导电能力。这些影响因素可归结为以下两类。

1. 弛豫力

以中心正离子为例,在外加电场作用下正离子向负极移动,其周围异离子氛部分地被破坏。但静电引力使此中心离子有建立新的离子氛的趋向,正离子运动的前方要建立新的负离子氛,而其后方旧离子氛有被破坏的趋势。这两种趋势均要时间来完成,这时就形成了不对称的离子氛,如图 5-9 所示。这种不对称的离子氛对中心离子在电场中的运动产生阻力,这种阻力称为弛豫力。它使离子运动速率变慢,从而降低了溶液的摩尔电导率。

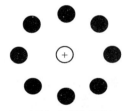 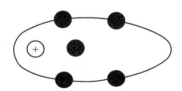

(a) 无外加电场的离子氛　　　　(b) 有外加电场时在运动离子周围的不对称离子氛

图 5-9　弛豫时间效应

2. 电泳力

在外加电场的作用下,中心离子运动时,周围异电离子氛反向移动。由于离子是溶剂化的,众多异电离子带着大量溶剂分子反向移动,这使得离子的运动如逆水前进。离子运动速率下降,溶液的摩尔电导率也降低,这种阻力称为电泳力。

除上述两种阻力外,还有介质的摩擦力。当电场中离子运动达到稳定时,电场力与以上三种力的加和相等,翁萨格由此导出了德拜-休克尔-翁萨格电导公式

$$\Lambda_m=\Lambda_m^\infty-(\alpha-\beta\Lambda_m^\infty)\sqrt{c} \qquad (5-27)$$

式中:α、β 均为与溶剂介电常数、黏度和温度有关的因子。α 是电泳力产生的,β 是弛豫力产生的,均为 Λ_m 降低因子。式(5-27)的正确性已被实验所验证,如图 5-10 所示圆点是实验数据,虚线是预期结果。说明当浓度降低时,该公式与实验结果吻合得很好。但浓度增大时,计算值要比实验值小,其主要原因是未考虑离子有一定的体积。

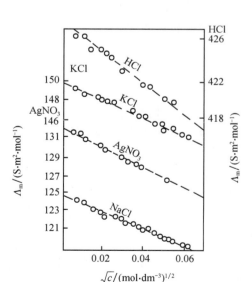

图 5-10　德拜-休克尔-翁萨格电导公式的验证

扫一扫　固体电解质

Summary

Chapter 5　Electrolyte Solution

1. The migration of cations towards a negatively charged electrode and anions towards a positively charges electrode carries charge through the solution. The transport number of an ion is the fraction of total current carried by the ions in the solution.

2. The conductance (G) of an electrolyte solution is the reciprocal of resistance, $G = 1/R$. The conductivity $\kappa = Gl/A$, and the molar conductivity $\Lambda_m = \kappa/c$.

3. Conductance is measured with Weston resistance bridge. Measurement of conductance is widely applied to conductance titration, to determine of constant such as K_w, K_a and K_{sp}.

4. Kohlrausch's law of the independent migration of ions is confirmed that transport number of ions, mobility and limit molar conductivity are independently related to behave of ions in the solution limit of zero concentration.

5. Mean activity of ions $a_{\pm} = \gamma_{\pm} b_{\pm}/b^{\ominus}$, here $\gamma_{\pm}$ is the mean activity coefficient of ions, $b_{\pm}$ is mean molal concentration of ions. Ionic strength $I = \dfrac{1}{2}\sum_B b_B Z_B^2$.

习　题

5-1　298K 时,用同一电导池测出 $0.01 \text{mol} \cdot \text{dm}^{-3}$ KCl 和 $0.001 \text{mol} \cdot \text{dm}^{-3}$ K_2SO_4 的电阻分别为 145.00Ω 和 712.2Ω,试计算(1)电导池常数;(2)$0.001 \text{mol} \cdot \text{dm}^{-3}$ K_2SO_4 溶液的摩尔电导率。

5-2　298K 时,NH_4Cl、NaOH 和 NaCl 的无限稀释摩尔电导率分别为 $1.499 \times 10^{-2} \text{S} \cdot \text{m}^2 \cdot \text{mol}^{-1}$、$2.487 \times 10^{-2} \text{S} \cdot \text{m}^2 \cdot \text{mol}^{-1}$ 和 $1.285 \times 10^{-2} \text{S} \cdot \text{m}^2 \cdot \text{mol}^{-1}$。求 NH_4OH 的无限稀释摩尔电导率。

5-3　用银电极通电于氰化银钾(KCN+AgCN)溶液时,银(Ag)在阴极上析出。每通过 2mol 电子的电量,阴极部失去 2.80mol 的 Ag^+ 和 1.60mol 的 CN^-,得到 1.20mol 的 K^+,试求(1)氰化银钾配合物的化学式;(2)正、负离子的迁移数。

5-4　298K 时,KCl 和 NaCl 的无限稀释摩尔电导率 Λ_m^{∞} 分别是 $149.86 \times 10^{-4} \text{S} \cdot \text{m}^2 \cdot \text{mol}^{-1}$ 和 $126.45 \times 10^{-4} \text{S} \cdot \text{m}^2 \cdot \text{mol}^{-1}$,$K^+$ 和 Na^+ 的迁移数分别是 0.491 和 0.396,试求在 298K 且无限稀释时(1)KCl溶液中 K^+ 和 Cl^- 的离子摩尔电导率;(2)NaCl 溶液中 Na^+ 和 Cl^- 的离子摩尔电导率。

5-5　25℃时,在某电导池中盛有浓度为 $0.01 \text{mol} \cdot \text{dm}^{-3}$ 的 KCl 水溶液,测得电阻 R 为 484.0Ω。当盛以不同浓度 c 的 NaCl 水溶液时测得数据如下:

$c/(\text{mol} \cdot \text{dm}^{-3})$	0.0005	0.0010	0.0020	0.0050
R/Ω	10910	5494	2772	1128.9

已知此温度下 $0.01 \text{mol} \cdot \text{dm}^{-3}$ KCl 水溶液的电导率为 $0.1412 \text{S} \cdot \text{m}^{-1}$。试求(1)NaCl 水溶液在不同浓度时的摩尔电导率 Λ_m;(2)以 Λ_m 对 $\sqrt{c}$ 作图,求 NaCl 的 Λ_m^{∞}。

5-6　298K 时,用韦斯顿电桥测得 $0.01mol \cdot dm^{-3}$ HAc 溶液的电阻为 2220Ω,已知电导池常数是 $36.7m^{-1}$。试求该条件下 HAc 的电离度。

5-7　298K 时,测得高纯水的电导率为 $5.80 \times 10^{-6} S \cdot m^{-1}$,已知 HAc、NaOH、NaAc 的 Λ_m^∞ 分别为 $0.03907 S \cdot m^2 \cdot mol^{-1}$、$0.02481 S \cdot m^2 \cdot mol^{-1}$、$0.00910 S \cdot m^2 \cdot mol^{-1}$。试求水的离子积。

5-8　应用德拜-休克尔极限公式,计算 298K 时 $0.001mol \cdot kg^{-1}$ $NaNO_3$ 和 $0.001mol \cdot kg^{-1}$ $Mg(NO_3)_2$ 的混合液中 $Mg(NO_3)_2$ 的离子平均活度系数 $\gamma_\pm$。

5-9　画出用 $BaCl_2$ 滴定 Li_2SO_4 时电导变化的示意图。

5-10　某一元酸 HA 在 298K、浓度为 $0.01mol \cdot kg^{-1}$ 时离解度为 0.0810,应用德拜-休克尔极限公式计算离子平均活度系数 $\gamma_\pm$ 及该一元酸的真正离解常数 K。

5-11　Conductance of $SrSO_4$ solution and pure water was found to be $1.482 \times 10^{-2} S \cdot m^{-1}$ and $1.5 \times 10^{-4} S \cdot m^{-1}$ at 298K. $\Lambda_m^\infty \left(\frac{1}{2} Sr^{2+} \right) = 59.46 \times 10^{-4} S \cdot m^2 \cdot mol^{-1}$, $\Lambda_m^\infty \left(\frac{1}{2} SO_4^{2-} \right) = 80.0 \times 10^{-4} S \cdot m^2 \cdot mol^{-1}$. Calculate the solubility of $SrSO_4$ in water.

5-12　Calculate the ionic strength of a mixed solution for $0.1mol \cdot kg^{-1}$ Na_2HPO_4 and $0.1mol \cdot kg^{-1}$ NaH_2PO_4.

5-13　The conductivity of a saturated solution of AgBr in water at 298K is $\kappa = 3.41 \times 10^{-4} S \cdot m^{-1}$ and that of the water itself $\kappa = 1.60 \times 10^{-4} S \cdot m^{-1}$. The molar conductance of AgBr is $\Lambda_{m,AgBr}^\infty = 0.01382 S \cdot m^2 \cdot mol^{-1}$. Calculate the solubility of AgBr.

第 6 章 电 化 学

本章首先介绍可逆电池和电极电势等基本概念,然后应用化学热力学原理研究电极反应的可逆性,得到化学能和电能相互转化的定量关系。详细讨论了电动势测定的基本原理及其应用(平衡常数、离子选择性电极、点式滴定、pH 的测定、浓差电池等)。简单介绍了电子活度、pH 电势图、生化标准电势等。最后阐述了实际电化学中的不可逆电极过程。

电化学主要是研究化学能与电能相互转化及转化过程中有关规律的科学。它是物理化学中一门重要的分支学科,涉及的范围很广,电化学问题涵盖了从生产实践到自然科学的各个领域。

电化学是从 19 世纪初开始发展的,1799 年伏打(Volta)发明了第一个原电池,如今电化学理论已被广泛地应用于湿法冶金、电解精炼、氯碱生产、化学电源、金属腐蚀、电化学分析及环境监测分析等方面。随着电化学理论及技术的发展,不断与其他学科相互渗透,出现了生物电化学、土壤电化学、环境电化学等新领域。电化学的理论和技术已深入到农业生产中,促进了农业、生物科学的发展。

6.1 可逆电池

6.1.1 电池

一般化学反应体系的能量大部分是以热的形式与环境进行交换,而不做功。在氧化还原反应中,电子从还原剂转移到氧化剂,如果在适当的装置中进行反应,能够产生电流用以做功。如将 Zn 片和 Cu 片分别插入 $0.1mol \cdot kg^{-1}$ 的 $ZnSO_4$ 和 $CuSO_4$ 溶液中。用离子可以自由通过的多孔隔膜把两种溶液隔开,这种装置称为原电池,如图 6-1 所示。原电池将化学能转化为电能的过程称为放电。

Cu-Zn 电池由两个电极组成,其中 Zn 电极发生氧化作用而失去电子,电势较低,称为负极。Cu 电极得到电子发生还原作用,电势较高,称为正极。

6.1.2 可逆电池

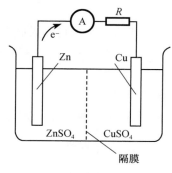

图 6-1 原电池示意图

可逆电池(reversible cell)须具备以下条件:

(1)电池在充、放电时发生的反应须互为可逆反应。

(2)电池充放电时的能量转换必须可逆,即通过电池的电流无限小,无热功转化。

例如,氢电极和银-氯化银电极组成的电池

$$Pt(s),H_2(p^{\ominus})\,|\,H^+(a_1)\,\|\,Cl^-(a_2)\,|\,AgCl(s),Ag(s)$$

当电池放电时,电池电动势 E 稍大于外加电压 V

负极　　　　　　　$\dfrac{1}{2}H_2(p^{\ominus})\longrightarrow H^+(a_1)+e^-$　　　　　　氧化作用

正极　　　　　　　$AgCl(s)+e^-\longrightarrow Ag(s)+Cl^-(a_2)$　　　　　还原作用

电池反应　　$\dfrac{1}{2}H_2(p^{\ominus})+AgCl(s)\longrightarrow Ag(s)+H^+(a_1)+Cl^-(a_2)$

当电池充电时,V 稍大于 E

负极(氢电极)　　　　$H^+(a_1)+e^-\longrightarrow \dfrac{1}{2}H_2(p^{\ominus})$　　　　还原作用

正极(Ag,AgCl 电极)　$Ag(s)+Cl^-(a_2)\longrightarrow AgCl(s)+e^-$　　　氧化作用

电池反应　　$Ag(s)+H^+(a_1)+Cl^-(a_2)\longrightarrow \dfrac{1}{2}H_2(p^{\ominus})+AgCl(s)$

该电池充、放电反应正好互为可逆反应,且通过的电流无限小时,能量转化也可逆,可认为此电池是可逆电池。

在电池充电和放电时,电池反应不是可逆反应,或工作电流较大,有热功转换,电池就不是可逆电池。

常见的电池有两个电极插在同一个电解质溶液中的单液电池;两个电极插在不同的电解质溶液中用膜或素烧瓷杯分隔的双液电池,以及用盐桥相连的双液电池。

6.1.3　可逆电极的类型和电极反应

构成可逆电池的电极也必须是可逆电极,主要有以下四类。

1. 金属电极

由金属浸在含有该金属离子的溶液中构成。例如,Cu 电极

$$Cu(s)\,|\,CuSO_4(aq)$$

该电极作正极时,电极反应(还原反应)

$$Cu^{2+}(a_1)+2e^-\longrightarrow Cu(s)$$

汞齐电极也可归入此类,某些活泼金属(如 Na、K)与水剧烈反应,不能直接用作电极材料,可以将活泼金属溶于汞形成汞齐,再与相应盐溶液组成汞齐电极。例如

$$Na(Hg)(a)\,|\,Na^+(a_{Na^+})$$

电极反应　　　　　　　$Na^+(a_{Na^+})+e^-\longrightarrow Na(Hg)$

$Na(Hg)$ 的活度 a 不一定等于 1,a 值随 Na(s) 在 Hg(l) 中溶解的量的变化而变化。

2. 气体电极

由惰性金属(通常用 Pt 或 Au 为导电体)插入某气体及其离子溶液中构成的电极。例如,氢电极

$$Pt(s),H_2(p_{H_2})\,|\,H^+(a_{H^+})$$

电极反应　　　　　　　$2H^+(a_{H^+})+2e^-\longrightarrow H_2(p_{H_2})$

3. 金属难溶盐电极

将金属表面覆盖一薄层该金属的难溶盐,浸入含有该难溶盐的负离子的溶液中构成。例如,银-氯化银电极和甘汞电极

$$Ag(s),AgCl(s)|Cl^-(a_{Cl^-})$$

电极反应
$$AgCl(s)+e^- \longrightarrow Ag(s)+Cl^-(a_{Cl^-})$$
$$Hg(l),Hg_2Cl_2(s)|Cl^-(a_{Cl^-})$$

电极反应
$$Hg_2Cl_2(s)+2e^- \longrightarrow 2Hg(l)+2Cl^-(a_{Cl^-})$$

4. 氧化还原电极

由惰性金属(如 Pt 片)插入某种元素两种不同氧化态离子的溶液中构成电极。例如,Sn^{2+}-Sn^{4+} 电极

$$Pt(s)|Sn^{4+}(a_2),Sn^{2+}(a_1)$$

电极反应
$$Sn^{4+}(a_2)+2e^- \longrightarrow Sn^{2+}(a_1)$$

难溶氧化物电极可归入此类。在金属表面覆盖一薄层该金属的氧化物,浸入含有 H^+ 或 OH^- 的溶液中构成电极。例如:

$$Pb(s),PbO(s)|OH^-(a_{OH^-})$$

电极反应
$$PbO(s)+H_2O(l)+2e^- \longrightarrow Pb(s)+2OH^-(a_{OH^-})$$

6.1.4 电池表示法

为方便起见,可用符号表示电池。书写电池时有如下规定:

(1) 电池的负极写在左边,正极写在右边。

(2) 组成电池的物质用化学式表示,并注明电极的状态。气体要注明分压和依附的不活泼金属、温度、所用电解质溶液的活度等。如不写明,则指 298K 及 $p^{\ominus}$、$a=1$。

(3) 用单竖线"|"表示相界面(有时也用逗号","表示);用双竖线"‖"表示盐桥。

(4) 在书写电极和电池反应时必须遵守物料平衡和电荷平衡。

根据以上规定,铜锌电池表示为

$$Zn(s)|ZnSO_4(0.1mol \cdot kg^{-1}) \| CuSO_4(0.1mol \cdot kg^{-1})|Cu(s)$$

左方为负极,起氧化作用,电极反应为

$$Zn(s) \longrightarrow Zn^{2+}(a_{Zn^{2+}})+2e^-$$

右方为正极,起还原作用,电极反应为

$$Cu^{2+}(a_{Cu^{2+}})+2e^- \longrightarrow Cu(s)$$

电池反应为

$$Zn(s)+Cu^{2+}(a_{Cu^{2+}}) \longrightarrow Zn^{2+}(a_{Zn^{2+}})+Cu(s)$$

例 6-1 写出所给电池发生的化学反应。

$$Pt(s),H_2(p^{\ominus})|HCl(a=1)|AgCl(s),Ag(s)$$

解 先写出电极反应,然后写出电池反应。

负极
$$\frac{1}{2}H_2(p^{\ominus}) \longrightarrow H^+(a_{H^+})+e^-$$

正极
$$AgCl(s)+e^- \longrightarrow Ag(s)+Cl^-(a_{Cl^-})$$

电池反应
$$\frac{1}{2}H_2(p^{\ominus})+AgCl(s) \longrightarrow Ag(s)+HCl(a=1)$$

6.2 电极电势

6.2.1 电池电动势的产生

原电池的电动势（electromotive force）等于组成电池的各相间界面上电势差的代数和。这些界面电势差主要有以下几种：

1. 金属-溶液界面电势差

金属的微观结构是由整齐排列的金属原子、离子和能在晶格间流动的自由电子组成。当金属浸在水中，极性很大的水分子可与金属表面的离子相互作用，水化的金属离子有可能离开金属表面进入水相，导致金属带负电荷，金属离子的水溶液带正电荷。

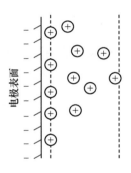

图 6-2 双电层

由于静电作用，水溶液相中金属离子聚集在界面附近，并可能沉积到金属表面，同时阻碍金属相的离子继续进入溶液。由于溶液中离子的热运动和扩散作用，在金属-溶液界面附近构成一个扩散双电层。扩散双电层包括在界面附近有一个电荷密度较大的紧密层和一个厚度稍大、电荷密度越来越小的扩散层，如图 6-2 所示。

当金属浸在金属盐溶液中时，情况类似，只是双电层的电势差会有所改变。若溶液中存在易得电子的金属离子，则在界面上形成金属相带正电荷，溶液相带负电荷的扩散双电层。

双电层是在金属-溶液界面上产生电势差的主要原因，电势差的大小和方向由金属种类和溶液中离子浓度等因素决定。该电势差称为电极的绝对电势，用 ε 表示。

2. 液接电势

液接电势用 $\varepsilon_{扩散}$ 表示，是由两种不同的电解质溶液间或同种电解质不同浓度溶液间界面上产生的电势差。溶液中各种不同离子的迁移速率不同。如在两个浓度不同的 HCl 溶液界面上，HCl 将从浓度大的一边向浓度小的一边扩散。因为 H^+ 的运动速率比 Cl^- 快（约 5 倍），所以在浓度小的一边 H^+ 过剩而带正电；在浓度大的一边 Cl^- 过剩而带负电，因此它们之间产生电势差。该电势差使 H^+ 的扩散速率减慢，同时加快了 Cl^- 的扩散速率，最后使两种离子的扩散速率相等而达到平衡状态，电势差的大小也达到恒定值。由于扩散过程的不可逆性，电池中如有液接电势存在，在测定电池电动势时就不能得到稳定的数值，因此常采用插入盐桥的方法尽量避免或减小液接电势。盐桥不能全部消除液接电势，一般仍可达 1～2mV。因为液-液界面的条件难以重复，故测量时不易得到稳定的数据。在精确测定电动势时，要避免采用有液接界面的电池。

盐桥是用饱和 KCl 凝胶装在倒置的 U 型管内构成，放在两个溶液之间以代替两个溶液直接接触。盐桥中电解质的正、负离子的迁移速率几乎相等，即 $t_+ \approx t_-$，且不能与电池中的电解质溶液发生反应（如生成沉淀）。如果电池的电解质溶液中含有 Ag^+、Hg_2^{2+} 等，遇 KCl 会产生沉淀时，可改用 NH_4NO_3 或 KNO_3 来代替 KCl。

3. 接触电势

电子可从金属的表面向外逸出，不同金属的逸出功大小不等。当两种不同的金属相接触时,相互逸入的电子数目不相等,在接触界面上就形成双电层,由此而产生的电势差称为接触电势。原电池的两个电极常常是不同的金属,外电路用导线(通常是金属铜丝)与两极相连,因而产生接触电势。其大小与金属的本性有关,数值一般比较小,实验测定时可以忽略不计。

4. 电池的电动势

如图 6-1 所示,原电池可以表示为

$$Cu(导线)|Zn(s)|ZnSO_4(b_1)|CuSO_4(b_2)|Cu(s)$$

$$\varepsilon_{Cu/Zn} \qquad \varepsilon_- \qquad\quad \varepsilon_{扩散} \qquad\qquad \varepsilon_+$$

$$E=\varepsilon_{Cu/Zn}+\varepsilon_-+\varepsilon_{扩散}+\varepsilon_+$$

式中:$\varepsilon_{Cu/Zn}$ 为接触电势,可忽略不计;$\varepsilon_{扩散}$ 可以用盐桥消除;ε_+ 和 ε_- 分别为两电极的界面电势差,其绝对值无法求得。所以电池电动势就等于两电极绝对电势的代数和。

$$E=\varepsilon_-+\varepsilon_+$$

注意不要把 ε_+ 和 ε_- 与后面所讲的电极电势 φ 混淆。

6.2.2 电极电势 φ

1. 标准氢电极

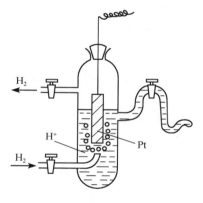

图 6-3 氢电极

一般用标准氢电极(图 6-3)作标准以测定其他电极的相对电极电势数值。把镀有铂黑的铂片插入含有氢离子($a_{H^+}=1$)的溶液中,并用标准压力($p^\ominus$)的干燥氢气不断冲击铂电极,就构成了标准氢电极(standard hydrogen electrode)。电极表示式为

$$Pt(s),H_2(p^\ominus)|H^+(a_{H^+}=1)$$

电极反应 $\quad \dfrac{1}{2}H_2(p^\ominus)\longrightarrow H^+(a_{H^+}=1)+e^-$

$a_{H^+}=1(b_{H^+}=1.0mol\cdot kg^{-1})$,电化学中规定,在指定温度下标准氢电极的电极电势(electrode potential)$\varphi_{H_2}^\ominus=0$。

2. 电极电势 φ

将标准氢电极作负极,给定的电极作正极组成电池

$$Pt(s),H_2(p^\ominus)|H^+(a_{H^+}=1)\|给定电极$$

规定该电池电动势的数值和符号就是给定电极电势 φ 的数值和符号。如给定电极实际上进行的反应是还原反应,则电极电势 φ 为正值;如给定电极实际上进行的反应是氧化反应,则电极电势 φ 为负值。

附录Ⅲ中列出各种电极在 298.15K 的标准电极电势(standard electrode potential)。

例 6-2 求 $\varphi_{Zn^{2+}/Zn}$。

解 将锌电极与标准氢电极组成电池

$$Pt(s),H_2(p^\ominus)|H^+(a_{H^+}=1)\|Zn^{2+}(a_{Zn^{2+}}=1)|Zn(s)$$

实验测得电动势为 0.7628V。

电池反应为

$$H_2(p^\ominus)+Zn^{2+}(a_{Zn^{2+}}=1)=2H^+(a=1)+Zn(s)$$

但锌极上实际进行的反应为氧化反应,实际电池反应是上式的逆反应,所以 φ 为负值,即 $\varphi^\ominus_{Zn^{2+}/Zn}=-0.7628V$。

6.2.3 能斯特公式

对于任意给定的一个电极,其电极还原反应写成如下通式:

$$氧化态+ne^-\longrightarrow还原态 \quad 或 \quad Ox+ne^-\longrightarrow Red$$

则电极电势的通式为

$$\varphi=\varphi^\ominus-\frac{RT}{nF}\ln\frac{a_{Red}}{a_{Ox}}=\varphi^\ominus+\frac{RT}{nF}\ln\frac{a_{Ox}}{a_{Red}} \tag{6-1}$$

式(6-1)即为能斯特(Nernst)公式。

对铜电极可写为

$$\varphi_{Cu^{2+}/Cu}=\varphi^\ominus_{Cu^{2+}/Cu}-\frac{RT}{2F}\ln\frac{1}{a_{Cu^{2+}}}$$

若将电极反应写成一般形式

$$aA+dD+ne^-\longrightarrow gG+hH$$

则电极电势的通式为

$$\varphi=\varphi^\ominus-\frac{RT}{nF}\ln\prod_B a_B^{\nu_B} \tag{6-2}$$

式中:ν_B 为反应式的化学计量系数;$\varphi^\ominus$ 为标准状态下电极反应中各物质的活度均为 1 时的电极电势,称为该电极的标准电极电势。

两个标准电极组成的电池,则电池的标准电动势为

$$E^\ominus=\varphi^\ominus_+-\varphi^\ominus_- \tag{6-3}$$

一般将待测电极与任一已知电极电势的电极组成电池,根据电池电动势可得待测电极的电极电势。

$$E=\varphi_+-\varphi_- \tag{6-4}$$

式中:φ_+、φ_- 分别为正、负极的相对电极电势。

附录Ⅲ列出部分电极在 298K 时的标准电极电势及半电池反应。

从附录Ⅲ可看出,从上到下标准电极电势 $\varphi^\ominus$ 的数值越来越大,说明氧化态物质的氧化性越强,在电极上进行还原反应的趋势越强。反之,从下到上,还原态物质的还原性增强,其氧化反应的进行趋势增大。在土壤、生命科学中常把电极电势称为氧化还原电势,把组成半电池的氧化态和还原态物质合称为氧化还原电对或氧化还原体系。

关于电极电势的正、负号,现在有两种不同的惯例,即"美国习惯用法"及"欧洲习惯用法"。

按照欧洲习惯用法,将给定电极与标准氢电极组成电池,根据该电极在电池中所带的电荷决定其电极电势的正、负号。例如,铜电极与标准氢电极组成电池,铜电极是正极,它的电极电势符号为正;而锌电极与标准氢电极组成电池时,锌电极是负极,它的电极电势符号为负。所以按照欧洲习惯用法,电极电势的符号完全取决于实验,与电极的书写次序无关。

按照美国习惯用法,规定电极电势的正、负号与电极的书写次序有关。例如,铜电极与标

准氢电极组成电池,若铜电极写成 Cu^{2+}/Cu,表示电极上发生还原反应,电池反应为

$$Cu^{2+}(a_{Cu^{2+}})+H_2(p_{H_2})\longrightarrow 2H^+(a_{H^+})+Cu(s)$$

此反应的 $\Delta_r G_m<0,E>0$,铜电极的还原电势的符号为正。

当铜电极写成 Cu/Cu^{2+},表示电极上发生氧化反应,电池反应是

$$Cu(s)+2H^+(a_{H^+})\longrightarrow Cu^{2+}(a_{Cu^{2+}})+H_2(p_{H_2})$$

此反应的 $\Delta_r G_m>0,E<0$,铜电极的氧化电势的符号为负。

本书采用欧洲习惯用法,但应该知道其他书刊(尤其是过去的书刊)上还有另一种用法,查阅时必须加以注意。

6.3 可逆电池热力学

根据吉布斯自由能的定义知,在定温定压条件下,若电池可逆放电,体系吉布斯自由能的减少等于体系所做的最大非体积功。用 W'_{max} 表示电池所做的最大电功,则有

$$(\Delta_r G_m)_{T,p}=W'_{max}$$

可逆电功等于电动势与在该电动势作用下通过电量的乘积 qE,电量等于参加反应的电子的量 n 与法拉第常量的乘积。由于热力学规定体系做功取负值,故

$$W'_{max}=-qE=-nFE$$

所以

$$(\Delta_r G_m)_{T,p}=-nFE \tag{6-5}$$

由式(6-5)可知,如果电池反应能自发进行,则电池电动势 E 大于零。若电池两极的各种反应物质均处于标准状态,则

$$\Delta_r G_m^{\ominus}=-nFE^{\ominus} \tag{6-6}$$

6.3.1 可逆电池电动势与活度和平衡常数

若可逆电池反应为

$$aA+dD\Longrightarrow gG+hH$$

根据化学反应定温式

$$\Delta_r G_m=\Delta_r G_m^{\ominus}+RT\ln\frac{a_G^g a_H^h}{a_A^a a_D^d}$$

将式(6-5)和式(6-6)代入上式得

$$-nFE=-nFE^{\ominus}+RT\ln\frac{a_G^g a_H^h}{a_A^a a_D^d}$$

$$E=E^{\ominus}-\frac{RT}{nF}\ln\frac{a_G^g a_H^h}{a_A^a a_D^d}=E^{\ominus}-\frac{RT}{nF}\ln\prod_B a_B^{\nu_B} \tag{6-7}$$

式中:a_B 为物质 B 的活度;ν_B 为物质 B 的计量系数;n 为电池反应中电子的计量系数。

式(6-7)表明,可逆电池的电动势与标准电池电动势 $E^{\ominus}$、温度 T 及反应物质的活度有关。

参加电池反应的各物质均处于标准态时,据 $\Delta_r G_m^{\ominus}=-RT\ln K^{\ominus}$ 和式(6-6)$\Delta_r G_m^{\ominus}=-nFE^{\ominus}$ 可得

$$E^{\ominus}=\frac{RT}{nF}\ln K^{\ominus} \tag{6-8}$$

对一个化学反应,若能设计成可逆电池,只要测得电池的标准电动势或由 $\Delta_r G_m^{\ominus}$ 求得 $E^{\ominus}$,也可通过标准电极电势表获得 $E^{\ominus}$,就可以求算出标准平衡常数 $K^{\ominus}$。

例 6-3 某电池反应可用如下两个方程表示,分别写出其对应的 $\Delta_r G_m$,$K^{\ominus}$ 和 E 的表示式,并找出两组物理量之间的关系。

(1) $Zn(s)+Cu^{2+}(a_1)\longrightarrow Zn^{2+}(a_2)+Cu(s)$

(2) $\frac{1}{2}Zn(s)+\frac{1}{2}Cu^{2+}(a_1)\longrightarrow \frac{1}{2}Zn^{2+}(a_2)+\frac{1}{2}Cu(s)$

解 设计电池为

$$Zn(s)|Zn^{2+}(a_2)\|Cu^{2+}(a_1)|Cu(s)$$

由式(6-7)可得

$$E_1 = E_1^{\ominus}-\frac{RT}{2F}\ln\frac{a_2}{a_1}$$

$$E_2 = E_2^{\ominus}-\frac{RT}{F}\ln\frac{a_2^{1/2}}{a_1^{1/2}} = E_2^{\ominus}-\frac{RT}{2F}\ln\frac{a_2}{a_1}$$

因为是同一电池,所以 $E_1^{\ominus}=E_2^{\ominus}$,从 E 的表示式可看出 $E_1=E_2$,即 E 值与电池反应的写法无关。

$$\Delta_r G_m(1)=-nFE_1=-2FE_1$$

$$\Delta_r G_m(2)=-nFE_2=-FE_2$$

因为

$$E_1=E_2$$

所以

$$\Delta_r G_m(2)=\frac{1}{2}\Delta_r G_m(1)$$

$\Delta_r G_m$ 是广度性质,与方程式的写法有关。由

$$E_1^{\ominus}=\frac{RT}{2F}\ln K_1^{\ominus} \qquad E_2^{\ominus}=\frac{RT}{F}\ln K_2^{\ominus}$$

可得

$$K_2^{\ominus 2}=K_1^{\ominus}$$

即 $K^{\ominus}$ 值也与反应方程式的写法有关。

6.3.2 电动势与各热力学量

由吉布斯-亥姆霍兹公式 $\left[\frac{\partial\left(\frac{\Delta G}{T}\right)}{\partial T}\right]_p=\frac{-\Delta H}{T^2}$ 及 $(\Delta_r G_m)_{T,p}=-nFE$ 可得

$$\Delta_r H_m =-nFE+nFT\left(\frac{\partial E}{\partial T}\right)_p \tag{6-9}$$

$\left(\frac{\partial E}{\partial T}\right)_p$ 为电动势随温度的变化率,又称电池电动势的温度系数。由实验可测得电池电动势 E 和 $\left(\frac{\partial E}{\partial T}\right)_p$,因而可求出 $\Delta_r H_m$ 值(电池反应的焓变)。

由 $\Delta H=\Delta G+T\Delta S$ 与式(6-9)比较可得

$$\Delta_r S_m = nF\left(\frac{\partial E}{\partial T}\right)_p \tag{6-10}$$

由实验测得电池电动势的温度系数就可以计算电池反应的熵变。

可逆电池的热效应 $Q_R = T\Delta S$,即

$$Q_R = nFT\left(\frac{\partial E}{\partial T}\right)_p \tag{6-11}$$

由电池温度系数 $(\partial E/\partial T)_p$ 的正、负可确定可逆电池工作时是吸热还是放热。

$$\left(\frac{\partial E}{\partial T}\right)_p > 0,吸热 \qquad \left(\frac{\partial E}{\partial T}\right)_p < 0,放热$$

例 6-4　已知某电池反应为

$$Cd(Hg) + Hg_2SO_4(s) + \frac{8}{3}H_2O(l) \longrightarrow CdSO_4 \cdot \frac{8}{3}H_2O(s) + 2Hg(l)$$

298K 时,$E = 1.01832V$,$\left(\frac{\partial E}{\partial T}\right)_p = -5.00\times10^{-5}\ V\cdot K^{-1}$。求 298K 时该电池反应的 $\Delta_r G_m$、$\Delta_r S_m$、$\Delta_r H_m$、$\Delta_r U_m$、W'_{max} 和 Q_R。

解　由电池反应可知参与反应的电子量 $n=2$,则

$$\Delta_r G_m = -nFE = -2\times96485C\cdot mol^{-1}\times1.01832V$$
$$= -196.51kJ\cdot mol^{-1}$$

$$\Delta_r S_m = nF\left(\frac{\partial E}{\partial T}\right)_p = 2\times96485C\cdot mol^{-1}\times(-5.00\times10^{-5}V\cdot K^{-1})$$
$$= -9.65J\cdot mol^{-1}\cdot K^{-1}$$

$$\Delta_r H_m = \Delta_r G_m + T\Delta_r S_m$$
$$= -196.51kJ\cdot mol^{-1} + 298K\times(-9.65J\cdot mol^{-1}\cdot K^{-1})\times10^{-3}$$
$$= -199kJ\cdot mol^{-1}$$

$$W'_{max} = \Delta_r G_m = -196.51kJ\cdot mol^{-1}$$

$$Q_R = T\Delta_r S_m = 298K\times(-9.65J\cdot mol^{-1}\cdot K^{-1})\times10^{-3} = -2.88kJ\cdot mol^{-1}$$

$$\Delta_r U_m = Q + W = -2.88kJ\cdot mol^{-1} + (-196.51kJ\cdot mol^{-1})$$
$$= -199kJ\cdot mol^{-1}$$

由例 6-4 可看出,在定压条件下,可逆电池中的反应热效应 Q_R 与一般定压化学反应的热效应 $\Delta_r H_m$ 并不相等,反应的焓变 $\Delta_r H_m$ 中有一部分能量转变为电功 $\Delta_r G_m$,另一部分以热量 Q_R 释放。

6.4　电池电动势的测定及其应用

6.4.1　对消法测电动势

原电池的电动势等于没有电流通过时两极间的电势差,所以电动势常用对消法进行测定,而不能用伏特(Volt)计或万用电表直接测定。因为如果有电流通过,电池中就有化学反应发生,溶液的浓度发生变化,电池电动势也要发生变化。另外,由于电池本身有内阻,有电流通过,就会产生内电势降,用伏特计所测得的只是外电路上的电势降,因此必须在没有电流通过时才能准确测定原电池的电动势。

对消法测定原电池电动势的原理是,在外电路上联一个与待测电池电动势大小相等而方向相反的电池,以对抗原电池的电动势。图 6-4 为对消法测定电动势的示意图。

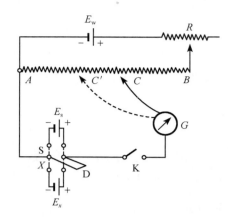

图 6-4　对消法测定电动势

图 6-4 中 AB 为粗细均匀并具有刻度的滑线电阻，工作电池 E_w 经 AB 构成通路，在 AB 上产生均匀的电势降。D 是双向开关；E_s 为标准电池电动势；E_x 为待测电池电动势；R 为可变电阻；C 为在 AB 上移动的触点；G 为高灵敏度检流计。

测定步骤如下，将触点调到与标准电池电动势 E_s 值相应的刻度 C' 处，将 D 与 S 接通，调节可变电阻 R 至 G 中无电流通过。这时 E_s 和工作电池 E_w 加到可变电阻 AC' 上的电势大小相等，方向相反，互相抵消。这样就可确定 AC' 上电势降的标度。固定可变电阻 R，再将 D 与 E_x 接通，调节触点使 G 中无电流通过，触点在 C 处，这时 E_x 与工作电池 E_w 加到 AC 上的电势大小相等，方向相反，互相抵消。

待测电池的电动势 E_x 为

$$E_x = E_s \frac{AC}{AC'}$$

现在通常使用的电动势测定方法是用根据上述原理设计的电位差计。电位差计在物理化学实验中应用很广，一般分低电阻抗电位差计（如学生型电位差计）和高电阻抗电位差计（如 UJ-21 型电位差计）。其优点是在测量中几乎不损耗被测对象的能量，且具有很高的精确度。

6.4.2　标准电池

电位差计中所用的标准电池（standard cell），其电动势必须精确已知，且能保持恒定。常用的是饱和韦斯顿标准电池，如图 6-5 所示。

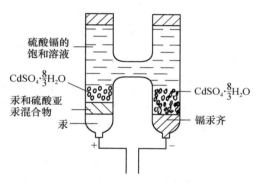

图 6-5　韦斯顿标准电池

当电池放电时

负极　　　　　　$Cd(Hg) \longrightarrow Cd^{2+}(a_1) + 2e^-$

正极　　　　$Hg_2SO_4(s) + 2e^- \longrightarrow 2Hg(l) + SO_4^{2-}(a_2)$

电池反应

$$Cd(Hg) + Hg_2SO_4(s) + \frac{8}{3}H_2O(l) \longrightarrow CdSO_4 \cdot \frac{8}{3}H_2O(s) + 2Hg(l)$$

当电池充电时

负极　　　$CdSO_4 \cdot \frac{8}{3}H_2O(s) \longrightarrow Cd^{2+}(a_1) + SO_4^{2-}(a_2) + \frac{8}{3}H_2O(l)$

　　　　　$Cd^{2+}(a_1) + 2e^- \longrightarrow Cd(Hg)$

正极　$2Hg(l) \longrightarrow Hg_2^{2+}(a_3) + 2e^-$　　$Hg_2^{2+}(a_3) + SO_4^{2-}(a_2) \longrightarrow Hg_2SO_4(s)$

电池反应　　$CdSO_4 \cdot \frac{8}{3}H_2O(s) + 2Hg(l) \longrightarrow Cd(Hg) + Hg_2SO_4(s) + \frac{8}{3}H_2O(l)$

电池的充电、放电反应互为可逆，而且有很稳定的电动势，293K 时 $E=1.01845V$，298K 时 $E=$

1.01832V。温度对其电池电动势影响很小，E 与温度的关系可由下式表示

$$E_T = 1.01845V - 4.05 \times 10^{-5} V \cdot k^{-1}(T-293K) - 9.5 \times 10^{-7} V \cdot k^{-2}(T-293K)^2$$
$$+ 1 \times 10^{-8} V \cdot k^{-3}(T-293K)^3$$

6.4.3　电动势测定的应用

通过测定电动势，可获得电化学体系的很多性质，如氧化还原反应、配位反应等的平衡常数，热力学函数的改变量 $\Delta_r G_m$、$\Delta_r S_m$、$\Delta_r H_m$ 等，溶液的 pH、离子的活度和活度系数、电极电势、土壤和生命体系的氧化还原电势等。

1. 化学反应平衡常数的测定

根据实验测定或从标准电极电势数据计算出标准电池电动势值 $E^\ominus$，就可以由式(6-8)计算出化学反应的平衡常数 $K^\ominus$。

例 6-5　试求反应 $2Hg(l) + 2Fe^{3+}(a_1) \longrightarrow Hg_2^{2+}(a_2) + 2Fe^{2+}(a_3)$ 在 298K 时的标准平衡常数，已知 $\varphi^\ominus_{Hg_2^{2+}/Hg} = 0.788V$，$\varphi^\ominus_{Fe^{3+},Fe^{2+}/Pt} = 0.771V$。

解　该反应所对应的电池为

$$Pt(s), Hg(l) | Hg_2^{2+}(a_2) \| Fe^{2+}(a_3), Fe^{3+}(a_1) | Pt(s)$$

负极　　　　　　　　　$2Hg(l) \longrightarrow Hg_2^{2+}(a_2) + 2e^-$

正极　　　　　　　$2Fe^{3+}(a_1) + 2e^- \longrightarrow 2Fe^{2+}(a_3)$

电池反应　　　$2Hg(l) + 2Fe^{3+}(a_1) \longrightarrow Hg_2^{2+}(a_2) + 2Fe^{2+}(a_3)$

由标准电极电势数据可得

$$E^\ominus = \varphi^\ominus_+ - \varphi^\ominus_- = 0.771V - 0.788V = -0.017V$$

$$\ln K^\ominus = \frac{nFE^\ominus}{RT} = \frac{2 \times 96485C \cdot mol^{-1} \times (-0.017V)}{8.314J \cdot mol^{-1} \cdot K^{-1} \times 298K} = -1.3$$

$$K^\ominus = 0.27$$

2. 难溶盐活度积常数 K_{sp} 的测定

将难溶盐溶解后形成离子的变化设计成电池，使电池反应就是难溶盐的溶解反应，根据标准电极电势就可以求出 K_{sp}。

例 6-6　298K 时，已知 $\varphi^\ominus_{Ag^+/Ag} = 0.7991V$，$\varphi^\ominus_{I^-/AgI,Ag} = -0.152V$，求 AgI 的活度积 K_{sp}。

解　AgI 的溶解反应为

$$AgI(s) \Longrightarrow Ag^+(a_+) + I^-(a_-)$$

达溶解平衡后

$$K^\ominus = \frac{a_{Ag^+} a_{I^-}}{a_{AgI}} = a_{Ag^+} a_{I^-} = K_{sp}$$

将此反应设计成电池

$$Ag(s) | Ag^+(a_+) \| I^-(a_-) | AgI(s), Ag(s)$$

负极　　　　　　　　　$Ag(s) \longrightarrow Ag^+(a_+) + e^-$

正极　　　　　　　$AgI(s) + e^- \longrightarrow Ag(s) + I^-(a_-)$

电池反应　　　　　$AgI(s) \longrightarrow Ag^+(a_+) + I^-(a_-)$

$$E^\ominus = \varphi^\ominus_+ - \varphi^\ominus_- = -0.152V - 0.7991V = -0.9511V$$

$$\ln K_{sp} = \frac{nFE^{\ominus}}{RT} = \frac{1 \times 96485\text{C} \cdot \text{mol}^{-1} \times (-0.9511\text{V})}{8.314\text{J} \cdot \text{mol}^{-1} \cdot \text{K}^{-1} \times 298\text{K}} = -37.0$$

$$K_{sp} = 8.20 \times 10^{-17}$$

3. 离子平均活度系数的测定

以下列电池为例：

$$\text{Pt(s)}, \text{H}_2(p^{\ominus}) \mid \text{HCl}(b) \mid \text{AgCl(s)}, \text{Ag(s)}$$

负极
$$\frac{1}{2}\text{H}_2(p^{\ominus}) \longrightarrow \text{H}^+(a_{\text{H}^+}) + \text{e}^-$$

正极
$$\text{AgCl(s)} + \text{e}^- \longrightarrow \text{Ag(s)} + \text{Cl}^-(a_{\text{Cl}^-})$$

电池反应
$$\frac{1}{2}\text{H}_2(p^{\ominus}) + \text{AgCl(s)} \longrightarrow \text{Ag(s)} + \text{H}^+(a_{\text{H}^+}) + \text{Cl}^-(a_{\text{Cl}^-})$$

根据式(6-7)

$$E = E^{\ominus} - \frac{RT}{F}\ln(a_{\text{H}^+} a_{\text{Cl}^-})$$

$$= E^{\ominus} - \frac{RT}{F}\ln a_{\pm}^2 = E^{\ominus} - \frac{2RT}{F}\ln a_{\pm}$$

$$= E^{\ominus} - \frac{2RT}{F}\ln\left(\gamma_{\pm}\frac{b_{\pm}}{b^{\ominus}}\right)$$

所以

$$E + \frac{2RT}{F}\ln\frac{b_{\pm}}{b^{\ominus}} = E^{\ominus} - \frac{2RT}{F}\ln\gamma_{\pm} \tag{6-12}$$

查表求得 $E^{\ominus}$，测定某一浓度 b 时的电动势 E，就可求出该浓度下的 $\gamma_{\pm}$ 值。同样也可测定离子的平均活度 $a_{\pm}$。

4. pH 的测定

测定溶液的 pH，可以用氢电极和一已知电极电势的参比电极组成电池。常用的参比电极是甘汞电极。氢电极是 H^+ 指示电极，但由于制作和使用不方便，常用玻璃电极作 H^+ 指示电极。

甘汞电极的构造如图 6-6 所示，内玻璃管中封接一根铂丝，铂丝插入纯汞中，下置一层甘汞和汞的糊状物，外玻璃管中装入 KCl 溶液。就构成了甘汞电极。它在定温下具有稳定的电极电势，并且容易制备，使用方便。

甘汞电极的电极电势只与溶液中 Cl^- 的活度和温度有关，表 6-1 给出 KCl 浓度不同时甘汞电极的电极电势。

表 6-1　KCl 浓度不同时甘汞电极的电极电势(298K)

甘汞电极	φ/V	温度影响
饱和甘汞电极	0.2415	$\varphi/\text{V} = 0.2415 - 7.6 \times 10^{-4}(T-298)$
$1\text{mol} \cdot \text{dm}^{-3}$ 甘汞电极	0.2802	$\varphi/\text{V} = 0.2802 - 2.4 \times 10^{-4}(T-298)$
$0.1\text{mol} \cdot \text{dm}^{-3}$ 甘汞电极	0.3338	$\varphi/\text{V} = 0.3338 - 7.0 \times 10^{-5}(T-298)$

玻璃电极的构造如图 6-7 所示，主要部分是一个由特殊玻璃膜制成的玻璃泡，膜的厚度约为 $50\mu\text{m}$。泡内装有 pH 一定的缓冲溶液，如浓度为 $0.1\text{mol} \cdot \text{kg}^{-1}$ 的 HCl 溶液，插入一个 Ag-AgCl电极作内参比电极，将玻

璃泡放入待测液中,即构成了玻璃电极,其电极电势为

$$\varphi_{玻} = \varphi_{玻}^{\ominus} - \frac{2.303RT}{F}\mathrm{pH} \tag{6-13}$$

在用玻璃电极测定溶液 pH 时,将玻璃电极与甘汞电极组成的电池为

$$\mathrm{Ag(s)},\mathrm{AgCl(s)}\,|\,\mathrm{HCl(0.1mol \cdot kg^{-1})}\,|\,\underset{玻璃膜}{H_{(待测)}^{+}}\,\|\,\mathrm{KCl(饱和)}\,|\,\mathrm{Hg_2Cl_2(s)},\mathrm{Hg(l)}$$

298K 时

$$E = \varphi_{甘汞} - \varphi_{玻} = 0.2415\mathrm{V} - (\varphi_{玻}^{\ominus} - 0.05916\mathrm{VpH})$$

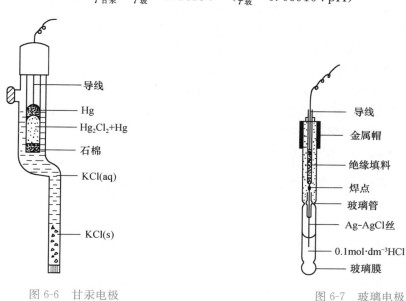

图 6-6　甘汞电极　　　　　　　　　图 6-7　玻璃电极

$$\mathrm{pH} = \frac{E - 0.2415\mathrm{V} + \varphi_{玻}^{\ominus}}{0.05916\mathrm{V}} \tag{6-14}$$

测出电池电动势,已知 $\varphi_{玻}^{\ominus}$ 就可由式(6-14)求出待测液的 pH。对某给定玻璃电极 $\varphi_{玻}^{\ominus}$ 是一常数,但不同的玻璃电极由于制备方法及所用玻璃膜组成不同,而且玻璃电极使用一段时间后表面状态会发生改变,使 $\varphi_{玻}^{\ominus}$ 值难以确定。在实际测量时,要先用已知 pH 的缓冲溶液对玻璃电极进行标定,在 pH 计上校准,然后在同样条件下测定未知液的 pH,而不需求出 $\varphi_{玻}^{\ominus}$ 的准确数值。

298K 时,未知液与标准缓冲溶液的 pH_x、pH_s 及电池电动势 E_x、E_s 之间关系式为

$$\mathrm{pH}_x = \mathrm{pH}_s + \frac{E_x - E_s}{0.05916\mathrm{V}} \tag{6-15}$$

由于玻璃膜的电阻很大,一般为 $10 \sim 100\mathrm{M}\Omega$,即使有微小的电流通过,也会产生很大误差,因此要用专门的 pH 计进行测量,而不能用通常的电位差计。玻璃电极不受溶液中的氧化剂、还原剂及各种杂质的影响,所用待测液数量少,使用方便,灵敏度高,应用广泛。

5. 电势滴定

根据电动势突变时加入滴定液的体积确定被分析离子活度的方法称为电势滴定。电势滴定更适用于指示剂难以监控滴定终点的反应。电势滴定不需指示剂,操作简便。

滴定分析时,在含有待分析离子的溶液中放入一个对该离子活度有响应的电极和一参比

电极(如甘汞电极)组成的电池。将已知浓度的滴定液不断加入,记录所加滴定液体积及对应的电池电动势值,随着滴定液的不断加入,电池电动势也随之不断变化。接近滴定终点时,少量滴定液的加入便可引起被分析离子浓度改变很多倍,因此电池电动势也会随之突变,根据电池电动势的突变指示滴定终点。

6. 离子选择性电极

离子选择性电极(selective ion electrode)是某离子的指示电极。常用的玻璃电极就是对 H^+ 有选择性响应的指示电极。离子选择性电极具有离子感应膜,可以把溶液中某种离子的活度转换成相应的电势。测定方法是把离子选择性电极与参比电极(如甘汞电极)插入待测溶液组成电池,测定电动势,根据式(6-7)计算出离子的活度。

除测量 pH 的玻璃电极外,改进玻璃的成分已制成 Na^+、K^+、NH_4^+、Ag^+、Tl^+、Li^+、Rb^+、Cs^+ 等一系列一价阳离子的选择性电极。改变感应膜的成分,按感应膜的类型常用的离子选择性电极可分为玻璃电极、固体膜电极、液体膜电极,还有酶电极和气敏电极等。

例如,氟离子选择性电极是以 Ag-AgCl 电极为内参比电极,将 LaF_3 单晶片作成薄膜,膜内装入 $0.1mol \cdot kg^{-1}$ 的 KF 和 $0.1mol \cdot kg^{-1}$ 的 NaCl。

$$AgCl(s),Ag(s) \left| \begin{matrix} F^-(0.1mol \cdot kg^{-1}) \\ Cl^-(0.1mol \cdot kg^{-1}) \end{matrix} \right| LaF_3 | 含 F^- 的未知液$$

$$\varphi = \varphi^{\ominus} - \frac{2.303RT}{F} \lg(a_{F^-})_{未知}$$

氟离子选择性电极的选择性很好,Cl^-、Br^-、I^-、SO_4^{2-}、NO_3^- 等为 F^- 量 1000 倍时,对 F^- 的测定无明显干扰。

离子选择性电极可以制成直径仅 $1\mu m$ 的探头,测定溶液的体积可以微升计,是近来发展很快的分析手段。测定对象除很多金属阳离子、无机阴离子和某些含氧酸阴离子外,一些气体如 NH_3、SO_2、HCN、H_2S 等也可用气敏电极测定。某些冠醚化合物等液膜离子选择性电极还可测定季胺离子或乙酰胆碱等有机离子及离子型表面活性剂。

为研究生化反应和生命体内的变化,生物传感膜技术近年来发展迅速,如酶电极、细菌电极、微生物电极、免疫电极等可以测定脲和各种氨基酸等。还有用猪肝、兔的肌肉、蟾蜍的膀胱等各种生物组织作电极的敏感元件,制成了多种灵敏度高的生物组织电极,也称为生物传感器(biosensor)。

现在离子选择性电极技术还处于发展阶段,在使用寿命、稳定性等方面都存在一些问题。很多电极尚处于研究阶段,商品化的程度还不太高。必须注意:用子选择性电极测定的是活度而不是浓度,若要测定浓度则需用德拜-休克尔公式校正。在用于溶液中离子种类较多的体系时,应先进行标定。离子选择性电极在理论上应只对一种离子有电势响应。实际上目前大部分离子选择性电极的选择性还不够高,应注意干扰离子的影响。

7. 浓差电池

由两个组成相同但溶液中离子浓度不同或气体压力不同的电极构成的电池称为浓差电池(concentration cell)。例如

$$Ag(s)|AgNO_3(a_1) \parallel AgNO_3(a_2)|Ag(s) \qquad (a_2 > a_1) \qquad (i)$$

$$Pt(s),Cl_2(p_1)|HCl(b)|Cl_2(p_2),Pt(s) \qquad (p_2 > p_1) \qquad (ii)$$

在电池(i)中

负极 $\qquad\qquad Ag(s) \longrightarrow Ag^+(a_1) + e^- \qquad \varphi_- = \varphi^{\ominus} - \frac{RT}{F} \ln \frac{1}{a_1}$

正极 $Ag^+(a_2)+e^- \longrightarrow Ag(s)$ $\varphi_+ = \varphi^\ominus - \dfrac{RT}{F}\ln\dfrac{1}{a_2}$

电池反应 $Ag^+(a_2) \longrightarrow Ag^+(a_1)$

电池电动势

$$E = \varphi_+ - \varphi_- = \frac{RT}{F}\ln\frac{a_2}{a_1}$$

在电池(ⅱ)中

负极 $2Cl^-(a) \longrightarrow Cl_2(p_1)+2e^-$ $\varphi_- = \varphi^\ominus - \dfrac{RT}{2F}\ln\dfrac{a^2}{p_1/p^\ominus}$

正极 $Cl_2(p_2)+2e^- \longrightarrow 2Cl^-(a)$ $\varphi_+ = \varphi^\ominus - \dfrac{RT}{2F}\ln\dfrac{a^2}{p_2/p^\ominus}$

电池反应 $Cl_2(p_2) \longrightarrow Cl_2(p_1)$

电池电动势

$$E = \varphi_+ - \varphi_- = \frac{RT}{2F}\ln\frac{p_2}{p_1}$$

当 $a_2 > a_1$、$p_2 > p_1$ 时,上述两个电池的电动势均大于零,电池反应正向自发进行。电池反应的净作用是某种物质从化学势高的状态(高浓度或高压力)向化学势低的状态(低浓度或低压力)转移。这种电池的标准电动势 $E^\ominus$ 等于零。通过测定浓差电池的电动势可以测定电解质的活度、离子平均活度系数、离子迁移数等。

*6.5 电子活度及电势-pH 图

6.5.1 电子活度

电极反应

$$氧化态 + ne^- \longrightarrow 还原态$$

达平衡时

$$K^\ominus = \frac{a_{Red}}{a_{Ox}a_e^n} \tag{6-16}$$

式中:a_e 称为电子活度(electronic activity),a_e 值反映了体系氧化还原性的强弱。在自然体系中,a_e 值变化可达十几个到二十几个数量级。用 pe 表示电子活度的负对数,$pe = -\lg a_e$,并定义

$$pe^\ominus = \frac{1}{n}\lg K^\ominus \tag{6-17}$$

则式(6-16)可写为

$$\lg K^\ominus = \lg\frac{a_{Red}}{a_{Ox}} - \lg a_e^n = \lg\frac{a_{Red}}{a_{Ox}} + npe$$

$$npe^\ominus - npe = \lg\frac{a_{Red}}{a_{Ox}}$$

$$pe = pe^\ominus - \frac{1}{n}\lg\frac{a_{Red}}{a_{Ox}} \tag{6-18}$$

由能斯特公式

$$\varphi = \varphi^\ominus - \frac{RT}{nF}\ln\frac{a_{Red}}{a_{Ox}}$$

与式(6-18)比较可得 298K 时

$$\varphi/V = 0.05916\mathrm{pe} \qquad (6\text{-}19)$$

$$\varphi^{\ominus}/V = 0.05916\mathrm{pe}^{\ominus} \qquad (6\text{-}20)$$

由式(6-18)与式(6-19)可知,当还原态活度与氧化态活度相等时 pe 即为 $\mathrm{pe}^{\ominus}$。pe 越小时,体系的电子活度越大,提供电子的趋势越大,还原性越大,电极电势越低。相反,pe 越大,体系的电子活度越小,接受电子的趋势越大,氧化性越大,电极电势越高。pe 数值可由式(6-19)求得,但不能由实验测定。表 6-2 列出土壤中一些氧化还原体系的标准电极电势 $\varphi^{\ominus}$、生化标准电极电势 $\varphi^{\oplus}$ 和 $\mathrm{pe}^{\ominus}$(298K)。

表 6-2　土壤中一些氧化还原体系的 $\varphi^{\ominus}$、$\varphi^{\oplus}$ 和 $\mathrm{pe}^{\ominus}$(298K)

体系	$\varphi^{\ominus}/V$	$\varphi^{\oplus}/V$	$\mathrm{pe}^{\ominus}=\dfrac{1}{n}\lg K^{\ominus}$
$\frac{1}{4}O_2 + H^+ + e^- \rightleftharpoons \frac{1}{2}H_2O$	1.23	0.814	20.8
$\frac{1}{2}MnO_2 + 2H^+ + e^- \rightleftharpoons \frac{1}{2}Mn^{2+} + H_2O$	1.23	0.401	20.8
$Fe(OH)_3 + 3H^+ + e^- \rightleftharpoons Fe^{2+} + 3H_2O$	1.06	-0.185	17.9
$\frac{1}{2}NO_3^- + H^+ + e^- \rightleftharpoons \frac{1}{2}NO_2^- + \frac{1}{2}H_2O$	0.35	0.54	14.1
$\frac{1}{8}SO_4^{2-} + \frac{5}{4}H^+ + e^- \rightleftharpoons \frac{1}{8}H_2S + \frac{1}{2}H_2O$	0.30	-0.214	5.12
$\frac{1}{8}CO_2 + H^+ + e^- \rightleftharpoons \frac{1}{8}CH_4 + \frac{1}{4}H_2O$	0.17	-0.244	2.86
$H^+ + e^- \rightleftharpoons \frac{1}{2}H_2$	0	-0.413	0

水可被氧化

$$\frac{1}{2}H_2O \rightleftharpoons \frac{1}{4}O_2 + H^+ + e^-$$

其逆过程

$$\frac{1}{4}O_2 + H^+ + e^- \longrightarrow \frac{1}{2}H_2O$$

查表 6-2 知其 $\mathrm{pe}^{\ominus}=20.8$,即

$$\lg K^{\ominus} = \frac{1}{2}\lg a_{H_2O} - \frac{1}{4}\lg(p_{O_2}/p^{\ominus}) + \mathrm{pH} + \mathrm{pe} = 20.8$$

水的活度近似为 1,水氧化生成氧气的边界条件是氧分压达 $p^{\ominus}$,所以上式可写为

$$\mathrm{pe} + \mathrm{pH} = 20.8 \qquad (6\text{-}21)$$

式(6-21)说明了水的氧化限度,在与大气接触的水处于平衡条件下时,$\mathrm{pe}+\mathrm{pH}$ 的值不能大于 20.8。

水被还原时

$$H_2O + e^- \longrightarrow \frac{1}{2}H_2 + OH^-$$

$$OH^- + H^+ \longrightarrow H_2O$$

$$H^+ + e^- \longrightarrow \frac{1}{2}H_2$$

查表 6-2 知 $\mathrm{pe}^{\ominus}=0$,则

$$K^{\ominus} = \frac{a_{H_2}^{1/2}}{a_{H^+} a_e}$$

$$\lg K^{\ominus} = \frac{1}{2}\lg(p_{H_2}/p^{\ominus}) + \mathrm{pH} + \mathrm{pe} = 0$$

水还原反应的边界条件为 $p_{H_2} = p^{\ominus}$,所以上式可写为

$$pH + pe = 0 \tag{6-22}$$

即水的还原限度是 pH+pe 不能小于 0。

6.5.2 电势-pH 图及应用

大多数氧化还原反应都与溶液的离子浓度、pH 以及温度有关。在温度和浓度恒定的条件下,电极电势就只与溶液的 pH 有关,因此可以画出一系列的电极电势与 pH 的关系曲线,称为电势-pH 图(potential-pH diagram)。电势-pH 图可以解决水溶液中发生的一系列反应及平衡问题,可以知道反应中各组分生成的条件及组分稳定存在的范围。

例如,电池

$$Pt(s), H_2(p_{H_2}) \mid H_2SO_4(pH) \mid O_2(p_{O_2}), Pt(s)$$

电池反应为

$$H_2(p_{H_2}) + \frac{1}{2}O_2(p_{O_2}) \longrightarrow H_2O(l)$$

氢电极的电极反应为

$$2H^+(a_{H^+}) + 2e^- \longrightarrow H_2(p_{H_2})$$

能斯特方程为

$$\varphi_{H_2} = \varphi^{\ominus}_{H^+/H_2} - \frac{RT}{nF}\ln\frac{a_{H_2}}{a^2_{H^+}}$$

在 298K 时,$\varphi^{\ominus}_{H^+/H_2} = 0$,则

$$\varphi_{H_2} = -\frac{RT}{2F}\ln\frac{p_{H_2}}{p^{\ominus}} - \frac{2.303RT}{F}pH \tag{6-23}$$

当 $p_{H_2} = p^{\ominus}$ 时

$$\varphi_{H_2}/V = -\frac{2.303RT}{F}pH = (-0.05916pH)$$

在图 6-8 上画 φ-pH 线,得到电极反应的基线 a。当 $p_{H_2}/p^{\ominus}$ 分别为 10 和 0.1 时,$\varphi'_{H_2} = (-0.02958 - 0.05916pH)$ V,$\varphi''_{H_2} = (0.02958 - 0.05916pH)$V,可在图 6-8 上分别画出位于基线两侧的直线 $-a$ 和 $+a$。φ 在 a 线下方时,$p_{H_2} > p^{\ominus}$,所以 a 线下方为氢稳定区;反之,在 a 线上方为水稳定区。

氧电极的电极反应为

$$\frac{1}{2}O_2(p_{O_2}) + 2H^+(a_{H^+}) + 2e^- \longrightarrow H_2O(l)$$

能斯特方程为

$$\varphi_{O_2} = \varphi^{\ominus}_{O_2/H_2O} - \frac{RT}{2F}\ln\frac{1}{a^{1/2}_{O_2}a^2_{H^+}}$$

在 298K 时,$\varphi^{\ominus}_{O_2/H_2O} = 1.229V$,则

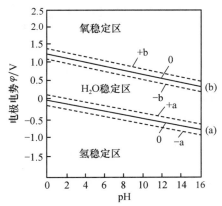

图 6-8 H_2O 的电势-pH 图

$$\varphi_{O_2}/V = 1.229 + \frac{RT}{4F}\ln\frac{p_{O_2}}{p^{\ominus}} - \frac{2.303RT}{F}pH \tag{6-24}$$

当 $p_{O_2} = p^{\ominus}$ 时,$\varphi_{O_2}/V = 1.229 - 0.05916pH$,在图 6-8 上可画得直线 b。当 $p_{O_2}/p^{\ominus}$ 分别为 10 和 0.1 时,有

$$\varphi'_{O_2}/V = 1.244 - 0.05916pH$$

$$\varphi''_{O_2}/V = 1.214 - 0.05916pH$$

可在图 6-8 上分别画出位于基线 b 两侧的直线 $+b$ 和 $-b$。当与水溶液平衡的氧分压 $p_{O_2} > p^{\ominus}$ 时,平衡电极电势在基线 b 之上,为氧化态 O_2 的稳定区;当 $p_{O_2} < p^{\ominus}$ 时,平衡电极电势在基线之下,为还原态 H_2O 的稳定区。

由式(6-23)和式(6-24)可以看出,氢电极和氧电极的电势-pH图是平行的(斜率相等),所以氢氧电池的电动势与溶液的pH无关,$E^\ominus$总是等于1.229V。

在图6-8中,在b线之上和a线之下为H_2O的不稳定区,H_2O分解;在a线和b线之间为水的稳定区。

根据化学反应和电化学反应体系中反应物和生成物的种类不同,电势-pH图通常由下列几种类型的直线构成。

1. 没有氧化还原的反应

没有氧化还原的反应在电势-pH图上表现为垂直线。例如

$$Fe_2O_3(s)+6H^+(a_{H^+})\rightleftharpoons 2Fe^{3+}(a_{Fe^{3+}})+3H_2O$$

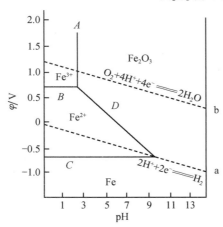

图 6-9　Fe-H_2O体系的电势-pH图(298K)

平衡常数

$$K_a^\ominus=\frac{a_{Fe^{3+}}^2}{a_{H^+}^6}$$

取对数后得

$$\lg K_a^\ominus=2\lg a_{Fe^{3+}}+6pH \tag{6-25}$$

由热力学数据可求得该反应的 $\Delta_r G_m^\ominus=8.22\,kJ\cdot mol^{-1}$。将 $\Delta_r G_m^\ominus=-RT\ln K_a^\ominus$ 代入式(6-25)得

$$\lg a_{Fe^{3+}}=-0.7203-3pH$$

此式与φ无关,当$a_{Fe^{3+}}$有定值时,pH也有定值,故在pH-φ图上是一条垂直的直线。设$a_{Fe^{3+}}=10^{-6}$,代入上式得pH=1.76,即为图6-9中的垂直线A。在垂直线的左方pH<1.76,为酸性溶液,Fe^{3+}较稳定;在垂直线右方pH>1.76,Fe_2O_3较稳定。

2. 与pH无关的氧化还原反应

与pH无关的氧化还原反应在电势-pH图上表现为与pH轴平行的直线。例如,反应

$$Fe^{3+}+e^-\rightleftharpoons Fe^{2+}$$

298K时电极电势为

$$\varphi=\varphi^\ominus-0.05916\lg\frac{a_{Fe^{2+}}}{a_{Fe^{3+}}}$$

即

$$\varphi=0.771-0.05916\lg\frac{a_{Fe^{2+}}}{a_{Fe^{3+}}} \tag{6-26}$$

φ与pH无关。设$a_{Fe^{2+}}=a_{Fe^{3+}}=10^{-6}$,则

$$\varphi=0.771V$$

为图6-9中的水平直线B。在B线之上,$\varphi>0.771V$,氧化态Fe^{3+}较稳定;在B线之下,$\varphi<0.771V$,还原态Fe^{2+}较稳定。

对于氧化还原反应

$$Fe^{2+}+2e^-\rightleftharpoons Fe(s)$$

同样可得水平线C,在C线之上氧化态Fe^{2+}较稳定,在C线之下还原态Fe较稳定。

3. 与pH有关的氧化还原反应

与pH有关的氧化还原反应在电势-pH图上表现为斜线。例如,反应

$$Fe_2O_3(s)+6H^+(a_{H^+})+2e^-\rightleftharpoons 2Fe^{2+}(a_{Fe^{2+}})+3H_2O$$

当$a_{Fe^{2+}}=10^{-6}$,298K时电极电势为

$$\varphi/V = 1.083 - 0.1773pH \tag{6-27}$$

为图 6-9 中的 D 线,在 D 线的左下方还原态 Fe^{2+} 较稳定,在 D 线的右上方氧化态 Fe_2O_3 较稳定。

图 6-9 中高电势直线以上的氧化态物质能氧化低电势直线以下的还原态物质。例如,a 线在 C 线之上,所以 H^+ 能将 Fe 氧化成 Fe^{2+},即金属铁与 H^+ 自发作用,发生腐蚀,生成 Fe^{2+} 和 H_2O。

综上所述,体系所有可能发生的重要反应的平衡关系式都可以画在一张电势-pH 图上,这些线段把整个图划分为几个区,每一个区域代表某种组分的稳定区。因为反应体系多为水溶液体系,所以经常画出 H_2O、H^+、O_2、OH^-、H_2 的平衡线。根据这些线就能大致判断在水溶液中发生某些反应的可能性。

*6.6 生化标准电极电势

有 H^+ 参加的电极反应

$$氧化态 + mH^+ + ne^- \Longrightarrow 还原态$$

电极电势为

$$\varphi = \varphi^\ominus - \frac{2.303RT}{nF}\lg\frac{a_{Red}}{a_{Ox}} + \frac{2.303RT}{nF}\lg a_{H^+}^m \tag{6-28}$$

在 298K 时

$$\varphi = \varphi^\ominus - \frac{0.05916V}{n}\lg\frac{a_{Red}}{a_{Ox}} - \frac{0.05916}{n}m\,pH \tag{6-29}$$

如果电极反应是在 pH 固定的条件下进行,则式(6-29)中包括 pH 的一项为定值,将它与 $\varphi^\ominus$ 合并令为 $\varphi^\oplus$,则

$$\varphi = \varphi^\oplus - \frac{0.05916V}{n}\lg\frac{a_{Red}}{a_{Ox}} \tag{6-30}$$

$\varphi^\oplus$ 称为生化标准电极电势(biochemical standard electrode potential),是在氧化态和还原态物质活度均为 1、pH 固定条件下电极反应的电极电势。pH 不同时,$\varphi^\oplus$ 也不相同。

生理反应和一些土壤中的反应是在近中性条件下进行的,所以在生命体系和土壤科学中经常用到 pH=7.00 时的 $\varphi^\oplus$ 值。表 6-3 给出生命体系中一些重要氧化还原体系在这个条件下的生化标准电极电势。

表 6-3　298K、pH=7.00 时的 $\varphi^\oplus$

体系	半电池反应	$\varphi^\oplus$/V
O_2/H_2	$O_2(g) + 4H^+ + 4e^- \longrightarrow 2H_2O$	+0.816
Cu^{2+}/Cu^+ 血蓝蛋白	$Cu^{2+} + e^- \longrightarrow Cu^+$	+0.540
$Cytf^{3+}/Cytf^{2+}$	$Fe^{3+} + e^- \longrightarrow Fe^{2+}$	+0.365
$Cyta^{3+}/Cyta^{2+}$	$Fe^{3+} + e^- \longrightarrow Fe^{2+}$	+0.29
Fe^{3+}/Fe^{2+} 血红蛋白	$Fe^{3+} + e^- \longrightarrow Fe^{2+}$	+0.17
Fe^{3+}/Fe^{2+} 肌红蛋白	$Fe^{3+} + e^- \longrightarrow Fe^{2+}$	+0.046
延胡索酸盐/琥珀酸盐	$^-OOCCH=CHCOO^- + 2H^+ + 2e^- \longrightarrow {}^-OOCCH_2CH_2COO^-$	+0.031
蹠酰乙酸盐/苹果酸盐	$^-OOC-COCH_2COO^- + 2H^+ + 2e^- \longrightarrow {}^-OOCCHOHCH_2COO^-$	-0.166
丙酮酸盐/乳酸盐	$CH_3COCOO^- + 2H^+ + 2e^- \longrightarrow CH_3CHOHCOO^-$	-0.185
乙醛/乙醇	$CH_3CHO + 2H^+ + 2e^- \longrightarrow CH_3CH_2OH$	-0.197
$FAD/FADH_2$	$FAD + 2H^+ + 2e^- \longrightarrow FADH_2$	-0.219

续表

体系	半电池反应	$\varphi^{\ominus}$/V
$NAD^+/NADH$	$NAD^+ + 2H^+ + 2e^- \longrightarrow NADH + H^+$	-0.320
$NADP^+/NADPH$	$NADP^+ + 2H^+ + 2e^- \longrightarrow NADPH + H^+$	-0.324
CO_2/甲酸盐	$CO_2 + H^+ + 2e^- \longrightarrow HCOO^-$	-0.42
H^+/H_2	$2H^+ + 2e^- \longrightarrow H_2$	-0.421
Fe^{3+}/Fe^{2+}铁氧还蛋白	$Fe^{3+} + e^- \longrightarrow Fe^{2+}$	-0.432
乙酸/乙醛	$CH_3COOH + 2H^+ + 2e^- \longrightarrow CH_3CHO + H_2O$	-0.581
乙酸盐/丙酮酸盐	$CH_3COOH + CO_2 + 2H^+ + 2e^- \longrightarrow CH_3COCOOH + H_2O$	-0.70

例如,电池反应

$$CH_3CHO + NADH + H^+ \Longrightarrow CH_3CH_2OH + NAD^+$$

负极 　　　　　　　$NADH + H^+ \longrightarrow NAD^+ + 2H^+ + 2e^-$ 　$\varphi^{\ominus} = -0.320V$

正极 　　　$CH_3CHO + 2H^+ + 2e^- \longrightarrow CH_3CH_2OH$ 　　　　$\varphi^{\ominus} = -0.197V$

$$E^{\ominus} = \varphi_+^{\ominus} - \varphi_-^{\ominus} = -0.197V - (-0.320V) = 0.123V$$

反应的吉布斯自由能变化为

$$\Delta_r G_m^{\ominus} = -nFE^{\ominus} = -2 \times 96485C \cdot mol^{-1} \times 0.123V = -23.7kJ \cdot mol^{-1}$$

由计算得知该反应能自发进行。

生物体内的氧化还原体系可以引发一系列的氧化还原反应,如代谢物体系的乙酸-乙醛体系

$$CH_3COOH + 2H^+ + 2e^- \longrightarrow CH_3CHO + H_2O$$

电子传递体系的血蓝蛋白体系

$$Cu^{2+} + e^- \longrightarrow Cu^+$$

氢传递体系的辅酶Ⅰ(NAD)体系

$$NAD^+ + 2H^+ + 2e^- \longrightarrow NADH + H^+$$

无机物体系的氧体系、氢体系等。

氧体系 　　　　　$O_2 + 4H^+ + 4e^- \longrightarrow 2H_2O$

氢体系 　　　　　$2H^+ + 2e^- \longrightarrow H_2$

生物体内氧化还原反应能否自发进行,可根据表 6-3 中给出的 $\varphi^{\ominus}$ 值计算确定,或通过测定电池电动势确定。测定生物组织液的氧化还原电势,可以用来研究一些生理和病理现象。电池电动势的测定还用于土壤的氧化还原状况以及生物体呼吸链的研究。

*6.7　不可逆电极过程

电极电势是在电极反应可逆地进行时电极所具有的电势,即在没有电流通过电极时的电势。电池的电动势也是在没有电流时测得的。可逆电极电势对研究很多电化学现象和热力学问题是非常重要的,但在实际的电化学过程中,往往有一定的电流通过电极,发生不可逆反应,电极上有极化作用发生。例如,化学电源放电做功、电解过程等均属于不可逆电极过程。

6.7.1　分解电压

在电池上施加一外电压,逐渐增大电压直到有明显电流通过电池,电极上发生反应,这就

是电解。

在一烧杯中盛有 H_2SO_4 溶液,放入两个光亮铂电极,按图 6-10 装置好电路。逐渐增大外加电压 V,同时记录通过电解池的电流 I,将 V 与 I 的关系作图得图 6-11。当外加电压较小时,几乎没有电流通过。此后电压增加,电流略有增加,但还是很小,几乎没有电解反应发生。直到电压超过某一特定值 V_d 以后,电流明显增大,电解才能以一定的速率进行。再增大电压,电流随之迅速增大。这一特定电压值 V_d 就是分解电压(decomposition voltage),当图 6-10 中的 H^+ 浓度为 $1mol \cdot dm^{-3}$ 时,测得分解电压约为 1.67V。

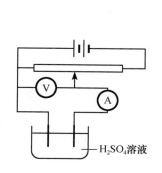

图 6-10 测定分解电压的装置

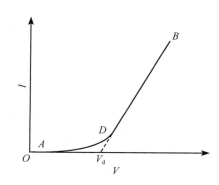

图 6-11 分解电压

电解时的反应

阳极
$$H_2O \longrightarrow 2H^+ + \frac{1}{2}O_2 + 2e^-$$

阴极
$$2H^+ + 2e^- \longrightarrow H_2$$

总的电解反应
$$H_2O \longrightarrow H_2(p^\ominus) + \frac{1}{2}O_2(p^\ominus)$$

在两个电极上析出的 H_2 和 O_2 组成电池
$$Pt(s) | H_2(p^\ominus) | H^+(1mol \cdot dm^{-3}) | O_2(p^\ominus) | Pt(s)$$

25℃时,这个电池的可逆电动势
$$E_r = \varphi_+ - \varphi_-$$

根据能斯特公式
$$\varphi_+ = \varphi_{O_2/H_2O}^\ominus - \frac{RT}{2F} \ln \frac{1}{p_{O_2}^{1/2} a_{H^+}^2}$$
$$= \varphi_{O_2/H_2O}^\ominus + \frac{RT}{F} \ln a_{H^+}$$
$$\varphi_- = \frac{RT}{F} \ln a_{H^+}$$

所以
$$E_r = \varphi_{O_2/H_2O}^\ominus \approx 1.23V$$

显然,欲使电解反应顺利进行,外加电压至少须等于电解产物组成的电池可逆电动势 E_r,而且方向相反。这个电压称为理论分解电压。上述电解反应的理论分解电压为 1.23V。表 6-4 列出某些酸、碱溶液的实测分解电压 V_d 和理论分解电压 V_r 值。

表 6-4　几种酸和碱($1\text{mol} \cdot \text{dm}^{-3}$)的分解电压(光亮铂电极)

电解质	实测分解电压 V_d/V	电解产物	理论分解电压 V_r/V	(V_d-V_r)/V
H_2SO_4	1.67	H_2+O_2	1.23	0.44
HNO_3	1.70	H_2+O_2	1.23	0.47
H_3PO_4	1.69	H_2+O_2	1.23	0.46
KOH	1.67	H_2+O_2	1.23	0.44
NaOH	1.69	H_2+O_2	1.23	0.46
$NH_3 \cdot H_2O$	1.74	H_2+O_2	1.23	0.51

根据图 6-11 得到的实测分解电压数值不太精确,测定的重现性也不太好,但在实用上还是有很大的意义。

6.7.2　极化现象和超电势

从表 6-4 可以看出,实测分解电压高于理论分解电压,即要使电解反应顺利进行,必须增大外加电压,使反应物能不断地在阴极和阳极上放电,生成的 H_2 和 O_2 才能不断地从反应体系逸出。此时电极上有一定电流通过,发生不可逆电极过程,电极电势偏离其平衡值,这就是极化现象(polarization)。

电极极化时电极电势相对于平衡电势的偏离值称为过电势或超电势(overpotential)。

1. 浓差极化

电解反应分别在阳极和阴极与溶液的界面上发生。溶液中的反应物在电极上反应生成产物,结果使界面附近溶液中反应物的浓度低于其在溶液本体中的浓度,而产物的浓度在界面附近比在溶液本体中高。溶液中离子扩散的迟滞性使电极表面附近的溶液与溶液本体之间产生浓度梯度,当通过电极的电流一定时,这个浓度梯度达到稳定状态。结果发生电解反应时阴极似乎是浸在一个浓度较低的电解质溶液中,而阳极似乎浸在浓度较高的溶液中。这种因浓度差别引起的极化作用称为浓差极化。浓差极化的程度与搅拌情况、温度、电流密度等多种因素有关。

阴极上(concentration polarization)发生还原反应。在没有电流时,电极的可逆电势可由能斯特公式表示

$$\varphi_r = \varphi^{\ominus} - \frac{RT}{nF}\ln\frac{1}{a_{Ox}} \tag{6-31}$$

有电流通过时,不可逆电极电势 φ_{ir} 可以近似地表示为

$$\varphi_{ir} = \varphi^{\ominus} - \frac{RT}{nF}\ln\frac{1}{a'_{Ox}} \tag{6-32}$$

由于浓差极化,$a'_{Ox} < a_{Ox}$,结果 $\varphi_{ir} < \varphi_r$,使电极电势比按本体溶液浓度计算的理论值低,其差值就是阴极的浓差超电势 $\eta_{阴}$

$$\eta_{阴} = \varphi_r - \varphi_{ir} = \frac{RT}{nF}\ln\frac{a_{Ox}}{a'_{Ox}} \tag{6-33}$$

同样在阳极上浓差极化的结果使阳极的电极电势比理论值高,其差值即为阳极的浓差超电势 $\eta_{阳}$

$$\eta_{阳} = \varphi_{ir} - \varphi_r = \frac{RT}{nF}\ln\frac{a_{Red}}{a'_{Red}} \tag{6-34}$$

将溶液剧烈搅拌或升高温度,可以降低浓差极化,减小浓差超电势。减小通过电极的电流密

度,也可以降低浓差极化。但浓差极化是不可能完全消除的。

2. 电化学极化

由于外电源输送电荷的速率很快,而电解反应的速率相对较慢,电极上的荷电程度发生变化,阴极的电势更低,而阳极上的电势更高。这种因电极反应的迟缓性引起的极化称为电化学极化(electrochemical polarization)或活化极化(activation polarization),这样所需的额外电压称为电化学超电势或活化超电势。

根据化学动力学的理论,化学反应须有活化能,要使反应顺利地进行,环境必须提供足够的能量。在电解反应中,电化学超电势与活化能有关。反应中若有气体生成,则需要更多的能量才能使气体逸出。

电解反应中产物在电极表面积累或生成氧化膜等原因产生电阻,因而引起极化,称为欧姆极化(ohmic polarization)。

超电势的大小受很多因素影响,如电极反应、电极材料、电极的表面性状和光洁程度、电流密度、温度、溶液的组成、浓度、杂质等。一般而言,电流密度小时,浓差极化较小,电化学极化起主要作用;电流密度大时,浓差极化成为主要因素。析出金属时,超电势较小;析出气体时,特别是析出 H_2 和 O_2 时,超电势较大(表 6-5)。

表 6-5　25℃时 H_2、O_2、Cl_2 在不同金属上的超电势值(V)

电极	电流密度/(A·m^{-2})					
	10	100	1000	5000	10000	50000
H_2(1mol·dm^{-3} H_2SO_4)						
Ag	0.097	0.13	0.3	—	0.48	0.69
Al	0.3	0.83	1.00	—	1.29	—
Au	0.017	—	0.1	—	0.24	0.33
Fe	—	0.56	0.82	—	1.29	—
石墨	0.002	—	0.32	—	0.60	0.73
Hg	0.8	0.93	1.03	—	1.07	—
Ni	0.14	0.3	—	—	0.56	0.71
Pb	0.40	0.4	—	—	0.52	1.06
Pt(光滑的)	0.0000	0.16	0.29	—	0.68	—
Pt(镀黑的)	0.0000	0.030	0.041	—	0.048	0.051
Zn	0.48	0.75	1.06	—	1.23	
O_2(1mol·dm^{-3}KOH)						
Ag	0.58	0.73	0.98	—	1.13	—
Au	0.67	0.96	1.24	—	1.63	—
Cu	0.42	0.58	0.66	—	0.79	—
石墨	0.53	0.90	1.06	—	1.24	—
Ni	0.36	0.52	0.73	—	0.85	—
Pt(光滑的)	0.72	0.85	1.28	—	1.49	—
Pt(镀黑的)	0.40	0.52	0.64	—	0.77	—
Cl_2(饱和 NaCl 溶液)						
石墨	—	—	0.25	0.42	0.53	—
Pt(光滑的)	0.008	0.03	0.054	0.161	0.236	—
Pt(镀黑的)	0.006	—	0.026	0.05	—	—

3. 极化电势与电流密度的关系

在电极上单位面积内通过的电流强度称为电流密度,用 i 表示,其单位是 $A \cdot m^{-2}$,i 的大小表示电化学反应的速率。

电极上有电流通过,处于极化条件下的电极电势称为极化电势(polarization potential)。在不同电流密度 i 下测定极化电势 φ,将 i 对 φ 作图,可得电极的极化曲线。图 6-12 中的(a)和(b)分别为阳极极化曲线和阴极极化曲线。从图 6-12 中可看出,极化作用使阳极的极化电势比可逆电势高,而阴极的极化电势比可逆电势低。在电流密度 i 一定时,极化电势与可逆电势的差 η 就是超电势。

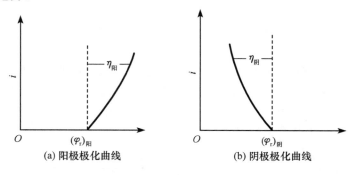

图 6-12　电极的极化曲线示意图

在原电池中,阳极是负极,阴极是正极。在不可逆放电的情况下,一定电流通过原电池时,两电极之间的端电压 V 一定小于可逆电池的电动势 E[图 6-13(a)]。电流密度 i 越大,则电池放电的不可逆程度越高,端电压 V 越小,电池所能做的电功也越小。

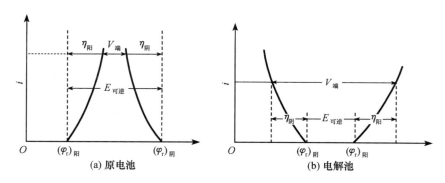

图 6-13　原电池的端电压、电解池的分解电压与电流密度的关系

在电解池中,阳极是正极,阴极是负极。只有在外加端电压大于可逆电池的电动势时,才会有一定电流通过电解池,即电解反应才能以一定速率不可逆地进行[图 6-13(b)]。若要使电解反应速率加快,必须提高外加端电压,电流密度 i 也随之增大。

4. 氢超电势

H^+ 在阴极上电解还原生成 H_2 的超电势可用塔费尔(Tafel)经验公式表示

$$\eta = a + b \lg i \tag{6-35}$$

式中:η 为超电势;i 为电流密度;a 和 b 为常数。对大多数金属元素来说,b 的数值都几乎相等,为 0.116V,表明电流密度 i 每增加 10 倍,超电势 η 增大 0.116V。氢超电势(hydrogen overpotential)的大小主要由 a 决定,a 是电流密度为 $10^4 A \cdot m^{-2}$($1A \cdot cm^{-2}$)时的超电势。a 的大小与电极材料、电极表面性状、溶液性质、温度等因素有关。氢在不同金属上的超电势如图 6-14 所示。

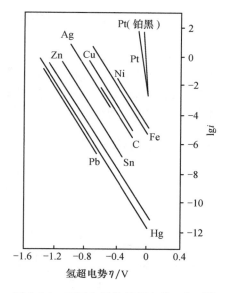

图 6-14　不同金属的氢超电势 η-$\lg i$ 图

从图 6-14 可以看出,氢在铂上,特别是在铂黑上超电势非常小。铂黑电极接近于理想的不极化电极,可逆氢电极须用铂黑作电极材料。

从图 6-14 还可以看出,在 Hg、Pb、Zn、Ag 等金属上,氢的超电势很大,这在电镀工业上有非常重要的意义。例如,以金属 Cd 为阴极,电解 CdSO₄ 溶液($a=1$),溶液中的阳离子除了 Cd^{2+},还有 H^+($a=10^{-7}$)。电解时若 Cd^{2+} 还原生成 Cd,反应为

$$Cd^{2+} + 2e^- \longrightarrow Cd$$

$$\varphi^{\ominus}_{Cd^{2+}/Cd} = -0.403V$$

若 H^+ 还原生成 H_2,反应为

$$H^+ + e^- \longrightarrow \frac{1}{2}H_2$$

$$\varphi_{2H^+/H_2} = \varphi^{\ominus}_{2H^+/H_2} - 0.05916\lg\frac{1}{10^{-7}} = -0.414V$$

这两个电极的可逆电势数值很接近,电解时 H_2 和 Cd 似乎可以同时析出。但实际上由于极化作用,氢在 Cd 上的超电势很大,有 1V 左右,故在阴极上得到的电解还原产物是 Cd 而不是 H_2。

超电势的存在使电解过程要多消耗能量。但氢超电势很高,可以使很多比较活泼的金属元素(如 Fe、Zn、Ni 等)在阴极上电解还原,而不产生 H_2。

6.7.3　金属腐蚀与防护

金属与外界介质发生化学反应或电化学反应,造成金属物体变质损坏的过程称为金属腐蚀(corrosion)。金属腐蚀造成的损失是非常严重的,据估计,全世界每年因腐蚀而报废的金属材料和设备的质量超过 1 亿吨,大约相当于金属年产量的四分之一到三分之一。

1. 电化学腐蚀

金属腐蚀按其发生的原因可分为化学腐蚀和电化学腐蚀两大类。金属在高温下与气体物质接触,如汽轮机叶片、喷气发动机、火箭喷嘴等都可能发生高温氧化或气体腐蚀。金属接触 Cl_2、SO_2 等气体时也能直接腐蚀。铝与 CCl_4、$CHCl_3$、C_2H_5OH 等非水有机溶剂接触时也会被腐蚀。这些都是化学腐蚀,化学腐蚀进行时没有电流产生。

大部分金属腐蚀是由于电化学造成的。例如,地下管道在土壤中腐蚀,船体和海上平台在海水中腐蚀,车辆、桥梁构件等各种金属制品在潮湿的空气中腐蚀,金属在熔盐中腐蚀等。这些过程都是由于金属与电解质接触,在金属-电解质界面上发生阳极氧化过程,同时有相应的阴极还原过程与之配合。电解质溶液(或熔盐)作为离子导体,金属本身作为电子导体,组成自发电池,使氧化还原反应持续进行,金属不断氧化,造成电化学腐蚀。电化学腐蚀的特点是发生时有电流产生。

2. 微电池

两种不同的金属接触时,若同时又与潮湿的空气、水或电解质溶液相接触,则形成原电池,发生电化学反应,使电极电势低的金属材料受到腐蚀。如铜板上有铁铆钉,这些铆钉特别容易腐蚀(图 6-15)。铜板在空气中受潮,表面形成水膜,CO_2、SO_2 等物质溶于水中,成为电解质溶液,与铜、铁组成原电池。铁的电极电势低,是负极,铜是正极。负极的反应为

$$Fe \longrightarrow Fe^{2+} + 2e^-$$

正极上可能有两种反应

$$2H^+ + 2e^- \longrightarrow H_2 \tag{i}$$

$$O_2 + 2H_2O + 4e^- \longrightarrow 4OH^- \tag{ii}$$

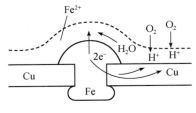

图 6-15　吸氧腐蚀示意图

反应(i)称为析氢腐蚀,反应(ii)称为吸氧腐蚀。计算表明 $\varphi_{O_2/OH^-} > \varphi_{H^+/H_2}$,说明吸氧腐蚀比析氢腐蚀更为严重,如图 6-15 所示的即为吸氧腐蚀。在此原电池中,正极与负极相互接触,外电路短路,电化学反应能持续不断地进行。负极 Fe 溶解为 Fe^{2+},Fe^{2+} 与 OH^- 生成 $Fe(OH)_2$,又继续氧化成 $Fe(OH)_3$。

$$Fe^{2+} + 2OH^- \longrightarrow Fe(OH)_2 \downarrow$$

$$4Fe(OH)_2 + 2H_2O + O_2 \longrightarrow 4Fe(OH)_3 \downarrow$$

$Fe(OH)_3$ 转化成铁锈,造成铁的腐蚀。

金属材料中往往含有杂质,如钢中的碳,这些杂质在电化学腐蚀中起重要的作用。如图 6-16 所示,每一个碳粒均与钢组成一个微小的外电路短路的原电池,造成钢腐蚀。图 6-16 表示的是析氢腐蚀。金属材料中微电池的数量庞大,是使金属发生电化学腐蚀的主要原因。

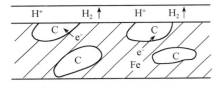

图 6-16　微电池示意图

3. 影响金属腐蚀速率的因素

(1) 金属与杂质的性质。金属与杂质形成的微电池电动势(腐蚀电池电动势)越大,则腐蚀电流越大,腐蚀速率越快。

(2) 发生吸氧腐蚀时,其腐蚀速率比析氢腐蚀时快。

(3) 金属的极化性能与腐蚀速率关系密切。当电流通过时,金属极化,则腐蚀电流小,腐蚀速率慢。反之金属极化性能小时,腐蚀电流大,金属很快被腐蚀掉。

(4) 氢超电势低,析氢腐蚀的速率快。例如,在 Zn 上氢超电势比在 Fe 上高,尽管 Zn 的电极电势比 Fe 低,在还原性酸溶液中,Zn 的腐蚀速率比铁小。

4. 金属防腐

(1) 在金属表面覆盖保护层。可用耐腐蚀性较强的金属镀在被保护金属上,如在铁表面镀上锌、铬等保护层。也可用耐腐蚀的非金属材料涂在被保护金属的表面,如油漆、搪瓷、玻璃、塑料等。

(2) 电化学保护:①牺牲阳极法。将电极电势低的金属与被保护金属连接在一起,发生电化学腐蚀时,电极电势低的金属作为阳极先被溶解。例如,在船体钢板上镶嵌锌块,锌的电极电势低,用以保护船体免受腐蚀。②阴极电保护法。把被保护金属连到外加直流电源的负极上,使之成为阴极受保护。同时把外加直流电源的正极连到废铁上,使之成为阳极受腐蚀,这就是阴极电保护法。例如,化工厂的一些管道和容器经常用这种方法防腐蚀。③阳极保护法。把被保护金属连到外加直流电源的正极上,使之电势升高,金属“钝化”而受到保护。

(3) 缓蚀剂保护。在腐蚀性介质中加入少量缓蚀剂可以大大提高金属的极化性能,降低金属的腐蚀速

率。缓蚀剂种类很多,作用原理也各不相同。有的可能吸附在金属表面形成保护膜;有的可能增大阴极极化,抑制阴极电化学过程的进行。

(4)金属钝化。铁在稀硝酸和稀硫酸中很容易溶解,但在浓硝酸和浓硫酸中均不溶解。这种现象称为金属钝化。一些强氧化剂如$KMnO_4$、$K_2Cr_2O_7$、$HClO_3$ 等都可以使金属钝化。

用电化学的方法也可以使金属钝化,如用 Fe 作阳极,外加直流电使阳极极化,电流与电势的关系如图 6-17 所示。AB 为活性溶解区,发生正常的阳极溶解,外加电势越高,通过的电流越大。当电势到达 B 时,发生金属钝化,电流急剧减小,金属溶解速率降低。BC 为过渡区,金属表面从活泼状态过渡到钝化状态。B 点的电势称为临界钝化电势,用 φ_p 表示。CD 是稳定的钝化区,金属溶解速率最低,电流几乎不变。DE 为过钝化区,随电势升高,电流又重新增大,金属可能以高价态溶解或发生其他反应。

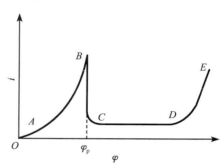

图 6-17 阳极钝化曲线

前面提到的金属阳极电保护法就是将金属的电势提高到 CD 钝化区,起到防腐的作用。

扫一扫　化学电源
　　　　离子通道和水通道

Summary

Chapter 6　Electrochemistry

1. In a reversible electrochemical cell, the cell reaction and transmit of energy are both reversible.

2. Electromotive force of a reversible cell is the potential difference between two electrodes with zero-current.

3. The potential of standard hydrogen electrode is assigned the value zero. The standard potential of another electrode is assigned by constructing a cell with the standard hydrogen electrode, the value of the electromotive force of the cell equal to the standard potential of another electrode.

4. The potential of a non-standard electrode is calculated with Nernst equation, $\varphi = \varphi^{\ominus} - \dfrac{RT}{nF}\ln\prod_{B} a_B^{\nu_B}$.

5. Thermodynamics of reversible cell shows the specially relationship between electrochemistry and thermodynamics: $\Delta_r G_m^{\ominus} = -nFE^{\ominus}$, $E^{\ominus} = \dfrac{RT}{nF}\ln K^{\ominus}$, $\Delta_r S_m = nF\left(\dfrac{\partial E}{\partial T}\right)_p$ $\left(\dfrac{\partial E}{\partial T}\right)_p$ is temperature coefficient of the cell.

6. The measurement of electromotive force of the cell is applied to potential titration, selective ion electrode, concentration cell, and to determine $K^{\ominus}$, K_{sp}, $\gamma_{\pm}$, pH.

7. It is polarization that non-reversible electrode process is taken place when a current passes through the electrode.

8. The additional potential needed to restore the flow of current is called overpotential.

习　题

6-1　写出下列电池的电极反应和电池反应。

(1) $Cu(s)|CuSO_4(aq)\parallel AgNO_3(aq)|Ag(s)$；

(2) $Pt(s),H_2(p_{H_2})|H^+(a_{H^+})\parallel Ag^+(a_{Ag^+})|Ag(s)$；

(3) $Ag(s),AgBr(s)|Br^-(a_{Br^-})\parallel Cl^-(a_{Cl^-})|AgCl(s),Ag(s)$；

(4) $Pt(s)|Sn^{4+}(a_{Sn^{4+}}),Sn^{2+}(a_{Sn^{2+}})\parallel Fe^{3+}(a_{Fe^{3+}}),Fe^{2+}(a_{Fe^{2+}})|Pt(s)$；

(5) $Pb(s),PbSO_4(s)|SO_4^{2-}(a_{SO_4^{2-}})\parallel Cu^{2+}(a_{Cu^{2+}})|Cu(s)$。

6-2　将下列反应设计成电池。

(1) $Zn(s)+CuSO_4(aq)\longrightarrow ZnSO_4(aq)+Cu(s)$；

(2) $AgCl(s)+I^-(a_{I^-})\longrightarrow AgI(s)+Cl^-(a_{Cl^-})$；

(3) $Fe^{2+}(a_{Fe^{2+}})+Ag^+(a_{Ag^+})\longrightarrow Fe^{3+}(a_{Fe^{3+}})+Ag(s)$；

(4) $2H_2(g)+O_2(g)\longrightarrow 2H_2O(l)$；

(5) $Ag(s)+\dfrac{1}{2}Cl_2(p_{Cl_2})\longrightarrow AgCl(s)$。

6-3　已知273K时韦斯顿标准电池电动势为1.0186V，$\left(\dfrac{\partial E}{\partial T}\right)_p=-4.16\times10^{-5}\,V\cdot K^{-1}$，计算293K时电池反应的 $\Delta_r G_m$、$\Delta_r S_m$、$\Delta_r H_m$、$\Delta_r U_m$、Q_R 和 W'_{max}。

6-4　电池 $Zn(s)|Zn^{2+}(a=0.1)\parallel Cu^{2+}(a=0.1)|Cu(s)$，已知 298K 时，$\varphi^\ominus_{Cu^{2+}/Cu}=0.337V$，$\varphi^\ominus_{Zn^{2+}/Zn}=-0.763V$。计算(1)电池的电动势；(2)电池反应自由能变化值；(3)电池反应的平衡常数。

6-5　已知 $\varphi^\ominus_{Cr^{2+}/Cr}=-0.91V$，$\varphi^\ominus_{Cr^{3+}/Cr}=-0.74V$，分别写出电极反应并计算 $\varphi^\ominus_{Cr^{3+},Cr^{2+}/Pt}$。

6-6　已知298K时 $Sn(s)\mid Sn^{2+}(a_{Sn^{2+}}=0.005)\parallel Cl^-(a_{Cl^-}=0.05)\mid AgCl(s),Ag(s)$ 电池的标准电池电动势为 0.36V，试写出该电池的电极反应和电池反应，并计算电池电动势 E。

6-7　若 298K 时，$\varphi^\ominus_{Tl^+/Tl}=-0.3363V$，$\varphi^\ominus_{Zn^{2+}/Zn}=-0.763V$，对于电池 $Zn(s)|Zn(NO_3)_2(aq)\parallel TlNO_3(aq)|Tl(s)$，试计算(1)标准电池电动势；(2) $a_{Zn^{2+}}=0.95$，$a_{Tl^+}=0.93$ 时的电池电动势。

6-8　298K 时测得电池 $Pt(s),H_2(p^\ominus)|HBr(0.100mol\cdot kg^{-1})|AgBr(s),Ag(s)$ 的电动势为 0.200V，$\varphi^\ominus_{Br^-,AgBr(s)/Ag(s)}=0.07103V$，试写出电极反应与电池反应，并计算 HBr 的平均活度系数。

6-9　298K 时测定下列电池的电动势：玻璃电极|某种酸溶液 $\parallel$ 饱和甘汞电极，(1)当使用 pH=4.00 的缓冲溶液时，测得该电池的电动势 $E_1=0.1120V$。若换另一待测的缓冲溶液，测得电动势 $E_2=0.2065V$，试求该缓冲溶液的 pH。(2)若再换用 pH=2.50 的缓冲溶液，电池的电动势应为多少？

6-10　(1)将反应 $H_2(p^\ominus)+I_2(s)\longrightarrow 2HI(a_\pm=1)$ 设计成电池；(2)求此电池的 $E^\ominus$ 及电池反应在 298K 时的 $K^\ominus$；(3)若反应写成 $\dfrac{1}{2}H_2(p^\ominus)+\dfrac{1}{2}I_2(s)\longrightarrow HI(a_\pm=1)$，电池的 $E^\ominus$ 及反应的 $K^\ominus$ 值与(2)是否相同？为什么？（已知 $\varphi^\ominus_{I_2/I^-}=0.54V$。）

6-11　298K 和 $p^\ominus$ 压力下，有化学反应 $Ag_2SO_4(s)+H_2(p^\ominus)\Longleftrightarrow 2Ag(s)+H_2SO_4(0.1mol\cdot kg^{-1})$，已知 $\varphi^\ominus_{SO_4^{2-},Ag_2SO_4/Ag}=0.627V$，$\varphi^\ominus_{Ag^+/Ag}=0.799V$。(1)将该反应设计为可逆电池，并写出其电极和电池反应进行验证；(2)试计算该电池的电动势 E，设活度系数都等于 1；(3)计算 Ag_2SO_4 的离子活度积 K_{sp}。

6-12　请利用甲烷燃烧过程设计成燃料电池。设气体的分压均为 $p^\ominus$，电解质溶液是酸性的，求该电池的最高电压。如电解质溶液改为碱性的，写出两极反应及电池反应。此时最高电压是否改变？并根据结果讨论哪种电池更具有实用价值。设温度为 298K，已知有关数据如下：

物质	$CO_2(g)$	$H_2O(l)$	$CH_4(g)$	$OH^-(aq)$	$CO_3^{2-}(aq)$
$\Delta_f G_m^{\ominus}/(kJ \cdot mol^{-1})$	-394.38	-237.19	-50.79	-157.27	-528.10

6-13 Write the electrode half reaction and the cell reaction for the cell

$$Pb(s)|Pb^{2+}(a=0.01)\parallel Cl^-(a=0.5)|Cl_2(p^{\ominus}),Pt(s)$$

Calculate $E, \Delta_r G_m$ and $K^{\ominus}$ of the cell. It is know that $\varphi^{\ominus}_{Pb^{2+}/Pb}=-0.13V, \varphi^{\ominus}_{Cl_2/Cl^-}=1.36V$ at 298K.

6-14 The electromotive force was 1.1604V for a cell

$$Zn(s)|ZnCl_2(0.008mol \cdot kg^{-1})|AgCl(s),Ag(s)$$

at 298K. Calculate the mean activity and the mean activity coefficient of $ZnCl_2$ in this solution. It is known that $\varphi^{\ominus}_{Cl^-,AgCl/Ag}=0.22V, \varphi^{\ominus}_{Zn^{2+}/Zn}=-0.76V$ at 298K.

6-15 What is the fundament of polarographic analysis?

6-16 What is the equilibrium constant $K^{\ominus}$ for the reaction $2Cu^+(a_{Cu^+})=\!\!=\!\!=Cu^{2+}(a_{Cu^{2+}})+Cu(s)$? $\varphi^{\ominus}_{Cu^+/Cu}=0.521V, \varphi^{\ominus}_{Cu^{2+}/Cu}=0.337V$.

第 7 章 化学动力学

在介绍化学动力学基本规律的基础上,引出描述基元反应和复杂反应动力学特征的相关知识(速率方程、速率常数、反应活化能和指前因子等)。进而讨论了稳态近似和平衡态假设两种简化处理动力学问题的方法,阐述了温度对反应速率的影响,简介了基元反应的两个速率理论——碰撞理论和过渡态理论。最后对典型的催化反应和光化学反应进行了简单概述。

化学热力学的研究可以解决化学变化的方向和限度问题。但化学热力学,特别是平衡态化学热力学,只考虑从始态到终态体系状态的变化,未考虑变化的历程、速率、条件等问题,这些正是化学动力学(chemical kinetics)要解决的。研究化学动力学的目的是了解和控制反应的过程和速率,为发展生产和科学技术服务。

例如,在 298K、$p^{\ominus}$ 下,反应

$$H_2(g) + \frac{1}{2}O_2(g) = H_2O(l) \qquad \Delta_r G_m^{\ominus} = -237.13 kJ \cdot mol^{-1}$$

说明在此条件下,反应可以自发进行,而且进行得很完全。但实际上在此条件下,将 H_2 与 O_2 混合,观察不到任何变化。若改变条件,如升高温度,或加入适当的催化剂,则可以很快发生反应,甚至瞬时完成,发生爆炸。

类似的例子还很多,说明除了要从热力学的角度研究化学反应的可能性之外,还必须从动力学的角度研究反应的现实性。化学动力学研究反应的速率(rate of reaction)和机理(mechanism),以及浓度、温度、催化剂等各种因素对反应速率的影响。

7.1 基 本 概 念

7.1.1 化学反应速率

化学反应的快慢用转化速率 J 表示

$$J \equiv \frac{d\xi}{dt} = \frac{1}{\nu_B}\frac{dn_B}{dt} \tag{7-1}$$

IUPAC 物理化学部动力学分委员会推荐,以单位体积内反应进度随时间的变化率为反应速率

$$r \equiv \frac{1}{V}\frac{d\xi}{dt} = \frac{1}{V\nu_B}\frac{dn_B}{dt} \tag{7-2}$$

对于体积不变的反应体系,式(7-2)为

$$r = \frac{1}{\nu_B}\frac{dc(B)}{dt} \tag{7-3}$$

对化学反应 $a\mathrm{A}+d\mathrm{D}\Longrightarrow g\mathrm{G}+h\mathrm{H}$,反应速率

$$r=-\frac{1}{a}\frac{\mathrm{d}c(\mathrm{A})}{\mathrm{d}t}=-\frac{1}{d}\frac{\mathrm{d}c(\mathrm{D})}{\mathrm{d}t}=\frac{1}{g}\frac{\mathrm{d}c(\mathrm{G})}{\mathrm{d}t}=\frac{1}{h}\frac{\mathrm{d}c(\mathrm{H})}{\mathrm{d}t}$$

可以用反应体系中任一种反应物或生成物的浓度随时间变化表示反应速率。反应体系内各物质的计量数不同,反应速率的数值与化学反应方程式的书写方式有关,与考察的物质无关,也与化学计量数无关。

根据式(7-3),反应速率 r 的量纲为浓度·时间$^{-1}$,SI 单位为 $\mathrm{mol \cdot m^{-3} \cdot s^{-1}}$,习惯上常用 $\mathrm{mol \cdot dm^{-3} \cdot s^{-1}}$。

7.1.2 基元反应

由反应物一步变化直接得到生成物的反应称为基元反应(elementary reaction)。由若干基元反应组成的反应称为复合反应或复杂反应。

反应体系内物质浓度与反应速率的关系称为速率方程,一般通过实验来确定。对基元反应 $a\mathrm{A}+d\mathrm{D}\Longrightarrow g\mathrm{G}+h\mathrm{H}$,速率方程为 $r=kc^{a}(\mathrm{A})c^{d}(\mathrm{D})$,这个关系就是质量作用定律(law of mass action)。质量作用定律不能直接用于复合反应。

7.1.3 反应级数

速率方程一般可表示为反应物浓度某方次的乘积,$r=kc^{\alpha}(\mathrm{A})c^{\beta}(\mathrm{D})\cdots$,式中各浓度项指数的加和称为反应级数(order of reaction)n,$n=\alpha+\beta+\cdots$。当 $n=1$ 时称为一级反应(first order reaction),$n=2$ 时称为二级反应(second order reaction),余者类推。反应级数是通过实验测得的,且可因条件改变而变化。例如,蔗糖水解是二级反应,但在反应体系中水的量较大时,反应前后水的量几乎未改变,则此反应表现为一级反应。

反应级数的数值可以是整数,也可以是分数、零,甚至在某些特殊情况下是负数。

简单反应的级数一般为正整数。复合反应的级数则可能比较复杂,有的甚至无级数可言。例如,反应 $\mathrm{H_2+Br_2 \longrightarrow 2HBr}$,机理很复杂,其反应速率的经验表达式为

$$r=\frac{k_1 c(\mathrm{H_2})c^{1/2}(\mathrm{Br_2})}{1+k_2 c(\mathrm{HBr})/c(\mathrm{Br_2})}$$

7.1.4 速率常数 k

速率方程 $r=kc^{\alpha}(\mathrm{A})c^{\beta}(\mathrm{D})\cdots$ 中的 k 称为速率常数(rate constant)。其物理意义是各反应物均为单位浓度时的反应速率,大小与反应物的浓度无关。对于一个给定的反应,温度一定时 k 是常数;改变温度,或使用催化剂时,k 会发生变化。

速率常数 k 有量纲,不同级数的反应,速率常数的量纲不一样。从速率方程式可以看出 k 的量纲为 $(\mathrm{mol \cdot dm^{-3}})^{1-n} \cdot \mathrm{s}^{-1}$。

速率常数 k 是一个重要的动力学参数,它的大小直接反映化学反应进行的快慢。动力学研究工作的一个重要内容就是测定速率常数 k。

7.1.5 反应分子数

基元反应中同时参加反应的"分子"数目称为该基元反应的反应分子数(molecularity of reaction)。"分子"在这里指广义的微观粒子,可以是分子、原子、离子、自由基等。基元反应的

反应分子数与其反应级数在数值上是一致的。对复合反应,则无反应分子数可言。

7.2　简单级数反应

简单级数反应指的是一级、二级、三级和零级反应等。某些复合反应也可能有简单级数。例如,$H_2 + I_2 \longrightarrow 2HI$,$r = kc(H_2)c(I_2)$,表现为二级反应。但该反应是一个复合反应:

$$I_2 \Longrightarrow 2I \cdot \tag{i}$$

$$2I \cdot + H_2 \longrightarrow 2HI \tag{ii}$$

7.2.1　一级反应

设反应 $A \longrightarrow P$,反应物 A 的起始浓度为 a,产物 P 的起始浓度为 0;t 时刻 A 的浓度 $c_A = a - x$,P 的浓度为 x。则速率方程可写为

$$r = -\frac{dc(A)}{dt} = k_1 c(A)$$

$$-\frac{d(a-x)}{dt} = k_1 (a-x)$$

分离变量,解微分方程可得

$$\ln(a-x) - \ln a = -k_1 t \tag{7-4a}$$

即

$$\ln\left(\frac{a}{a-x}\right) = k_1 t \tag{7-4b}$$

或

$$(a-x) = a e^{-k_1 t} \tag{7-4c}$$

式(7-4a)表明,反应物浓度的对数 $\ln(a-x)$ 与时间 t 之间有线性关系。

反应物消耗一半所需的时间称为半衰期(half-life time),用 $t_{1/2}$ 表示。从式(7-4b)可知,一级反应的半衰期

$$t_{1/2} = \frac{1}{k_1}\ln 2 = \frac{0.693}{k_1} \tag{7-5}$$

由式(7-5)知,一级反应的半衰期与反应物的浓度无关,在一定条件下是常数。蜕变反应、分解反应、重排反应等均属一级反应。土壤中的很多吸附反应、农药降解反应等往往具有一级反应的特征。生物过程中的某些反应也属于一级反应,如微生物繁殖,其代期在一定条件下是常数。

例 7-1　放射性同位素 ^{32}P 经 β 衰变 $^{32}_{15}P \longrightarrow ^{32}_{16}S + \beta$,10d 后样品的活性降低 38.42%,求衰变的速率常数 k_1 和半衰期 $t_{1/2}$。

解　由于放射性同位素的活性与其浓度成正比,故设 $^{32}_{15}P$ 的起始浓度为 100%,10d 后的浓度则为 $(100 - 38.42)\% = 61.58\%$,由式(7-4b)得

$$\ln\frac{100\%}{61.58\%} = k_1 \times 10d$$

解得 $k_1 = 0.0485 d^{-1}$,代入式(7-5)得 $t_{1/2} = 14.3 d$。

7.2.2　二级反应

二级反应有两种类型:$2A \longrightarrow P$ 或 $A + B \longrightarrow P$,设 A 和 B 的起始浓度 $c(A_0)$ 和 $c(B_0)$ 分

别为 a 和 b，时刻 t 时 $c(A)=a-x$，$c(B)=b-x$，$c(P)=x$。

当 $a=b$ 时

$$r = \frac{\mathrm{d}x}{\mathrm{d}t} = k_2(a-x)^2$$

可解得

$$\frac{1}{a-x} - \frac{1}{a} = k_2 t \tag{7-6}$$

即 $1/(a-x)$ 与 t 有线性关系，并据此可求得速率常数 k_2。从式(7-6)可得半衰期 $t_{1/2}=1/ak_2$，半衰期与反应物的起始浓度成反比。

当 $a \neq b$ 时

$$r = \frac{\mathrm{d}x}{\mathrm{d}t} = k_2(a-x)(b-x)$$

可解得

$$\frac{1}{a-b}\ln\frac{a-x}{b-x} - \frac{1}{a-b}\ln\frac{a}{b} = k_2 t \tag{7-7}$$

即 $\ln\dfrac{a-x}{b-x}$ 与 t 有线性关系。由于反应物 A 和 B 的起始浓度不同，其半衰期也不一样。

第一类型 $2A \longrightarrow P$ 的动力学特征可用类似的推导方法得知。

*7.2.3 三级反应和零级反应

三级反应较为复杂，多出现在液相体系中，气相中典型的三级反应有 NO 与 O_2、Cl_2、Br_2 的反应。设有一个三级反应 $A+B+C \longrightarrow P$，若反应物的起始浓度 $a=b=c$，则速率方程可写为

$$r = \mathrm{d}x/\mathrm{d}t = k_3(a-x)^3$$

可以解得

$$\frac{1}{2}\left[\frac{1}{(a-x)^2} - \frac{1}{a^2}\right] = k_3 t \tag{7-8}$$

即 $1/(a-x)^2$ 与 t 有线性关系。这种三级反应的半衰期 $t_{1/2}=\dfrac{3}{2}\dfrac{1}{a^2 k_3}$。

反应速率与反应物浓度无关的反应称为零级反应。某些表面催化反应和光化学反应，酶催化反应等具有零级反应的特征。零级反应的速率方程为 $r = -\dfrac{\mathrm{d}c(A)}{\mathrm{d}t} = k_0$ 或 $r = \mathrm{d}x/\mathrm{d}t = k_0$，移项解得

$$x = k_0 t \tag{7-9}$$

即 x 与 t 有线性关系，半衰期 $t_{1/2}=a/2k_0$。

各种简单级数反应的特征列于表 7-1。

表 7-1 简单级数反应的特征

级数	类型	k 的量纲	速率公式积分式	直线关系	$t_{1/2}$
1	$A \longrightarrow P$	t^{-1}	$\ln(a-x)-\ln a=-k_1 t$	$\ln(a-x)\text{-}t$	$\ln 2/k_1$
2	$A+B \longrightarrow P$ ($a=b$)	$c^{-1}t^{-1}$	$\dfrac{1}{a-x}-\dfrac{1}{a}=k_2 t$	$\dfrac{1}{a-x}\text{-}t$	$1/k_2 a$
	$A+B \longrightarrow P$ ($a \neq b$)	$c^{-1}t^{-1}$	$\dfrac{1}{a-b}\ln\dfrac{(a-x)}{(b-x)}-\dfrac{1}{a-b}\ln\dfrac{a}{b}=k_2 t$	$\ln\dfrac{(a-x)}{(b-x)}\text{-}t$	$t_{1/2}(A) \neq t_{1/2}(B)$

续表

级数	类型	k 的量纲	速率公式积分式	直线关系	$t_{1/2}$
3	$A+B+C \longrightarrow P$ $(a=b=c)$	$c^{-2}t^{-1}$	$\dfrac{1}{(a-x)^2}-\dfrac{1}{a^2}=2k_3t$	$\dfrac{1}{(a-x)^2}\text{-}t$	$\dfrac{3}{2a^2k_3}$
0	$A \longrightarrow P$	ct^{-1}	$x=k_0t$	$x\text{-}t$	$\dfrac{a}{2k_0}$

7.2.4 反应级数的确定

反应级数是重要的动力学参数,可以说明反应物的浓度与速率的关系,也可以为明确反应机理提供帮助。

1. 尝试法

利用表 7-1 中列出的特征来判断反应级数。将实验测得 $c\text{-}t$ 数据代入各积分方程,看哪个方程的 k 值是常数,以确定反应级数。或用作图方法,根据表 7-1 中所列的各种线性关系作图,看哪个图形是直线。

例 7-2 对反应 $2N_2O_5(g) \Longrightarrow 4NO_2(g)+O_2(g)$,在 318K 下测得 N_2O_5 的浓度如下(已换算为标准状态):

t/min	0	20	40	60	80	100	120	140	160
$c/(mol \cdot m^{-3})$	17.6	9.73	5.46	2.95	1.67	0.94	0.50	0.28	0.16

求该反应的级数和速率常数及半衰期。

解 先试该反应是否为一级反应。表 7-1 中的 $\ln(a-x)$ 即为 $\ln\dfrac{c}{c^{\ominus}}$,$k_1=\left(\ln\dfrac{c_0}{c^{\ominus}}-\ln\dfrac{c}{c^{\ominus}}\right)\Big/t$,计算结果如下:

t/min	0	20	40	60	80	100	120	140	160
$c/(mol \cdot m^{-3})$	17.6	9.73	5.46	2.95	1.67	0.94	0.50	0.28	0.16
$\ln\dfrac{c}{c^{\ominus}}$	2.87	2.28	1.70	1.08	0.51	−0.06	−0.69	−1.27	−1.83
k_1/min^{-1}	—	0.0295	0.0293	0.0298	0.0295	0.0293	0.0297	0.0296	0.0294

根据 k 的数值可判断该反应为一级反应,k_1 的平均值为 $0.0295min^{-1}$,半衰期为 34.5min。

另解 以 $\ln\dfrac{c}{c^{\ominus}}$ 对 t 作图,可得一条直线(图 7-1)。故可判断该反应为一级反应,直线的斜率为 $-k_1$,所以 $k_1=0.0295min^{-1}$。

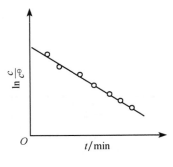

图 7-1 例 7-2 $\ln\dfrac{c}{c^{\ominus}}\text{-}t$ 图

用尝试法(积分法)确定反应级数简单易行,较为方便,然而对于较复杂的反应却不能解决问题。

2. 初速率法

在反应初始阶段,变化比较简单,复杂的因素较少。只要反应速率不是特别快,可以近似处理,利用初速率求得反应级数。

设反应 $A \longrightarrow P$ 的初速率为 r_0

$$r_0 = r = k(a-x)^n \approx ka^n \qquad (7\text{-}10)$$

$$\ln r_0 = \ln k + n\ln a \qquad (7\text{-}11)$$

在不同的起始浓度下测定初速率,即在不同起始浓度的 $c\text{-}t$

图上求各曲线在 $t=0$ 时的切线斜率 r_0。再以 $\ln r_0$ 对 $\ln \dfrac{c}{c^{\ominus}}$ 作图,所得直线的斜率就是反应级数(图 7-2)。

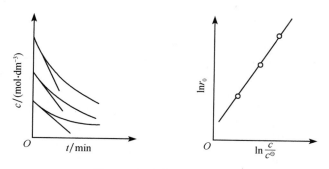

图 7-2　初速率法确定反应级数

3. 孤立法

当速率方程涉及几种不同物质的浓度时,用上述方法求反应级数就很麻烦。在此情况下,孤立法更为适用。

设某反应速率方程为 $r=kc^{\alpha}(A)c^{\beta}(D)$,反应级数 $n=\alpha+\beta$。若某种物质过量很多,其浓度在反应过程中可以认为没有发生变化,则反应速率只随另一物质的浓度改变。用这种方法可以分别测定该反应对物质 A 的级数 α 和对 D 的级数 β,从而测得反应的级数 $n=\alpha+\beta$。

7.3　温度对反应速率的影响

升高温度可以加快反应速率。有一条根据实验归纳出来的近似规律:温度每升高 $10\,^{\circ}\!\mathrm{C}$,化学反应的速率增加 2~4 倍,即

$$\frac{k_{t+10}}{k_t}=2\sim 4 \tag{7-12}$$

这条规律称为范特霍夫规则,利用它可粗略估计温度与反应速率的关系。

反应速率与温度的关系并不都符合上述规则,就目前所知,主要有如图 7-3 所示的五种类型。

图 7-3 中(a)类型是反应速率随温度升高而加快,大多数化学反应均属于这一类型;(b)类型是有爆炸极限的反应,当温度达到一定极限时,反应高速进行,发生爆炸;(c)类型反应的速率也是随温度升高而加快,但超过某一温度后反应速率下降,生物体内的反应多属于这一类型;(d)类型是在温度升高时有副反应发生的复杂情况;(e)类型是反常的,温度升高,反应速率下降,如 NO 氧化生成 NO_2。

图 7-3(a)类型反应最多,反应速率与温度之间有指数关系,本书主要讨论这一类型反应。

7.3.1　阿伦尼乌斯公式

阿伦尼乌斯根据大量的实验事实,提出有关反应速率和温度关系的经验公式

$$\ln\{k\}=-\frac{E_a}{R}\frac{1}{T}+B \tag{7-13}$$

这是阿伦尼乌斯公式的不定积分式,表明 $\ln\{k\}$ 与 $1/T$ 之间有线性关系,B 为积分常数,R 为摩尔气体常量,E_a 为活化能(activation energy)。该公式还有其他几种形式:

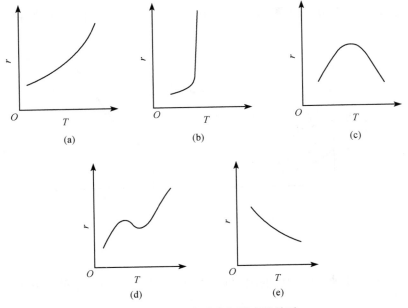

图 7-3　反应速率与温度的关系

指数式

$$k = A\exp(-E_a/RT) \tag{7-14}$$

微分式

$$\frac{\mathrm{d}\ln\{k\}}{\mathrm{d}T} = \frac{E_a}{RT^2} \tag{7-15}$$

定积分式

$$\ln\frac{k_2}{k_1} = \frac{-E_a}{R}\left(\frac{1}{T_2} - \frac{1}{T_1}\right) \tag{7-16}$$

式(7-14)中的 A 是指前因子(pre-exponential factor),又称为频率因子(frequency factor),它与碰撞频率有关,是一个重要的动力学参数。

7.3.2　活化能 E_a

活化能 E_a 是另一个重要的动力学参数,其数值的大小对反应速率影响很大,式(7-14)中 E_a 出现在指数上就说明了这一点。E_a 值越小,反应速率越大。

一般化学反应的活化能为 $42 \sim 420 \mathrm{kJ \cdot mol^{-1}}$。由于不同反应的活化能不同,故可发生反应的温度也不同。一般来说

$$E_a < 63 \mathrm{kJ \cdot mol^{-1}} \qquad 在室温下瞬时反应$$
$$E_a \approx 100 \mathrm{kJ \cdot mol^{-1}} \qquad 在室温或稍高温度下反应$$
$$E_a \approx 170 \mathrm{kJ \cdot mol^{-1}} \qquad 在200℃左右反应$$
$$E_a \approx 300 \mathrm{kJ \cdot mol^{-1}} \qquad 在800℃左右反应$$

若采用适当的方法或选用合适的催化剂降低反应的活化能,则反应速率可以大大提高,同时还可以降低反应所需的温度。

根据阿伦尼乌斯公式的不定积分式(7-13),$\ln k$ 与 $1/T$ 的线性关系的斜率为 $-E_a/R$,故升高温度对活化能较大的反应影响较大,其反应速率增大的倍数比活化能较小的反应要大得多。

分子相互作用发生反应的必要条件之一是它们必须接触。根据气体分子运动论,分子相互碰撞的频率很高,显然不是每一次碰撞都能有效地发生反应,只有少数能量较高的分子碰撞才

是有效的。反应体系中这些少数能量较高的分子称为活化分子。一般的分子具有平均能量,只有在获取一定能量以后才能成为活化分子。活化分子具有的能量与全部反应物分子平均能量之间的差值就是活化能,用 E_a 表示。

一般认为 E_a 的大小与温度无关。反应体系温度升高时,活化分子的数量增多,浓度加大,故反应速率增加。实际上当实验温度变化很大时,特别是在反应物分子结构复杂时,E_a 是与温度有关的。

活化能 E_a 的大小可以通过实验测定。对于基元反应,E_a 有比较明确的物理意义,对于复合反应,其意义就不甚明确。故复合反应的活化能是一个表观活化能。

7.3.3 活化能测定

活化能 E_a 和指前因子 A 都是重要的动力学参数,可以利用阿伦尼乌斯公式实验测得。

例 7-3 在 $0.1\,mol \cdot dm^{-3}$ HCl 水溶液中 $(NH_2)_2CO + H_2O \longrightarrow (NH_4)_2CO_3$,334K 时速率 $k_1 = 0.713 \times 10^{-5}\,min^{-1}$,344K 时 $k_2 = 2.77 \times 10^{-5}\,min^{-1}$,求 E_a 和 A 值。

解 将实验数据代入式(7-16),得

$$\ln \frac{0.713 \times 10^{-5}}{2.77 \times 10^{-5}} = \frac{-E_a}{8.314\,J \cdot mol^{-1} \cdot K^{-1}} \times \left(\frac{1}{334K} - \frac{1}{344K}\right)$$

解得

$$E_a = 130\,kJ \cdot mol^{-1}$$

再将 k 和 E_a 值代入式(7-14)中,得

$$0.713 \times 10^{-5}\,min^{-1} = A\exp[-130 \times 10^3\,J \cdot mol^{-1} / (8.314\,J \cdot mol^{-1} \cdot K^{-1} \times 334K)]$$

解得

$$A = 1.32 \times 10^{15}\,min^{-1}$$

注意:指前因子 A 与速率常数 k 的量纲一致。

7.3.4 求反应的适宜温度

要使反应以一定的速率进行,在一定时间内达到应有的转化率,须选择适宜的温度。

例 7-4 溴乙烷分解反应的活化能 $E_a = 229.3\,kJ \cdot mol^{-1}$,650K 时速率常数 $k = 2.14 \times 10^{-4}\,s^{-1}$。要使该反应在 10min 内完成 90%,反应温度应控制在多少?

解 先求指前因子 A

$$A = k\exp(E_a/RT) = 2.14 \times 10^{-4}\,s^{-1} \times \exp[229.3 \times 10^3\,J \cdot mol^{-1} / (8.314\,J \cdot mol^{-1} \cdot K^{-1} \times 650K)]$$
$$= 5.73 \times 10^{14}\,s^{-1}$$

根据 k 的量纲可知该反应为一级反应,设反应适宜温度 T 时的速率常数为 k',则

$$k' = A\exp(-E_a/RT) = 5.73 \times 10^{14} \times \exp(-E_a/RT)$$

代入一级速率方程可得

$$\ln \frac{a}{a-x} = k't$$

代入 $x = 0.9a$,$t = 600s$,则

$$\ln \frac{a}{a - 0.9a} = 5.73 \times 10^{14}\,s^{-1} \times \exp\left(\frac{-229.3 \times 10^3\,J \cdot mol^{-1}}{8.314\,J \cdot mol^{-1} \cdot K^{-1} \times T}\right) \times 600s$$
$$T = 697K$$

该反应控制在 697K 进行,可在 10min 内完成 90%。

7.4 复合反应及近似处理

由两个或两个以上基元反应组成的反应称为复合反应(complex reaction),也称复杂反应。复合反应的类型很多,在此讨论几种典型的复合反应。

7.4.1 对峙反应

在正方向和逆方向上可以同时进行反应,且正反应速率与逆反应速率的大小可相比拟,这类反应就是对峙反应(opposing reaction),也称可逆反应。

严格说来,任何化学反应都是对峙反应。化学反应都有平衡常数,在热力学上说明了这一点。但有些反应中正反应与逆反应速率相差很多,平衡远远地偏向于一边,这就是通常所说的"反应完全",这些反应在动力学上不作为对峙反应。

根据正反应与逆反应的级数,对峙反应可以有 1-1 级、2-2 级、1-2 级、2-1 级等多种类型。

最简单的 1-1 级对峙反应,如 $\alpha\text{-D-}$葡萄糖 $\Longleftrightarrow \beta\text{-D-}$葡萄糖,可写为 $R \underset{k_-}{\overset{k_+}{\rightleftharpoons}} P$,$k_+$ 和 k_- 分别表示正向反应和逆向反应的速率常数。设反应开始时 R 和 P 的浓度分别为 a 和 0,在时刻 t 分别为 $a-x$ 和 x,达平衡时分别为 $a-x_e$ 和 x_e。

正反应速率 $\qquad r_+ = k_+(a-x)$

逆反应速率 $\qquad r_- = k_- x$

总反应速率 $\qquad r = \dfrac{\mathrm{d}x}{\mathrm{d}t} = k_+(a-x) - k_- x$

即

$$\frac{\mathrm{d}x}{\mathrm{d}t} = k_+ a - k_+ x - k_- x$$

分离变量,积分得

$$\int_0^x \frac{\mathrm{d}x}{k_+ a - (k_+ + k_-)x} = \int_0^t \mathrm{d}t$$

$$\ln \frac{a}{a - \left(\dfrac{k_+ + k_-}{k_+}\right)x} = (k_+ + k_-)t \tag{7-17}$$

达平衡时

$$r_+ = k_+(a - x_e) = r_- = k_- x_e$$

$$a = \frac{k_+ + k_-}{k_+} x_e$$

代入式(7-17)得

$$\ln \frac{\dfrac{k_+ + k_-}{k_+} x_e}{\dfrac{k_+ + k_-}{k_+} x_e - \dfrac{k_+ + k_-}{k_+} x} = (k_+ + k_-)t$$

即

$$\ln \frac{x_e}{x_e - x} = (k_+ + k_-)t \tag{7-18}$$

t 时刻的 x 值和平衡时的 x_e 值均可测得,而 $k_+/k_- = K$,该反应的平衡常数 K 可用热力学方法测得,这样就可以求得对峙反应的速率常数 k_+ 和 k_-。

7.4.2 平行反应

反应物可以同时进行几个相互独立的不同反应,其组合就是平行反应(side reaction),也称骈支反应。例如,苯酚硝化时,三个平行反应同时发生,分别得到三种产物。三种产物中,邻硝基苯酚的相对量最多。将这种反应速率最快、产物最多的反应称为平行反应中的主反应,其他反应称为副反应。这种称谓是相对的,各个反应的速率也会随条件的改变而变化。

一个最简单的平行反应可以表示为

$$R \Big\langle \begin{array}{c} \xrightarrow{k_1} P_1 \\ \xrightarrow{k_2} P_2 \end{array}$$

设 R、P_1、P_2 的起始浓度分别为 a、0、0,在时刻 t 浓度分别为 $a-x_1-x_2$、x_1、x_2,则

$$\frac{x_1}{x_2} = \frac{k_1}{k_2} = 常数 \tag{7-19}$$

说明平行反应中,各反应的速率之比等于各反应产物数量之比。由于各平行反应同时进行,反应的总速率等于各平行反应速率之和。

$$r_总 = r_1 + r_2 \tag{7-20a}$$

$$k_总 = k_1 + k_2 \tag{7-20b}$$

因此只要测得平行反应的总速率,根据反应物和各产物的浓度 a、$a-x_1-x_2$、x_1、x_2 等就可以求得各反应的速率。

7.4.3 连串反应

一个反应的产物是下一步反应的反应物,如此连续进行的反应系列称为连串反应(consecutive reaction),也称连续反应。例如,甲烷氯化生成的一氯甲烷还可继续反应,生成二氯甲烷、氯仿和四氯化碳。

最简单的连串反应可写成 $R \xrightarrow{k_1} M \xrightarrow{k_2} P$。设 R、M 和 P 在反应开始时的浓度分别为 a、0 和 0,在时刻 t 分别为 x、y 和 z,则该反应的速率方程为

$$- dc(R)/dt = - dx/dt = k_1 x$$

$$dc(M)/dt = dy/dt = k_1 x - k_2 y$$

$$dc(P)/dt = dz/dt = k_2 y$$

解此三个微分方程可得

$$x = a\exp(-k_1 t) \tag{7-21}$$

$$y = \frac{k_1 a}{k_2 - k_1}[\exp(-k_1 t) - \exp(-k_2 t)] \tag{7-22}$$

$$z = a\left\{1 - \frac{k_2}{k_2 - k_1}[\exp(-k_1 t)] + \frac{k_1}{k_2 - k_1}[\exp(-k_2 t)]\right\} \tag{7-23}$$

将 R、M、P 的浓度对时间 t 作图,得图 7-4。从图 7-4 中可以看出,R 的浓度逐渐降低,P 的浓度逐渐增大,而中间产物 M 的浓度先增大,到某一时刻达到最大值后降低。当中间产物 M 是期望的产品时,必须控制反应时间,在 M 的浓度达到最大值时终止反应,以期获得最高的产率。

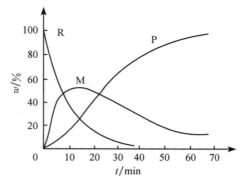

图 7-4　连续一级反应的 $w\text{-}t$ 图

设 M 浓度达到最大值的时间为 $t_{M_{max}}$，此时 $dc(M)/dt = dy/dt = 0$，从式(7-22)可得

$$t_{M_{max}} = \frac{\ln(k_1/k_2)}{k_1 - k_2} \tag{7-24}$$

*7.4.4　链反应(连锁反应)

在链反应(chain reaction)过程中包含自由基的生成和消失，反应一旦开始，就像链条一样，一环接一环地连续进行。链反应一般包括三个阶段：链引发、链传递、链终止。以 Cl_2 和 H_2 反应为例：

(1) 链引发

$$Cl_2 \xrightarrow{h\nu} 2Cl\cdot$$

由于光照、加热、加入引发剂等在反应体系中产生自由基。

(2) 链传递

$$Cl\cdot + H_2 \longrightarrow HCl + H\cdot$$
$$H\cdot + Cl_2 \longrightarrow HCl + Cl\cdot$$

自由基与反应物发生反应，旧自由基消失，同时新自由基产生，反复不断，从而使反应继续进行下去。

(3) 链终止

$$2H\cdot + M \longrightarrow H_2 + M$$
$$2H\cdot \longrightarrow H_2$$

自由基与惰性物质或器壁碰撞而消除，或自由基两两结合形成分子。

*7.4.5　复合反应的近似处理

化学动力学研究的重要内容之一就是确定反应机理，即反应物通过什么途径，经由哪些步骤转化为产物。确定反应机理是一项艰巨繁杂的工作，对于复合反应更是如此。在农业科学和生物科学中，常涉及许多复杂的复合反应，对这些反应要完全弄清反应机理是很困难的。但是有时可以运用某些近似的处理方法解决复合反应的动力学问题，在很多场合中是方便而且适宜的。

1. 速率控制步

组成复合反应的每一个基元反应称为一个步骤。在许多步骤中可能有一个步骤进行得最慢，则总的反应速率就由这个最慢的步骤决定，这个步骤就称为速率控制步(rate determine step)。

例如，蛭石上的离子交换反应

$$Na^+(aq) + K^+\text{-蛭石} \Longrightarrow K^+(aq) + Na^+\text{-蛭石}$$

该反应可能包括以下步骤:

(1) Na^+ 从溶液本体扩散通过蛭石颗粒周围的液膜。

(2) Na^+ 扩散通过蛭石颗粒内的孔穴和缝隙到达表面吸附点位。

(3) Na^+ 与蛭石表面吸附点位上吸附的 K^+ 发生交换反应。

(4) 交换下来的 K^+ 离开表面吸附点位扩散通过蛭石颗粒内的孔穴和缝隙。

(5) K^+ 扩散通过蛭石颗粒周围的液膜进入溶液本体。

上述步骤中(1)和(5)是膜扩散,(2)和(4)是颗粒扩散,(3)是化学反应。一般而言物质扩散迁移的过程较慢,化学反应则较快。在本例中颗粒扩散是最慢的步骤,是速率控制步。

2. 平衡假设

若在反应过程中包含一个对峙反应,正向反应和逆向反应的速率都很大,而在该对峙反应之后跟随着一个速率控制步的慢反应,就可以近似地认为对峙反应处于平衡状态。例如,复合反应

$$A + B \underset{k_-}{\overset{k_+}{\rightleftharpoons}} M \qquad \text{(快反应)}$$

$$M \overset{k_2}{\longrightarrow} P \qquad \text{(慢反应)}$$

由于 $k_- \gg k_2$,故可近似认为快反应已达到平衡,则

$$k_+ c(A)c(B) \approx k_- c(M)$$

$$c(M) \approx \frac{k_+}{k_-} c(A)c(B) \qquad (7\text{-}25)$$

从第二个慢反应可得

$$\frac{dc(P)}{dt} = k_2 c(M)$$

将式(7-25)代入,得

$$\frac{dc(P)}{dt} = k_2 c(M) \approx \frac{k_2 k_+}{k_-} c(A)c(B) = kc(A)c(B) \qquad (7\text{-}26)$$

可见,作了平衡假设之后,产物的生成速率可以直接用反应物的浓度表示。

3. 稳态近似

稳态是体系性质不随时间变化的状态。例如,要维持反应体系 $A \overset{k_1}{\longrightarrow} M \overset{k_2}{\longrightarrow} P$ 处于稳态,就必须从外界不断提供 A,维持 A 的浓度不变。经一定时间后,M 的浓度也稳定不变。若将生成物 P 源源不断地从反应体系中抽出,以维持 P 的浓度也不变,则在此开放体系中

$$dc(M)/dt = k_1 c(A_0) - k_2 c(M) = 0$$

可以解此微分方程得

$$c(M) = \frac{k_1}{k_2} c(A_0)[1 - \exp(-k_2 t)] \qquad (7\text{-}27)$$

t 值足够大时,$c(M)$ 有最大值 $\frac{k_1}{k_2} c(A_0)$,这就是 M 的稳态浓度。显然 k_2 值越大,M 趋于稳态的时间越短,M 的稳态浓度越小。

只有在开放体系中才可能有真正的稳态。在封闭体系中进行连串反应 $A \overset{k_1}{\longrightarrow} M \overset{k_2}{\longrightarrow} P$ 时,A 的浓度不断减小,P 的浓度逐渐增加,M 的浓度 $c(M)$ 及其消耗速率 $dc(M)/dt$ 也随时间

变化。当 $k_2 \gg k_1$ 时，$k_1/k_2 \ll 1$，此时 M 转化为 P 的速率比 M 的生成速率快得多。体系中 M 的浓度始终极小，它对时间的变化率也极小，可近似认为是 0。在此条件下可得

$$dc(M)/dt = k_1 c(A) - k_2 c(M_s) \approx 0 \tag{7-28}$$

这不是真正的稳态，而是对 M 作的稳态近似处理。式中 $c(M_s)$ 为中间产物 M 的稳态近似浓度，$c(M_s) = \dfrac{k_1}{k_2} c(A)$。由于反应体系中 M 一旦生成就立即转化为 P，整个反应如同 A $\longrightarrow$ P 一样，故有 $-dc(A)/dt = dc(P)/dt$。

速率控制步、平衡假设和稳态近似都是化学动力学中近似处理的方法。对于机理复杂的反应，适当地应用这些方法可以免去复杂的微分方程求解，比较简便地得出与实验结果相符或相近的速率方程。

7.5　化学反应速率理论

阿伦尼乌斯公式较好地说明了反应速率与温度的关系，并提出活化能 E_a 和指前因子 A 这两个重要的动力学参数。然而，这两个参数的微观实质及其计算以及反应的速率常数理论计算等都是化学反应速率理论需要解决的问题。在反应速率理论的发展过程中，先后建立了碰撞理论和过渡态理论。

7.5.1　碰撞理论

碰撞理论（collision theory）是在气体分子运动论的基础上建立起来的。该理论假设气体反应中，分子都是刚性小球，必须相互碰撞才可能发生反应。但并非每次碰撞都能发生反应，许多碰撞是无效的，只能导致分子间能量的交换。体系中少数分子能量很高，分子之间的相对平动能超过某一临界值 E，它们碰撞时才能发生反应。

根据麦克斯韦（Maxwell）-玻尔兹曼能量分布规律，体系中分子总数为 n 时，能量高于 E 值的分子数为 n_E，n_E 在 n 中所占的分数

$$q = n_E/n = \exp(-E/RT) \tag{7-29}$$

对于双分子反应体系 A+B $\longrightarrow$ P，根据气体分子运动论，在一定温度下，单位时间单位体积内 A 与 B 的碰撞次数

$$Z_{AB} = \pi(r_A + r_B)^2 \sqrt{\frac{8k_B T(M_A + M_B)}{\pi M_A M_B}} \left(\frac{N_A}{V}\right)\left(\frac{N_B}{V}\right) = \sigma \sqrt{\frac{8k_B T}{\pi \mu}} L^2 c(A) c(B) \tag{7-30}$$

式中：r_A 和 r_B 分别为分子 A 和 B 的半径；M_A 和 M_B 分别为 A 和 B 的相对分子质量；N_A/V 和 N_B/V 分别为单位体积中 A 和 B 的分子数目；$c(A)$ 和 $c(B)$ 分别为 A 和 B 的浓度；k_B 为玻尔兹曼常量；T 为热力学温度；σ 为碰撞截面 $\pi(r_A + r_B)^2$；L 为阿伏伽德罗（Avogadro）常量；μ 为折合质量 $M_A M_B/(M_A + M_B)$。

可以发生反应的有效碰撞次数

$$Z_{AB}^* = q Z_{AB} = Z_{AB} \exp[-E/(RT)] \tag{7-31}$$

所以反应速率

$$r = -dc(A)/dt = -\frac{1}{LV}\frac{dN_A}{dt} = Z_{AB}^*/L = \sigma L \sqrt{\frac{8k_B T}{\pi \mu}} \exp[-E/(RT)] c(A) c(B) \tag{7-32}$$

双分子基元反应的速率 $r = -dc(A)/dt = kc(A)c(B)$，将此式与式（7-32）相比较，可得

$$k = \sigma L \sqrt{\frac{8k_\mathrm{B}T}{\pi\mu}} \exp[-E/(RT)] \tag{7-33}$$

式(7-33)有重要的意义:①从理论上导出了双分子气体反应的速率常数 k。②此式与阿伦尼乌斯公式(7-14)在形式上完全相同,但一个是临界能 E,另一个是活化能 E_a。$E_\mathrm{a}=E+\frac{1}{2}RT$,当 $E\gg\frac{1}{2}RT$ 时,$E_\mathrm{a}\approx E$。可以用阿伦尼乌斯公式中的活化能 E_a 代替临界能 E。③据此还可以从理论上计算出指前因子

$$A = \sigma L \sqrt{8k_\mathrm{B}T/(\pi\mu)} \tag{7-34}$$

这样对速率常数 k 和指前因子 A 的计算结果,在某些反应中与实验值符合较好,这是碰撞理论的成功之处。但在多数反应中,计算结果与实验值相差甚远。有人指出问题在于气体分子运动论中,把分子看成无内部结构的刚性小球,但实际上分子有一定的几何形状,有一定的空间结构。分子间发生反应时,除了必须具有足够高的相对平动能之外,还必须考虑碰撞时分子的空间方位。故在式(7-33)中须加一个校正因子 P,又称为方位因子,使理论计算值与实验值相符合。

$$k = P\sigma L \sqrt{8k_\mathrm{B}T/(\pi\mu)} \exp[-E/(RT)] \tag{7-35}$$

或

$$k = PA \exp[-E/(RT)] \tag{7-36}$$

引入方位因子 P 对碰撞理论的应用有所帮助,但 P 的大小只能通过实验测得。不同反应 P 的大小差异很大,可从 $1\sim10^{-9}$。方位因子数值变化的幅度如此之大,碰撞理论中却没有适当的解释。而且碰撞理论中的临界能 E 值也不能从理论上计算出来,还须借助阿伦尼乌斯公式,根据实验测定活化能。所以碰撞理论尽管有某些成功之处,是半经验性的,具有一定的局限性。

7.5.2　过渡态理论

过渡态理论(transition state theory)是在量子力学和统计力学的基础上提出来的。该理论认为在反应过程中,反应物须经过一个过渡态,再转化为产物。在此过程中存在着化学键的重新排布和能量的重新分配。对于反应 A+BC⟶AB+C,其实际过程是

$$\mathrm{A+BC} \underset{}{\overset{快}{\rightleftharpoons}} [\mathrm{A\cdots B\cdots C}]^{\neq} \xrightarrow{慢} \mathrm{AB+C}$$

A 与 BC 反应时,A 与 B 接近并产生一定的作用力,同时 B 与 C 之间的键减弱,生成不稳定的 $[\mathrm{A\cdots B\cdots C}]^{\neq}$,称为过渡态,又称为活性复合物。此时旧键尚未完全断裂,新键还未完全建立。

为了简化,现假设 A、B、C 三个原子的原子核在一条直线上。A 沿此直线向 BC 接近,A 与 B 间的距离 l_AB 逐渐减小,作用力逐渐增强,同时 B 与 C 之间的化学键不断减弱,体系的势能逐渐升高。当 l_AB 与 B、C 间的距离 l_BC 相等时,也就是形成过渡态 $[\mathrm{A\cdots B\cdots C}]^{\neq}$ 时,体系的势能达到最高点 S。越过最高点,l_BC 越来越大,直到完全分解为 AB 和 C。反应过程中体系的势能变化如图 7-5 所示,图中的曲线是等势能线(类似于地图上的等高线),图形是反应体系的势能面。编号 1,2,3,… 分别表示势能水平,号码越大,势能越高。反应物 R 沿虚线经 S 到产物 P 是需要活化能最少的途径,若沿其他途径完成反应,所需的能量都高得多。

　　沿虚线所示的途径其反应过程与势能的关系如图 7-6 所示。反应物 A＋BC 和产物 AB＋C 均是能量低的稳定状态。过渡态是能量高、不稳定的状态。在反应物和产物之间有一高能量的势垒,过渡态是势垒上能量最低的点,又是反应过程中能量最高的点。

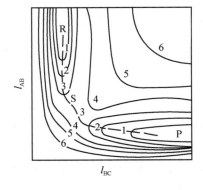
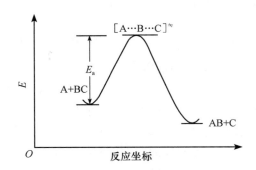

图 7-5　体系势能变化示意图　　　　图 7-6　反应物、产物和过渡态的能量关系

　　反应物吸收能量成为过渡态,反应的活化能就是翻越势垒所需的能量。过渡态极不稳定,很容易分解成原来的反应物(快反应),也可能分解为生成物(慢反应)。过渡态理论假设过渡态分解为生成物的步骤是整个反应的速率控制步。其速率常数

$$k = \nu K^{\neq} \tag{7-37}$$

式中:ν 为导致过渡态分解为生成物的键振动频率;$K^{\neq}$ 为生成过渡态的平衡常数。

　　过渡态中 A,B,C 三个原子处在一条直线上,其振动方式有四种:①←Ⓐ Ⓑ Ⓒ→;②Ⓐ→←Ⓑ Ⓒ→;③Ⓐ Ⓑ Ⓒ;④Ⓐ Ⓑ Ⓒ。这四种振动中,只有第②种方式可能造成过渡态分解而形成生成物。这种振动是"不对称伸缩振动",是无回缩力的。

　　根据量子力学理论,振动频率

$$\nu = k_B T/h = RT/Lh \tag{7-38}$$

式中:k_B、h 和 R 分别为玻尔兹曼常量、普朗克(Planck)常量和摩尔气体常量;T 为热力学温度。

　　根据统计热力学可求生成过渡态的平衡常数 $K^{\neq}$

$$K^{\neq} = \exp(-\Delta G^{\neq}/RT) \tag{7-39}$$

而

$$\Delta G^{\neq} = \Delta H^{\neq} - T\Delta S^{\neq} \tag{7-40}$$

式中:$\Delta G^{\neq}$、$\Delta H^{\neq}$ 和 $\Delta S^{\neq}$ 分别为生成过渡态时吉布斯自由能、焓和熵的改变量,分别称为活化吉布斯自由能、活化焓和活化熵。由式(7-39)和式(7-40)可得

$$K^{\neq} = \exp(\Delta S^{\neq}/R - \Delta H^{\neq}/RT) \tag{7-41}$$

将式(7-38)和式(7-41)代入式(7-37)可得

$$k = \frac{RT}{Lh}\exp(\Delta S^{\neq}/R - \Delta H^{\neq}/RT) \tag{7-42}$$

对于液体和固体反应可以近似地用 $\Delta H^{\neq}$ 代替活化能 E_a,对于气体反应则需作相应的校正。故可得

$$k = \frac{RT}{Lh}\exp(\Delta S^{\neq}/R - E_a/RT) \tag{7-43}$$

式(7-43)与碰撞理论中的式(7-36)相比较可得

$$PA = \frac{RT}{Lh}\exp(\Delta S^{\neq}/R) \tag{7-44}$$

可见 PA 项中包括熵的变化。当形成过渡态时,混乱度降低,体系的熵减小,PA 值也相应地减小,降低了反应速率。因此过渡态理论对方位因子作出了较合理的解释。

从原则上讲,只要知道过渡态的结构,就可以根据式(7-42),运用光谱学数据及统计力学和量子力学的方法计算 $\Delta S^{\neq}$ 和 $\Delta H^{\neq}$,从而求出化学反应的速率常数 k,这正是过渡态理论的成功之处。

然而对于复杂的反应体系,过渡态的结构难以确定,计算 $\Delta S^{\neq}$ 和 $\Delta H^{\neq}$ 的数值准确性很差,而量子力学对多质点体系的计算也是尚未解决的难题。这些因素造成了过渡态理论在实际反应体系中应用的困难。

7.6　快反应和现代化学动力学研究技术

链反应、自由基反应的发现促进了快速反应的研究和分子反应动态学的建立。

7.6.1　快反应

有些反应进行得很快,如土壤中有机质和黏土矿物上发生的离子交换反应,在几分钟甚至几秒钟内就已经进行完全了。还有一些反应速率更快,一般认为半衰期小于 1s 的反应属于快反应。很多离子反应、质子转移反应、自由基反应都是快反应,某些涉及蛋白质、核酸的反应以及某些酶催化反应也属于快反应。

对于快反应不可能用常规的方法和手段进行动力学研究。近代新技术可测量反应的半衰期已达到 $10^{-7}\sim10^{-9}$ s,运用现代技术已能研究 $t_{1/2}$ 为 10^{-15} s 数量级的反应。例如,已能测水溶液中 $H^+ + OH^- \longrightarrow H_2O$ 这样的快反应速率($k\approx10^{11}$ dm^3 · mol^{-1} · s^{-1})。

快反应测定技术的进步,使动力学研究进入了分子反应的微观层次,对单个分子的反应动力学进行研究。处于某一量子状态的反应物分子变成另一量子状态的产物分子,这种反应变化规律的研究就是分子反应动态学。

7.6.2　弛豫方法

弛豫方法(relaxation method)是快反应动力学研究中一种常用方法。一个已达到平衡的反应体系,在受到外界的扰动后偏离平衡状态,再趋向新的平衡态的过程称为弛豫过程。

对于对峙反应 $A \underset{k_-}{\overset{k_+}{\rightleftharpoons}} P$,规定弛豫速率常数 $k_R = k_+ + k_-$。弛豫速率常数 k_R 的倒数为弛豫时间 τ_R。

$$\tau_R = k_R^{-1} = (k_+ + k_-)^{-1} \tag{7-45}$$

弛豫时间即反应体系从偏离平衡为初始状态的 $1/e$ 处到达平衡所需的时间。

例如,使一个已达到平衡的对峙反应体系在极短的时间内($1\sim5\mu s$)温度上升 5℃。由于升温极快,浓度来不及改变,在这样的扰动下,体系偏离了平衡。以 $c(A_e)$ 为温度升高后 A 的平衡浓度,则扰动开始时($t=0$)A 的浓度与 $c(A_e)$ 的偏差 $\Delta_0 = c(A_0) - c(A_e)$。在弛豫过程中某一时刻 t,A 的浓度与 $c(A_e)$ 的偏差 $\Delta = c(A) - c(A_e)$。根据对峙反应的动力学方程式(7-18)可得

$$\ln\Delta = \ln\Delta_0 - (k_+ + k_-)t$$

即

$$\Delta = \Delta_0 \exp(-t/\tau_R) \tag{7-46}$$

测得 Δ 与 t 的关系就可求出弛豫时间 τ_R，再测得体系的平衡常数 K，则可求出 k_+ 和 k_-。这种方法称为弛豫方法。

扰动体系的方法很多，有温度扰动，称为温度跳跃；有压力扰动，称为压力跳跃；有稀释扰动，称为浓度跳跃；还有声波吸收、电场脉冲等多种扰动的方法。弛豫方法中所施用的扰动通常很小，体系偏离平衡不远，所以不论对峙反应的级数是多少，向平衡态的弛豫都可认为是一级的，Δ 仍呈指数性衰减，这在很大程度上简化了复杂反应机理的阐述。

在土壤化学研究中，运用压力跳跃技术，在 $70\mu s$ 内施加 $9.595MPa$ 的压力，测定体系电导的变化，计算弛豫时间，以研究土壤矿物组分上吸附-解吸反应，可测量半衰期 $10^{-5}s$ 的快反应动力学。

7.6.3　快速混合法

使反应物以一定流速通过一特定反应区域，从流进与流出的流体组成和浓度的变化求出反应的级数和速率。不同的溶液可在特殊设计的反应器中，在 $10^{-3}s$ 内完全混合，配以适当的流动方式(连续流动或间歇流动)以及灵敏的仪器检测方法(常用吸光光度法或量热法)，可以测量 ms 数量级的反应。

7.6.4　闪光光解技术

用一支能瞬间产生高能量、强闪光的石英闪光管，对反应体系发出骤发的强光照射，产生一种极强的扰动，这种研究反应动力学的方法称为闪光光解技术。

反应体系在极短的时间($10^{-6} \sim 10^{-4}s$)内吸收很高的能量($10^2 \sim 10^5 J$)，引起电子激发和化学反应，产生相当高浓度的激发态物质，如自由基、自由原子等。用核磁共振、紫外光谱等技术可以监测体系随时间的动态，也可以鉴定寿命极短的自由基。

闪光光解技术对于研究快反应是一个非常有效的手段。对于反应速率常数大到 $10^5 s^{-1}$ 的一级反应和大到 $10^{11} dm^3 \cdot mol^{-1} \cdot s^{-1}$ 的二级反应，用此方法都能测量。现在用超短脉冲激光器代替石英闪光管，可以检测出半衰期为 $10^{-9} \sim 10^{-2}s$ 的自由基。

7.6.5　交叉分子束技术

在一般动力学研究中，反应物和生成物分子在容器中相互频繁碰撞，能量重新分配。各种物质在测定过程中已经发生了变化，不再是其在反应时所处的状态。若从单个分子对单个分子的角度去进行实验，研究反应分子的动态，就必须把分子间的碰撞限制为简单的一次碰撞，反应以后不再发生分子碰撞。

交叉分子束技术就是研究一次碰撞过程中反应速率、反应历程和能量分布等的方法。美籍华人李远哲博士在此领域作出了杰出的贡献，并为此获得 1986 年诺贝尔(Nobel)化学奖。

分子束是指分子间无碰撞的定向定速分子流。必须在平均自由程大于 1m，也就是压力小于 $10^{-6} kPa$ 时才能近似地实现分子束中无分子间相互碰撞。实验时须将反应物分子激发，处于特定的能态，并使两股分子束在高真空的反应室内交叉，以期望分子间发生一次性碰撞。通过高度灵敏的监测仪器跟踪反应碰撞散射的各种粒子，以获得反应速率、活性复合物的寿命、产物分子的能态、反应机理等各种信息。这种方法要求能测出 $10^{-6}s$ 内的化学变化。

7.7 催 化 剂

7.7.1 催化剂和催化作用

某种物质加到化学反应体系中,可以改变反应的速率而其本身的数量和化学性质基本不变,这种物质就是催化剂(catalyst)。加入催化剂改变反应速率的作用则为催化作用(catalysis)。

催化剂的作用是加快反应速率时,称为正催化剂;而当催化剂的作用是减慢反应速率时,称为负催化剂或阻化剂。一般使用催化剂均是为了加快反应速率,故若不特别说明,所谓催化剂就是指正催化剂。

1. 催化剂参与反应,并改变反应机理,降低反应活化能

对于一个反应,非催化机理为

$$A+B \longrightarrow P$$

而催化机理为

$$A+C \longrightarrow M$$
$$M+B \longrightarrow C+P$$

式中:C 为催化剂;M 为中间产物。显然催化剂参与反应,而且改变了反应机理。图 7-7 表示在上述两种机理中能量变化的情况。在非催化机理中,需克服活化能为 E_a 的较高势垒。而在催化机理中,则只需克服两个活化能较小的势垒 E_{a1} 和 E_{a2}。

活化能的降低对加快反应速率有重大的意义。例如,HI 分解反应在非催化机理中活化能为 $184.1 \mathrm{kJ \cdot mol^{-1}}$(503K),而在催化机理中则为 $104.6 \mathrm{kJ \cdot mol^{-1}}$,所以

$$\frac{k_{催}}{k_{非催}} = \frac{A' \mathrm{e}^{-104.6/RT}}{A \mathrm{e}^{-184.1/RT}}$$

假设两种机理中指前因子 A 与 A' 相等,则 $\dfrac{k_{催}}{k_{非催}} = 1.8 \times 10^8$,反应速率增大极多。

2. 催化剂不影响化学平衡,不改变化学反应的可能性

从热力学的观点来看,一个化学反应体系,无论使用催化剂与否,反应前后吉布斯自由能的改变量总是一致的,即"状态函数的变化与途径无关"。催化剂不能改变化学平衡,不能移动平衡点,只能缩短达到平衡的时间。

从图 7-7 可以清楚地看出,使用催化剂后逆过程的反应活化能也同样降低了,即逆过程也同样由于使用催化剂而提高反应速率。

对于热力学上不可能的反应,任何催化剂都不能使之发生。使用催化剂,也绝不可能违反热力学规律。

例如,在一定条件下,氢气与氮气混合而观察不到变化,加入催化剂后反应快速进行。这类例

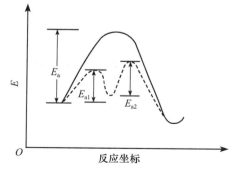

图 7-7 反应进程中能量的变化

实线为非催化机理,虚线为催化机理

子很多,但计算表明这些反应都是吉布斯自由能降低的反应。加入催化剂只能改变反应速率,不能改变化学平衡,不能改变化学反应的可能性。

3. 催化剂具有一定的选择性

没有万能的催化剂,每种催化剂都有选择性。有的催化剂只能催化某一反应,有的催化剂可能催化某一类反应或某几个反应。即有的催化剂选择性较强,如酶的选择性很强,有的达到专一的程度;有的催化剂选择性较弱,如 Cu 对乙醇的脱氢反应和脱水反应、乙醛的分解反应和氧化反应均有催化作用。

4. 催化剂对某些杂质很敏感

某些杂质对催化剂的催化作用有极大的影响,能增强催化功能的杂质可称为助催化剂,减弱催化功能的则称为抑制剂。有的杂质可能严重阻碍催化功能,甚至可以使催化剂完全失去催化功能,这种杂质称为毒物。合成氨反应中所用的铁催化剂,可因体系中存在 H_2O、CO、CO_2、H_2S 等杂质而中毒。

5. 反应过程中催化剂的变化

在反应前后催化剂本身的数量及某些性质虽然不变,但有些性状,特别是固体催化剂表面性状会发生变化。例如,催化 $KClO_3$ 分解的 MnO_2 从块状变为粉末,催化 NH_3 氧化的铂网表面逐渐变粗糙。

*7.7.2 均相催化

反应物与催化剂在同一相中的催化反应称为均相催化反应,有气相催化和液相催化两种。
气相催化反应多数是链反应,催化剂具有引发自由基的功能。
液相催化反应包括酸碱催化、配位催化、自由基引发催化等。

1. 酸碱催化

酸碱催化有狭义的酸碱催化,如盐酸催化蔗糖水解等反应。
广义的酸碱有质子酸、碱和路易斯酸、碱。
质子酸、碱的定义:凡能给出质子的物质为酸;凡能接受质子的物质为碱。它们的关系为 $A(酸) \Longrightarrow B(碱) + H^+$,$A$ 与 B 称为共轭酸碱对。例如

$$NH_3 + H_3O^+ \Longrightarrow NH_4^+ + H_2O$$

NH_4^+-NH_3 为共轭酸碱对,H_3O^+-H_2O 也为共轭酸碱对。
路易斯酸、碱的定义:凡能接受电子对的物质为酸;凡能放出电子对的物质为碱。酸与碱反应,结合成酸碱配合物

$$A(酸) + B(碱) \Longrightarrow A:B(酸碱配合物)$$

催化剂与反应物分子之间通过质子传递或接受电子对作用,形成活泼的中间化合物,继而分解为产物。
例如,NH_2NO_2 的分解反应既可由狭义碱催化,也可由广义碱催化。

（1）由 OH^- 催化

$$NH_2NO_2 + OH^- \longrightarrow NHNO_2^- + H_2O$$

$$NHNO_2^- \longrightarrow N_2O + OH^-$$

（2）由 CH_3COO^- 催化

$$NH_2NO_2 + CH_3COO^- \longrightarrow NHNO_2^- + CH_3COOH$$

$$NHNO_2^- \longrightarrow N_2O + OH^-$$

$$CH_3COOH + OH^- \longrightarrow CH_3COO^- + H_2O$$

2. 配位催化

配位催化指催化剂与反应物有配合作用，在配位体内再发生化学转化的催化过程，包括均相催化和多相催化，但通常是指均相中的配位催化反应。许多有机化学的反应，如氧化、加氢、脱氢、聚合、羰基合成等都可通过配位催化完成。

例如，乙烯催化氧化制备乙醛

$$C_2H_4 + \frac{1}{2}O_2 \xrightarrow{[PdCl_4]^{2-},\,CuCl_2} CH_3CHO$$

*7.7.3　多相催化

气态或液态反应物在固态催化剂表面发生的催化反应为多相催化反应，由多个步骤组成，包括反应物接近催化剂表面和产物离开表面的传质过程或扩散过程、吸附和解吸、表面反应等。整个反应的速率由其中某一步或某几步控制。

固体表面吸附是多相催化反应中的一个重要步骤，这个问题将在表面化学中讨论。

固体催化剂具有容易回收，易活化，便于连续流动操作等优点。多相催化反应在化工生产中得到广泛应用。

7.7.4　化学振荡

振荡、涨落等周期性重复的现象在自然界中是常见的，如潮汐、单摆、生物钟等。而化学反应则很难发生这类现象，因为根据热力学第二定律，反应体系总是趋向平衡态。苏联化学家贝洛索夫（Belousov）和札布廷斯基（Zhabotinsky）发现的 B-Z 反应是在远离平衡态的体系中，发生化学振荡（chemical oscillation）的一个例子，受到哲学、物理、化学、生物等许多领域科学家们的重视。B-Z 反应的总化学方程式为

$$2H^+ + 2BrO_3^- + 3CH_2(COOH)_2 \xrightarrow{Ce^{3+}} 2BrCH(COOH)_2 + 3CO_2 + 4H_2O$$

反应物是 BrO_3^-、Br^-、$CH_2(COOH)_2$，产物是 CO_2 和 $BrCH(COOH)_2$，Ce^{3+} 是催化剂。这个反应的机理很复杂，必须严格控制反应条件，使之发生在远离平衡区。反应过程中 Ce 会在 Ce^{3+} 和 Ce^{4+} 间发生振荡，反复相互转化，溶液的颜色反复呈无色和黄色。若加入 Ferroin 试剂，则体系的颜色在红色和蓝色间反复变化，振荡周期约为 1min，振荡时间可达 1h 之久。用仪器监测可知反应的中间体 Br^- 的浓度及 Ce^{4+} 与 Ce^{3+} 的浓度比周期性地出现极大值和极小值（图 7-8）。

在化学领域中，振荡反应不多见，现在已发现的约有几十个。但在生物化学领域内振荡现象比较多，这是由于生命体是远离平衡态的开放体系所致。

化学振荡的发现为非平衡态热力学的建立提供了重要的实验基础。比利时科学家普利高津在此领域作出重大的贡献，并为此获得诺贝尔奖（参见第 1 章阅读材料）。

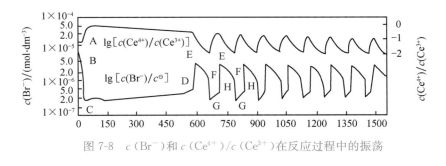

图 7-8　$c(Br^-)$ 和 $c(Ce^{4+})/c(Ce^{3+})$ 在反应过程中的振荡

*7.8　酶催化反应

酶(enzyme)是具有特殊催化功能的生物催化剂。有的酶是蛋白质,如脲酶、胃蛋白酶等。大多数酶是结合蛋白质,如脱氢酶、过氧化氢酶等。结合蛋白质是由称为酶蛋白的蛋白质部分和称为辅基的非蛋白部分结合成的。有些酶中酶蛋白与辅基结合比较紧密,有些则结合得比较松弛,结合得松弛的辅基常称为辅酶。辅酶的摩尔质量一般比蛋白质的摩尔质量低得多,可以用渗析的方法将辅酶与蛋白质分离。

酶在生物体的新陈代谢活动中有重要作用。据估计人体内约有三万多种不同的酶,每种酶都是某种特定反应的有效催化剂。这些反应包括食物消化,蛋白质、脂肪等的合成,释放人体活动所需的能量。作为催化剂的酶缺乏或过剩,都会引起人体代谢功能的失调或紊乱,引起疾病。

7.8.1　酶催化反应的特点

酶是特殊的生物催化剂,除了一般催化剂的特点,酶催化反应还有以下特点。

1. 催化效率高

酶对反应的催化效率比一般无机物或有机物催化剂的效率高得多,有时高出 $10^6 \sim 10^{14}$ 倍。例如,1mol 乙醇脱氢酶在室温下,1s 内可使 720mol 乙醇转化为乙醛。而同样的反应,在工业生产中用 Cu 作催化剂,在 200℃ 以下每 1mol Cu 只能催化 $0.1 \sim 1$mol 的乙醇转化。可见酶的催化效率是一般的催化剂无法比拟的。

2. 反应条件温和

一般化工生产常用高温或高压条件、强酸性或强碱性介质、相当高的浓度等。例如,生产上使用金属催化剂完成合成氨反应,需要高温(770K 以上)、高压(3×10^5Pa 以上)及特殊设备,而且合成效率只有 7% ~ 10%。酶催化反应所需条件温和,一般在常温常压条件下进行,介质也是中性或是近中性,反应物的浓度也往往比较低。例如,植物的根瘤菌或其他固氮菌可以在常温常压下固定空气中的氮,使之转化为氨态氮。

3. 高度特异性

酶催化反应具有很高的特异性。

在酶催化反应中,能与酶结合并受酶催化作用的反应物分子称为这种酶的底物。某些酶对底物的要求不太严格,如转氨酶、蛋白水解酶、肽酶等可以催化某一类底物的反应,特异性不是很高。某些酶对底物的要求则很专一,如脲酶只专一催化尿素的水解反应,对别的底物不起作用。

7.8.2　温度和 pH 对酶催化反应速率的影响

酶催化反应一般只能在比较小的温度范围(273~323K)内发生。在此范围内,随着温度上升,酶催化反应的速率一般先增大,后降低,表现为有一最适宜的温度[图 7-3(c)]。这是由于一方面反应速率随温度升高而增快;另一方面随温度升高,酶的变性作用加快,活性降低。

许多蛋白质,包括各种酶,在 40~50℃时发生不可逆变性作用。而且固定在某一温度下,随时间的延长,蛋白质变性的部分逐渐增加,酶的活性也不断降低。故只说酶的最适温度是无意义的,必须先测定酶(以及底物)的耐热性。

酶也只能在很窄的 pH 范围内有催化活性,一般有一个明显的最适 pH,这个值通常接近于 7。但也有少数几种酶例外,如胃蛋白酶的最适 pH 为 2,精氨酸酶的最适 pH 为 10。

在最适的 pH 两边,酶的催化活性下降,这可能与蛋白质的部分变性有关。与温度的影响相似,酶的活性也与其处在不适宜的 pH 条件下时间的长短有关。

7.8.3　酶催化反应的应用和模拟

酶催化反应用于工业生产,因其特点可以简化工艺过程、降低能耗、节省资源、减少污染等。生产酒、抗生素、有机酸等的酿造工业已是一项重要的产业,生物过滤法和活性污泥处理污水是环境工程中应用酶催化反应的例证。

由于酶与普通催化剂之间有广泛的共性,一些酸碱催化剂、配位催化剂等实质上是对酶的某种基团、或酶的空间构型的一种简单模拟。但要全面模拟某种酶,必须解决酶的多功能协同作用、合成有序的立体构象以及自动调节和控制其催化活性等方面的问题。

我国科学家卢嘉锡、蔡启瑞等早在 1973 年就在国际上最早提出原子簇结构的固氮酶活性中心模型和 ATP 驱动的生物固氮电子传递机理,为我国化学模拟生物固氮研究走在世界前列作出重要贡献。

随着仿生科学的不断发展,簇酶(蛋白)活性中心的生物化学模拟研究进入一个新的阶段,将使生物分子活性结构的再现成为可能,也将使建立在分子水平上再现某生物功能的化学体系成为可能。用模拟酶取代普通催化剂,将引发意义深远的技术革新。

7.9　光　化　学

光化学研究在光作用下进行化学反应的规律和机理。化学反应可分为热反应和光化学反应(photochemical reaction)两类,热反应中涉及的分子、原子等物质均处于基态;光化学反应则是在反应物吸收光量子,处于激发态时进行的。

与热反应相比,光化学反应有以下特点:①热反应的活化能来自体系吸收的热量,光反应的活化能来自吸收的光量子;②进行热反应时体系的吉布斯自由能降低,光化学反应进行时体系的吉布斯自由能常常升高;③热反应的速率一般随温度升高而加大,光化学反应的速率受温度的影响很小;④入射光的波长与强度一般不影响热反应的平衡,但对光化学反应体系有很大的影响。

光化学反应是自然界最基本的反应,对地球上的生命活动有重要意义。在远古时期,地球上的二氧化碳、甲烷、氨等气体分子在阳光作用下,通过光化学反应转化为复杂的有机物如氨基酸、蛋白质、核酸等,从而成为生命的起源。植物的光合作用使二氧化碳和水转化为碳水化合物和氧气,为人类和动物提供食物。石油和煤等矿物燃料是古代植物转变来的,也是光化学反应的产物。光化学反应可以制备许多一般反应得不到的产品,在照相、印刷、染料、塑料、电子等许多行业中,光化学反应都起着重要的作用。在环境科学中,光化学反应也非常重要。汽车尾气等废气在特殊的地理和气象条件下,经过一系列复杂的光化学反应,生成光化学烟雾。1944 年美国洛杉矶光化学烟雾是震惊世界的"八大公害"事件之一。塑料制品在环境中的光降解与化学分解、生物降解、微生物降解同样是消除"白色污染"的重要途径。

7.9.1　光化学反应的基本规律

当光照射到反应体系上时,可能产生某些效应:①体系温度升高;②分子分解;③分子或原子激发活化,再进一步反应;④发生电离;⑤产生荧光;⑥发生某些物理变化。这些变化可能单独发生,也可能某几个同时发生。反应物分子或原子的光电离、光离解、光异构化、被光活化的分子所参与的其他反应等均属于光化学反应。

光化学反应包括初级过程(primary process)和次级过程(secondary process)。反应物吸收光量子直接引起的过程称为初级过程;而由初级过程中产生的活性中间体引发的其他反应称为次级过程。严格地说,次级过程不是光化学步骤,而是热反应步骤。

1. 光化学第一定律

当光照射到反应体系上时,可能透过,也可能反射、吸收。格罗图斯(Grotthuss)和德雷珀(Draper)提出:只有反应物分子(或原子)吸收的光才能有效地引发光化学反应。这就是光化学第一定律(the first law of photochemistry),也称为格罗图斯-德雷珀定律。这是强调被吸收的光是引发光化学反应的必要条件,但不是充分条件,不是吸收了光的体系必定能发生反应。反应物吸收光子被激发,激发态分子可能发生化学反应,也可能通过其他途径耗散它所得到的能量而不发生反应。

另外在光化学反应中,了解反应物的吸收光谱,选择适当的光源是很重要的。

2. 光化学第二定律

光化学反应的初级过程中,反应物分子吸收光子由基态变为激发态称为"活化"。

斯塔克(Stark)和爱因斯坦(Einstein)提出,在光化学反应的初级过程中一个反应物分子吸收一个光子而被活化。这就是光化学第二定律(the second law of photochemistry),也称为爱因斯坦光当量定律。

一个光量子可活化一个分子,活化 1mol 反应物分子所需光量子的总能量称为一个 Einstein,用 U 表示

$$U = Lh\nu = Lhc/\lambda \tag{7-47}$$

式中:L 为阿伏伽德罗常量;h 为普朗克常量;ν 为光的频率;λ 为光的波长;c 为光速。将数值代入式(7-47)可得

$$U/\text{J} \cdot \text{mol}^{-1} = 0.1197/\lambda \tag{7-48}$$

对于波长 200~700nm 的紫外、可见光,$1U$ 相当于 598~159kJ $\cdot$ mol^{-1}。

反应物吸收光子,电子跃迁到激发态的时间约为 10^{-15} s,激发态分子极不稳定,寿命约为 10^{-8} s。激发态分子一般很快就失去活性,不可能再吸收第二个光子。但在激光作用下,反应物分子有可能吸收两个光子,此时光化学第二定律不再适用。

7.9.2　光化学反应的初级过程

1. 电子跃迁

根据分子轨道理论,分子轨道可分为成键轨道和反键轨道。成键轨道的能量比原子轨道的能量低,反键轨道能量比原子轨道能量高。电子进入成键轨道,使整个体系能量降低,形成化学键,分子稳定;电子进入反键轨道,体系能量升高,分子不稳定,趋于瓦解。

成键轨道有 σ 轨道、π 轨道等,其对应的反键轨道用 σ^*、π^* 表示。

分子轨道上自旋不同的电子能态用自旋多重性($2s+1$)表示,其中 s 为分子中电子的自旋量子数加和。当分子中电子总数为偶数时,若所有的电子都按自旋相反成对出现,则分子净自旋量子数 $s=0$,此时 $2s+1=1$,这种状态称为单重态。单重态中又有单重基态和单重激发态;所有的电子都处于成键轨道中,称为单重基态,用 S_0 表示;有电子激发到反键轨道中,称为单重激发态,用 S_1、S_2、…表示。当分子中电子总数是偶数,但有一对电子自旋平行,则净自旋量子数 $s=1$,此时 $2s+1=3$,这种状态称为三重态,用 T_1、T_2、…表示(图 7-9)。

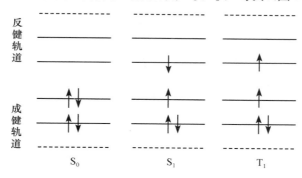

图 7-9　电子自旋多重态示意图

当分子中电子总数是奇数时,$s=1/2$,$2s+1=2$,这种状态称为双重态。双重态的分子不多见。

大多数分子的基态是单重态,只有极少数分子(如 O_2)的基态是三重态。单重激发态与相对应的三重态相比,能量较高。根据泡利(Pauli)原理,三重态分子中有一对电子自旋平行,能量较低。

分子处于基态时,电子按自旋相反的方式成对排列在成键轨道上。分子吸收光子后,一个电子受激发,从成键轨道跃迁到反键轨道上。引发光化学反应的初级过程,同时伴随有一系列光物理变化。

电子跃迁主要发生在外层电子上,跃迁的类型主要有 $\sigma \rightarrow \sigma^*$ 跃迁、$\pi \rightarrow \pi^*$ 跃迁、孤对电子发生的 $n \rightarrow \pi^*$ 跃迁和 $n \rightarrow \sigma^*$ 跃迁以及分子间的电荷转移跃迁等,如图 7-10 所示。不同类型电子跃迁所吸收的光波长有区别,如 $\sigma \rightarrow \sigma^*$ 跃迁需要能量较大,吸收光谱在 160nm 以下的远紫外区;而 $n \rightarrow \sigma^*$ 和 $n \rightarrow \pi^*$ 跃迁所需能量较低,吸收光谱在紫外区。例如,含 C═O 基团的化合物在 285nm 和 200nm 附近有吸收带,前者是 $n \rightarrow \pi^*$ 跃迁产生的,后者是 $\pi \rightarrow \pi^*$ 跃迁产生的。

2. 光物理过程

在光化学反应的初级过程中,反应物分子吸收光子后还可能发生多种光物理变化。光物

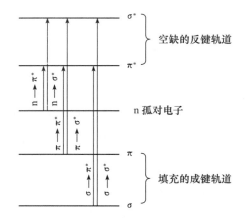

图 7-10　不同分子轨道上电子的相对能量

理过程主要包括：①光激发；②辐射跃迁，常见的有荧光和磷光等；③无辐射跃迁，主要有内转换，系间穿越以及振动弛豫等。除了上述的分子内发生的过程之外，还有一类分子间发生的光物理过程，即通过碰撞或分子间相互作用耗散激发态分子的能量，常见的有电子能量转移和光物理猝灭过程等。人们常用分子的态能级图，又称雅布伦斯基(Jablonsky)图（图 7-11），描述分子吸收光子后发生的各种光物理基本过程。此图的纵坐标表示分子能量的相对大小，横坐标是任意的。图中列出了分子的各种电子态，并按能量大小的顺序排列，S_0、S_1、S_2、…是指能量不同的单重态，T_1 T_2 …是指能量不同的三重态。

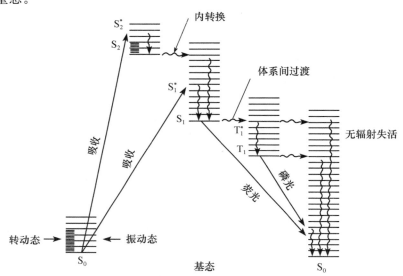

图 7-11　各种光物理过程

实线表示辐射跃迁，波纹线表示无辐射跃迁。线条精细结构表示振动和转动激发示意图

处于单重基态 S_0 的分子吸收不同能量的光子后分别被激发至不同电子激发单重态 S_1 和 S_2。由于光子的能量不一定恰好与分子基态和激发态能级的差值相等，因此在大多数情况下，最初分子被激发到的能态往往是电子较高激发态中的振动能级 S_n^*，然后迅速通过振动弛豫而回到其最低振动能级 S_n。光激发过程是很快的，粗略地估计为 10^{-15} s 量级，这也是光化学反应最短的时标，即最快的光化学反应可在 10^{-15} s 内完成。两种不同电子能态之间的跃迁概率，取决于电子跃迁的选择定则。上述的 $S_0 \rightarrow S_1$ 或 $S_0 \rightarrow S_2$ 的光激发过程是自旋允许的，激发概率很大；而 $S_1 \rightarrow T_1$ 或 $T_1 \rightarrow S_0$ 的光激发过程是自旋禁阻的，一般很难发生。

处于激发态的分子不稳定，它可能通过辐射跃迁和无辐射跃迁的衰变过程而返回基态。辐射跃迁的衰变过程伴随着光子的发射。在自旋允许的条件下，相同线态之间电子跃迁产生的光称为荧光，如 $S_1^0 \longrightarrow S_0 + h\nu$；反之，在自旋禁阻的条件下，由不同线态之间电子跃迁产生的光被称为磷光，如 $T_1^0 \longrightarrow S_0 + h\nu$。显然，由于受电子自旋的选择定则限制，发射磷光的概率要比荧光小得多。在无其他光物理过程时,荧光寿命相当于电子激发态浓度经荧光发射而衰减至其起始浓度的 $1/e$ 所需的时间。一般而言,若辐射跃迁是自旋允许的,辐射寿命短;反之,对自选禁阻的跃迁,辐射寿命较长。分子的荧光寿命一般为 $10^{-9} \sim 10^{-5}$ s,而磷光寿命为 $10^{-4} \sim 10^{-2}$ s,有的分子甚至更长。电子吸收光谱反映从基态(S_0^0)到激发态(S_n)的各个振动能级($\nu = 0, 1, 2, \cdots$)的跃迁。同样,从激发态(S_1^0)辐射跃迁到不同振动能级的电子基态($\nu = 0, 1, 2, \cdots$),将获得相应的荧光光谱。研究不同激发波长下分子的荧光光谱和荧光寿命,对于了解激发态的性质是十分重要的。

非辐射跃迁的衰变过程,包括振动弛豫(VR)、内转换(IC)和系间穿越(ISC),这些衰变过程导致激发能转化为热能传递给介质,不会有光辐射的产生,在图 7-11 中用波纹箭头表示。假如分子被激发到 S_2 以上的某个电子激发单重态的不同振动能级上,处于这种激发态的分子很快($10^{-12} \sim 10^{-14}$ s)发生振动弛豫而衰变到该电子的最低振动能级,然后又经由内转化及振动弛豫而衰变到 S_1 态的最低振动能级。内转换发生在相同多重态的两个不同电子态之间(如 $S_n \rightarrow S_1$, $T_n \rightarrow T_1$),属自旋允许的。激发单重态间的内转换速率很快(速率常数为 $10^{11} \sim 10^{13}$ s^{-1}),S_2 以上的激发单重态寿命通常很短,除极少数外,在发生辐射跃迁之前便发生了非辐射跃迁而衰变到 S_1 态。所以,荧光现象通常是自 S_1 态最低振动能级的辐射跃迁引起。

系间穿越发生在不同多重态的两个电子态之间(如 $S_1 \rightarrow T_1$, $T_1 \rightarrow S_0$),前者是与三线态 T_1^0 发射磷光相互竞争的过程;后者是与 S_1^0 发射荧光相互竞争的过程,也是增加三线态 T_1 的主要途径。系间穿越属自旋禁阻的跃迁,在 $10^{-2} \sim 10^{-5}$ s 完成。无辐射跃迁过程的速率常数很难直接由实验测定,一般是通过测定荧光或磷光的寿命来求算的。

激发态分子除了发生上述分子内的光物理过程之外,也可以经分子间(如双分子)碰撞或相互作用而耗散能量。电子激发态分子 A^* 与基态分子 D 碰撞后放出热能而回到基态的过程称为光物理猝灭。如果 A^* 与 D 之间相互作用后使 A^* 回到基态,而 D 接受能量而成为激发态 D^*,则此过程称为电子能量转移。分子间电子能量转移也可看做是一种猝灭过程,但此过程的最终结果将产生另一个分子的电子激发态。为了使上述电子能量转移过程能有效地进行,一般要求 D 和 A 分子的能级有较好的匹配,同时还要遵守自旋守恒规则,即在电子能量转移前后体系的总自旋角动量不变。

3. 光化学反应的初级过程

反应物分子吸收光子后发生各种化学变化,如光电解和电离、光重排、光异构化、光聚合或加成以及在光作用下的电子转移和光敏反应等。这种光化学反应与光物理过程共同组成光化学反应的初级过程。

7.9.3　光化学反应的次级过程和量子效率

1. 光化学反应的次级过程

反应物分子在光化学的初级过程中吸收光子,成为激发态。处于激发态的分子可通过释热(无辐射跃迁)、发光(荧光、磷光)等途径失去能量,回到基态,也可能进一步发生反应。常见的反应类型有以下几种:

(1) 处于激发态的分子 D^* 直接生成产物 P,$D^* \longrightarrow P$。例如,顺丁烯二酸在光照下生成反丁烯二酸。

（2）激发态分子先生成活性中间体（或自由基）B，活性中间体再进一步反应生成产物或失活回到基态。

例如，丙酮在波长为 280nm 的紫外光照射下，先分解为一个甲基和一个乙酰基，然后乙酰基再进一步反应脱去羰基生成 CO 和 $CH_3^•$ 。

$$CH_3\dot{C}=O \longrightarrow CH_3^• + CO$$

$$CH_3^• + CH_3^• \longrightarrow C_2H_6$$

（3）激发态分子将激发能传给另一基态分子 A，而本身回到基态，同时 A 被激发为 A^*，此过程称为能量转移。

$$D^* + A \longrightarrow D + A^*$$

D^* 是此过程的能量给体，A 是能量受体。显然能量给体的激发能必须高于能量受体的激发能，能量受体的激发态 A^* 可能进一步反应，也可能通过发光、释热失去能量回到基态。

反应物分子 A 自身不能直接吸收光子，而是通过另一种物质 D 吸光，激发后将能量转移给反应物分子，使之成为激发态 A^*，再进一步反应。这类反应称为光敏反应或感光反应。

例如，在 CO 和 H_2 的混合物中加入少量 Hg 蒸气，Hg 原子吸收 254nm 紫外光激发，激发态 Hg 原子与 H_2 分子碰撞时，将能量传递给 H_2 分子，使之分解，再引发其他次级反应。

初级过程　　　　　　　　$Hg + h\nu \longrightarrow Hg^*$

次级过程　　　　　　　　$Hg^* + H_2 \longrightarrow 2H\cdot + Hg$

$$H\cdot + CO \longrightarrow HCO\cdot$$

$$HCO\cdot + H_2 \longrightarrow HCHO + H\cdot$$

$$2HCO \cdot \longrightarrow HCHO + CO$$

2. 量子效率

由于吸收光子而被活化的分子并不一定都发生化学反应。光化学反应中,体系吸收一个光量子并不总是消耗一分子反应物,有可能消耗多个反应物分子。因此在光化学中常以量子效率(quantum yield)来表示吸收光量子与所引起化学反应的效率。

量子效率 ϕ 定义为反应中消耗的反应物分子数与体系吸收的光量子数之比

$$\phi = \frac{\text{反应中消耗的反应物分子数}}{\text{体系所吸收的光量子数}} \tag{7-49}$$

H_2 与 Cl_2 之间的链反应,量子效率可以达到 $10^4 \sim 10^6$。吸收光子后的激发态分子也可能通过其他途径失去活性,而不转化为产物分子,因此有的光化学反应的量子效率小于 1。某些光化学反应的量子效率列于表 7-2。

表 7-2　某些光化学反应的量子效率

光化学反应	吸收光的波长/nm	量子效率 ϕ
$2HI \longrightarrow H_2 + I_2$	$207 \sim 280$	2
$H_2S \longrightarrow H_2 + S$	208	1
$2NH_3 \longrightarrow N_2 + 3H_2$	~ 210	0.2
$H_2 + Cl_2 \longrightarrow 2HCl$	$400 \sim 436$	10^5
$CO + Cl_2 \longrightarrow COCl_2$	$400 \sim 436$	10^3
$3O_2 \longrightarrow 2O_3$	200	3
$CH_3CHO \longrightarrow CO + CH_4 (C_2H_6 + H_2)$	310	0.4
$2NO_2 \longrightarrow 2NO + O_2$	366	2
$H_2O + CO_2 \xrightarrow{\text{叶绿体}} \frac{1}{x}(CH_2O)_x + O_2$	$400 \sim 700$	$\sim 10^{-1}$

若在次级反应中,活化分子一步转化为产物,则 $\phi = 1$。例如,H_2S 的分解反应

初级过程 $\qquad\qquad\qquad H_2S + h\nu \longrightarrow H_2S^*$

次级过程 $\qquad\qquad\qquad H_2S^* \longrightarrow H_2 + S$

若活化分子在转化为产物之前通过其他途径失去活性,则量子效率 $\phi < 1$。例如,CH_3CHO 的光分解

初级过程 $\qquad\qquad CH_3CHO + h\nu \longrightarrow CH_3CO \cdot + H \cdot$

次级过程 $\qquad\qquad CH_3CO \cdot \longrightarrow CO + CH_3 \cdot$

$$CH_3 \cdot + H \cdot \longrightarrow CH_4$$

$$CH_3CO \cdot + H \cdot \longrightarrow CH_3CHO$$

$$CH_3 \cdot + CH_3 \cdot \longrightarrow C_2H_6$$

$$H \cdot + H \cdot \longrightarrow H_2$$

此反应的量子效率只有 0.4 左右。

7.9.4 光化学反应的动力学

1. 光化学反应的速率方程

光化学反应的初级过程速率与入射光的强度成正比,与反应物的浓度无关。次级过程的速率方程与热反应的表达式相同。故在导出光化学反应速率方程时必须综合考虑初级过程和次级过程。

例如,$CHCl_3$ 在光照下的氯化反应

$$CHCl_3 + Cl_2 \xrightarrow{h\nu} CCl_4 + HCl$$

该反应的机理为

初级过程

$$Cl_2 + h\nu \xrightarrow{k_1} 2Cl \cdot$$

次级过程

$$Cl \cdot + CHCl_3 \xrightarrow{k_2} CCl_3 \cdot + HCl$$

$$CCl_3 \cdot + Cl_2 \xrightarrow{k_3} CCl_4 + Cl \cdot$$

$$2CCl_3 \cdot + Cl_2 \xrightarrow{k_4} 2CCl_4$$

初级过程的速率 $r_1 = k_1 I_0$,I_0 为入射光的强度。对中间产物 $CCl_3 \cdot$ 和 $Cl \cdot$ 采用稳态近似处理可得

$$c(CCl_3 \cdot) = [k_1 I_0 / k_4 c(Cl_2)]^{1/2}$$

在光化学反应速率方程中,浓度的量纲为 $mol \cdot m^{-3}$,时间为 s,则 I_0 为每秒每立方米所吸收的 Einstein 数。

光化学反应进行的情况通常用量子效率 ϕ 表示,将上述结果代入式(7-49)得

$$\phi = \frac{dc(Cl_2)/dt}{I_0} = k I_0^{-1/2} c^{1/2}(Cl_2) + k_1 \tag{7-50}$$

从式(7-50)可看出,该光化学反应的量子效率与入射光的强度和反应物的浓度均有关。

2. 光化学反应的机理

由于光化学反应的激发态物质寿命很短,研究其反应机理相当困难。目前对光化学反应机理研究的方法一般是猝灭法。猝灭是指激发态原子或分子与体系中其他物质相互作用而失去活性。在光化学反应体系中,加入适当的猝灭剂,观察猝灭对反应的抑制情况和对反应量子效率的影响,从而推测反应的机理。

例如,设有一光化学反应

$$D \xrightarrow{h\nu} P$$

初级过程

$$D + h\nu \xrightarrow{k_1} D^*$$

次级过程

$$D^* \xrightarrow{k_2} D + h\nu (或 Q)$$

$$D^* \xrightarrow{k_3} P$$

对反应的中间产物 D^* 采用稳态近似处理得

$$c(D^*) = k_1 I_0 / (k_2 + k_3)$$

故反应的速率方程

$$dc(P)/dt = k_3 c(D^*) = k_1 k_3 I_0 / (k_2 + k_3)$$

故此反应在无猝灭剂时的量子效率为 ϕ_0

$$\phi_0 = \frac{dc(P)/dt}{I_0} = k_1 k_3 / (k_2 + k_3) \tag{7-51}$$

若在反应体系中加入适当的猝灭剂 A,则次级过程中会增加以下反应

$$A + D^* \xrightarrow{k_4} D + A^*$$

$$A^* \xrightarrow{k_5} A$$

对此反应体系再用稳态近似处理可得

$$c(D^*) = k_1 I_0 / [k_2 + k_3 + k_4 c(A)]$$

代入速率方程得

$$dc(P)/dt = k_3 c(D^*) = k_1 k_3 I_0 / [k_2 + k_3 + k_4 c(A)]$$

故此反应在有猝灭剂 A 存在时的量子效率 ϕ

$$\phi = \frac{dc(P)/dt}{I_0} = k_1 k_3 / [k_2 + k_3 + k_4 c(A)] \tag{7-52}$$

将式(7-52)与式(7-51)相比较得

$$\frac{\phi_0}{\phi} = \frac{k_2 + k_3 + k_4 c(A)}{k_2 + k_3} = 1 + \frac{k_4}{k_2 + k_3} c(A) \tag{7-53}$$

式(7-53)称为斯特恩(Stern)-伏尔玛(Volmer)方程。以 ϕ_0/ϕ 对猝灭剂的浓度 $c(A)$ 作图,若呈一条直线,则说明上述关于反应机理的假设是正确的,反应由单一激发态引起;若不呈直线则表明机理更复杂,反应的猝灭是由多种不同寿命的激发态引起的。

 衰变贯通的时空隧道——同位素断代浅淡
光电化学催化还原 CO_2

Summary

Chapter 7　Chemical Kinetics

1. Chemical kinetic parameters, rate constant and order of reaction, are determined with experiment. The effect of reactants concentration on rate of reaction is showed by the order of reaction.

2. The rate of the first and second order reaction is separately $r_1 = -dc(A)/dt = k_1 c(A)$ and $r_2 = -dc(A)/dt = k_2 c^2(A)$, and the half-life time is separately $t_{1/2} = \ln 2/k_1$ and $t_{1/2} = 1/k_2 c(A)$.

3. The method of integral, initial rate and isolation are used to determine the order of reaction.

4. The effect of temperature on rate of reaction is showed by Arrhenius equation, $k = A e^{-\frac{E_a}{RT}}$, A is the pre-exponential factor, and E_a the activation energy, the most important Arrhenius parameter.

5. Complex reaction are basically classified opposing reaction, side reaction, consecutive reaction and chain reaction. The rate determine step, equilibrium approximation, steady state approximation are used to simplifying the analysis of a kinetic scheme of complex reaction.

6. The collision theory assumes the kinetics of gases reaction. The transition state theory expounds the mechanism of reaction.

7. The mechanism of reaction is changed by applying catalyst, chemical equilibrium of reac-

tion is non-effected by catalysis.

8. Only the light that is absorbed by a substance is effective in producing a photochemical change, this is the primary process of photochemical reaction. In the primary process, one molecule is activated by one absorbed quantum of radiation. The subsequent process of photochemical reaction is called the second process.

9. The quantum yield of a photochemical reaction, ϕ, is the number of reactant molecules producing specified products for each photon absorbed.

习　题

7-1　蔗糖转化反应在酸性条件下进行

$$C_{12}H_{22}O_{11}+H_2O \xrightarrow{H^+} C_6H_{12}O_6(葡萄糖)+C_6H_{12}O_6(果糖)$$

蔗糖与葡萄糖是右旋性物质,果糖是左旋性物质。在转化反应进行时,右旋角不断减小,至零度后,体系的左旋角不断增大,直至最大左旋角。在某温度下测得时间 t 与旋光角 α_t 的实验数据如下:

t/min	3.26	6.33	13.93	20.51	∞
α_t/(°)	+9.10	+6.00	+1.20	−1.15	−4.35

试求该反应的速率常数 k 和半衰期 $t_{1/2}$。

7-2　放射性同位素 $^{32}_{15}P$ 的蜕变 $^{32}_{15}P \longrightarrow ^{32}_{16}S+\beta$,现有一批该同位素的样品,经测定其活性在 10d 后降低了 38.42%。求蜕变速率常数、半衰期及经多长时间蜕变 99.0%。

7-3　氯化重氮苯在水中分解

$$C_6H_5N_2Cl+H_2O \longrightarrow C_6H_5OH+HCl+N_2$$

35℃时测定不同时间释放的氮气体积如下:

t/min	20	40	60	80	100	120	140	∞
$V_{N_2}/10^{-3}dm^3$(标准状态)	15.0	26.9	36.0	43.4	49.5	53.7	57.6	71.2

试确定该反应的级数和速率常数。

7-4　某一级反应,35min 反应物消耗 30%。求速率常数 k 及 5h 反应物消耗的百分数。

7-5　乙酸乙酯皂化 $CH_3COOC_2H_5+OH^- \longrightarrow CH_3COO^-+C_2H_5OH$,当 $CH_3COOC_2H_5$ 和 OH^- 的起始浓度分别为 $6.67\times10^{-3}mol \cdot dm^{-3}$ 和 $1.33\times10^{-2}mol \cdot dm^{-3}$ 时,测得 50℃时数据如下:

t/min	0	5	10	15	20	25
$c(CH_3COO^-)/(10^{-3}mol \cdot dm^{-3})$	0	4.90	6.03	6.41	6.56	6.62

求此反应的级数和速率常数。

7-6　反应 $A+B \longrightarrow P$ 的速率方程为 $-dc(A)/dt=kc(A)c(B)$,298K 时 $k=1.5\times10^{-4}dm^3 \cdot mol^{-1} \cdot s^{-1}$,当初始浓度 $c_0(A)=0.4mol \cdot dm^{-3}$,$c_0(B)=0.6mol \cdot dm^{-3}$ 时,求半衰期 $t_{1/2}(A)$ 和 $t_{1/2}(B)$。

7-7　某一级反应 600K 时半衰期为 370min,活化能为 $2.77\times10^5J \cdot mol^{-1}$。求该反应在 650K 时的速率常数和反应物消耗 75% 所需的时间。

7-8　已知反应 $CCl_3COOH \longrightarrow CO_2+CHCl_3$,在 90℃时速率常数为 $3.11\times10^{-4}s^{-1}$,70℃时为 $1.71\times10^{-5}s^{-1}$。求该反应的活化能及 50℃时的速率常数,并判断该反应的级数。

7-9　在不同温度下,丙酮二羧酸在水中分解的速率常数如下:

T/K	273	293	313	333
$k/10^{-5}min^{-1}$	2.46	47.5	576	5480

利用阿伦尼乌斯公式的不定积分式作图,求该反应的活化能 E_a 和指前因子 A,判断该反应的级数,并求 373K 时的半衰期。

7-10　某乳制品在 28℃时 6 小时就开始变酸,在 4℃的冷藏箱中 10 天开始变酸,估算该酸败过程的活化能。

7-11　溴乙烷分解反应在 650K 时速率常数为 $2.14\times10^{-4}s^{-1}$,若要在 10min 使反应完成 60%,应在什么温度下进行反应? 已知活化能 $E_a=229.3kJ\cdot mol^{-1}$,指前因子 $A=5.73\times10^{14}s^{-1}$。

7-12　催化剂在反应中的作用是什么?

7-13　简述酶催化反应的特点。

7-14　某光分解反应中,需要 $478.6kJ\cdot mol^{-1}$ 的能量破坏化学键。选用什么波长的光来照射比较合适?

7-15　萘激发后发射荧光和磷光。设光的衰减符合一级反应速率方程。荧光的半衰期为 $1.5\times10^{-8}s$,磷光的半衰期为 1.4s。求萘激发后荧光和磷光分别衰减到 1% 所需的时间。

7-16　某光化学反应吸收 510nm 波长的光,每吸收 1.5U 的光可使 0.051mol 的分子激发,求该反应的量子效率和激发 1mol 分子的能量。

7-17　Some medicine, 30% of which was decomposed, lose efficacy. The rate constant of decompose reaction was $7.08\times10^{-4}h^{-1}$ and $3.55\times10^{-3}h^{-1}$ at 323K and 343K separately. Calculate the activation energy for the medicine decompose reaction and the term of validity at 298K.

7-18　Some medicine solution was made up with the concentration of 400 unit per milliliter, and the concentration of 300 unit per milliliter was found after 11 months. The medicine decompose was considered a first order reaction. Calculate (1) the concentration of the medicine solution 40 days after it was made up, (2) the period of half medicine was decomposed.

7-19　The decomposability of oxirane is the first order. At the temperature of 653K, the half-life time is 365 min, the activation energy is $217.5kJ\cdot mol^{-1}$. Calculate the time that the percent of the decomposability for oxirane is 75% at 723K.

7-20　1.27×10^{-3} mol HI decomposed $2HI \longrightarrow I_2 + H_2$ when 300J energy was absorbed with 253.7nm light. Calculate the overall quantum yield of the reaction.

第8章 表面物理化学

本章讨论了界面现象中的一些基本概念和规律,如表面张力、表面自由能、润湿、拉普拉斯公式、开尔文公式、杨氏方程等。通过介绍液体和溶液的表面特性提出了表面活性剂、表面膜和胶束等概念;在讨论固体表面特性的基础上提出了三个吸附理论及定温式——弗兰德里希定温式、朗缪尔定温式和 BET 吸附定温式,并介绍了其应用。

表面物理化学(surface physical chemistry)是研究两相之间界面上发生的物理化学过程的科学。两相界面(biphate interface)是指相邻两体相间极薄的边界层,厚度可以是单分子层或几个分子层。按两相物理状态不同,可将两相界面分为五种类型:气-液、气-固、液-液、液-固和固-固界面。如果两相中有一相为气相,则通常称为表面,如气-液、气-固表面,但两者无严格区分,常通用。

8.1 表面吉布斯自由能

8.1.1 比表面

表面现象显著的体系常是高度分散的体系,如粉末状或多孔状物质、水中的气泡、油滴等。衡量多相分散体系的分散程度通常用比表面(specific surface)S_0 表示

$$S_0 = \frac{A}{V} \qquad \text{或} \qquad S_0 = \frac{A}{m} \tag{8-1}$$

式中:A 为体积为 $V(\text{m}^3)$ 或质量为 $m(\text{kg})$ 的物质所具有的总表面积。比表面 S_0 就是单位体积或单位质量的物质所具有的表面积,单位是 m^{-1} 或 $\text{m}^2 \cdot \text{kg}^{-1}$。当将固体颗粒或液滴的尺寸逐渐降低时,比表面 S_0 的数值将随之迅速增加。

例 8-1 一滴体积 $V = 10^{-6} \text{m}^3$ 的水滴,当被分散为半径分别是 $r_1 = 10^{-3}\text{m}, r_2 = 10^{-4}\text{m}, r_3 = 10^{-6}\text{m}$ 和 $r_4 = 10^{-8}\text{m}$ 的小液滴时,分散成的水滴总数、比表面和总表面积各为多少?

解 对半径为 r 的球形粒子,体积 $V = \frac{4}{3}\pi r^3$,表面积 $A = 4\pi r^2$。

比表面

$$S_0 = \frac{A}{V} = \frac{4\pi r^2}{\frac{4}{3}\pi r^3} = \frac{3}{r}\text{m}^{-1}$$

体积 $V = 10^{-6}\text{m}^3$ 的水滴,其半径

$$r_0 = \sqrt[3]{\frac{3V}{4\pi}} = 6.2 \times 10^{-3}\text{m}$$

比表面 $S_0 = 4.8 \times 10^2 \text{m}^{-1}$，总表面积

$$A = 4.8 \times 10^{-4} \text{m}^2$$

分散成半径为 $r_1 = 10^{-3} \text{m}$ 的水滴时，分散后的液滴总数

$$n = \frac{\frac{4}{3}\pi r_0^3}{\frac{4}{3}\pi r^3} = \left(\frac{r_0}{r_1}\right)^3 = 2.4 \times 10^2$$

$$S_0 = \frac{3}{r_1} = 3 \times 10^3 \text{m}^{-1} \qquad A = 4\pi r_1^2 n = 3 \times 10^{-3} \text{m}^2$$

其他结果列于表 8-1。

表 8-1　水滴半径减小时比表面和总表面积增加情况

水滴半径/m	液滴数目	比表面 S_0/m^{-1}	总表面积 A/m^2
6.2×10^{-3}	1	4.8×10^2	4.8×10^{-4}
10^{-3}	2.4×10^2	3×10^3	3×10^{-3}
10^{-4}	2.4×10^5	3×10^4	3×10^{-2}
10^{-6}	2.4×10^{11}	3×10^6	3
10^{-8}	2.4×10^{17}	3×10^8	3×10^2

由表 8-1 可知，当水滴半径由 10^{-3}m 分散为 10^{-8}m 时，水滴的比表面 S_0 由 $3 \times 10^3 \text{m}^{-1}$ 增至 $3 \times 10^8 \text{m}^{-1}$，总表面积由 $3 \times 10^{-3} \text{m}^2$ 增加至 $3 \times 10^2 \text{m}^2$，是原来的十万倍。因此，当体系的分散程度很高时，其总表面积是很大的，此时表面现象不能忽略。

8.1.2　比表面自由能和表面张力

表面层分子与体相内分子所处环境不同。例如，气-液表面在液相内部的分子受到来自周围分子的作用力，各方向的力彼此抵消。但在液体表面，因气、液两相密度差别较大，表面分子受到来自下面液相分子的吸引力较大，而气体分子对表面分子的引力可以忽略不计。结果，表面层分子主要受到指向液体内部的拉力，使得表层分子有向液体内部迁移、液体表面积自动收缩的趋势，如图8-1所示。相反，如果要扩大液体表面，即把一些分子从液相内部移到表面上，就必须克服液体内部分子之间的吸引力而对体系做功，此功称为表面功。在温度、压力和组成恒定时，可逆地扩展液体表面积，环境对体系所做表面功 $\delta W'$ 应与体系表面积的增量 $\text{d}A$ 成正比

$$\delta W' = \sigma \text{d}A \qquad (8-2)$$

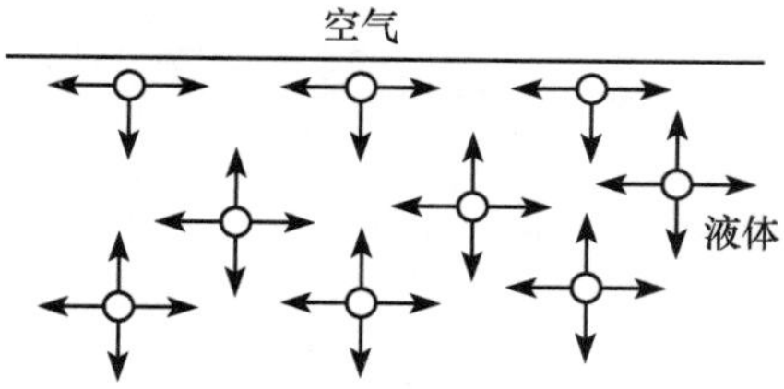

图 8-1　分子在液体内部和表面受力状况

表面功 $\delta W'$ 为可逆非体积功，σ 为比例常数。

定温定压下体系可逆地扩展表面所得到的表面功应等于吉布斯自由能的增加量，$\text{d}G = \delta W'$。式(8-2)可表示为

$$\text{d}G = \sigma \text{d}A \qquad \text{或} \qquad \sigma = \left(\frac{\partial G}{\partial A}\right)_{T,p,n} \qquad (8-3)$$

σ 的物理意义是当 T、p 及组成恒定时，增加单位表面积所引起的吉布斯自由能的增量。σ 称为比表面自由能，单位 $\text{J} \cdot \text{m}^{-2}$。当可逆地形成新表面时，环境所做的表面功转化为表面层分子的吉布斯自由能。表层分子因此比体相内分子具有更高的能量，σ 也称为表面过剩吉布斯

自由能,简称表面能(surface energy)。

表面现象还可以从力的角度描述。气-液界面两边物质不同,其密度也不同,故液体表面存在使其面积减小的力,称为表面张力(surface tension)(或界面张力)。其物理意义是在与液面相切方向上垂直作用于单位长度线段上的收缩力。表面张力也用符号 σ 表示,单位为 $N \cdot m^{-1}$。表面张力与比表面自由能在数值上完全相等,并有相同的量纲,但物理意义不同,是从不同角度反映体系的表面特征。

表 8-2 中列出一些纯液体物质的表面张力与液-液界面张力数据。表面张力是强度性质,其值与物质种类、共存另一相的性质以及温度和压力等因素有关。纯液体的表面张力是指纯液体与其饱和蒸气的空气相接触时测得的数据,当两相为互不相溶的液体或液体与固体时,作用在液-液或液-固界面上的张力称为界面张力。

温度对表面张力数值有影响。一般而言,温度升高,物质的表面张力值下降。实验表明,绝热条件下扩展液体的表面积,液体的温度必然下降。

测定表面张力的方法有吊板法、滴重法、最大泡压法和毛细管上升法等,其中毛细管上升法被公认为最准确的方法。

表 8-2　一些液体物质的表(界)面张力值

液体	温度 T/K	$\sigma/(N \cdot m^{-1})$	液体	温度 T/K	$\sigma/(N \cdot m^{-1})$
液体-蒸气界面					
水	293	0.07288	甲醇	293	0.02250
	298	0.07214	乙醇	293	0.02239
	303	0.07140		303	0.02155
H_2	20	0.00201			
N_2	75	0.00941	丙酮	293	0.02669
O_2	77	0.01648	丁酸	293	0.02651
Br_2	20	0.03190	苯	293	0.02888
Hg	293	0.4865		303	0.02756
	298	0.4855			
$NaNO_3$	581	0.1166	甲苯	293	0.02852
$KClO_3$	641	0.081	乙酸丁酯	293	0.02509
液-水界面			液-汞界面		
正丁醇	293	0.0018	水	293	0.415
乙酸乙酯	293	0.0068	乙醇	293	0.389
苯	293	0.0350	正己烷	293	0.357
四氯化碳	293	0.0450	苯	293	0.378

8.2　弯曲液面的特性

8.2.1　弯曲液面的附加压力

1. 附加压力

表面弯曲的液体与平面液体有所不同,因为表面张力的存在,总是力图收缩液体表面积,这导致弯曲液体界面上承受着一定的附加压力。如图 8-2 所示为两根玻璃毛细管,(a)中毛细管内储有汞,呈凸面,(b) 中毛细管内储有水,呈凹面。

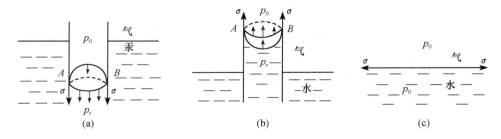

图 8-2 弯曲液面下的附加压力

图 8-2(a) 中,在凸面与毛细管壁的交界线上作用的表面张力方向与周界垂直,并与液面相切,其合力方向指向汞的内部。平衡时液体汞内部的压力 p_r 要比外部压力 p_0 大,两者的差值即为附加压力 Δp

$$\Delta p = p_r - p_0 \qquad (8\text{-}4)$$

凸面曲率半径为正,$\Delta p > 0$,方向指向液体内部。

图 8-2(b) 中管内因储有水,呈凹面。在交界线 AB 上作用的表面张力方向指向气相。平衡时液体水中的压力 p_r 小于外部气相的压力 p_0,$\Delta p = p_r - p_0 < 0$,凹面曲率半径为负,Δp 方向指向液体上方。附加压力总是指向曲率中心一边。它的大小除与表面张力有关外,还与曲率半径有关系。

2. 拉普拉斯公式

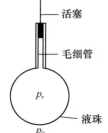

图 8-3 体积功与表面吉布斯自由能

如图 8-3 所示,毛细管充满液体,管端悬一半径为 r 的液珠与之平衡(液珠为近似理想球形)。液珠外压为 p_0,液珠曲面所产生附加压力为 Δp,故液滴内部所承受的总压力为 $p_r = p_0 + \Delta p$。若给毛细管上方活塞稍稍加压,可逆地使液滴半径增大 dr,相应地体积增加 $dV = 4\pi r^2 dr$,其表面积增加 $dA = 8\pi r dr$,则需克服附加压力 Δp 而对体系做功 $\delta W' = \Delta p dV$,其值等于增加体系表面积所引起的表面吉布斯自由能的增量 dG,即

$$\delta W' = dG$$

或

$$\Delta p \, dV = \sigma \, dA \qquad (8\text{-}5)$$
$$\Delta p \times 4\pi r^2 dr = \sigma \times 8\pi r dr \qquad (8\text{-}6)$$
$$\Delta p = \frac{2\sigma}{r} \qquad (8\text{-}7)$$

式(8-7)为拉普拉斯(Laplace)公式。

如果是一个任意曲面而非球面,一般需要两个相互垂直方向的曲率半径来描述曲面。拉普拉斯公式的一般式 $\Delta p = \sigma \left(\dfrac{1}{r_1} + \dfrac{1}{r_2} \right)$,式中 r_1 和 r_2 分别为曲面的两个相互垂直方向的曲率半径,对于球面 $r_1 = r_2$ 即为式(8-7)的形式。

由式(8-7)可知

（1）附加压力与曲率半径有关。液滴越小（r 小），则所受到的附加压力值 Δp 越大。

（2）弯曲液面为凸面［图 8-2(a)］，曲率半径为正，$r>0$，$\Delta p>0$；液面为凹面［图 8-2(b)］，$r<0$，曲率半径为负，$\Delta p<0$。空气中的肥皂泡，泡内气体压力大于泡外压力，因液膜有内外两个表面，其半径也近似相同，压力差值 $\Delta p=\dfrac{4\sigma}{r}$。

（3）对平面液体，曲率半径 $r\to\infty$，故 $\Delta p=0$。

3. 拉普拉斯公式的应用

在无外力场影响时，自由的液滴或气泡常呈球形。如果液滴不呈球形而为一不规则形状，则在表面上各弯曲部位的曲率半径和弯曲方向不同，相应地各部位的附加压力大小和方向也

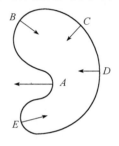

图 8-4　不规则形状液滴上各点的附加压力方向

不同（图 8-4）。凹处 A 点附加压力指向液滴外面，而凸面上 B、C、D、E 点的附加压力均指向液滴内部。合力作用下，迫使液滴呈现球形。

当把毛细管插入水中时，管中水柱呈凹形曲面，并上升至一定高度 h。这是由于凹面下液体的压力小于平面上液体所受压力，致使管外液体（实际为平面液体）被压入管内［图 8-2(b)］，直到水平面以上液柱的静压力与凹面的附加压力相等时，才达到平衡，即

$$\Delta p=\frac{2\sigma}{r}=\Delta\rho gh \tag{8-8}$$

$\Delta\rho=\rho_{液}-\rho_{气}$，是液相和气相密度之差，一般 $\rho_{液}\gg\rho_{气}$，故式（8-8）可近似写作

$$h=\frac{2\sigma}{\rho gr}=\frac{2\sigma}{\rho gR} \tag{8-9}$$

若液体能完全润湿玻璃毛细管，故弯曲面的曲率半径 r 近似于毛细管半径 R。测定了毛细上升高度 h 和管径 R，可求出液体的表面张力值。

同理可以解释毛细管插入汞中时的液面下降。若液体完全不能润湿毛细管，$r=R$，液面下降呈凸面，毛细管内液体下降高度 h 也可由式（8-9）进行计算。

更一般的情况是管内液面只是凹形球面的一部分，而非半球形，此时曲率半径不等于毛细管半径，$r\neq R$，液体与管壁之间存在一接触角 θ（图 8-5）。由简单的几何关系证明得 $R=r\cos\theta$。所以毛细管内液柱上升或下降高度更普遍的公式为

$$h=\frac{2\sigma\cos\theta}{\rho gR} \tag{8-10}$$

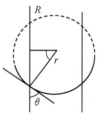

图 8-5　曲率半径与毛细管半径的关系

当接触角 θ 为零，式（8-10）成为式（8-9）。

8.2.2　弯曲液面的蒸气压

设在一定温度时，1mol 平面液体与其蒸气达到平衡，$\mu_l=\mu_g$。若液面曲率发生变化，如将平面液体分散成半径为 r 的小液滴，因附加压力的存在，液体所受压力由 p_0 变成 p_r，相应地其饱和蒸气压发生改变，由 p_0^* 变为 p_r^*，并重新建立平衡，$d\mu_l=d\mu_g$。当温度一定时，对于纯液体 $d\mu_l=V_{m,l}dp$。假定蒸气为理想气体 $d\mu_g=V_{m,g}dp^*=\dfrac{RT}{p^*}dp^*=RTd\ln p^*$，故有

$$V_{m,l}dp=RTd\ln p^* \tag{8-11}$$

积分式(8-11)

$$\int_{p_0}^{p_r} V_{m,l}\,\mathrm{d}p = \int_{p_0^*}^{p_r^*} RT\,\mathrm{d}\ln p^*$$

$$V_{m,l}(p_r - p_0) = RT\ln\frac{p_r^*}{p_0^*} \tag{8-12}$$

因 $p_r - p_0 = \Delta p = \dfrac{2\sigma}{r}$，液体的摩尔体积 $V_{m,l} = \dfrac{M}{\rho}$，$\rho$ 和 M 分别为液体的密度和摩尔质量，于是式(8-12)化为

$$\ln\frac{p_r^*}{p_0^*} = \frac{2\sigma M}{\rho RT}\frac{1}{r} \tag{8-13}$$

式(8-13)即为著名的开尔文公式。由式(8-13)可知，液珠的蒸气压大于平面液体的蒸气压，且液珠半径越小，蒸气压越大。表 8-3 是以水滴为例的半径与蒸气压关系的计算结果。

表 8-3　25℃ 时水滴半径与蒸气压的关系

r/m	10^{-6}	10^{-7}	10^{-8}	10^{-9}
p_r^*/p_0^*	1.001	1.011	1.111	2.859

据此可知，水蒸气在相对纯净的高空中可以达到很高的过饱和程度而不凝聚成水滴。在水珠半径为 10^{-8}m 时，其水蒸气压已比正常值高出 11%，此时一个水珠中含水分子数约为 14 万个。而新液相的形成是分为几个阶段进行的，开始是一些分子团，然后聚集成小水珠，最后凝成大液滴。所以即使空气中水蒸气的饱和蒸气压已超过饱和，但 14 万个水分子难以聚在一起形成水滴下落。必须有一些曲率半径较大的核心，使蒸气在较低的饱和度时就可以在这些核心表面上凝结起来。空气中的尘埃就有这种作用。人工降雨也利用了这一原理，将粉末状干冰或 AgI 晶体作为水蒸气的凝结核心喷洒在水蒸气过饱和的空气中，使水蒸气形成雨滴落下。

开尔文公式还表明，凸面液体的饱和蒸气压比平面的高，而凹液面的蒸气压比平面液体的要低。因为凹面时，曲率半径 r 为负值，$\ln\dfrac{p_r^*}{p_0^*}<0$，故 $p_r<p_0$，且半径越小，p_r 越低，在毛细管内液体凝结所需的蒸气压越低，液体越易凝聚，这称为毛细凝聚现象。锄地可以切断土壤中的毛细管，切断的毛细管易于使大气中的水蒸气在其中凝聚，增加土壤水分，有利于植物的生长。

*8.2.3　亚稳态

过饱和蒸气、过冷液体、过热液体和过饱和溶液等均是亚稳态(metastable)，这是一种不稳定状态。可以用拉普拉斯公式和开尔文公式解释亚稳态的存在。

过热液体是指加热到沸点以上也不沸腾的液体。沸腾时，液体生成的微小气泡，液面呈凹面。根据开尔文公式，气泡中的液体饱和蒸气压比平面液体的小，且气泡越小，蒸气压越低。由拉普拉斯公式可知，微小气泡上还承受着很大的附加压力 $\Delta p = \dfrac{2\sigma}{r}$($r$ 为气泡半径)。所以，必须升高液体温度，使气泡凹液面的饱和蒸气压等于或超过 $p_{大气压} + \dfrac{2\sigma}{r}$，才能使液体沸腾，这可能引起过热导致溶液暴沸。因此人们往往在加热液体时先在其中放入多孔沸石或毛细管，以产生较大气泡，避免液体过热。

压力为 10^5Pa、温度在 273K 以下的过冷水(如 268K，$p^\ominus$)，按理应自发凝结成冰。

$$H_2O(l,268K,p^\ominus)\xrightarrow{\Delta G<0}H_2O(s,268K,p^\ominus)$$

但因新生成的冰粒极其微小，其化学势高于过冷水的化学势，结果微晶被溶化。因此很纯的水

可以过冷至−40℃左右而不结冰。但只需加入一点冰晶或稍加振动,这种亚稳状态就会被破坏,过冷水立即结成冰。

过饱和溶液是指在一定温度下,溶质浓度高于正常溶解度而不结晶的溶液。产生这种亚稳状态的原因是生成的高度分散的微小晶粒具有较大化学势,溶解度大,因此小晶粒不能稳定存在。相应的开尔文公式可表示为

$$\ln \frac{c_r}{c} = \frac{2\sigma_{sl}M}{RT\rho_s r} \tag{8-14}$$

式中:c_r、c分别为平衡时半径为r的晶粒与一般晶体($r \to \infty$)的溶解度;σ_{sl}为晶体与溶液的界面张力;ρ_s和r分别为晶体的密度和曲率半径;M为溶质的摩尔质量。

晶体曲率半径r越小,相应的溶解度越大。常通过延长结晶的保温时间,使生成的大小不均的晶体中的小晶体逐渐溶解,大块晶体慢慢长大并趋均一。分析化学中沉淀的"陈化"也与此原理有关。

8.3　溶液的表面吸附

8.3.1　溶液的表面张力

在一定温度、压力下,纯液体的表面张力是一定值。溶液的表面张力不仅与温度、压力有关,还与溶质的种类及浓度有关。

在水溶液中,表面张力随组成的变化有三种类型:第一类,无机盐、非挥发性的酸或碱以及蔗糖、甘露醇等多羟基有机物,其水溶液的表面张力随溶液浓度的增加以近似直线的关系上升,如图 8-6 中Ⅰ线。第二类,短链醇、醛、酮、酸和胺等有机物,随浓度增大,其水溶液的表面张力起初降得较快,随后下降趋势减小,如图 8-6 中Ⅱ线。第三类,碳原子数为 8 个以上的直长链有机酸碱金属盐、磺酸盐、硫酸盐和苯磺酸盐等,少量的这些物质就能显著地降低溶液的表面张力,到一定浓度后,表面张力不再有明显改变,如图 8-6 中Ⅲ线。

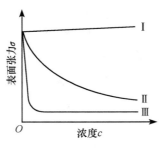

图 8-6　溶液表面张力
与浓度的关系

第一类物质(如 NaCl)在水溶液中完全电离为正、负离子,它们与水发生强烈的水合作用,体相内正、负离子到表面上去扩大表面积会消耗表面功及克服静电引力做功,使表面能增高。这类物质又称表面惰性物质。

第二类物质的分子是由较小的非极性基团与极性基团或离子所组成,如乙醇。它们和水的作用较弱,很容易吸附到表面上去,使溶液表面能下降,$\Delta G < 0$,体系更稳定。

第三类物质分子中的非极性基团比第二类的要大,一般为 8 个碳原子以上的直长链。以十二烷基硫酸钠 $C_{12}H_{25}OSO_3Na$ 为例,溶于水后极性的亲水基团—OSO_3^- 与水发生强烈的水合作用;$C_{12}H_{25}$—为非极性基团,与水之间仅有范德华(van der Waals)力存在且作用微弱,而水分子间的作用力非常强烈,从而将碳氢链部分赶出水相。这种两亲特性使溶质分子集中到两相界面上的趋势增加。只需少量这样的物质,溶液的表面张力就会显著降低,这类物质称为表面活性剂(surfactant)。例如,25℃、0.008mol·dm^{-3} $C_{12}H_{25}OSO_3Na$ 水溶液的表面张力为 39mN·m^{-1},同温度时纯水的表面张力为 72mN·m^{-1}(参阅 8.5 节)。

8.3.2　吉布斯吸附等温式

若加入的溶质能降低溶液的表面张力,导致溶质在表面相浓度高于液相内部;反之,当溶质的加入使溶液的表面张力升高时,溶质在表面相浓度低于其在液相内部的浓度。溶液表面层与体相溶液组成不同的现象称为溶液表面吸附(adsorption)。

早在 100 多年前,吉布斯就用热力学方法导出了一定温度下,联系溶液的表面张力、溶液浓度和吸附量的微分方程,通常称为吉布斯吸附等温式。

$$\Gamma = -\frac{c}{RT}\left(\frac{\partial \sigma}{\partial c}\right)_T \tag{8-15}$$

式中:c 为吸附平衡时溶液中溶质的浓度($\text{mol} \cdot \text{m}^{-3}$);$\sigma$ 为溶液的表面张力($\text{N} \cdot \text{m}^{-1}$);$\Gamma$ 为单位面积表面相中吸附溶质的过剩量,又称表面过剩量(surface excess)($\text{mol} \cdot \text{m}^{-2}$)。由吉布斯公式可得如下结论:

(1) 若 $\left(\frac{\partial \sigma}{\partial c}\right)_T < 0$,则 $\Gamma > 0$。即表面张力随着溶质的加入而降低者,Γ 为正值,是正吸附。此时表面层中溶质浓度高于体相中溶质的浓度,如表面活性物质。

(2) 若 $\left(\frac{\partial \sigma}{\partial c}\right)_T > 0$,则 $\Gamma < 0$。溶液的表面张力随着溶质的加入而升高时,表面过剩为负,是负吸附。此时表面层中溶质浓度低于体相中溶质的浓度,表面惰性物质属于这种情况。

8.3.3　吸附层上分子的定向排列

一定温度下实验测定不同浓度 c 对应的溶液表面张力值 σ。以 σ 对 c 作图,在 σ-c 曲线上作切线,指定浓度下切线的斜率即为该浓度的 $\left(\frac{\partial \sigma}{\partial c}\right)_T$ 值,再由式(8-15),即可得浓度 c 时的表面过剩量 Γ。作 Γ-c 曲线,称为吸附定温线。图 8-7 是表面活性物质的吸附定温线。

由图 8-7 可见,溶质浓度很小时,Γ 与 c 的关系近似直线,吸附量随溶质浓度的增加而增大;当浓度足够大时,表面过剩量趋近一极限值 Γ_m,此时溶液表面的吸附已达饱和。再增加浓度,表面吸附量不再改变,Γ_m 为一定值,与浓度无关。Γ_m称为饱和吸附量。

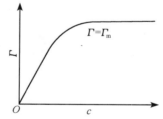

图 8-7　吸附量与浓度的关系

表面活性物质分子具有两亲特性,分子的一端是亲油的非极性基团,另一端是极性基团,其亲水作用使分子的极性端进入水中。当浓度较高,溶质分子在表面层达饱和吸附时,分子在表面定向排列成单分子膜,如图 8-8 所示。

当表面活性物质在表面层达饱和吸附时,它在表面层中的浓度远远大于体相内浓度。饱和吸附量 Γ_m 可视为单位表面上溶质的总量,从而可以计算出定向排列时每个表面活性物质分子在表面层所占据的面积,即分子截面积 A

$$A = \frac{1}{L\Gamma_m} \tag{8-16}$$

式中:L 为阿伏伽德罗常量。实验表明,直链脂肪酸 RCOOH 不论其碳氢链长度如何($C_2 \sim C_8$),它们的 Γ_m 是大致相同的。由此算得脂肪酸同系物的分子截面积是相同的,均为

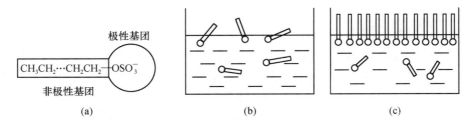

图 8-8　表面活性物质分子结构简图及在表面层上的状态

0.30nm² 左右。这证明在饱和吸附时,表面层上吸附的分子是垂直于液面定向排列的。

*8.4　表　面　膜

8.4.1　不溶性单分子膜

　　溶解于水的表面活性物质,当浓度达到一定值时,分子在液体表面上形成了一层单分子膜,称为可溶性单分子膜。微溶或不溶性物质在液体表面上也可以自动展开成膜。例如,一些长链的醇、酸等有机化合物极易在水表面上铺展开来,形成只有一个分子厚的单分子膜,称为不溶性单分子膜。

　　表面压是研究表面膜性质时的重要参数。将细棉线连接成一个圆圈,置放于水面上,在圈内水面上加一点油酸($C_{17}H_{33}COOH$),则原先松松的不规则线圈立即变成胀紧的圆圈。这说明展开的膜对浮物棉线施加了压力。膜对单位长度浮物所施的力称为表面压,以 π 表示。表面压可用朗缪尔(Langmuir)所创的膜天平测量(图 8-9)。

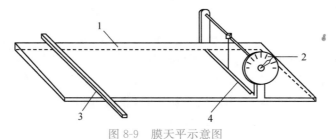

图 8-9　膜天平示意图
1. 盛水的长盘;2. 扭力天平;3. 滑尺或障片;4. 浮片

　　在一长方形浅盘内盛满纯净的水,将含定量不溶物的溶液滴加在浮片与滑尺间的水面上,溶剂(常为苯或石油醚)挥发后,不溶物在水面铺展成单分子膜。浮片与扭力天平相连接,可测量成膜时作用于浮片水平方向上的力,从而直接测定表面压。改变滑尺的位置可以改变膜的面积,测量不同膜面积时的表面压,根据不溶物的量可知膜中分子数,由膜面积 A 可知每个分子所占据的表面积 a。这样可得到 a 与 π 之间的关系。

　　表面膜的研究提供了分子在表面上定向排列的有力证据,在许多领域(泡沫、乳状液和生物化学等)有实际应用。

　　(1)高聚物及蛋白质摩尔质量的测定。实验表明,表面压 π 与分子膜面积 a 的关系曲线与理想气体的 p-V 图很相似,符合二维理想气体状态方程

$$\pi a = k_B T \tag{8-17}$$

式中:k_B 为玻尔兹曼常量;a 为每个成膜分子所占的面积,蛋白质分子在水表面铺展成单分子膜。当表面浓度较低时,上述方程可写成

$$\pi A = nRT = \frac{m}{M}RT \tag{8-18}$$

式中:A 为膜面积;n 为成膜物(蛋白质)的物质的量;m、M 分别为蛋白质的质量和摩尔质量。利用式(8-18)可求出蛋白质的摩尔质量,与用渗透压法、超离心法或黏度法测得结果相符。其优点在于样品用量少、并可测定摩尔质量低于 $25000\mathrm{g \cdot mol^{-1}}$ 的物质,在生物化学领域尤其重要。

(2) 抑制水分蒸发。若在湖泊、水库的水表面上铺一层单分子膜,可抑制水的蒸发速率,这在干旱少雨和沙漠地区有很大意义。

不溶物单分子膜的研究还可用于复杂分子结构的确定、微量天然产物的分析鉴定等。

8.4.2　生物膜

细胞的表面膜和内膜系统均称为"生物膜"。每个细胞外面都有一层厚 $4\sim7\mathrm{nm}$ 的薄膜将细胞内外隔开,这层膜称细胞表面膜或质膜;细胞内各种细胞器,如细胞核、线粒体、内质网等上面的一层膜属于内膜。

生物膜结构是细胞结构的组织形式,也是生命活动的主要结构基础。许多基本的生命过程,如能量转换、物质运送、信息识别与传递等都与生物膜有密切的关系。生物膜的研究不仅对于生命科学有理论意义,而且在其他领域有实际应用。人们从生物膜的成分、结构和功能的研究中得到启示,开发合成的人工膜(如反渗透膜、超滤膜)可应用于废水处理,物质的提纯和气体的分离,在化学工业有广阔的前景。

生物膜主要由蛋白质(含酶)、脂质、少量糖类组成,还有水和金属离子。生物膜内所含脂质有磷脂、胆固醇和糖脂等,其中以磷脂为主要组分,而且分布广泛。磷脂中主要是磷酸甘油二酯。以甘油为骨架,甘油中 1、2 位碳原子的两个羟基分别与两个长链脂肪酸生成酯,第 3 位碳原子的羟基与磷酸生成磷脂(图 8-10)。

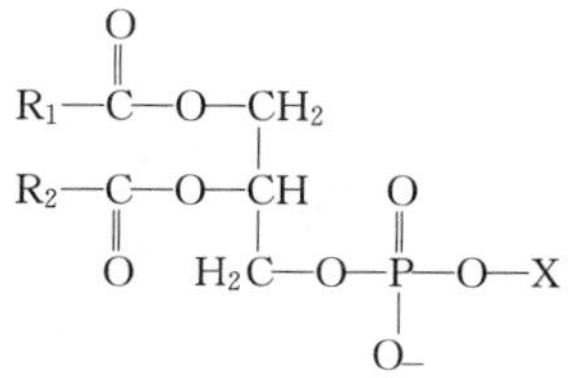

$$
\begin{array}{c}
O \\
R_1 - C - O - CH_2 \\
R_2 - C - O - CH \\
O \quad\quad O \\
H_2C - O - P - O - X \\
O
\end{array}
$$

R₁、R₂ 碳氢链长为 $C_{12}\sim C_{24}$,每个长链中含六个以内的双键

$X =$ —H　　　　　　　　磷脂

$\quad\; = $ —CH₂CH₂—N⁺(CH₃)₃　磷脂酰胆碱(卵磷脂)

$\quad\; = $ —CH₂—CH—COOH　磷脂酰丝氨酸
　　　　　　│
　　　　　　NH₂

图 8-10　甘油磷脂结构

磷脂分子中两个碳氢长链 R_1,R_2 使得分子具有较强的疏水性,而位于另一端的磷酸具有亲水性,磷脂分子的两亲特性使得它在水溶液中能形成脂质双分子层。在脂质双分子层内所有分子的极性端都面向细胞外液或细胞质一侧;而疏水部分则聚集在双分子层中央构成疏水区域。如图 8-11 所示,其中圆圈为极性基,圆圈下面的波浪线为非极性基。

生物膜中的蛋白质约占细胞蛋白质的 $20\%\sim25\%$。根据蛋白

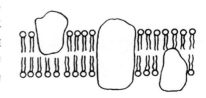

图 8-11　流体镶嵌膜模型

质在膜上的位置可分为外周蛋白质和内在蛋白质。前者分布于生物膜的脂双层表面,由静电引力或范德华力与膜松散地结合,能溶于水。内在蛋白质靠其疏水基团与生物膜上脂质双层分子疏水部分相互作用,紧密结合在一起。内在蛋白可部分或全部嵌入膜的脂双层疏水区,还可横跨全膜。

1972年,美国的Singer和Nicolson根据生物膜的流动性和膜蛋白分布的不对称性提出生物膜结构的"流体镶嵌"模型,如图8-11所示。他们认为脂质双分子层是生物膜的基本结构;磷脂组成了不连续的流动双分子层,膜蛋白则内嵌其中。该模型得到了比较广泛的支持,但仍有局限性,有待进一步完善发展。

生物膜不是静态的结构,它具有流动性。它的各组分在脂质双分子层内不断地运动,内嵌膜蛋白能在膜上自由地进行侧向扩散。膜的流动性受温度及层中脂质组成的影响。

生物膜因脂质双分子层结构中含有疏水区,它对通过的物质具有高度的选择性。所以细胞能主动从细胞膜外摄取所需物质,同时排出代谢产物和废物,维持细胞的生命活动,使细胞保持相对稳定。小分子的跨膜运送主要是通过膜上镶嵌的专一性运送蛋白质的作用来实现的。膜上蛋白质调控小分子的运送,使膜内、外维持恒定的离子浓度梯度,确保细胞表现正常的生理功能。

生物膜具有多种功能,它与生物学中诸多重要过程密切相关。膜学研究已扩展到生物学的各个领域,在分子生物学、细胞生物学中日趋活跃。

8.5　表面活性物质

8.5.1　表面活性物质的分类

表面活性物质由极性的亲水基团和非极性的疏水基团共同构成,是具有双重亲液结构的分子。表面活性物质在医药、食品、化妆品、纺织和冶金等领域有着广泛的应用。

表面活性物质的品种繁多,分类方法也很多,普遍按结构特点来分类。以表面活性物质的极性基团是否是离子为依据,分为离子型和非离子型两大类型。在离子型中,又按其具有活性作用的离子所荷电性分为阴离子型、阳离子型和两性型等类别(表8-4)。

表 8-4　表面活性物质的分类

类别		实例
离子型表面活性物质	阴离子型	羧酸盐 $RCOO^- M^+$,硫酸酯盐 $ROSO_3^- M^+$ 磺酸盐 $RSO_3^- M^+$,磷酸酯盐 $ROPO_3^- M^+$
	阳离子型	伯胺盐 $RNH_3^+ X^-$,季铵盐 $RN^+(CH_3)_3 X^-$ 吡啶盐 $RN\!\!\bigcirc^{+} \quad X^-$
	两性离子型	氨基酸型 $RN^+ CH_2 CH_2 COO^-$ 甜菜碱型 $RN^+(CH_3)_2 CH_2 COO^-$
非离子型表面活性物质		聚氧乙烯醚 $RO(CH_2 CH_2 O)_n H$ 聚氧乙烯酯 $RCOO(CH_2 CH_2 O)_n H$ 多元醇型 $RCOOCH_2 C(CH_2 OH)_3$

注:R一般为 $C_8 \sim C_{18}$ 的碳氢长链的烃基;M^+ 为金属离子或简单的阳离子,如 Na^+、K^+ 或 NH_4^+;X^- 为简单阴离子,如 Cl^-、Ac^-。

8.5.2　表面活性物质的 HLB 值

实际应用中,对一定的体系究竟选择哪种表面活性物质比较合理、效率最高,目前还缺乏理论指导。但从经验上,表面活性物质分子的亲水性和亲油性是一种重要依据。两亲结构赋予表面活性物质特殊的性质和用途,如可作为乳化剂、破乳剂、润湿剂和起泡剂等。1949 年,格里芬(Griffin)提出用 HLB(hydrophile-lipophile balance),即亲水-亲油平衡值来表示表面活性物质的亲水性和亲油性的相对强弱。HLB 越大,其亲水性越强;HLB 越小,其亲水性越弱,亲油性越强。

表面活性物质的 HLB 是个相对值。把没有亲水基、亲油性很强的石蜡的HLB 定为 0,亲水性较强的十二烷基硫酸钠 HLB 定为 40,其他表面活性物质的HLB 可用乳化实验对比其乳化效果决定其值(HLB 为1~40)。现在也可用一些公式进行计算。由 HLB 可以得知表面活性物质的适当用途(表 8-5)。

因为 HLB 值的计算或测定均是经验性的,故在应用中选择乳化剂、润湿剂、增溶剂和洗涤剂时,HLB 有一定的指导意义,但不能作为唯一的理论依据,最好结合实际效果进行筛选。

表面活性物质品种很多,应用广泛,可作为洗涤剂、起泡或消泡剂、增溶剂、润湿剂和乳化剂等。

表 8-5　HLB 范围及其适当用途

表面活性剂的 HLB 范围	应用
1~3	消泡剂
3~6	W/O(油包水)型乳化剂
7~9	润湿剂
8~18	O/W(水包油)型乳化剂
13~15	洗涤剂
15~18	增溶剂

8.6　胶　　束

8.6.1　表面活性物质的临界胶束浓度

极少量表面活性物质就能使溶液的表面张力显著降低,此时表面活性物质主要是以单个分子形式分布于溶液的表面,当然也有少数分子在溶液中。当溶质增至一定值,溶液的表面张力降至最低。继续增加溶质的量,表面张力不再下降。在表面层上,物质吸附达饱和,表面活性物质分子形成单分子层。表面层容纳不下的表面活性物质分子在溶液中以疏水基相互靠拢,形成以疏水基朝内、亲水基指向水相的胶束。形成胶束的浓度称为表面活性物质的临界胶束浓度,简称 CMC(critical micelle concentration),相当于图 8-6 中Ⅲ线的转折处。超过 CMC后,如果继续增加表面活性物质的量,只能增加溶液中胶束的数量和大小。溶液的表面张力不再下降,在表面张力与浓度关系曲线中,呈水平线段。

胶束的形状有球状、棒状或层状(图 8-12)。胶束的形状与形成胶束的浓度有关,胶束的大小则与构成胶束的表面活性物质分子的数目即聚集数有关。例如,十二烷基硫酸钠水溶液在其 CMC 时,胶束是对称球形,聚集数为 73。浓度 10 倍于 CMC 值时,胶束为棒状,浓度再增加时,棒状胶束聚集成六角形束,直至最后形成层状胶束。

图 8-13 是十二烷基硫酸钠溶液的物理化学性质随浓度变化的情况。图 8-13 中,在 CMC(约为 0.008mol·dm⁻³)附近,表面活性物质的渗透压、浊度、摩尔电导率和去污能力都发生了

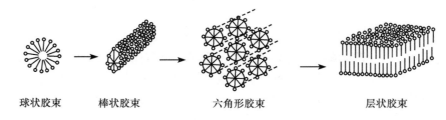

球状胶束　　棒状胶束　　　六角形胶束　　　　　层状胶束

图 8-12　胶束形成模型

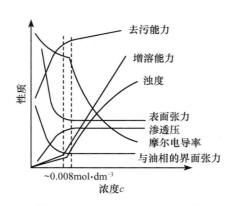

图 8-13　$C_{12}H_{25}OSO_3Na$ 溶液的各种性质对浓度的示意图

突变。其他表面活性物质也有类似情况。

影响 CMC 的主要因素是分子的结构。无论是离子型还是非离子型表面活性剂,其疏水性增强,CMC 值就随之下降。外界条件如温度、电解质等也会影响临界胶束浓度。

8.6.2　增溶作用

表面活性物质水溶液的一个重要应用,是能溶解一些原来不溶或微溶于水的物质。例如,2-硝基二苯胺微溶于水,当加入表面活性物质月桂酸钾浓度达到其 CMC(约为 $0.022mol \cdot dm^{-3}$)时,2-硝基二苯胺的溶解度为 $0.002g \cdot dm^{-3}$,当月桂酸钾浓度增大至两倍于 CMC 时,2-硝基二苯胺的溶解度增加了 30 倍,这种现象称为增溶作用。增溶作用的特征如下:

(1)增溶作用必须在 CMC 以上的浓度才能发生,即胶束的存在是发生增溶作用的必要条件,而且浓度越大,胶束越多,增溶效果越显著。

(2)增溶作用是一热力学自发过程,可使被增溶物(如 2-硝基二苯胺)的蒸气压下降,化学势降低,增溶后体系更为稳定。

(3)增溶后溶液为透明的体系,而且溶剂的依数性质基本不变。说明增溶并非溶解,溶质在增溶过程中并未在溶剂中分散成分子或离子状态,而是溶入胶束。所以溶液中质点总数未增加,只是胶束胀大。

(4)增溶作用是一可逆的平衡过程。无论用什么方法,达到平衡后的增溶结果是一样的。

利用增溶作用加快化学反应速率称胶束催化,可用于研究化学反应机理。增溶作用有可能与生命现象密切相关。例如,小肠不能直接吸收脂肪,但胆汁对脂肪的增溶作用使得小肠能够对脂肪进行吸收。

8.7　气-固界面吸附

8.7.1　固体表面特性

固体材料在工业生产中占据着重要的地位,许多吸附剂和催化剂是以固体形态出现的,而吸附、催化、摩擦等现象也是发生在固体表面上的,研究固体表面有非常重要的意义。

固体具有固定的形状,其分子、原子或离子不能自由移动。固体表面具有三个特点。

1. 固体表面不均匀

某些固体表面看上去是平滑的,通常人们简单地把它理解为平面,认为表面层原子或离子的中心位于同一平面上。但实际上,绝大多数固体表面是不规则的,即使磨光的表面也会有 $10^{-5} \sim 10^{-3}$ cm 的不规则性,也就是说表面总是粗糙不平的。图 8-14 是经过抛光的铝板表面的形状。

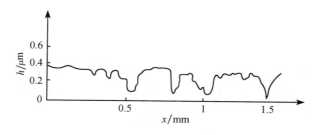

图 8-14　铝板表面的形状

2. 固体表面分子、原子或离子较难移动

固体表面上的原子、分子或离子的力场是不均衡的,固体表面也有表面张力和表面能,但不能直接测定。固体具有固定的形状,其表面分子、原子或离子通常难移动。很难通过降低表面积来降低表面能,只能通过降低界面张力的途径来降低表面能,这是固体表面产生吸附作用的根本原因。

3. 固体表面层的组成与体相组成不同

固体表面的各种性质不是内部性质的延续,表面处理方式不同或固体形成条件不同,固体表面层由表向里往往呈现出多层次结构。例如,磨光的多晶固体越接近表层,晶粒越细,电子衍射分析表明,外表面 1.0 nm 厚度为非结晶以至于极细的结晶群,在 $0.1 \sim 1.0\,\mu m$ 结晶粒子的晶轴和磨光方向一致,成为纤维组织。

金属的表面组成非常复杂,常因处理方式、形成过程及其他条件不同而不同,大多数金属在大气中表面上形成氧化膜。例如,Fe 在 570℃以上,由表向里依次形成 $Fe_2O_3\,|\,Fe_3O_4\,|\,FeO\,|\,Fe$,即表面层为高价氧化物、次层为低价、最里层为零价的金属。

固体表面具有独特的结构和组成,使其显示了非同一般的使用性能、吸附性质和催化作用。

8.7.2　吸附作用

1. 吸附和吸附平衡

吸附现象早就被发现,并在实践中得到广泛的应用。例如,我们的祖先很早就知道新烧好的木炭有吸湿、吸臭的性能,并用作墓室中的防腐层和吸湿剂。实验室中精密仪器内常放入硅胶作干燥剂吸附空气中的水汽,从而保持仪器干燥。分子筛富氧就是利用某些分子筛(4A、5A、13X 等)优先吸附氮的性质,从而提高空气中氧的浓度。吸附的应用范围越来越广,已成为重要的化工单元操作之一。

固体暴露在气体中时，气体分子自动聚集在固体表面上，这种现象称为吸附。具有吸附作用的物质称为吸附剂(adsorbent)，被吸附的物质称为吸附质(adsorbate)，吸附剂和吸附质构成吸附体系。

在气-固吸附体系中，同时存在着两个相反的过程：一方面气体分子在表面力场的作用下，在吸附剂表面聚集，这个过程是吸附；另一方面由于热运动，已吸附在固体表面上的气体分子会逃离吸附剂表面，这个过程是解吸(或脱附)。吸附和解吸是互逆的两个过程，当这两个过程速率相等时，达到吸附平衡。吸附平衡是动态平衡。

2. 吸附量和吸附热

吸附剂吸附气体的能力可用吸附量来表示，气-固吸附只有正吸附，没有负吸附。吸附量通常是指一定温度下，吸附平衡时，单位质量的吸附剂所吸附气体的体积(一般换算成273K，标准状态下的体积)或气体的物质的量

$$\Gamma(吸附量) = \frac{n(气体的物质的量)}{m(吸附剂的质量)} \qquad (单位\ mol \cdot kg^{-1})$$

或

$$\Gamma(吸附量) = \frac{V(273K，标准状态下气体的体积)}{m(吸附剂的质量)} \qquad (单位\ m^3 \cdot kg^{-1})$$

吸附是自发的，吸附过程中吉布斯自由能减少($\Delta G < 0$)。当气体分子在固体表面上吸附后，气体分子从原来空间的三维运动变成限制在表面层上的二维运动，运动自由度减少，因而熵也减少($\Delta S < 0$)。根据热力学基本公式，定温下 $\Delta H = \Delta G + T\Delta S < 0$，所以吸附通常都是放热过程。

吸附过程中产生的热量称为吸附热，吸附热的大小可以衡量吸附的强弱程度，吸附热越大，吸附越强。

3. 物理吸附和化学吸附

吸附分为物理吸附和化学吸附。如果吸附分子和固体表面分子间的作用力是分子间的引力(如范德华力)，则为物理吸附。如果吸附分子与固体表面分子之间形成化学键，则为化学吸附，化学吸附可以看做是一种表面化学反应。

由于分子间引力是普遍存在的，因此物理吸附没有选择性，即任何固体均可吸附任何气体，通常越容易液化的气体越容易被吸附。吸附可以发生在固体表面分子与气体分子之间，也可发生在已被吸附的气体分子与未被吸附的气体分子之间，物理吸附可以是单分子层也可以是多分子层。物理吸附类似于气体液化，吸附热的数值与气体的液化热相近。物理吸附的吸附速率和解吸速率都很快，且一般不受温度的影响，即物理吸附过程不需要活化能或活化能很小。

化学吸附中，气体分子与表面分子之间形成化学键，化学吸附是有选择性的。吸附热的数值较大，接近于化学反应热。化学吸附只能在吸附剂和吸附质之间进行，因此化学吸附总是单分子层的，且不易解吸。这类吸附与化学反应相似，可以看成是表面上的化学反应，需要一定的活化能，吸附和解吸速率都较小，并且温度升高时，吸附和解吸速率都增加。两种吸附的特点列于表 8-6。

表 8-6　物理吸附与化学吸附的比较

吸附性质	物理吸附	化学吸附
作用力	范德华力	化学键
选择性	无	有
吸附热	较小,近于液化热	较大,近于化学反应热
吸附层数	单分子层或多分子层	单分子层
吸附稳定性	不稳定,易解吸	比较稳定,不易解吸
吸附速率	较快,不受温度影响	较慢,升高温度速率加快
活化能	较小或为零	较大
吸附温度	低温,低于吸附质的临界温度	高温,高于吸附质的沸点

物理吸附和化学吸附是互相关联的,它们有差异也有共同之处,在一个吸附体系中,二者同时或相继发生,往往很难区分。

4. 吸附定温线和吸附定温式

实验表明,气体在固体表面上的吸附量 Γ 与气体的性质、固体的性质、表面状态、表面大小,以及吸附平衡时温度 T、气体的压力 p 等有关,可表示为

$$\Gamma = f(T, p)$$

若 T＝常数,则 $\Gamma = f(p)$,称为吸附定温式(adsorption isotherm)。

若 p＝常数,则 $\Gamma = f(T)$,称为吸附定压式(adsorption isobar)。

若 Γ＝常数,则 $p = f(T)$,称为吸附定量式(adsorption isostere)。

若用平面上的曲线表示上述三个式子,则分别得到吸附定温线、吸附定压线和吸附定量线。这三组曲线互相关联,其中最常用的是吸附定温线。

吸附定温线可由实验测出。由于气体与固体分子间作用力的不同,以及固体表面状态的差异,吸附定温线的形状是多种多样的,人们从所测得的各种定温线中总结出吸附定温线大致可分为五种类型(图 8-15)。

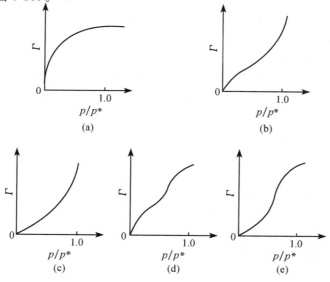

图 8-15　五种类型的吸附定温线

图 8-15 中纵坐标表示吸附量 Γ，横坐标为 p/p^*。p 是吸附平衡时气体的压力，p^* 是该温度下被吸附物质的饱和蒸气压。

吸附定温线的形状不同，说明吸附体系的性质不同，如吸附剂的表面性质不同，孔分布性质以及吸附质和吸附剂的相互作用不同。因此从吸附定温线的形状也可以了解一些关于吸附体系的有关信息。

8.7.3 吸附理论

1. 弗兰德里希定温式

根据实验结果，弗兰德里希(Freundlich)提出一个经验公式

$$\Gamma = kp^{1/n} \qquad (n > 1) \tag{8-19}$$

式中：Γ 为气体的吸附量($m^3 \cdot kg^{-1}$)；p 为气体的平衡压力；k 及 n 在一定温度下对一定的体系都是常数。

将式(8-19)取对数

$$\lg\Gamma = \frac{1}{n}\lg p + \lg k \tag{8-20}$$

以 $\lg\Gamma$ 对 $\lg p$ 作图得一直线，则 $\lg k$ 是直线的截距，$\frac{1}{n}$ 是直线的斜率，从图上可求得 k 和 n 值。

弗兰德里希定温式在中等压力范围内能较好地适用于图 8-15(a)定温线，有一定的用途，但是它只是一个经验式，没有提供任何关于吸附机理的信息，只能代表一部分事实。

2. 朗缪尔定温式及单分子层吸附理论

朗缪尔在研究低压下气体在金属表面上的吸附时，发现了一些规律，提出了单分子层吸附理论，并从动力学的观点推出吸附定温式。

朗缪尔单分子层吸附理论的基本假设如下：

(1) 固体具有吸附能力是因为固体表面的原子力场没有饱和，有剩余价力。这种力所能达到的范围只相当于分子直径的大小，气体分子只有碰撞到尚未被吸附的空白表面上才能够发生吸附作用，当固体表面上已盖满一层吸附分子之后，表面力场得到饱和，吸附也即达到饱和，因此吸附是单分子层的。

(2) 已吸附在固体表面上的分子，当其热运动的动能足以克服表面力场的势垒时，又重新回到气相，即发生解吸，并且吸附分子的解吸概率不受邻近其他吸附分子的影响，也不受吸附位置的影响，吸附热为一常数。

(3) 吸附是一个可逆过程。气体在固体表面上的吸附是气体分子的吸附与解吸两种相反过程达到动态平衡的结果。

若用 θ 表示固体表面被气体分子覆盖的分数，则 $(1-\theta)$ 表示表面尚未被覆盖的分数。由于气体的吸附速率与气体的压力成正比，并且只有当气体碰撞到空白表面时才可能被吸附，即与 $(1-\theta)$ 成正比。因此吸附速率 $=k_1 p(1-\theta)$，k_1 是吸附速率常数。被吸附分子脱离表面重新回到气相中的解吸速率与表面覆盖度有关，即与 θ 成正比。因此，解吸速率 $=k_{-1}\theta$，k_{-1} 是解吸速率常数。定温下吸附平衡时，吸附速率等于解吸速率

$$k_{-1}\theta = k_1 p(1-\theta)$$

重排得

$$\theta = \frac{k_1 p}{k_{-1} + k_1 p} \tag{8-21}$$

若设 $b = \dfrac{k_1}{k_{-1}}$，则

$$\theta = \frac{bp}{1 + bp} \tag{8-22}$$

若用 Γ 表示吸附量，Γ_m 表示饱和吸附量，则

$$\theta = \frac{\Gamma}{\Gamma_m}$$

代入式(8-22)，得

$$\Gamma = \Gamma_m \theta = \Gamma_m \frac{bp}{1 + bp} \tag{8-23}$$

或

$$\frac{p}{\Gamma} = \frac{1}{\Gamma_m b} + \frac{p}{\Gamma_m} \tag{8-24}$$

式(8-21)~式(8-24)均称为朗缪尔吸附定温式。b 是吸附平衡常数，其大小代表了固体表面吸附气体能力的强弱。Γ_m 和 b 在一定温度下对一定吸附体系是常数。

从式(8-23)可以看到：①当压力足够低或吸附很弱时，$bp \ll 1$，则 $\Gamma \approx \Gamma_m bp$，表示 Γ 与 p 成直线关系；②当压力足够高或吸附很强时，$bp \gg 1$，则 $\Gamma \approx \Gamma_m$，表示吸附达到饱和，固体表面已被吸附物分子占满，形成单分子层，再提高气体压力，吸附量也不再增加；③当压力适中时，Γ 与 p 的关系为曲线。

朗缪尔吸附定温式能很好地符合图 8-15(a)，是一个理想的吸附定温式，可以较好地说明化学吸附或气-固吸附力特别强的物理吸附，得到广泛的应用。但是，由于该理论中假设固体表面均匀，且固体分子的剩余价力所及范围只相当于一个分子直径的距离，只能形成单分子层，因此在实用中有一定的局限性。

3. BET 吸附定温式及多分子层吸附理论

由于大多数固体对气体的吸附并不是单分子层吸附，尤其是物理吸附，往往是多分子层吸附，因此其吸附定温线不符合朗缪尔定温式。1938 年，Brunauer、Emmett、Teller 在朗缪尔理论的基础上，提出了多分子层吸附理论，并推导出著名的 BET 公式。

多分子层吸附理论接受了朗缪尔理论中关于吸附作用是吸附和解吸两个相反过程达到平衡的概念，以及吸附分子的解吸不受四周其他分子的影响等观点，其改进之处是假设：

(1) 吸附是多分子层的，表面吸附了一层分子之后，由于被吸附气体本身的范德华力，还可以继续发生多分子层吸附。

(2) 第一层是气体分子与固体表面分子直接作用引起的吸附，而第二层以后则是气体分子间相互作用产生的吸附。第一层的吸附热相当于表面反应热，而第二层以后各层的吸附热都相同，接近于气体凝聚热。

(3) 在一定温度下，当吸附达到平衡时，气体的吸附量 Γ 等于各层吸附量的总和。

根据上述观点，经过比较复杂的数学运算，BET 推出定温下吸附平衡时

$$\Gamma = \frac{\Gamma_m C p}{(p^* - p)\left[1 + (C-1)\dfrac{p}{p^*}\right]} \tag{8-25}$$

式中：Γ 为平衡压力 p 时的吸附量；Γ_m 为固体表面盖满单分子层时的吸附量；p^* 为实验温度下气体的饱和蒸气压；C 为与吸附热有关的常数，它反映固体表面和气体分子间作用力的强弱程度。

式(8-25)称为 BET 吸附定温式，因其中包含两个常数 C 和 Γ_m，所以又称为 BET 二常数公式。

BET 公式通常只适用于 p/p^* 为 $0.05\sim0.35$ 的情况，这是因为当 p/p^* 小于 0.05 时，压力太小，不能建立多层物理吸附平衡。当 p/p^* 大于 0.35 时，由于毛细凝聚变得显著起来，破坏了多层物理吸附平衡，此时 BET 公式应予以修正。

BET 定温式可以说明多种类型的吸附定温线，比朗缪尔理论前进了一大步，但由于 BET 理论没有考虑固体表面的不均匀性以及同层分子之间的相互作用，因此也有一定的局限性，不能说明所有的吸附定温线。

8.7.4　吸附作用的应用

1. 比表面的测定

气-固吸附发生在固体表面上，固体表面积越大，达到吸附饱和时其吸附量也越大。比表面是衡量固体吸附剂和固体催化剂性能的重要参数。测定比表面的方法很多，BET 法测定比表面是一种比较好的经典方法。

例 8-2　在液氮温度时，N_2 在 $ZrSiO_4$ 上的吸附符合 BET 公式。今取 1.752×10^{-2} kg 样品进行吸附测定，$p^*=101.3$ kPa，所有吸附体积的数据都已换算成 273K、标准状态，实验结果如下：

p/kPa	1.39	2.77	10.13	14.93	21.01	25.37	34.13	52.16	62.82
Γ/cm³	8.16	8.96	11.04	12.16	13.09	13.73	15.10	18.02	20.32

(1) 试计算形成单分子层所需 $N_2(g)$ 的体积。

(2) 已知每个 N_2 分子的截面积为 1.62×10^{-19} m²，求每克样品的表面积。

解　(1) 将 BET 公式整理成直线方程

$$\frac{p}{\Gamma(p^*-p)}=\frac{1}{\Gamma_m C}+\frac{C-1}{\Gamma_m C}\frac{p}{p^*}$$

利用题中所给数据，计算出 $\dfrac{p}{p^*}$ 和 $\dfrac{p}{\Gamma(p^*-p)}$ 的相应数值如下：

$\dfrac{p}{p^*}\times10^2$	1.372	2.734	9.998	14.73	20.74	25.04	33.68	51.48	62.00
$\dfrac{p\times10^3}{\Gamma(p^*-p)}$/cm⁻³	1.704	3.137	10.06	14.21	19.98	24.33	33.64	58.89	80.29

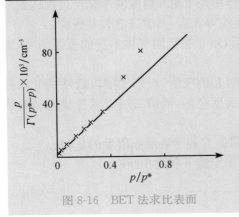

以 $\dfrac{p}{\Gamma(p^*-p)}$ 对 $\dfrac{p}{p^*}$ 作图得一直线，如图 8-16 所示。从直线求得斜率和截距分别为

$$斜率=\frac{C-1}{\Gamma_m C}=0.1246\,\text{cm}^{-3}$$

$$截距=\frac{1}{\Gamma_m C}=0.00334\,\text{cm}^{-3}$$

$$\Gamma_m=\frac{1}{斜率+截距}$$

$$=\frac{1}{0.1246\,\text{cm}^{-3}+0.00334\,\text{cm}^{-3}}$$

$$=8.25\,\text{cm}^3$$

图 8-16　BET 法求比表面

即形成单分子层所需 $N_2(g)$ 的体积为 $10.5cm^3$（273K，标准状态）。

(2) $A_m = 1.62 \times 10^{-19} m^2$，$L = 6.02 \times 10^{23} mol^{-1}$

每克样品的表面积即比表面为

$$S_0 = \frac{A_m L \Gamma_m}{0.0224m} = \frac{1.62 \times 10^{-19} m^2 \times 6.02 \times 10^{23} mol^{-1} \times 10.5cm^3}{1.752 \times 10^{-2} kg \times 0.0224 m^3 \cdot mol^{-1}}$$

$$= 2.61 m^2 \cdot g^{-1}$$

2. 吸附与催化

吸附与催化是密切相关的。根据大量实验事实，发现气-固相的多相催化作用是通过反应分子在催化剂表面上的吸附来实现的。反应分子首先吸附在固体表面的某些部位上，形成活化的表面中间化合物，使反应的活化能降低，反应加速，再经过脱附而得到产物。要改进催化剂的性能，寻求新的催化剂并提供理论根据，必须深入研究化学吸附的机理、特性和规律。

对于气-固相催化反应来说，固体表面是反应的场所，比表面的大小直接影响反应速率。因此多采用比表面大的海绵状或多孔性的催化剂。

固体表面是不均匀的，在表面上有活性的地方只占催化剂表面的很少部分。例如，在 Fe 催化剂上合成氨时，起决定性作用的活性中心只占全部表面的 0.1% 左右。只有当反应物被吸附到活性中心上才能形成化学键。关于活性中心，存在的证据很多：①某些催化剂只需吸附某些微量的杂质，就中毒而失去活性。例如，微量的汞蒸气存在可使 $CH_2 = CH_2$ 在 Cu 上的加氢速率降低到原来的 0.5%，而 $CH_2 = CH_2$ 和 H_2 在 Cu 上吸附量分别降低到原来的 80% 和 5%。②随着表面覆盖率的增加，吸附热逐渐降低，表明热效应最大的吸附作用只在占比例很小的活性中心上进行。③催化剂易因加热而失去活性。在催化剂尚未烧结前，表面积没有多大变化，但活性中心受到了破坏。④表面的不同部分可以有不同的催化选择性，如 Pt 催化剂使 $(C_3H_7)_2CO$ 加氢时只需有微量的 CS_2 即可使反应停止，但这种被毒化过的催化剂仍然可使 $H_2C{<}{\overset{O}{\underset{O}{}}}{-}CHO$ 和 $C_6H_5NO_2$ 加氢。如果再吸附一些 CS_2，则催化剂对前者失效，但仍可使 $C_6H_5NO_2$ 加氢。这些都说明表面的不均匀性。关于活性中心的理论还有不同的看法，如有多位理论、活性基团理论等。

化学吸附的强弱与催化剂的催化活性有密切的关系。在合成氨的反应中，氨是通过吸附的氮原子与氢发生反应而生成氨的。如果氮原子在某种金属上的吸附非常强，它反而变得不活泼而不能与氢反应，甚至可能因占据了催化剂的表面活性点而成为催化剂的毒物，从而阻碍了氨的合成；如果氮原子的吸附很弱，在表面上所吸附的粒子数目很少，这对氨的合成不利，所以只有在吸附既不太强也不太弱的中间范围，氨合成的速率才最大。

催化剂的活性与反应物在催化剂表面上的化学吸附强度有关（并不一定是平行关系）。只有在化学吸附具有适当的强度时，其催化活性才最大。一个催化反应得以进行的首要条件是化学吸附，但是却不能认为，吸附后就一定会进行催化反应，或吸附得越多，反应进行得越快。事实上有不少体系吸附量很大但却并不进行反应。这涉及吸附物究竟吸附在表面的什么位置上，还涉及吸附速率的问题。一些工业生产中流动体系的催化过程，反应物与催化剂的接触时间很短（几秒甚至不到 1s），体系根本没有达到吸附平衡，此时吸附量的多少不是主要因素，而起主要作用的是吸附（或解吸）的速率。

8.8 液-固界面吸附

固体在溶液中的吸附较为复杂，迄今尚未有完满的理论。因为吸附剂既要吸附溶质，又要吸附溶剂，溶质和溶剂之间还有相互作用。

8.8.1　溶液中吸附量的测定

溶液中的吸附虽然很复杂,但吸附量的测定却比较简单。通常是在定温条件下,将一定量的固体吸附剂与一定量已知浓度的溶液混合,达到吸附平衡后分析溶液的成分。从吸附前后溶液浓度的改变可求出固体对溶质的吸附量 Γ

$$\Gamma = \frac{x}{m} = \frac{V(c_1 - c_2)}{m} \tag{8-26}$$

式中:m 为吸附剂的质量;c_1 和 c_2 分别为溶液起始和平衡的浓度(mol·dm^{-3});V 为溶液的体积(dm^3);x 为被 m g 吸附剂所吸附溶质的物质的量(mol)。固体吸附溶质使溶液浓度降低,吸附溶剂又使溶液浓度升高。Γ 实际上是固体吸附溶质、溶剂的总结果,称为表观或相对吸附量,其数值低于溶质的实际吸附量。由于溶液中溶质和溶剂总是同时被吸附,要测定吸附量的绝对值是很困难的。但是如果溶液很稀,固体吸附溶剂所造成的浓度变化可以忽略,由式(8-26)求得的吸附量可近似看作溶质的吸附量。

8.8.2　稀溶液中溶质分子的吸附

1. 吸附定温线

对于不同的体系,吸附定温线的形状不同,有些液-固体系可以使用某些气-固吸附的定温式。其中弗兰德里希定温式在溶液中吸附的应用很广泛。但应注意,引用这些气-固吸附定温式纯粹是经验性的,公式中的常数项并不具有实质性的含义。

用弗兰德里希定温式表示稀溶液中吸附量与平衡浓度的关系

$$\Gamma = \frac{x}{m} = kc^{\frac{1}{n}} \tag{8-27}$$

式中:Γ 为吸附量;c 为平衡浓度;k 和 n 为经验常数,在一定温度下,对指定的吸附剂和溶液来说是常数。取对数得

$$\lg\Gamma = \lg k + \frac{1}{n}\lg c \tag{8-28}$$

从实验测得不同浓度下的 Γ 值,以 $\lg\Gamma$ 对 $\lg c$ 作直线,从直线的斜率和截距可求得 n 和 k。

有些稀溶液体系可以用朗缪尔方程来描述其吸附定温线,这时的吸附近似于单分子层吸附

$$\Gamma = \frac{x}{m} = \frac{\Gamma_m bc}{1 + bc} \tag{8-29}$$

式中:Γ_m 可近似地看做是单分子层的饱和吸附量;b 为与溶质和溶剂的吸附热有关的常数;c 为吸附平衡时溶液的浓度。如果测出 Γ_m 值和溶质分子截面积 a,则可以估算出吸附剂的比表面 S_0

$$S_0 = \Gamma_m L a \tag{8-30}$$

2. 影响吸附的因素

由于溶液中的各组分都能被固体表面吸附,组分之间又存在着相互作用,因此影响吸附的因素较复杂。在长期的实践中,总结出了一些经验规律:

(1) 极性的影响。一般说来,极性吸附剂在非极性溶剂中优先吸附极性强的溶质,而非极

性的吸附剂在极性溶剂中优先吸附非极性强的溶质。例如,在乙醇-苯的二元溶液中,活性炭是非极性吸附剂,它优先吸附苯;而硅胶是极性吸附剂,它优先吸附极性较强的乙醇。

(2)溶质溶解度的影响。吸附可以看做是溶解的相反过程,即吸附质离开溶液集中到固体表面上,溶质溶解度越小,说明溶质与溶剂之间的相互作用越弱,溶质越容易从溶液中析出,较易被吸附。

(3)温度的影响。吸附剂从溶液中吸附溶质和固体吸附气体一样也是放热过程,温度升高,吸附量下降。由于温度能显著影响溶质的溶解度,一般情况下,溶解度随温度升高而增大,吸附量下降,但是有些物质的溶解度随温度升高反而下降,这类物质的吸附量就会随温度升高而增大。

8.8.3　电解质溶液中离子的吸附

固体在电解质溶液中对离子的吸附通常有两种:离子选择性吸附和离子交换吸附。

固体在电解质溶液中,可以优先地吸附某种电荷的离子(正离子或负离子),而使固体带有电荷(正或负),这种现象称为离子的选择性吸附。例如,AgI 晶体在 $AgNO_3$ 溶液中选择吸附 Ag^+ 而使颗粒带正电荷,但在 KI 溶液中,AgI 颗粒则选择吸附 I^- 而带负电荷。大量的实验事实表明,固体通常选择吸附与吸附剂组成相同的离子,或选择吸附与吸附剂表面生成难溶(或不溶)盐的离子。

离子交换吸附与选择性吸附不同,它不是固体直接从溶液中吸附离子,而是固体吸附剂本身的组成离子与溶液中的同号离子发生交换,即固体吸附剂在溶液中吸附了某种离子的同时,将另一种相同符号电荷的离子释放到溶液中。各种离子交换树脂、黏土、沸石等在电解质溶液中都会产生离子交换吸附。例如,在土壤中施氮肥(铵盐)时,土壤表面发生下列离子交换过程:

○代表土壤粒子

土壤就是通过这种离子交换吸附来保蓄植物生长所需的养分的。

8.9　润　湿　作　用

*8.9.1　润湿现象

水滴在洁净的玻璃表面上,会铺展成一薄层而不是以滴状形式存在,水滴在植物叶面上则很少铺开。汞滴在玻璃表面上,则主要以滴状形式存在。

当液体与固体接触时,液体能在固体表面上铺开,即原来的气-固界面被液-固界面代替的过程称为润湿(wetting)。根据液体对固体润湿情况不同,润湿可分为沾湿、浸湿和铺展三种情况,如图 8-17 所示。

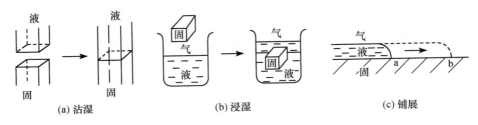

图 8-17　润湿的三种情况的示意图

沾湿是指将气-液与气-固界面转变为液-固界面。从热力学观点来看,如果在定温定压下,液体沾湿固体后,体系的吉布斯自由能降低,则液体能沾湿该固体表面,并且降低越多,沾湿程度越好。若设各个界面均为单位面积,则该过程的吉布斯自由能变化值为

$$\Delta G = \sigma_{l\text{-}s} - \sigma_{g\text{-}s} - \sigma_{g\text{-}l} \tag{8-31}$$

式中:$\sigma_{l\text{-}s}$、$\sigma_{g\text{-}s}$、$\sigma_{g\text{-}l}$分别表示液-固、气-固、气-液界面的吉布斯自由能。

当体系自由能降低时所做的最大功为

$$W_a = \Delta G = \sigma_{l\text{-}s} - \sigma_{g\text{-}s} - \sigma_{g\text{-}l} \tag{8-32}$$

W_a 称为黏附功(work of adherion),$W_a < 0$ 是液体沾湿固体的条件,W_a 的绝对值越大,体系越稳定,液-固界面结合越牢固。

浸湿是指固体浸入液体中的过程。设在定温定压下,将具有单位表面积的固体浸入液体中,则气-固界面转变为液-固界面(在此过程中液体的界面没有变化),该过程的吉布斯自由能的变化值为

$$\Delta G = \sigma_{l\text{-}s} - \sigma_{g\text{-}s} \tag{8-33}$$

当体系自由能降低时所做的最大功为

$$W_i = \sigma_{l\text{-}s} - \sigma_{g\text{-}s} \tag{8-34}$$

W_i 称为浸湿功(work of immersion),表示液体浸湿固体的能力。$W_i < 0$ 是液体浸湿固体的条件,W_i 绝对值越大,则液体对固体的浸湿能力越大。

铺展过程是指液体在固体表面上展开的过程。铺展过程中液-固界面取代气-固界面的同时,气-液界面也扩大了同样的面积。在定温定压下可逆铺展一单位面积时,体系的吉布斯自由能的变化值为

$$\Delta G = \sigma_{g\text{-}l} + \sigma_{l\text{-}s} - \sigma_{g\text{-}s} \tag{8-35}$$

所做的最大功为

$$S = \Delta G = \sigma_{g\text{-}l} + \sigma_{l\text{-}s} - \sigma_{g\text{-}s} \tag{8-36}$$

S 称为铺展系数(spreading coefficient),表示液体在固体表面的铺展能力。在定温定压下,$S < 0$ 时,液体可以在固体表面上自动铺展。

比较式(8-32)、式(8-34)和式(8-36)可以看出,对于同一个体系,$|S| < |W_i| < |W_a|$。因此如果液体能在固体表面上铺展时,它也一定能沾湿和浸湿固体,铺展是润湿的最高条件,原则上可用铺展系数的大小来衡量液体对固体的润湿能力。但是,由于实验技术的限制,目前只有 $\sigma_{g\text{-}l}$ 可以通过实验来测量,而 $\sigma_{g\text{-}s}$ 和 $\sigma_{l\text{-}s}$ 还无法直接测定,因此式(8-31)～式(8-36)都只是理论上的分析,在实际工作中不可能作为判断的依据。

8.9.2　接触角与润湿作用

设液体在固体表面上形成液滴,达到平衡时,液滴呈现一定的形状,如图8-18所示。

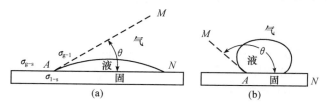

图 8-18　润湿作用与液滴的形状

A 点是平衡时气、液、固三相交界点。AN 是液-固界面,过 A 点作液滴表面切线 AM,则 AM 与 AN 之间的夹角 θ 称为接触角(contact angle)或润湿角,接触角可以通过实验测定。

接触角的大小与三种界面张力的相对大小有关。如图 8-18 所示,在 A 点受到三种界面张力的相互作用,气-固界面张力 $\sigma_{g\text{-}s}$ 力图使液滴沿固体表面 NA 铺开,遮盖固体表面;气-液界面张力 $\sigma_{g\text{-}l}$ 和液-固界面张力 $\sigma_{l\text{-}s}$ 则力图使液滴收缩,当达到平衡时,A 点受合力为零,因此有

$$\sigma_{g\text{-}s} = \sigma_{l\text{-}s} + \sigma_{g\text{-}l}\cos\theta$$

$$\cos\theta = \frac{\sigma_{g\text{-}s} - \sigma_{l\text{-}s}}{\sigma_{g\text{-}l}} \tag{8-37}$$

式(8-37)称为杨氏(Young)方程,它是描述润湿过程的基本方程。从式(8-37)可以得到结论:
①如果 $\sigma_{g\text{-}s} - \sigma_{l\text{-}s} = \sigma_{g\text{-}l}$,则 $\cos\theta = 1$,$\theta = 0$,这是完全润湿的情况,水在玻璃毛细管中上升呈凹型半球状液面就属于这种情况。②如果 $\sigma_{g\text{-}s} - \sigma_{l\text{-}s} < \sigma_{g\text{-}l}$,则 $0 < \cos\theta < 1$,$\theta < 90°$,这时固体能被液体所润湿,如图 8-18(a)所示。③如果 $\sigma_{g\text{-}s} < \sigma_{l\text{-}s}$,则 $\cos\theta < 0$,$\theta > 90°$,这时固体不能被液体所润湿,如汞滴在玻璃上就属于这种情况,如图 8-18(b)所示。

如果把杨氏方程分别代入式(8-32)、式(8-34)和式(8-36),则可得到用接触角 θ 和 $\sigma_{g\text{-}l}$ 表示的 W_a、W_i 和 S,即

$$W_a = -\sigma_{g\text{-}l}(1 + \cos\theta) \tag{8-38}$$

$$W_i = -\sigma_{g\text{-}l}(\cos\theta) \tag{8-39}$$

$$S = \sigma_{g\text{-}l}(1 - \cos\theta) \tag{8-40}$$

接触角 θ 与液体表面张力 $\sigma_{g\text{-}l}$ 可以通过实验测出,从而可计算出黏附功 W_a、浸湿功 W_i 和铺展系数 S。

例 8-3　已知水-石墨体系的下述数据:在 298K 时,水的表面张力 $\sigma_{g\text{-}l} = 0.072\text{N} \cdot \text{m}^{-1}$,测得水与石墨的接触角为 90°。求水与石墨的黏附功、浸湿功和铺展系数。

解　根据式(8-38)~式(8-40),得
黏附功

$$W_a = -\sigma_{g\text{-}l}(1 + \cos\theta) = -0.072\text{J} \cdot \text{m}^{-2}(1 + \cos90°) = -0.072\text{J} \cdot \text{m}^{-2} < 0$$

浸湿功

$$W_i = -\sigma_{g\text{-}l}\cos\theta = -0.072\text{J} \cdot \text{m}^{-2} \times (\cos90°) = 0$$

铺展系数

$$S = \sigma_{g\text{-}l}(1 - \cos\theta) = 0.072\text{J} \cdot \text{m}^{-2} \times (1 - \cos90°) = 0.072\text{J} \cdot \text{m}^{-2} > 0$$

从上面计算结果可知,水不能在石墨表面上铺展,但水能沾湿与浸湿石墨。

例 8-4 293K 时,水的表面张力为 $0.072N \cdot m^{-1}$,汞的表面张力为 $0.483N \cdot m^{-1}$,而汞和水的界面张力为 $0.373N \cdot m^{-1}$,试判断(1)水能否在汞的表面上铺展开;(2)汞能否在水的表面上铺展开。

解 (1)铺展是消失一定面积的汞表面同时形成相同面积的水表面及水-汞界面的过程,根据式(8-36),得铺展系数

$$S = \sigma_{g\text{-}H_2O} + \sigma_{H_2O\text{-}Hg} - \sigma_{g\text{-}Hg}$$
$$= 0.072J \cdot m^{-2} + 0.373J \cdot m^{-2} - 0.483J \cdot m^{-2} = -0.038J \cdot m^{-2} < 0$$

所以,水能在汞的表面上铺展开来。

(2)同(1),根据式(8-36),得铺展系数

$$S = \sigma_{g\text{-}Hg} + \sigma_{H_2O\text{-}Hg} - \sigma_{g\text{-}H_2O}$$
$$= 0.483J \cdot m^{-2} + 0.373J \cdot m^{-2} - 0.072J \cdot m^{-2} = 0.784J \cdot m^{-2} > 0$$

所以,汞不能在水的表面上铺展开来。

或根据式(8-37),得

$$\cos\theta = \frac{\sigma_{g\text{-}H_2O} - \sigma_{H_2O\text{-}Hg}}{\sigma_{g\text{-}Hg}} = \frac{0.072J \cdot m^{-2} - 0.373J \cdot m^{-2}}{0.483J \cdot m^{-2}} < 0$$

所以 $\theta > 90°$,汞不能在水的表面上铺展开来。

能被液体润湿的固体称为亲液性固体,不能被液体所润湿的固体则称为憎液性固体。固体表面的润湿性能与其结构有关。通常极性固体都是亲水性固体,如硫酸盐、硅酸盐、石英等;非极性固体大多是憎水性固体,如石蜡、石墨、植物叶面等。

超疏水材料
自清洁材料
润湿作用及应用

Summary

Chapter 8   Surface Physical Chemistry

1. The surface Gibbs free energy, or the surface tension, on liquid surface is $\sigma = \left(\dfrac{\partial G}{\partial A}\right)_{T,P,n}$.

2. The Laplace equation shows that the extra pressure on curve liquid surface $\Delta p = \dfrac{2\sigma}{r}$. The Kelvin equation shows that the vapour pressure on curve liquid surface $\ln p_r = \ln p_0 + \dfrac{2\sigma M}{\rho RT}\dfrac{1}{r}$.

3. The surface adsorption of solutions is discussed with Gibbs adsorption isotherm $\Gamma = -\dfrac{c}{RT}\left(\dfrac{\partial \sigma}{\partial c}\right)_T$.

4. The surface tension decreases when surfactant with both polar group and non-polar group accumulates at the solution surface.

5. Molecules can attach to the surface of solid in two ways: physical adsorption and chemical

adsorption.

6. The surface adsorption of solid is discussed with Freundlich adsorption isotherm $\Gamma = kp^{1/n}$, Langmuir adsorption isotherm $\Gamma = \Gamma_{\mathrm{m}} = \Gamma_{\mathrm{m}} \dfrac{bp}{1+bp}$ and BET adsorption isotherm.

习　题

8-1　373K 时，10^{-3}kg 液态水等温可逆雾化（如缓慢地从喷雾器中喷出）成半径为 10^{-9}m 的小水滴，并与其蒸汽平衡。已知 373K 时纯水的表面张力 $\sigma = 51.60 \times 10^{-3}$N·m^{-1}，密度为 958.3kg·m^{-3}。试计算（1）水滴的比表面和雾化的水滴数；（2）雾化所需的功。

8-2　283K 时，可逆地使纯水表面积增加 1.0m^2，吸热 0.04J。已知 283K 时纯水的表面张力为 0.074N·m^{-1}。求该过程的 W、ΔU、ΔH、ΔS 和 ΔG。

8-3　用毛细管上升法测定某液体表面张力。已知液体密度为 790kg·m^{-3}，在半径 2.46×10^{-4}m 的玻璃毛细管中上升高度 2.50×10^{-2}m，假设该液体能很好地润湿玻璃。求此液体的表面张力。

8-4　298K 时，平面水面上水的饱和蒸气压为 3.168×10^3Pa，已知 298K 时水的表面张力为 0.072N·m^{-1}，密度为 1000kg·m^{-3}。试求该温度下，半径为 10^{-6}m 的小水滴上水的饱和蒸气压。

8-5　373K 纯水中有一直径为 10^{-6}m 的气泡，已知 373K 时，水的表面张力为 51.6×10^{-3}N·m^{-1}，密度为 958.3kg·m^{-3}，水的蒸发热 $\Delta H = 40.5$kJ·mol^{-1}。求（1）$p^{\ominus}$、373K 时，气泡内的水蒸气压；（2）在沸腾前过热的温度。

8-6　298K 时，乙醇水溶液的表面张力服从 $\sigma = 72 - 5 \times 10^{-4}c + 2 \times 10^{-7}c^2$，$\sigma$ 的单位为mN·m^{-1}，c 为乙醇的浓度（mol·m^{-3}）。试计算 $c = 500$mol·m^{-3} 时乙醇的表面过剩量。

8-7　苯的蒸气压是同温度下饱和蒸气压的 4.5 倍（$p_r^* / p_0^* = 4.5$）时，苯蒸气可自发凝结成液滴。若将过饱和苯蒸气迅速冷却到 293K，使之凝成液滴，求苯液滴的半径和每个液滴中苯的分子数目。已知 293K 时苯的密度为 877kg·m^{-3}，苯的表面张力为 28.9×10^{-3}N·m^{-1}。

8-8　当氧气的平衡压力分别为 10^5Pa 和 10^6Pa 时，测得 1kg 的固体吸附 O$_2$ 的体积分别为 2.5×10^{-3}dm^3 和 4.2×10^{-3}dm^3（STP）。试求朗缪尔定温式中的 b 值。如果吸附量为饱和吸附量 Γ_{m} 一半时，则其平衡压力（Pa）应为多少？

8-9　239.4K 时测得 CO 在活性炭上吸附的数据如下（吸附体积已换算为 273K 标准状态下）：

p/kPa	13.5	25.1	42.7	57.3	72.0	89.3
Γ/(cm^3·g^{-1})	8.54	13.1	18.2	21.0	23.8	26.3

试比较弗兰德里希定温式和朗缪尔定温式何者更适用于这种吸附，并计算公式中各常数的数值。

8-10　对于微球硅酸铝催化剂，在 77.2K 时以 N$_2$ 为吸附质，测得每克催化剂吸附量（已换算成 273K 标准状态下）与 N$_2$ 的平衡压力的数据如下：

p/kPa	8.70	13.64	22.11	29.92	38.91
Γ/(cm^3·g^{-1})	115.6	126.3	150.7	166.4	184.4

已知 77.2K 时 N$_2$ 的饱和蒸气压为 99.13kPa，N$_2$ 分子的截面积为 1.62×10^{-19}m^2。试用 BET 公式计算该催化剂的比表面。

8-11　298K 时用木炭吸附水溶液中的溶质 A，已知该体系符合弗兰德里希吸附定温式，并且公式 $\Gamma = kc^{1/n}$ 中的常数 $k = 0.5$，$n = 3.0$，Γ 为每克木炭所吸附 A 的质量（g），c 的单位为g·dm^{-3}。若 1dm^3 溶液中最初含有 2g A，用 2g 木炭可从该溶液中吸附多少克 A？

8-12　在恒温条件下，取浓度不同的丙酮-水溶液各 100cm^3，分别加入 2g 活性炭，摇荡相同时间使达到平衡，测得各份溶液相应的平衡前后的丙酮浓度 c_0 和 c 的数据如下：

$c_0/(\text{mol} \cdot \text{m}^{-3})$	5.993	10.584	19.98	49.93	200.4
$c/(\text{mol} \cdot \text{m}^{-3})$	4.70	8.548	16.62	43.52	183.2

c_0 为吸附前的浓度，c 为吸附后达平衡的浓度。计算各平衡浓度下，1kg 活性炭吸附丙酮的量。试用朗缪尔吸附定温式表示，并用作图法求出公式中的 $\left(\dfrac{x}{m}\right)_m$ 及 b 值。

8-13 293K 时，乙醚-水、汞-乙醚和汞-水的界面张力分别为 $10.7 \times 10^{-3} \text{N} \cdot \text{m}^{-1}$、$379 \times 10^{-3} \text{N} \cdot \text{m}^{-1}$ 和 $375 \times 10^{-3} \text{N} \cdot \text{m}^{-1}$。在乙醚与汞的界面上滴一滴水，试求其接触角。

8-14 293K 时水在石蜡面上的接触角为 $105°$，试求黏附功 W_a 和铺展系数 S。已知水的表面张力为 $72.8 \times 10^{-3} \text{N} \cdot \text{m}^{-1}$。

8-15 氧化铝瓷件上需要涂银，当加热至 1273K 时，试用计算接触角的方法判断液态银能否润湿氧化铝瓷件表面。已知该温度下固体 Al_2O_3 的表面张力为 $1.0 \text{N} \cdot \text{m}^{-1}$，液态银的表面张力为 $0.88 \text{N} \cdot \text{m}^{-1}$，液态银与固体 Al_2O_3 的界面张力为 $1.77 \text{N} \cdot \text{m}^{-1}$。

8-16 Kelvin equation can be used to calculate decomposition pressure of solid compound spherical particles. At 773.15K for solid $CaCO_3$, the density is $3900 \text{kg} \cdot \text{m}^{-3}$, the surface tension is $1.210 \text{N} \cdot \text{m}^{-1}$, the decomposition pressure is 101.325kPa. If solid $CaCO_3$ is abraded to powders which radius is $30 \times 10^{-9} \text{m}$, how much is the decomposition pressure at 773.15K?

8-17 A capillary with diameter $4.0 \times 10^{-4} \text{m}$ was inserted into mercury. The surface of mercury was lower $h = 0.0136 \text{m}$, contact angle between mercury and glass $\theta = 140°$, $\rho = 13.550 \text{kg} \cdot \text{dm}^{-3}$. Calculate surface tension of mercury at test temperature.

8-18 At 298K, $p^{\ominus}$, surface tension of a soapsuds is $24.0 \times 10^{-3} \text{N} \cdot \text{m}^{-1}$, there are soap bubbles with radius 10^{-2}m and 10^{-3}m. Calculate pressure difference between inside and outside the soap bubbles separately.

8-19 At 273.15K, acticarbon is used to absorb $CHCl_3$ and the saturation absorptive capacity of acticarbon is $93.8 \text{dm}^3 \cdot \text{kg}^{-1}$. When the partial pressure of $CHCl_3$ is 13.375kPa, the equilibrium absorptive capacity is $82.5 \text{dm}^3 \cdot \text{kg}^{-1}$. Please calculate (1) the value of b in Langmuir absorption isothermal formula, (2) when the partial pressure of $CHCl_3$ is 6.6672kPa, how much is the equilibrium absorptive capacity?

8-20 There are two containers. One container of volume 100dm^3 is filled with gas of mass 100mg. The other container of volume 10dm^3 is filled with the same gas of mass 10mg. When acticarbon of mass 1g is put in every container, in which container the gas is absorbed more? Why?

8-21 The adsorption of a gas is described by the Langmuir isotherm with $b = 0.84 \text{kPa}^{-1}$ at 298K. Calculate the pressure at which the fraction surface coverage is (1)0.25, (2)0.80.

第9章 胶体化学

简单介绍了各种分散体系,详细讨论了溶胶及其各种性能(光学性质、动力学性质、电学性质、流变性质和稳定性),最后对生活中常见的乳状液、泡沫和凝胶等进行概述。

"胶体"一词最早由英国科学家格雷阿姆(Graham)提出。19 世纪 60 年代,格雷阿姆应用分子运动论研究溶液中溶质的扩散情况时发现:有些物质如蔗糖、氯化钠等在水中扩散快,易透过羊皮纸(半透膜),将水蒸去后呈晶体析出;另一些物质如明胶、氢氧化铝等在水中扩散慢,不能透过羊皮纸,蒸去水后呈黏稠状。格雷阿姆将前者称为晶体,后者称为胶体(colloid)。20 世纪初,俄国化学家法伊曼(Ваймарн)试验了 200 多种物质,发现同一种物质在适当条件下,既可表现为晶体,又可表现为胶体。例如,氯化钠在水中具有晶体的特性,分散在无水乙醇中时则表现为胶体。据此得出结论:胶体是物质的一种特殊分散状态,是一种或几种物质以一定分散度分散于另一种物质中构成的分散体系。

胶体体系因高度分散和巨大表面积而具有许多独特性质,研究这些独特性质的胶体化学已发展成现代化学的一门重要分支。

胶体化学原理广泛应用于农业生物科学、土壤与环境科学、食品及农产品加工、农药加工及应用等领域。尤其是近年来发展起来的超微技术、纳米材料的制备已成为化学和物理学研究的新热点。掌握胶体化学知识对指导工农业生产和农业生物科学研究具有重要意义。

9.1 分散体系

一种或几种物质分散在另一种物质中所形成的体系称为分散体系(dispersion system)。分散体系中被分散的物质称为分散相(dispersion phase),分散相所处的介质称为分散介质(dispersion medium)。根据分散相颗粒的大小,大致可以将分散体系分为三种类型(表 9-1)。

表 9-1 分散体系的分类

类型	颗粒大小	主要特性
粗分散体系 (悬浊液和乳状液)	$>10^{-6}$m	粒子不能透过滤纸,不扩散,在一般显微镜下可以看见
胶体分散体系 (溶胶、高分子溶液)	$10^{-9} \sim 10^{-6}$m	粒子能透过滤纸,但不能透过半透膜,扩散速率慢,在普通显微镜下看不见,在超显微镜下可以分辨
小分子或小离子分散体系 (真溶液)	$<10^{-9}$m	粒子能透过滤纸与半透膜,扩散速率快;无论普通显微镜还是超显微镜均看不见

胶体分散体系的 $10^{-9} \sim 10^{-6}$ m 范围划分不是绝对的。在某些特殊情况下,如乳状液和某些泥浆中,虽然有些颗粒大于 10^{-6} m,但仍把它看作胶体。另外也不限定颗粒的三个线度都小于 10^{-6} m。分散相颗粒的形状不一定是对称的,可以是球形或接近球形,也可以是片状或线状的粒子。纤维状的分散体系如熟石膏和石棉,只要求两个维度在胶体范围内。而黏土或其他片状颗粒的胶体,只要有一个维度在胶体范围内,就呈现出胶体的特征。

高分子溶液的溶质分子大小在胶体范围内,但溶质和溶剂之间不存在物理界面,没有界面能,因而是热力学稳定体系。

表面活性剂的溶液浓度大时,溶质分子趋向于缔合成细小的聚集体——胶束。胶束的大小在胶体的范围内,具有胶体的特征,称为缔合胶体。缔合胶体也是热力学稳定体系。

胶体分散体系包括高分散度多相的溶胶(gel)以及热力学稳定的高分子溶液和缔合胶体。

胶体分散体系也可以按分散相和分散介质的聚集状态进行分类(表 9-2)。

表 9-2　胶体体系的分类

分散相	分散介质	名称	实例
气	液	液溶胶	泡沫
液	液	液溶胶	乳状液,如牛奶
固	液	液溶胶	溶胶和悬浊液,如金溶胶
气	固	固溶胶	浮石、泡沫塑料等
液	固	固溶胶	珍珠
固	固	固溶胶	某些合金,如 Au-Ag 合金
液	气	气溶胶	雾
固	气	气溶胶	烟尘

这种分类方法是按分散介质的聚集状态来命名胶体的。凡分散介质为液体的称为液溶胶;分散介质为气体的称为气溶胶;而分散介质为固体的称为固溶胶。表 9-2 中所列的泡沫和乳状液就分散相粒子的大小而言已属于粗分散体系,但由于它们的许多性质,特别是表面性质与胶体分散体系关系密切,因此通常也归并在胶体分散体系中。

*9.2　溶胶的制备与净化

9.2.1　溶胶的制备

液溶胶简称溶胶,其形成的必要条件是分散相在介质中溶解度极小,且分散相粒子大小要在胶体分散范围之内。另外,由于溶胶胶粒细小,比表面很大,比表面能高,具有聚结不稳定性,因此要得到稳定的溶胶须在制备过程中加入稳定剂(如电解质或表面活性剂)。

溶胶粒子的几何线度小于可滤出的粗粒子,而大于溶液中的小分子,故可以从两种途径制备:使大块(或粗粒)物质分散成胶体,或使小分子(或原子、离子)凝聚成胶体粒子。前者称为分散法,后者称为凝聚法。

1. 分散法

使物质分散有四种手段:机械研磨、超声波作用、电分散和化学方法。

机械法使用的工具是胶体磨等,可以得到比一般的研钵和球磨磨成更细的粒子。胶体磨有两片靠得很近的磨盘或磨刀,用坚硬的耐磨合金制成。当磨盘或磨刀以高速反向转动时(转速100 00~20000r/min),粗粒的固体就被磨盘或磨刀磨细。为了防止细小颗粒聚结,在研磨同时要加入稳定剂。

超声波分散法是用超声波(频率大于16000Hz)所产生的能量来进行分散。一般使用超声波发生器,将近100 000Hz的高频电流通过两个电极,两个电极间的石英片发生相同频率的机械振动,由此产生的高频机械波传递给被分散体系,使之分散均匀。图9-1是装置示意图。此法主要用于制备乳状液。

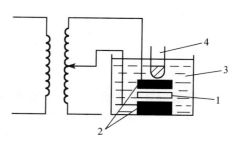

图 9-1 超声波分散示意图
1. 石英片;2. 电极;3. 变压器油;4. 试样

电分散主要用于制备金属溶胶。先将欲制备溶胶的金属制成两个电极,浸在不断冷却的水中,加电压,使两电极在介质中接近形成电弧。在电弧作用下,电极表面上的金属原子蒸发,但立即被水冷却而凝聚成胶体粒子。

化学方法也称为胶溶法。将新生成并经过洗涤的沉淀加入少量适当的电解质(稳定剂),经过搅拌,沉淀就重新分散成溶胶。这种将沉淀重新分散成溶胶的作用称为胶溶作用。例如,将新生成的$Fe(OH)_3$沉淀加入少量的$FeCl_3$溶液,经搅拌后就制得红棕色的氢氧化铁溶胶。

2. 凝聚法

应用凝聚法制备胶体较分散法广泛。常用的有物理方法和化学反应法。

(1) 物理方法。将硫磺的乙醇溶液倒入水中,由于硫磺在水中的溶解度很低,以胶粒大小析出,形成硫磺的水溶胶。这种利用一种物质在不同溶剂中溶解度悬殊的特性来制备溶胶的方法也称为改换溶剂法。

(2) 化学反应法。利用各种化学反应如复分解、水解、氧化还原、沉淀、分解等反应,生成不溶性产物,在该不溶性产物从饱和溶液中析出的过程中,使之停留在胶粒大小阶段。例如,氧化还原反应:用甲醛还原金盐制得溶胶

$$2KAuO_2+3HCHO+K_2CO_3\longrightarrow 2Au+3HCOOK+H_2O+KHCO_3$$

得到红色负电性金溶胶,稳定剂是AuO_2^-。

9.2.2 溶胶的净化

常用的净化溶胶的方法是渗析法,利用胶粒不能通过半透膜而小离子、小分子能透过半透膜的性质,将溶胶中过量的电解质去除。将欲净化的溶胶装在半透膜内,然后把整个膜袋浸在蒸馏水中。膜内的电解质离子透过膜向外扩散,不断地更换半透膜袋外的水,可逐渐降低溶胶中电解质或杂质的浓度,从而达到净化的目的。为了提高渗析速率,可稍稍加热,以加快离子的扩散速率。在外加电场的作用下进行渗析可以增加离子迁移速率,称为电渗析法,图9-2为电渗析法装置示意图。此法特别适用于去除普通渗析法难以除去的杂质。电渗析法不仅可以提纯溶胶、高分子化合物、生物物质等,在工业上还广

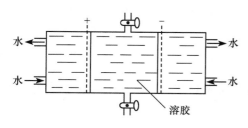

图 9-2 电渗析装置图

泛用于污水处理、海水淡化、纯化水等。

还有一种方法是超滤法。用半透膜代替滤纸,在减压或加压下使溶胶过滤,可以将溶胶与其他小分子杂质分开。如果把这种方法与电渗析法结合起来,就称为电超滤法,其纯化效率比超滤和电渗析法均高。

9.3 溶胶的光学性质

溶胶的光学性质是其高分散度和不均匀性(多相)性质的反映。通过溶胶光学性质的研究,不仅可以解释溶胶的一些光学现象,而且在观察胶体粒子的运动、研究它们的大小和形状方面也有重要的用途。

9.3.1 丁铎尔效应

1869年,丁铎尔(Tyndall)发现将一束光线透过溶胶,在光束的垂直方向观察,可以在光

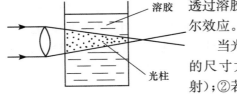

图 9-3 丁铎尔效应

透过溶胶的途径上看到一个光柱,如图9-3所示,这就是丁铎尔效应。

当光线照射到微粒上时,可能发生三种情况:①若微粒的尺寸大于入射光波长很多倍时,则发生光的反射(或折射);②若微粒的尺寸与入射光的波长相近时,发生光的衍射;③若微粒的尺寸小于入射光波长时,则发生光的散射,散射光为乳光。根据光的电磁理论,散射光之所以发生,是由于入射光引起微粒中电子的跃迁,跃迁到高能级的电子回复到低能级时,即向各个方向发射出光波,这就是光的散射(scattering)。丁铎尔效应就是光的散射所引起的。溶胶是多相分散体系,其中溶胶粒子常小于可见光的波长($4 \times 10^{-7} \sim 7 \times 10^{-7}$ m)。因此当光透过溶胶时产生散射作用,每个粒子向各个方向散射出乳光,这就是从侧面可看到光柱的原因。对粗分散体系(如乳状液),看到的是呈浑浊状的反射光。较强的光散射是溶胶的主要特征。

丁铎尔效应有一个奇特的现象,就是胶体溶液带色。例如,氯化银、溴化银本身无色,做成胶体溶液后随着观察方向的不同而呈现不同的颜色。迎着透射光看到的氯化银、溴化银等胶体溶液是红色的,而从垂直于入射光的方向观察,这些胶体溶液是蓝色的。这种蓝色在胶体化学上称为丁铎尔蓝。

9.3.2 丁铎尔效应的规律

英国人瑞利(Rayleigh)从光的电磁理论出发,发现溶胶的散射光强度取决于溶胶中粒子的大小、单位体积内粒子数目的多少、入射光的波长、入射光的强度以及分散相物质与分散介质的折射率等因素,导出了瑞利光散射公式

$$I = \frac{9\pi^2 c V^2}{2\lambda^4 r^2} \frac{n_2^2 - n_1^2}{n_2^2 + 2n_1^2} I_0 (1 + \cos^2\theta) \tag{9-1}$$

式中:I 为当散射角为 θ,散射距离为 r 处的溶胶的散射光强度;I_0 为入射光强度;λ 为入射光波长;c 为分散体系单位体积中的粒子数;V 为每个粒子的体积;n_1、n_2 分别为分散相和分散介质的折射率。

由瑞利公式可以看出:①散射光的强度与入射光波长的四次方成反比,因此入射光中波长越短的光其散

射光越强。如果入射光为白光,则其中波长较短的蓝色和紫色光散射作用最强,而波长较长的红色光散射较弱,大部分将透过溶胶。因此,当白光照射溶胶时,从侧面(垂直于入射光方向)看,散射光呈蓝紫色,而透过光呈橙红色。晴朗的天空呈现蓝色是由于空气中的尘埃粒子和小水滴散射太阳光(白光)而引起的;海水呈蓝色的原因也在于此;而晨曦和晚霞呈现火红色是由于透射光引起的。②散射光的强度与分散相和分散介质的折射率有关。当分散相与分散介质折射率相差越大时,散射光越强,相差越小散射光就越弱。因此溶胶和高分子溶液的丁铎尔效应就具有极为明显的区别,前者表现出强烈的散射光,而后者却不明显。这是因为,高分子溶液中被分散物与分散介质之间具有极强的结合力,二者的折射率极为接近,所以丁铎尔效应很弱。利用丁铎尔效应可区分溶胶和高分子溶液。③散射光的强度与粒子体积的平方成正比,即散射光强度与体系的分散度有关。小分子溶液的粒子太小,虽有乳光,但很微弱。所以当光通过小分子溶液时,无光柱可见。悬浮液的粒子大于可见光的波长,故没有乳光,只有反射光。只有溶胶才有明显的乳光产生,因此可以用丁铎尔效应来鉴别溶胶和小分子溶液。④散射光的强度与粒子浓度成正比。胶体溶液的乳光强度又称浊度。浊度计就是利用此性质测定胶体溶液浓度的仪器,可测定污水中悬浮杂质的含量等,称为浊度分析。⑤散射光强度与入射光强度成正比。入射光强度越大,散射光强度就越大,因此在超显微镜下观察胶体粒子时常用聚敛光。

9.3.3 超显微镜的原理和应用

超显微镜是利用光散射原理制成的,可利用它来观察胶体粒子及丁铎尔现象。普通显微镜只能看到大于 2×10^{-7} m 的粒子,因而不能看到胶体粒子。超显微镜的原理是:在暗室里,将一束强光侧向射入观察体系内,在入射光的垂直方向上用普通显微镜观察,这样就避免了光直接照射物镜,也消除了光的干涉,看到的是粒子散射的光点,不是粒子本身。在超显微镜下看到的是以黑暗为背景闪烁的一个个亮点,犹如在黑夜太空中的星光。超显微镜的结构很简单,装置如图 9-4 所示。光源必须较强,一般用弧光灯。

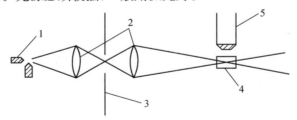

图 9-4 超显微镜的原理图
1.电弧光源;2.聚光透镜;3.光栏;4.溶胶;5.显微镜

在超显微镜下,看不到胶体粒子的真实面貌。但是,超显微镜在研究胶体分散体系上是十分有用的工具,它可用来确定胶粒的数目和观察胶粒的布朗(Brown)运动、估计胶体溶液的分散度等。

9.4 溶胶的动力学性质

溶胶的动力学性质主要是指溶胶中粒子的布朗运动以及由此而产生的扩散、渗透压以及在重力场下的粒子浓度随高度的分布等性质。

9.4.1 布朗运动

1827 年,英国植物学家布朗用显微镜观察到悬浮在水中的花粉不断地做不规则运动。后来用超显微镜观察到溶胶中胶粒在介质中也有同样的现象,这种现象称为布朗运动。对于胶体粒子,每隔一段时间观察并记录它的位置,可以得到类似图 9-5 所示的完全不规则运动轨迹。

产生布朗运动的原因是分散介质分子对胶粒撞击的结果。胶体粒子处在介质分子包围之中,而介质分子由于热运动不断地从各个方向同时撞击胶粒,由于胶粒很小,在某一瞬间,它所受撞击力不会互相抵消(图 9-6),加上粒子自身的热运动因而使它在不同时刻以不同速率向不同方向做不规则运动。在超显微镜下,介质分子是看不见的,而胶粒的布朗运动却是可见的。实验结果表明:粒子越小,温度越高,介质的黏度越小,布朗运动越剧烈。1905 年,爱因斯坦利用分子运动论的一些基本概念和公式,推导出布朗运动的公式

$$X = \left(\frac{RT}{L}\frac{t}{3\pi\eta r}\right)^{\frac{1}{2}} \tag{9-2}$$

式中:X 为粒子的平均位移;t 为观察间隔时间;R 为摩尔气体常量;η 为介质的黏度(Pa·s);r 为粒子的半径(m);L 为阿伏伽德罗常量。

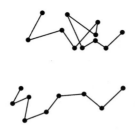

图 9-5   布朗运动

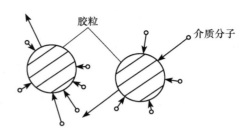

图 9-6   介质分子对胶粒的冲击

式(9-2)把粒子的位移与粒子的大小、介质的黏度、温度以及观察的时间等联系起来。许多实验都证实了爱因斯坦公式的正确性。1908 年贝林(Perrin)、1911 年威斯德伯格(Westgren)等用大小不同的粒子(分别用藤黄和金溶胶),黏度不同的介质,取不同的观察时间 t,测定了平均位移 X,然后利用式(9-2),求得 L 接近于 6.023×10^{23},说明了式(9-2)的正确性。

9.4.2   扩散

溶胶和真溶液相比较,除了溶胶的粒子远大于真溶液中的分子或离子,浓度又远低于稀溶液外,并没有其他本质上的不同。所以稀溶液的一些性质在溶胶中也有所表现,因此溶胶也应该具有扩散作用(diffusion)和渗透压。溶胶的扩散作用是通过布朗运动的方式来实现的,即胶粒能自发地从高浓度处向低浓度处扩散。1905 年,爱因斯坦假定粒子为球形,导出了粒子在 t 时间的平均位移(X)和扩散系数(D)之间的关系式

$$X^2 = 2Dt \tag{9-3}$$

由式(9-2)和式(9-3)可得

$$D = \frac{RT}{6\pi\eta rL} \tag{9-4}$$

式中:D 为扩散系数,它的物理意义是在单位浓度梯度下,单位时间内,通过单位面积的质量。从 D 可以求得粒子的大小。粒子的半径越小、介质的黏度越小、温度越高,则 D 越大,粒子越易扩散。

9.4.3　沉降与沉降平衡

1. 沉降

与分散体系动力学稳定性直接有关的因素是粒子的大小。对于分子分散体系来说,由于分子剧烈的热运动,克服了地球对它的引力,因而能够自如地活动在分散介质所允许的范围之内。对于粗分散体系,由于介质分子对它的撞击力相互抵消,粒子的布朗运动太弱,以致无法克服重力的影响,粒子向下沉降,直至最后全部沉降(sedimentation)。

若胶体粒子为球形,半径为 r,密度为 ρ,分散介质的密度为 ρ_0,则沉降重力 F_1 为

$$F_1 = \frac{4}{3}\pi r^3 (\rho - \rho_0) g$$

式中: g 为重力加速度。粒子以速率 v 下沉,按斯托克斯(Stokes)定律,所受阻力 F_2 为

$$F_2 = 6\pi \eta r v$$

当 $F_1 = F_2$ 时,粒子以匀速沉降,则

$$v = \frac{2r^2(\rho - \rho_0)g}{9\eta} \tag{9-5}$$

从式(9-5)可以看到,沉降速率 v 与 r^2 成正比,所以粒子的大小对沉降速率的影响很大。根据此式可以计算出各种大小粒子上升(或下降)0.01m 所需的时间,以金和苯的粒子为例。由表 9-3 可以看出,粒子越小,其沉降速率越慢。大于 10^{-5}m 的粒子,放置一段时间以后,似乎都可以下沉到容器的底部。但实际情况并非如此。因为式(9-5)的计算是假定体系处在静止、孤立的平衡状态下,而实际上还有外界条件的影响,如温度的对流、机械振动等,都会阻止沉降。特别是粒子小于 10^{-5}m 时,还应考虑与沉降作用相对抗的扩散作用。因此,当粒子下沉到某一高度,所产生的浓度梯度使得这两种作用相等,体系处于沉降平衡状态。

表 9-3　悬浮在水中的粒子上升或下降 0.01m 所需时间

粒子的半径/m	金	苯
10^{-3}	2.5s	6.3min
10^{-4}	42min	10.6h
10^{-5}	7h	44d
10^{-6}	29d	12a
1.5×10^{-7}	3.5a	540a

2. 沉降平衡

胶体分散体系粒子的大小介于分子分散与粗分散两种体系之间,势必会形成粒子分布的浓度梯度,下部浓,上部稀。粒子可由浓度较大处向浓度较小处扩散。粒子同时受到两种力即重力与扩散力的作用,两种力相等时,粒子处于平衡状态,称为沉降平衡(sedimentation equilibrium),这是一种动态平衡。沉降与扩散是两种不同的运动形态,是矛盾的两个方面,构成了胶体体系的动力学稳定状态。

3. 沉降分析

胶体体系达到沉降平衡后,粒子在介质中的浓度分布服从贝林高度分布公式

$$n_2 = n_1 \exp\left[-\frac{4}{3}\pi r^3 L \frac{(\rho-\rho_0)(x_2-x_1)g}{RT}\right] \tag{9-6}$$

式中：n_2 为 x_2 高度处胶粒的浓度；n_1 为 x_1 处胶粒的浓度；x_2-x_1 为高度差 h；$4/3\pi r^3 L\rho g$ 为胶粒的摩尔质量；r 为胶粒的半径；ρ 为胶粒的密度；ρ_0 为介质的密度。由式(9-6)可见，胶粒浓度因高度而改变的情况与粒子的半径和密度差$(\rho-\rho_0)$有关，粒子的半径越大，浓度随高度变化越明显(表9-4)。

表 9-4　不同粒径颗粒的高度分布

体系	分散度(直径/m)	粒子浓度降低一半时的高度/m
藤黄悬浮体	2.30×10^{-7}	3×10^{-5}
粗分散金溶胶	1.86×10^{-7}	2×10^{-7}
金溶胶	8.35×10^{-9}	2×10^{-2}
高分散金溶胶	1.86×10^{-9}	2.15
氧气	2.70×10^{-10}	5×10^{3}

对于多级分散体系来说，由于粒子的大小不一，粒子的沉降速率不同，通过测定沉降速率，就可以求得粒子的大小及分散体系中某一定大小的粒子所占的百分数，这项工作称为沉降分析。沉降分析在土壤学上非常重要，属于土壤机械分析的一部分。

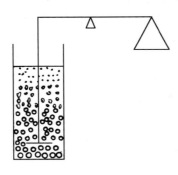

图 9-7　沉降天平

如果粒子是均分散体系，通过测定粒子下沉的速率 v，根据式(9-5)就能求得粒子半径 r

$$r = \left[\frac{9\eta v}{2(\rho-\rho_0)g}\right]^{\frac{1}{2}} = \left[\frac{9\eta}{2(\rho-\rho_0)g}\right]^{\frac{1}{2}}\left(\frac{h}{t}\right)^{\frac{1}{2}} \tag{9-7}$$

式中：h 为在 t 时间内粒子下沉的距离。将分散体系盛放在高型量筒中，沉降开始后，分散体系的全部粒子都以相同的速率沉降。沉降过程中，量筒上部出现了分散介质的液层，即分散介质与分散相层间出现明显界面，且界面在不停地向下移动。界面向下移动的速率就是粒子沉降的速率。

对于多级分散体系的沉降，可以通过沉降天平(图9-7)来测定。

9.5　溶胶的电学性质

9.5.1　电动现象

在外加电场的作用下，液体中固体颗粒的定向移动称为电泳(electrophoresis)，而液体在多孔性固体内相对于固体表面的运动称为电渗(electroosmosis)。电泳和电渗属于电动现象。

电动现象是胶粒带电最主要的实验证据。通过研究电动现象，可以确定胶粒所带电荷的性质，对进一步了解胶体的结构及电解质对溶胶稳定性的影响具有重要意义。

电泳和电渗在工业上有广泛的应用。电泳现象的研究不仅有助于了解胶体粒子的结构，在土壤科学和生物科学中也得到广泛的应用。电泳的研究技术发展很快，在土壤科学和环境科学中常用显微电泳仪直接观察颗粒电泳速率。它适用于分散度较低、在显微镜下可以看到的稳定悬浊液,通过显微镜直接测定单个粒子在电场中的运动速率,然后求出多次测量平均值,装置如图 9-8 所示。可以用颗粒电泳来研究的体系有氯化银溶胶、乳胶、黏土颗粒等,对生物体如细菌、病毒、血球等的研究已取得很大成功。

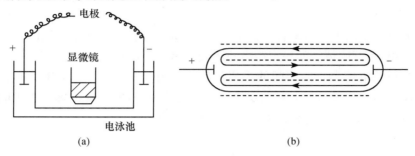

图 9-8　显微电泳仪示意图

9.5.2　胶粒表面电荷的来源

电动现象证明溶胶带电,带正电的溶胶粒子称为正电性溶胶,如氢氧化铁、氢氧化铝等;带负电的溶胶粒子称为负电性溶胶,如金、银、硫化砷等。胶粒表面带电的主要原因如下:

1. 吸附

溶胶粒子在电解质溶液中会选择吸附某种离子,从而获得表面电荷。例如,用水解反应制备 $Fe(OH)_3$ 溶胶时,由于 $FeCl_3$ 分子水解,除了得到 $Fe(OH)_3$ 颗粒外,还有 FeO^+ 和 Cl^- 的存在,$Fe(OH)_3$ 颗粒表面将选择性地吸附 FeO^+,而使氢氧化铁溶胶带正电。

2. 电离

当分散相固体与液体介质接触时,固体表面的基团发生电离,一种离子进入液相,残留的基团则留在固相,从而使固体带电。例如,硅胶是许多 H_2SiO_3 分子的聚集体,它与水接触后,固体表面分子在水中电离生成 H^+ 和 SiO_3^{2-} (或 $HSiO_3^-$),H^+ 进入水中,SiO_3^{2-} 则留在固体表面,使硅胶带负电。这类溶胶粒子的电荷数量和性质受介质的 pH 影响。一般在低 pH 下,表面接受质子而带正电;在高 pH 下,表面释放出质子而带负电。这种可以随介质的 pH 改变的电荷在土壤科学中称为可变电荷。

* 3. 同晶置换

黏土矿物可以通过同晶置换而获得电荷。晶质黏土矿物晶格是由铝氧八面体和硅氧四面体堆集而成。当低价离子置换了八面体或四面体中的高价离子,如二价铁、镁置换三价铝,或三价铝置换四价硅,而使矿物结构中的电荷不平衡,从而使晶体获得负电荷。同晶置换是土壤胶体带电的一种特殊情况,在其他溶胶中是很少见的。土壤由同晶置换获得电荷时,其电荷数量和性质不受介质 pH、电解质浓度等的影响,因此土壤学中把这种电荷称为永久电荷。为了维持电中性,带电的黏土表面可以吸引阳离子作为反离子,并在其周围形成双电层。

9.5.3　双电层结构

溶胶粒子表面由于选择性吸附某种离子或表面上释放出离子,而使固、液两相带有不同符号的电荷,在固相与液相界面上形成双电层(double electrode layer)。通常把使固相表面带电的离子称为电势离子,而与电势离子电荷相反的离子称为反离子。因此双电层是由固相的表面电荷和液相中的反离子构成的。当前普遍接受的是古依(Gouy)-查普曼(Chapman)-斯特恩(Stern)双电层模型。

亥姆霍兹首先提出平行板电容器模型,认为在固体与溶胶接触的界面上形成双电层:固体表面是一个电层,离开固体表面一定距离的溶液是另一个电层,二者是相互平行的整齐排列,好像一个平行板的电容器。两层间的距离为约一个分子的厚度,液体介质中的电势分布如图 9-9(a)所示。这个模型虽然对电动现象给出一定的说明,但它未考虑介质中的反离子要受热运动的影响,实际上反离子不可能这样整齐地排列着。

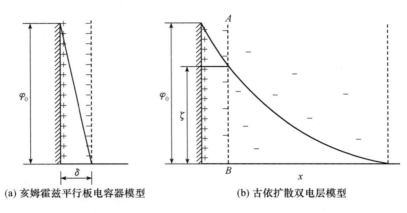

(a) 亥姆霍兹平行板电容器模型　　　　(b) 古依扩散双电层模型

图 9-9　双电层结构

古依和查普曼分别于 1910 年和 1913 年提出扩散双电层模型。他们认为,介质中的反离子一方面受到固体表面电荷的静电吸引,另一方面由于离子本身的热运动而扩散开去。由于这两种相反作用的结果,造成反离子逐渐向外呈扩散状分布。在紧靠固体表面附近反离子的数目较多,随着离固体表面距离的增大而减少,这样固相与液相间就形成一个扩散双电层。在介质中扩散层的厚度远远大于一个分子的大小,从固体表面到一定距离范围内的电势分布情况如图 9-9(b)所示。

在电泳时固-液之间发生相对移动的滑动面应在双电层内距表面某一距离处,该处的电势与溶液内部的电势之差即为 ζ 电势。显然,ζ 电势的大小取决于滑动面内反离子浓度的大小。进入滑动面内的反离子越多,ζ 电势越小,反之则越大。只有当粒子和介质相互错动时才能显示出来,所以 ζ 电势也称电动电势。

上述模型中有两种假设与实际情况有出入,古依假设离子是点电荷,其实离子是有一定体积的,而且离子在溶液中是水合的,这就限制了固体表面附近溶液中的离子浓度不可能太大。另外,固体表面与离子之间除静电作用外还有其他相互作用,如范德华力或化学键力。

根据古依和查普曼的模型,ζ 电势随滑动面内反离子浓度的增加而减小,但永远与表面电势同号,其极限值为零。但实验中发现有时 ζ 电势会随滑动面内反离子浓度的增加而增加,甚至有时可与 φ_0 反号。古依-查普曼模型对此无法给出解释。

1924 年,斯特恩在亥姆霍兹-古依扩散双电层模型的基础上,提出了斯特恩双电层模型,如图 9-10 所示。他认为溶液中的电层分成两部分,一部分在固体表面上,其厚度约等于水合离子的半径,称为紧密层或斯特恩层。另一部分如古依模型描述的那样,向溶液本体中扩散。

紧密层中反离子中心构成的面称为斯特恩面。斯特恩面内的电势分布与亥姆霍兹模型相似，电势 φ 呈直线式下降。扩散层中的电势分布与古依-查普曼模型相同。

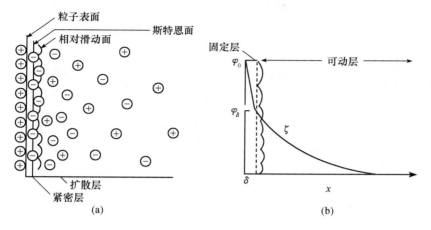

图 9-10　斯特恩双电层模型

9.5.4　电动电势

从固体表面到溶液本体之间存在着三种电势:固体表面上的电势 φ_0 是双电层的总电势，也是热力学电势，φ_0 的值取决于溶液中的电位离子的浓度;斯特恩面上的电势 φ_δ，它是紧密层与扩散层分界处的电势，称为斯特恩电势;相对滑移面上的电势即 ζ 电势。由于 ζ 电势与电动现象密切相关，故称为电动电势(electrokinetic potential)。从图 9-11 中可以看出，ζ 电势略低于 φ_δ，在稀溶液中，扩散层电势变化比较缓慢时，ζ 电势接近于 φ_δ。

ζ 电势的大小与斯特恩层中的离子以及扩散层厚度有关，受外加电解质的影响很大。随着外加电解质浓度的增加，更多的反离子进入固定层中，同时压缩了扩散层的厚度，使其从 d_1 变为 d_2、d_3、$\cdots$、ζ 电势从 ζ_1 降低到 ζ_2、ζ_3、$\cdots$，如图 9-11 所示。当扩散层被压缩到与固定层相重叠时，ζ 电势降低到零(图 9-11 中曲线Ⅲ)，这种状态为等电状态，这时胶粒不带电荷。如

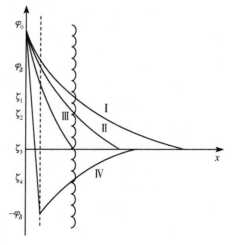

图 9-11　电解质对 ζ 电势的影响

果外加电解质中反离子发生强烈吸附，甚至可以使 ζ 电势的符号改变，如图 9-11 中曲线Ⅳ所示，这些离子大多数为高价金属离子和具有表面活性的有机盐离子。

*9.6　溶胶的流变性质

流变学是研究物质在外力作用下流动与形变的科学，涉及的范围很广，大至土木结构、冰川的移动，小到细胞和微生物的蠕动。当前流变学的研究只停留在定性说明阶段，但在工业上却有十分重要的地位，如钻井泥浆、油漆、橡胶、塑料、纺织、食品等工业的产品质量、工艺流程

的设置等,往往与其流变性质有关。

胶体分散体系的流变性质不仅是单个粒子性质的反映,也是粒子与粒子之间以及粒子与溶剂之间相互作用的结果,因此研究溶胶的流变性质,首先要明确胶体体系的力学性质。

9.6.1 黏度

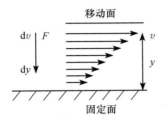

图 9-12 两平行板间的
黏性流动

黏度(viscosity)是液体流动时所表现出来的内摩擦。为了定量地表示某种液体黏度的定义,假设在两平行板间盛一种液体,一块板是静止的,另一块板以速率 v 向 x 方向做匀速运动,如果将液体沿 y 方向分成许多薄层,各液层向 x 方向的流动速率随 y 方向变化。如图 9-12 所示,用长短不同带有箭头、相互平行的线段表示各层液体的流速,这样的示意线段称为流线,液体的这种形变称为切变。切变用速率梯度 $\mathrm{d}v/\mathrm{d}y$ 来表示,也称为切速率,简称切速。为了维持某一切速率,要对上面平行板施加一恒定的力 F,此力称为切力。若板的面积是 A,则切力与切速率应服从以下公式:

$$\frac{F}{A} = \eta \frac{\mathrm{d}v}{\mathrm{d}y} \tag{9-8}$$

式(9-8)为牛顿(Newton)黏性流动定律。η 为切力与切速率之间的比例系数,称为该液体的黏度,它反映液体流动时所受到的黏性阻力,黏度 η 的单位为 $\mathrm{Pa \cdot s}(1\mathrm{Pa \cdot s} = 1\mathrm{N \cdot s \cdot m^{-2}})$。黏度的倒数 $\dfrac{1}{\eta} = \dfrac{\mathrm{d}v}{\mathrm{d}y} \dfrac{A}{F}$ 称为流度,它是单位切力下流体的切速率。

服从牛顿黏性流动定律的液体称为牛顿液体,一定的温度下,η 是一个恒定值,显然温度升高 η 下降。

对有两相存在的溶胶或悬浮体,其切力与切速率之间的关系比较复杂。因为黏度是液体流动时所消耗动量的一种量度,如果介质中有分散粒子,液体流动推动粒子时受到阻力,要消耗额外的能量,黏度增加。若粒子间有相互作用,或粒子的结构不对称等,都会产生干扰,黏度更大。这种液体称为非牛顿液体,其特点是流体的黏度随外加切力的增加而变化。有些体系的黏度随切力的增加而变大,称为切变稠化(shear thickening),该作用称为切稠作用;有些体系的黏度随切力的增加而变小,称为切变稀化(shear thinning),该作用称为切稀作用。

在流变学中以切力对切速率作图,得到的曲线称为流变曲线。不同体系有不同的流变曲线,如图 9-13所示,a 为牛顿型,b 为塑性型,c 为假塑性型,d 为胀性型。曲线上任何一点的黏度是这一点上的切力与切速率的比值,这种黏度称为视黏度。

塑性体系和假塑性体系具有切稀作用,随切力的增加,黏度降低。其原因是这种体系中分散相粒子以聚集态存在,当切速增加后,使聚集体破裂,其结果是自由移动的粒子数目增加,固定溶剂量减少,因此体系的视黏度降低。属于假塑性体系的有高分子溶液、淀粉溶液、乳状液等。塑性体系的切力必须超过某一数值后才会流动,使体系开始流动的切力值称为"屈服值"(yield value)。属于塑性体系的有油漆、牙膏、泥浆等。

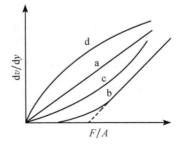

图 9-13 流变曲线的基本类型

胀性体系具有切稠作用。例如,揉面就有这样的经验,刚揉时面团很软,但越揉越硬,若将已经揉硬了的面团静置一段时间,再揉就没有以前结实了,但是再揉几下又硬了。许多颜料在水中或有机溶剂中都有这种现象。

9.6.2 黏度的测定

1. 毛细管流动法

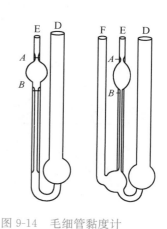

图 9-14 毛细管黏度计

这是测定液体黏度最常用的方法之一。基本原理是在一定的压力下,液体流过一定长度和半径的毛细管,测定它的流速,就可计算出液体的黏度。常见的毛细管黏度计有奥斯特瓦尔德(Ostwald)和伍贝洛得(Ubbelohde)两种,它们的构造如图 9-14 所示。直接测定液体的绝对黏度是困难的,通常是测定两种液体的相对黏度。其测定方法是,用已知黏度的液体从 D 管加入,由 E 管把液体吸到刻度线 A 以上,然后任其流下,记录液面流经 A 到 B 线的时间 t_1。再用它来测定未知液体流经 A 到 B 的时间 t_2。由于驱使液体流动的压力是液柱高,它正比于液体的密度 ρ,因此 $\eta = \kappa\rho t$,κ 为仪器常数。两种液体在同一黏度计中测定,κ 值相同,故它们的相对黏度为

$$\eta_r = \frac{\eta_1}{\eta_2} = \frac{\rho_1 t_1}{\rho_2 t_2} \qquad (9-9)$$

已知两种液体的密度,分别测定流经毛细管的时间,就可以求出相对黏度 η_r。

2. 转筒法

图 9-15 同心转筒式
黏度计示意图

同心转筒式黏度计由两个同心筒构成,如图 9-15 所示。测定时将液体装于两筒之间,外筒以恒速旋转,其角速率为 ω,因液体有黏度,产生切力使内筒向相同方向偏转,借扭力丝可以测定其偏转度 θ。偏转度 θ 与角速率 ω 之间的关系为 $\theta = \kappa\eta\omega$,$\kappa$ 为仪器常数。通常用已知黏度的液体预先测得 κ 值,然后再用此黏度计测定未知黏度的液体。转筒式黏度计的优点是可以测定不同切速率下的黏度,适用于测量非牛顿型液体的流变性。

9.7 溶胶的稳定性与聚沉

9.7.1 溶胶的稳定性

溶胶在热力学上是不稳定的。然而经过净化后的溶胶在一定条件下,却能在相当长的时间内稳定存在。

溶胶能相对稳定存在的原因如下:①胶粒的布朗运动使溶胶不致因重力而沉降,即动力学稳定性;②由于胶团双电层结构的存在,胶粒带相同的电荷,相互排斥,故不易聚结。这是溶胶稳定存在的最重要原因;③在胶团的双电层中反离子都是水化的,因此在胶粒的外面有一层水化膜,它阻止了胶粒的互相碰撞而导致胶粒结合变大。

溶胶稳定存在的原因是胶粒之间的排斥作用,而溶胶聚沉的原因则是胶粒的吸引作用。

20 世纪 40 年代,苏联人 Derjaguin 和 Landau,荷兰人 Verwey 和 Overbeek 各自独立地提出溶胶稳定性理论,称为 DLVO 理论。这是目前对溶胶稳定性和电解质的影响解释得比较完善的理论。该理论从分析胶粒间的范德华引力和双电层的排斥力入手,导出两个粒子间的势能曲线,从理论上解释了溶胶的稳定性。其基本要点如下:①粒子间的吸引力。溶胶粒子间的吸引力在本质上和分子间的范德华引力相似。粒子间的吸引力与距离的 3 次方成反比。②粒子间的排斥力。当粒子间的距离较大时,其双电层未重叠,没有排斥力。当粒子靠近使双电层部分重叠时,由此产生的静电排斥力使粒子间发生相互排斥。

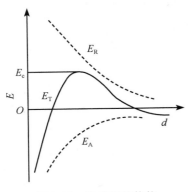

图 9-16　粒子间的势能
与距离关系图

根据上述分析,可得到粒子间的势能 $E(E_A + E_R)$ 与距离关系的曲线如图 9-16 所示,其中 E_A 为粒子间的吸引能,E_R 为粒子间的排斥能。由图 9-16 可见,当距离较大时,双电层未重叠,吸引力起作用,势能是负值。粒子靠近时,双电层逐渐重叠,排斥力起主要作用,势能为正值。粒子间距离缩短到一定程度后,吸引力又占优势,势能又为负值。因此当溶胶粒子欲聚结时,必须要通过势能峰 E_c。当胶粒的动能不足以越过能峰 E_c 时,溶胶能稳定存在而不聚结。如果在溶液中加入电解质,使胶粒的 ζ 电势降低,双电层厚度变薄,排斥作用减弱,胶粒动能超越 E_c,布朗运动引起粒子的碰撞将导致粒子聚结,最后当粒子聚结变大到一定大小时,就要沉淀析出,称为溶胶的聚沉(coagulation)作用。

9.7.2　影响溶胶聚沉的因素

1. 电解质的聚沉作用

溶胶聚沉在外观上的表现一般是颜色的改变,产生浑浊最后出现沉淀。电解质对溶胶的聚沉能力通常用聚沉值来表示。聚沉值是使一定量的某种溶胶,在规定的时间内发生明显聚沉所需电解质的最小浓度。聚沉值越小,电解质使胶体溶液聚沉能力越强,表 9-5 列出几种电解质的聚沉值。由于溶胶制备条件的不同,各人判断标准的差异,聚沉值的数值不尽相同。

表 9-5　电解质对溶胶的聚沉值(mmol·dm^{-3})

As$_2$S$_3$(负溶胶)		Au(负溶胶)		Fe(OH)$_3$(正溶胶)		Al$_2$O$_3$(正溶胶)	
LiCl	58	NaCl	24	NaCl	9.25	NaCl	43.5
NaCl	51	KNO$_3$	25	KCl	9.0	KCl	46
KCl	49.5	1/2K$_2$SO$_4$	23	KBr	12.5	KNO$_3$	60
KNO$_3$	50	—	—	KI	16	KCNS	67
CaCl$_2$	0.65	CaCl$_2$	0.41	K$_2$SO$_4$	0.205	K$_2$SO$_4$	0.30
MgCl$_2$	0.72	BaCl$_2$	0.35	K$_2$Cr$_2$O$_7$	0.159	K$_2$Cr$_2$O$_7$	0.63
MgSO$_4$	0.81	—	—	MgSO$_4$	0.22	K$_2$C$_2$O$_4$	0.69
AlCl$_3$	0.093	1/2Al$_2$(SO$_4$)$_3$	0.009	—	—	K$_3$[Fe(CN)$_6$]	0.08
1/2Al$_2$(SO$_4$)$_3$	0.096	Ce(NO$_3$)$_3$	0.003	—	—	—	—
Th(NO$_3$)$_4$	0.009	—	—	—	—	K$_4$[Fe(CN)$_6$]	0.05
氯化吗啡	0.42	氯化吗啡	0.54	—	—	苦味酸钠	4.7
苯胺硝酸盐	0.09	碱性新品红	0.002	—	—	—	—

电解质的聚沉作用大体上有如下一些规律：

（1）不同价离子的影响。电解质对溶胶的聚沉作用主要是由离子引起的。反离子的价数越高，其聚沉能力越大，聚沉值越小。与溶胶具有相同电荷的离子价数越高，电解质聚沉能力越弱（表 9-5）。

（2）同价离子的影响。其聚沉能力虽然接近，但也有差别。若用碱金属离子聚沉负溶胶时，其聚沉能力的次序为

$$Cs^+ > Rb^+ > K^+ > Na^+ > Li^+$$

而用不同 1 价负离子聚沉正溶胶时，其聚沉能力次序为

$$Cl^- > Br^- > NO_3^- > I^-$$

这类次序称为感胶离子序。

（3）混合电解质对溶胶的聚沉作用有三种情况：①离子的加合作用，即混合电解质的聚沉作用表现为两种离子的聚沉值之和。只有当起聚沉作用的离子价数相同，且水化程度相近时才出现这种情况。例如，用 NaCl 和 KCl 聚沉负电的 As_2S_3 溶胶，当用 NaCl 聚沉值的 40％时，再用 KCl 聚沉值的 60％，刚好使 As_2S_3 溶胶聚沉。②离子的敏化作用，表现为两种离子的聚沉能力增加。例如，用 LiCl 和 KCl 聚沉负电的 Au 溶胶，发现当用 LiCl 聚沉值的 20％时，要使 Au 溶胶聚沉所需 KCl 的用量不是其聚沉值的 80％，而只需 66％就能使 Au 溶胶聚沉，即电解质的用量减少了。也就是说，一种电解质的存在，使得胶体溶液对于另一种电解质的作用敏感了。③离子的对抗作用。它与敏化作用相反，表现出两种离子的聚沉能力互相削弱。同样用 LiCl 和 KCl 聚沉负电的 Au 溶胶时，发现当用 LiCl 聚沉值的 80％时，要使 Au 溶胶聚沉所需 KCl 的用量不是其聚沉值的 20％，而是 33％方能使 Au 溶胶聚沉，显然电解质的用量增加了。对抗作用在生物科学上有着重要的意义，如单独一种电解质对生物细胞常起有害作用，称为单盐毒害，如果加入另一种适当的电解质，则可使其毒害作用降低或消失。

2. 相互聚沉现象

将两种带有相反电荷的溶胶适量混合也会发生聚沉作用，称为相互聚沉。其条件是两者的用量比例适当，总电荷量相等时才会完全聚沉。聚沉作用力为静电吸引力。表 9-6 列出正电性的氧化铁（$3.036 g \cdot dm^{-3}$）与负电性的硫化砷（$2.07 g \cdot dm^{-3}$）溶胶按各种比例混合相互聚沉时观察到的情况。

表 9-6 溶胶的相互聚沉

混合量/cm³		观察记录	混合后粒子的带电性
Fe_2O_3	As_2O_3		
9	1	无变化	正
8	2	放置一定时间后微带浑浊	正
7	3	立即浑浊发生沉淀	正
5	5	立即沉淀但不完全	正
3	7	几乎完全沉淀	零

混合量/cm³		观察记录	混合后粒子的带电性
Fe₂O₃	As₂O₃		
2	8	立即沉淀但不完全	负
1	9	立即沉淀但不完全	负
0.2	9.8	只出现浑浊但无沉淀	负

相互聚沉常见于土壤中，一般土壤中存在的胶体物质有正电的 $Fe(OH)_3$、Al_2O_3 等和负电的硅酸、腐殖质等，它们之间的相互聚沉有利于土壤团粒结构的形成。天然水中常含有 SiO_2 负溶胶，若加入明矾 $[KAl(SO_4)_2 \cdot 12H_2O]$，明矾水解后形成 $Al(OH)_3$ 正溶胶，二者互相中和聚沉，以达到净化水的目的。

此外，升高温度或增加溶胶的浓度也能促使溶胶聚沉。

例 9-1 在三个盛有 $0.02dm^3$ $Fe(OH)_3$ 溶胶的烧杯中，分别加入 $NaCl$、Na_2SO_4、Na_3PO_4 溶液，使其在一定时间内完全聚沉，最少需加入电解质的数量如下：(1) $1mol \cdot dm^{-3}$ $NaCl$ 溶液 $21cm^3$；(2) $0.005mol \cdot dm^{-3}$ Na_2SO_4 溶液 $125cm^3$；(3) $0.0033mol \cdot dm^{-3}$ Na_3PO_4 溶液 $7.4cm^3$。计算上述电解质的聚沉值和聚沉能力之比，指出溶胶带电的符号。

解 根据聚沉值的定义：使一定量的溶胶在一定时间内完全聚沉所需电解质的最小浓度，上述电解质的聚沉值分别为

$$c_{NaCl} = \frac{1mol \cdot dm^{-3} \times 21cm^3}{20cm^3 + 21cm^3} \times 10^3 = 512mmol \cdot dm^{-3}$$

$$c_{Na_2SO_4} = \frac{0.005mol \cdot dm^{-3} \times 125cm^3}{20cm^3 + 125cm^3} \times 10^3 = 4.31mmol \cdot dm^{-3}$$

$$c_{Na_3PO_4} = \frac{0.0033mol \cdot dm^{-3} \times 7.4cm^3}{20cm^3 + 7.4cm^3} \times 10^3 = 0.89mmol \cdot dm^{-3}$$

聚沉值之比为

$$c_{NaCl} : c_{Na_2SO_4} : c_{Na_3PO_4} = 512 : 4.31 : 0.89 \approx 575 : 4.84 : 1$$

已知聚沉能力 $F \propto \dfrac{1}{聚沉值}$，所以聚沉能力之比为

$$F_{NaCl} : F_{Na_2SO_4} : F_{Na_3PO_4} = 1 : 120 : 575$$

由此可知聚沉能力顺序为 $F_{NaCl} < F_{Na_2SO_4} < F_{Na_3PO_4}$。因三者具有相同正离子，所以对溶胶聚沉起主要作用的是负离子，胶粒带有正电荷，为正溶胶。

9.8　乳状液与泡沫

乳状液(emulsion)是由一种或几种液体以小液滴的形式分散于另一种与其互不相溶的液体中形成的多相分散体系。其中小液滴直径一般都大于 $10^{-7}m$，用显微镜可以清楚地观察到。由于液滴对可见光的反射和折射，大部分乳状液外观上为不透明或半透明的乳白色。

泡沫(foam)是以气体为分散相的分散体系，分散介质可以是固体或液体，前者称为固体泡沫，后者称为液体泡沫。"泡"是由液体薄膜包围着的气体，泡沫则是被液体薄膜所隔

开的很多气泡的聚集物。由于密堆积和气体极易变形,组成泡沫的气泡常是多面体的形状。

9.8.1 乳状液的类型

乳状液是由两种液体所构成的分散体系。通常将形成乳状液时以小液滴形式存在的液体称为内相(或分散相、不连续相),另一种液体则称为外相(或分散介质、连续相)。乳状液有一相是水或水溶液,称为水相,用符号 W 表示;另一相则是与水不相互溶的有机液体,一般统称为油相,用符号 O 表示。乳状液存在着两种不同类型,外相为水,内相为油的乳状液称为水包油型乳状液,用符号油/水或 O/W 表示,如牛奶、豆浆、生橡胶液等;若外相为油,内相为水,则称为油包水型乳状液,用符号水/油或 W/O 表示,如天然原油、芝麻酱等。

影响乳状液类型的因素很多。最初人们认为凡是量多的液体均为外相,而量少的则为内相,即相体积是决定乳状液类型的主要因素。但事实证明,这种看法是片面的,现在已经可制成内相体积为 90% 以上的乳状液。乳状液的类型主要与制备乳状液时所添加乳化剂的性质有关。

O/W 型和 W/O 型这两种不同类型的乳状液在外观上并无明显的区别,通过下列几种方法加以鉴别:

(1)稀释法。乳状液可以被外相液体所稀释。若加水到 O/W 型乳状液中,乳状液被稀释,不影响其稳定性;若加水到 W/O 型乳状液中,乳状液变稠,甚至被破坏。例如,牛奶能被水稀释,所以牛奶是 O/W 型乳状液。

(2)染色法。将少量油溶性染料加到乳状液中,如果整个乳状液都染上了颜色,说明油是外相,乳状液是 W/O 型;如果只有星星点点的液滴带色,则说明油是内相,乳状液是 O/W 型。若采用水溶性染料进行判断,其结果恰好相反。红色的苏丹Ⅲ是常用的油溶性染料,水溶性染料有亚甲基蓝、荧光红等。

(3)电导法。水溶液具有导电能力,油导电能力差,O/W 型乳状液的导电能力比 W/O 型乳状液要大得多,利用这一性质可以区别乳状液的类型。如果乳状液的电导率比较大,则它是 O/W 型乳状液。

(4)滤纸润湿法。由于滤纸容易被水所润湿,因此将 O/W 型乳状液滴在滤纸上后会立即铺展开来,而在中心留下一油滴;如果不能立即铺展开来,则为 W/O 型。对于易在滤纸上铺展的油(如苯、环己烷等)制成的乳状液不宜采用此法来鉴别它们的类型。

9.8.2 乳化剂与乳化作用

直接把水和油混合在一起振摇,虽然可以使其相互分散,但静置后很快又会分成两层,不能形成稳定的乳状液。例如,将苯和水共同振摇时可得到白色的混合液体,静置不久后又会分层。如果加入少量合成洗涤剂再摇动,就会得到较为稳定的乳白色液体,苯以很小的液珠分散在水中,形成了 O/W 型乳状液。为了形成稳定的乳状液所必须加入的第三组分称为乳化剂(emulsifier)。乳化剂的种类很多,通常是表面活性剂,可以是阳离子型、阴离子型或非离子型。有些天然产物如蛋白质、树胶、明胶、磷脂,以及某些固体如碳酸钙、炭黑、黏土的粉末等也可以作为乳化剂。

乳化剂的乳化作用可以归结如下:

1. 降低油-水界面张力

乳状液是一个界面自由能高的热力学不稳定体系,加入表面活性剂作为乳化剂时,乳化剂吸附在油水界面上,亲水的极性基团浸在水中,亲油的非极性基团伸入油中,形成定向的界面膜,降低了油-水体系的界面张力,使乳状液变得较为稳定。由于乳状液是一个多相分散体系,界面能总是存在的,因此降低界面张力只是减小其不稳定的程度。

2. 形成坚固的界面膜

乳化剂分子在油-水界面上定向排列,形成一层具有一定机械强度的界面膜,可以将分散相液滴相互隔开,防止其在碰撞过程中聚结变大,从而得到稳定的乳状液。界面膜的机械强度是决定乳状液稳定性的主要因素。为了提高界面膜的机械强度,有时使用混合乳化剂,不同乳化剂分子间的相互作用可以使界面膜更坚固,从而使乳状液更稳定。

3. 液滴双电层的排斥作用

对于用离子型表面活性剂作为乳化剂的乳状液,其液滴常常带有电荷,在其周围可以形成双电层。由于同性电荷之间的静电斥力,阻碍了液滴之间的相互聚结,从而使乳状液稳定。

*9.8.3 乳状液的类型理论

在油-水体系中乳状液的类型与乳化剂的性质有关。一般说来,亲水性较强或极性基团的截面积较大的一些乳化剂,如钠、钾一价碱金属皂类,往往有利于形成 O/W 型乳状液。相反,亲油性较强或非极性基团的截面较大的一些乳化剂,如铜、铝等高价金属皂类,有利于形成 W/O 型乳状液。

1. 定向楔型理论

定向楔型理论把乳化剂分子比喻成两头大小不等的楔子,把乳化剂分子在油-水界面上的紧密定向排列看做是楔子的小头插入内相,大头留在外相。由于彼此紧靠在一起的大头对内相液滴起到了保护作用,因而形成了稳定的乳状液。例如,用钠皂作乳化剂时,由于极性羧基比非极性烃基的横截面积大,因而形成界面膜时,相当于楔子大头的亲水羧基朝外,相当于楔子小头的亲油烃基插入内相,从而形成 O/W 型乳状液,如图 9-17(a)所示。如果改用钙皂,由于其极性基团的横截面积小于非极性基团,因而形成 W/O 型乳状液,如图 9-17(b)所示。这个理论在实际中也常有例外,如银皂作乳化剂时似乎应形成 O/W 型乳状液,而实际上得到的却是 W/O 型乳状液。

2. 双重界面张力学说

双重界面张力学说指出,乳化剂吸附于油-水界面上形成膜后,原来的油-水界面消失,代之以油-乳化剂膜界面和水-乳化剂膜界面。这两种界面各有其界面张力。而膜总是向界面张力大的一面弯曲,因为这样可以减少这个面的面积,结果就使得在高张力这边的液体成了内相。对于亲水性强的乳化剂,其水-乳化剂膜的界面张力往往小于油-乳化剂膜的界面张力,故而形成 O/W 型乳状液;而对于亲油性强的乳化剂,则油-乳化剂膜的界面张力小

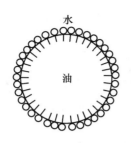

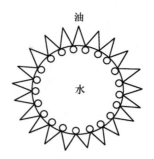

(a) 钠皂对 O/W 型乳状液的稳定作用　　　　　(b) 钙皂对 W/O 型乳状液的稳定作用

图 9-17　皂类稳定乳状液示意图

于水-乳化剂膜的界面张力,故而形成 W/O 型乳状液。

3. 润湿学说

固体粉末作为乳化剂时,粉末在油-水界面上形成保护膜而使乳状液稳定。根据固体粉末对水或油润湿的程度不同,可以形成不同类型的乳状液。亲水性固体如二氧化硅、蒙脱土等作为制备 O/W 型乳状液的乳化剂;憎水性固体如石墨可作为 W/O 型乳状液的乳化剂。这是因为固体粉末乳化剂的亲水性大,则其大部分进入水中,在油-水界面上形成的保护膜应当是凸向水相,凹向油相的,这样就把油分散成滴并很好地保护起来而形成了 O/W 型乳状液,如图 9-18(a)所示。油-水界面上的这层保护膜可以防止油滴在碰撞过程中相互聚结。反之,若形成 W/O 型乳状液,如图 9-18(b)所示,则水滴表面仍有相当部分没有被保护起来,以致其在碰撞过程中很容易聚结变大,因而就不会稳定地存在。如果固体粉末乳化剂是憎水性的,则与上述情况正好相反,保护膜应凸向油相而凹水相,使水分散成滴并被保护起来,从而形成稳定的 W/O 型乳状液,O/W 型乳状液是不稳定的。

(a) 稳定　　　　　　　　　　　(b) 不稳定

图 9-18　亲水性固体粉末的乳化作用示意图

以上所述都还只停留在定性解释阶段。目前尚无公认的对各种情况都适用的理论,还有待进一步探索和研究。

9.8.4　乳化剂的选择

在实际工作中,如何为指定的油-水体系选择一个合适的乳化剂,从而得到性能最优(通常是用稳定性衡量)的乳状液,这是乳状液制备的中心课题。要从成百上千种商品乳化剂中选择出满意的乳化剂并非易事。由于目前尚无理论来指导乳化剂的乳化效果,因此从技术观点(用量少、体系稳定等)及经济效果(价格低廉、来源方便等)来看,要得到效率高的乳化剂,最可靠的办法就是用实际体系进行直接试验。对于表面活性剂类型的乳化剂,HLB是有参考价值的数据。虽然不十分理想,但至少可以避免某些盲目性。现将某些体系制成乳状液时所需乳化剂的 HLB 列于表 9-7。

表 9-7　乳化各种油所需的 HLB

油相	HLB		油相	HLB
	O/W	W/O		O/W
石蜡	10	4	苯	15
蜂蜡	9	5	甲苯	11~12
石蜡油	7~8	4	油酸	17
芳烃矿物油	12	4	DDT	11~13
烷烃矿物油	10	4	DDV	14~15
煤油	14	—	十二醇	14
棉籽油	7.5	—	硬脂酸	17
蓖麻油	14	—	四氯化碳	16

在实际应用时,除了表面活性剂的 HLB,还应考虑以下因素:

(1)乳化剂与分散相的亲和性。根据相似相溶原理,欲使油分散,要求乳化剂的憎水基团的结构和油的结构越相似越好。因为这样的乳化剂和分散相的亲和力强,分散效果好,乳化剂的用量也少。

(2)乳化剂的配伍作用。在某些情况下必须使用某种乳化剂,如果该乳化剂的 HLB 与分散相所要求的 HLB 差别很大,可以预料乳化效果一定不佳。这时可加入另一种乳化剂与其配伍使用,此种乳化剂应不影响体系的特殊要求,并且混合乳化剂的 HLB 应接近分散相所要求的 HLB。人们通常将 HLB 小的乳化剂与 HLB 大的乳化剂混合使用,可以获得满意的效果。

(3)乳化剂体系的特殊要求。食品乳化剂应无毒、无特殊气味,如蛋黄酱可用卵磷脂作乳化剂。为防止冰淇淋以及加有油脂的巧克力等的油脂分离,可使用硬脂酸单甘油脂作乳化剂。雪花膏等则用司潘-吐温混合乳化剂。药用乳化剂要考虑其药理性能。农药乳化剂则要求对农作物和人畜无害。

(4)乳化剂的制造工艺。乳化剂的制造工艺不宜过分复杂,否则成本高;原料来源应丰富;使用要方便。

9.8.5　乳状液的制备

在制备某一类型的乳状液时,除了选择合适的乳化剂外,乳化方法也很重要,要注意加料顺序、方式、混合时间等。较常用的有以下几种方法:

1. 自然乳化分散法

把乳化剂加入油中制成溶液,在使用时把溶液直接倒入水中,就自发而成O/W型乳状液,有时还需稍加搅拌。农药的O/W型乳状液(如敌敌畏乳剂)就是以此法制得的。

2. 瞬间成皂法

将脂肪酸溶入油中,碱溶于水中,然后在剧烈搅拌下将两相混合,在混合瞬间界面上生成脂肪酸钠盐,这就是 O/W 型乳化剂。用此法制得的乳状液十分稳定,方法也较简单,只需搅拌即可。

3. 界面复合物生成法

在油相中加入一种易溶于油的乳化剂,在水相中加入一种易溶于水的乳化剂。当油和水相互混合,并剧烈搅拌时,两种乳化剂在界面上相互作用并形成稳定的复合物,用此法制得的乳状液也是十分稳定的。

4. 交替添加法

将水和油少量多次交替加入乳化剂内而制成乳状液的方法。制备某些食品乳状液时就是用此种方法。

9.8.6 乳状液的转型与破坏

1. 乳状液的转型

转型是指在外界某种因素的作用下,乳状液由 O/W 型变成 W/O 型,或者由 W/O 型变成 O/W 型的过程,又称为转相。实质上,转型过程是原来被分散的液滴聚结成连续相,而原来连续的分散介质分裂成液滴的过程。

乳状液的转型通常是由于外加物质使乳化剂的性质发生改变而引起的。例如,用钠皂可以形成 O/W 型乳状液,但若加入足量的氯化钙,则可生成钙皂而使乳状液转型为 W/O 型。又如,当用二氧化硅粉末作乳化剂时,可形成 O/W 型乳状液,但若加入足够数量的炭黑或钙皂,则可使乳状液转变为 W/O 型。应当说明的是,在这些例子中,如果生成或加入相反类型乳化剂的量太少,则乳状液的类型不发生转换;而如果用量适中,则两种相反类型的乳化剂同时起相反的效应,从而使得乳状液不稳定乃至被破坏。例如,$15cm^3$ 的煤油与 $25cm^3$ 的水用 0.8g 炭粉作乳化剂时,可以得到 W/O 型乳状液,若向其中加入 0.1g 二氧化硅粉末,该乳状液被破坏;若所加二氧化硅多于 0.1g,则可以转化成 O/W 型乳状液。

此外,温度的改变有时也会造成乳状液的转型,尤其是对于那些使用非离子型表面活性剂作为乳化剂的乳状液。当温度升高时,乳化剂分子的亲水性变差,亲油性增强,在某一温度时,由非离子型表面活性剂稳定的 O/W 型乳状液将转变为 W/O 型乳状液,这一温度称为转型温度(phase inversion temperature,PIT)。

2. 乳状液的破坏

有时候希望破坏乳状液,以使其中的油、水两相分离(层),这就是所谓破乳。为破乳而加入的物质称为破乳剂。例如,石油原油和橡胶类植物乳浆的脱水,自牛奶中提取奶油等都是破乳过程。

破乳可以用物理方法,如用离心机分离牛奶中的奶油。原油脱水可利用静电破乳,即在高压电场下带电的水珠在电极附近放电,聚结成大液滴后沉降,从而达到水、油分离目的。用加热的方法也可以破坏乳状液,因为升高温度可以降低分散介质的黏度,增加液滴间相互碰撞的强度,降低乳化剂的吸附性能,从而降低了乳状液的稳定性。因此可把升温作为一种人为的破坏力,以此来评价乳状液的稳定性。

另一类破乳方法是化学方法。其原则是破坏乳化剂的乳化能力,从而使水、油两相分层析出。常用的有以下几种方法:①用不能生成牢固保护膜的表面活性物质代替原来的乳化剂,从而破坏保护膜,使乳状液失去稳定性。例如,异戊醇的表面活性大,能代替原有的乳化剂,但因其碳氢链较短,不足以形成牢固的保护膜,从而起到破乳作用。②用试剂破坏乳化剂。例如,用皂类作乳化剂时,若加入无机酸,皂类就变成脂肪酸而析出,使乳状液失去乳化剂而遭到破坏。又如,加酸破坏橡胶树浆而得到橡胶。③加入适当数量起相反效应的乳化剂,在转型过程中使乳状液破坏。此外,对于用固体粉末作乳化剂的乳状液,还可加入润湿剂,使固体粉末完全被一相所润湿,从而脱离水-油界面进入水相或油相。这样,就破坏了其在界面上所形成的保护膜,达到破乳的目的。当然,所加入的润湿剂本身不应有强的乳化能力。

*9.8.7 微乳状液

Schulman 发现,在由水、油和乳化剂所形成的乳状液中加入第四种物质(通常是醇),当用量适当时可以形成一种外观透明均匀的液-液分散体系,这就是微乳状液(microemulsion)。加入的第四种物质称为辅助表面活性剂。例如,在苯或十六烷烃中加入约 10% 的油酸,再加氢氧化钾水溶液搅拌混合,可得到浑浊的乳白色乳状液,然后在搅拌的同时逐滴加入正己醇,当达到一定浓度后,就得到外观透明的微乳状液。

由于界面张力急剧降低,因此微乳状液的热力学稳定性很高,还能自动乳化,长时间存放也不会分层破乳,甚至用离心机离心也不会使之分层,即使能分层,静置后还会自动均匀分散。微乳状液中液滴的大小在 10nm 左右,介于一般的乳状液和胶束溶液之间,有时被称为膨大了的胶束溶液。但从本质上看,微乳状液不同于胶束的增溶,其差异表现在如下两个方面:①测定结果表明,胶束比微乳状液的液滴更小,通常小于 10nm,并且不限于球形结构;②制备微乳状液时,除需要大量表面活性剂外,还需加辅助剂。但是胶束溶液中表面活性剂的量只要超过临界胶束浓度以后,就可以形成胶束,并具有增溶能力。

微乳状液的另一特点是低黏度,它比普通乳状液的黏度小得多。二者在性质上虽有差别,但对于乳状液的形成、类型等规律都是适用的。例如,乳化剂易溶于油者形成 W/O 型微乳状液,易溶于水者形成 O/W 型微乳状液。

9.8.8 泡沫

泡沫是由液膜隔开的气泡聚集物。在工业生产和日常生活中泡沫用途很广。例如,冶金中用泡沫浮选进行选矿、泡沫灭火、洗涤时泡沫有助于带走洗下的尘埃和油污,啤酒、汽水、洗发、护发用品中都须有大量泡沫产生。相反,有时需要消泡。例如,发酵、蒸馏、蔗糖精制、污水处理、造纸、印染中形成的泡沫给生产操作带来困难并降低产品质量,这时就需要消泡。所以,根据实际需要,对泡沫的稳定性有不同要求,须选用适当的起泡剂或消泡剂。最常用的起泡剂是表面活性剂,此外,蛋白质、明胶等高分子物质也是很好的起泡剂。

起泡剂所起的作用主要如下:

(1)降低界面张力。形成泡沫时体系界面增大,起泡剂分子被吸附在气-液界面上,降低了界面张力,有助于降低体系的界面自由能,从而降低了气泡之间自发合并的趋势,因此使得泡沫处于稳定状态。

(2)产生牢固的,具有一定机械强度和弹性的泡沫膜。明胶、蛋白质这一类物质虽然降低界面张力不多,但形成的膜很牢固,所以也是很好的起泡剂。

（3）形成具有适当黏度的液膜。泡沫液膜内包含的液体受到重力作用和曲面压力，会从膜间排走，使液膜变薄继而导致破裂。如果液膜具有适当的黏度，膜内的液体就不易流走，从而增加了泡沫的稳定性。应当说明，液膜的黏度并非越高越好，还必须考虑膜的弹性。某些物质（如十六碳醇）能形成表面黏度很高的液膜，但却不能起到稳定泡沫的作用，这是因为它形成的液膜刚性太强，容易在外界扰动下脆裂。

以离子型表面活性剂作起泡剂时，形成的液膜常常带有电荷，膜的两个表面因具有相同电性而彼此排斥，对膜内液体的排走起到了阻碍作用，从而增加了泡沫的稳定性。

在实践中，有时需要产生泡沫，有时则由于泡沫的形成会给生产操作带来很大的麻烦，就需要对泡沫进行破坏或防止其产生。

消除泡沫的方法主要有以下两类：

（1）物理方法。利用搅拌、交替加热与冷却、加压或减压等方法消泡。

（2）化学方法。常用的是加入少量具有表面活性而又不能形成坚固保护膜的物质。例如，蔗糖溶液所起的泡沫可加入少量乙醚或油类而消除，蛋白类的泡沫则可用异戊醇、庚醇来防止。另外，可加入一种与起泡剂发生反应的物质，使其失去起泡能力。例如，酸可以使皂类失去起泡能力。

*9.9 凝　胶

在一定条件下，高分子溶液（如琼脂、明胶等）或溶胶[如 $Fe(OH)_3$、硅酸等]的分散质颗粒在某些部位上相互联结，构成一定的空间网状结构，分散介质（液体或气体）充斥其间，整个体系失去流动性，这种体系称为凝胶（gel）。

凝胶由凝胶骨架和充斥其中的介质两相构成，是处于固态和液态之间的一种中间状态，兼具固体和液体的某些特点，但与固体和液体又不完全相同。凝胶的这种特殊结构决定了它在农业、食品和生命科学中具有重要意义。

9.9.1　凝胶的类型

根据分散质颗粒的性质（刚性或柔性），可将凝胶分为刚性凝胶和弹性凝胶两类。刚性凝胶的颗粒是刚性的，对液体的吸收没有选择性，且吸液前后体积基本不变。多数无机凝胶[如 $Fe(OH)_3$、V_2O_5 等]属刚性凝胶。弹性凝胶的颗粒是柔性的，对液体的吸收有严格的选择性，如明胶在水中能吸水溶胀，在二硫化碳或苯中却不能。弹性凝胶吸液前后，体积发生明显变化。高分子溶液形成的凝胶多为弹性凝胶。含液体量很多的弹性凝胶又称冻胶或软胶，如琼脂软胶含水量可达 99% 以上。

凝胶的结构及稳定性取决于分散质颗粒间联结力的强弱，有以下三种情况：

1. 以范德华力联结的凝胶结构

这类凝胶颗粒间作用力较弱，在外力作用（搅拌、振动等）下，其结构易遭到破坏。外力作用停止后，已破坏的结构经过静置，又可恢复为凝胶状态。凝胶的这种特性称为触变性。$Fe(OH)_3$、石墨、纤维素、黏土等凝胶属于此类。

2. 以氢键、盐键为联结力形成的凝胶结构

这一类凝胶颗粒间作用力较强，比以范德华力联结的凝胶结构要稳定。但此类凝胶结构

受温度影响大,温度升高到一定值后,其氢键、盐键被破坏,凝胶骨架解体而成为溶液或溶胶。大多数蛋白质类凝胶属于这种情况。

3. 以化学键为联结力形成的凝胶结构

这类凝胶颗粒间作用力最强,结构最稳定,如硅酸凝胶、硫化橡胶、葡聚糖凝胶等属于此类情况。

在实际凝胶中,这三种联结力有可能相互存在,情况更为复杂。

9.9.2 胶凝作用

可以由两种方法制得凝胶。一种方法是把干凝胶浸到合适的液体介质中,通过吸收液体得到,这种方法称为溶胀法,只适用于高分子物质。另一种方法是由高分子溶液(或溶胶)通过降低其溶解度(或稳定性),使其分散质(或分散相粒子)析出并相互联结成网状骨架而形成凝胶,此过程称为胶凝(gelatification)。

影响胶凝过程的因素很多,其中比较重要的是分散质颗粒的形状、分散质浓度、温度和电解质。

1. 分散质颗粒的形状对胶凝作用的影响

胶凝作用与分散质颗粒的形状密切相关。颗粒的对称性通常用颗粒的长度与它们的宽度和厚度的比值来表示。对称性越差,越有利于胶凝,反之,则不利于胶凝。例如,蛋清的主要成分是卵蛋白,这是一种球蛋白,对称性好,不易胶凝,因此蛋清具有较好的流动性。升温后,卵蛋白分子内近链端的氢键断裂,分子变得细长,就易于胶凝。

2. 浓度对胶凝的影响

分散质的浓度越大,颗粒间距离越小,颗粒间就越容易相互联结。浓度很低时,便不能联结。体系胶凝有一个最低的分散质浓度。室温下,明胶胶凝的最低浓度为 $1\% \sim 1.5\%$,琼脂为 0.25%,而 V_2O_5 为 0.01%。

分散质的浓度还会影响胶凝过程的速率,浓度越大,胶凝的速率越大。

3. 温度对胶凝的影响

温度升高,热运动强度增大,颗粒间不容易交联,温度降低有利于胶凝。例如,在 $40 \sim 50$℃ 的温水中,10% 的明胶为溶液,当温度降至室温时,会很快形成凝胶。每一种溶液都有一个最高胶凝温度,高于这个温度,胶凝不可能发生。最高胶凝温度与其浓度有关。浓度越大,最高胶凝温度越高。例如,5% 的明胶溶液最高胶凝温度为 18℃,而 15% 的明胶溶液最高胶凝温度为 23℃。

4. 电解质对胶凝的影响

把电解质加入到高分子溶液或溶胶中时,也能引起胶凝。

电解质对 $Fe(OH)_3$、$Al(OH)_3$、V_2O_5 等溶胶的胶凝作用主要是压缩溶胶的双电层结构,使水化膜变薄,胶粒带电量减少。胶粒上的个别部位相互联结,这种胶凝作用称为聚沉胶凝作用。引起胶凝所需电解质的加入量通常为聚沉值的一半。3.2% 的 $Fe(OH)_3$ 溶胶为牛顿流体,在其中加入 KCl 溶液,当 KCl 的浓度加至 8mol·m⁻³ 时,胶体颗粒相连,因此出现反常黏度;当 KCl 浓度增至 22mol·m⁻³ 时,体系胶凝,静置一段时间,凝胶老化,发生脱液收缩,分离出部分液体;当 KCl 浓度增至 46mol·m⁻³ 时溶胶聚沉,$Fe(OH)_3$ 胶粒以沉淀形式析出。有些溶胶如 As_2S_3、Au 溶胶等,加入电解质只发生聚沉,得不到凝胶。

电解质对高分子溶液的胶凝作用主要是促使高分子溶质脱水,降低溶解度,使颗粒相互作用而联结成结构。与溶胶胶凝所需加入电解质的量相比,高分子溶液胶凝所需电解质的量要大得多。电解质对高分子溶液胶凝作用的影响主要是阴离子起作用,阴离子的胶凝能力服从 Hofmeister 次序

$$SO_4^{2-}>C_4H_4O_6^{2-}>CH_3COO^->Cl^->NO_3^->ClO_3^->Br^->I^->SCN^-$$

序列中靠前的离子可加速胶凝,靠后的离子则减慢胶凝。需注意两点:①上述次序是指电解质浓度较高时的情况。在电解质浓度较低时,各阴离子都促进高分子溶液的胶凝。②上述次序也可例外,对于不同的高分子溶液,次序有所不同。例如,Br^- 能促进明胶胶凝,却对琼脂的胶凝起减缓作用。

蛋白质水溶液等电 pH 时最有利于胶凝,偏离等电 pH,蛋白质分子间存在静电斥力,阻碍胶凝。

9.9.3 凝胶的性质

1. 凝胶的溶胀

溶胀是指凝胶在液体介质中吸收液体而膨胀的过程。溶胀是弹性凝胶的特性之一。

凝胶的溶胀通常分两个阶段:①溶剂化阶段。溶剂分子进入凝胶中与大分子相互作用形成溶剂化层。此阶段时间很短,体系的体积增加比吸收的液体介质体积小,有热效应。②液体的渗透阶段。溶剂分子向凝胶结构中渗透,使凝胶的体积和吸液量迅速增加,表现出很大的溶胀压。溶胀作用可通过测定溶胀度、总体积减小、溶胀压、溶胀热、溶胀速率等项目进行研究。

1) 溶胀度

单位质量干凝胶吸收液体的量称为溶胀度。溶胀度可用来衡量凝胶的溶胀程度,溶胀度越大,溶胀作用越强。凝胶的溶胀度除与其自身的结构有关外,还与温度、pH 和电解质等因素有关。

(1) 温度对溶胀度的影响。溶胀是放热过程,故温度升高,凝胶最大溶胀度减小。但有些凝胶会因温度升高而由有限溶胀变成无限溶胀,如动物胶、明胶在水中的情况。

(2) pH 对溶胀度的影响。pH 对蛋白质类凝胶溶胀度影响较大。以明胶的溶胀为例,当溶液的 pH 等于 4.7 时,明胶处于等电 pH 状态,胶粒不带电荷,这时水化作用最差,溶胀度最小。pH 偏离等电 pH 时,明胶粒子带电,水化作用增强,溶胀度增大。pH 增大或减小到一定值后,则由于高浓度离子的存在,引起明胶粒子脱水,于是溶胀度又减小,如图 9-19 所示。

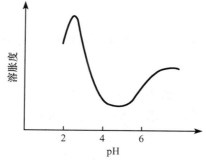

图 9-19 pH 对溶胀度的影响

(3) 电解质对溶胀度的影响。起主要作用的是阴离子,阳离子(H^+ 除外)的作用与阴离子相比是不重要的。阴离子对溶胀度的影响按大小排序如下:

$$SCN^- > I^- > Br^- > NO_3^- > Cl^- > CH_3COO^- > C_4H_4O_6^{2-} > SO_4^{2-}$$

此次序与 Hofmeister 感胶离子序恰好相反。排列在 Cl^- 前面的能加大溶胀度,排在 Cl^- 后面的则减小溶胀度。阴离子的作用不同,是由于各离子的水化程度不同所致。

溶胀度的测定方法是将质量为 m_0 的干凝胶放在溶剂中,达到吸液平衡后,用离心机将溶胀物与液体溶剂分离,再称溶胀后的凝胶质量为 m_1,根据增加的质量来计算溶胀度 α。

$$\alpha = \frac{m_1 - m_0}{m_0} \times 100\% \tag{9-10}$$

几种干凝胶的吸水溶胀度列于表 9-8。

表 9-8 几种干凝胶的吸水溶胀度

干凝胶	琼脂	明胶	淀粉	纤维素
溶胀度/%	700	500	33	12

2) 溶胀过程中的总体积减小

凝胶溶胀时凝胶体积增大,但凝胶体积的增大小于凝胶所吸收的液体介质的体积。这是因为被凝胶吸收的液体介质,有一部分和凝胶的分散质颗粒牢固地结合,形成溶剂化层。溶剂化了的液体介质其分子定向排列,不能按热运动的原则自由运动,在空间排布得较紧密,具有较小的体积。

3) 溶胀热

干凝胶在液体介质中溶胀时常伴随有热效应。单位质量的干凝胶溶胀时所放出的热量称为溶胀热。溶胀热表示高分子和溶剂分子相互作用的强度。溶胀热 Q 的大小和溶胀度 α 有关。

$$Q = \frac{A\alpha}{B + \alpha} \tag{9-11}$$

式中:A 和 B 均为经验常数。

测得溶胀度后,根据式(9-11)可求得干凝胶的溶胀热。

4) 溶胀速率

溶胀过程的速率可表示为

$$\frac{d\alpha}{dt} = k(\alpha_{max} - \alpha) \tag{9-12}$$

式中:α_{max} 为指定凝胶的最大溶胀度;α 为 t 时刻干凝胶的溶胀度。将式(9-12)积分得

$$\ln \frac{\alpha_{max}}{\alpha_{max} - \alpha} = kt \tag{9-13}$$

溶胀按一级反应速率方程式进行。以 $\ln[\alpha_{max}/(\alpha_{max}-\alpha)]$ 对 t 作图得一直线,由直线的斜率即可求得溶胀速率常数 k。

5) 溶胀压

凝胶吸收液体介质后体积增大。在溶胀时,凝胶自身产生的阻止其在介质中溶胀的压强称为溶胀压。溶胀压 p 与凝胶浓度间存在以下经验方程式:

$$p = kc^n \tag{9-14}$$

式中:c 为凝胶浓度($kg \cdot m^{-3}$);k 及 n 均为经验常数。

将干燥的麦粒置于饱和氯化锂溶液中时,麦粒能发生显著的溶胀。饱和氯化锂溶液的渗透压可达 $10^5 kPa$,麦粒却仍能溶胀,这表明溶胀压大于溶液的渗透压。在很久以前,人们就在

生产中利用溶胀压。例如,古埃及人用它来开采石块,先将干木头塞入石头已有的缝隙中,再往木头上浇水,靠木头产生的巨大溶胀压使石头崩裂开来。有些生长在盐碱地中的植物能很好地生长,是因为其植物组织的溶胀压大于盐碱地中溶液的渗透压。

2. 脱液收缩

新制得的凝胶放置一段时间后,一部分液体会自动地从凝胶中分离出来,凝胶本身体积缩小,这种现象称为脱液收缩,又称离浆。脱液收缩的原因是构成凝胶骨架的颗粒间作用力,使凝胶颗粒继续定向排列和相互接近,凝胶骨架间交联,甚至变粗,从而排出液体。所以脱液收缩是含液凝胶不稳定的表现,是胶凝过程的继续,是溶胀的逆过程(图 9-20)。

脱液收缩过程中,凝胶并不是无限制地收缩,它收缩到一定程度后便会停止。收缩到最后凝胶还保持着最初的几何形状,总体积也不改变,说明凝胶内溶剂化程度没有改变,脱液收缩时排出的液体并不是纯溶剂,而是浓度极低的高分子溶液,还有原来就存在于溶液中的电解质,所以脱液收缩实际是一种相分离过程。

脱液收缩是绝大多数弹性凝胶的特征。它不同

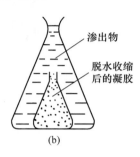

渗出物

脱水收缩后的凝胶

图 9-20　脱液收缩现象

于新鲜凝胶的干枯现象。将新烤制的面包放在其液体介质水的饱和蒸气中会变硬,面包变硬就是因为脱液收缩。在日常生活中,我们也会经常看到脱液收缩的例子,如豆腐、果冻的脱液。

脱液收缩与凝胶本身的性质和浓度有关,硅酸凝胶类的无机凝胶,凝胶浓度越大,排出的液体越多;而琼脂、淀粉类的有机凝胶,凝胶浓度越小,排出的液体越多。对于有机凝胶来说,凝胶的浓度越大,分子结构越不对称,排液速率越大。同一种凝胶的排液速率还因介质的不同而不同,如橡胶在苯中形成的凝胶与在四氯化碳中形成的凝胶相比,前者的排液速率较大。加入电解质对排液速率也有影响,促进胶凝的电解质也有助于凝胶的排液。

3. 凝胶中的扩散与化学反应

当凝胶和某种溶液接触时,有些物质便会通过凝胶骨架的网状结构进行扩散。凝胶浓度低时,小分子物质在其中的扩散速率和在纯溶剂中差不多,故在电化学实验中常用含 KCl 的琼脂凝胶制作盐桥。凝胶浓度越大,扩散粒子的扩散速率也就越小,以致在浓度较大的凝胶中,大分子物质甚至不能扩散。

物质在凝胶中的扩散没有对流和混合作用,物质在凝胶中发生的化学反应和在溶液中发生的反应不同。

1896 年,李塞根(Liesegang)将明胶溶于热的 0.1% $K_2Cr_2O_7$ 溶液中,制成 25% 的明胶液后,倾入浅皿或试管中,冷却,变成凝胶。然后将 50% 的 $AgNO_3$ 溶液滴于凝胶上,$AgNO_3$ 和凝胶中的 $K_2Cr_2O_7$ 发生反应,形成不溶的橙红色 $Ag_2Cr_2O_7$ 沉淀。有趣的是,形成的沉淀并不是连续分布的,而呈一个个同心环,各环之间由没有沉淀的间隔分开。随着 $AgNO_3$ 的扩散,同心环的间距越来越大,这种环称为李塞根环,如图 9-21 所示。若反应在试管中进行,则分布呈螺旋状,图 9-22 所示。

李塞根环的形成可解释如下:最初扩散到凝胶内的 Ag^+ 浓度太小,不能生成沉淀;在 Ag^+ 继续扩散的过程中,Ag^+ 浓度增加,沉淀形成,并对 $Cr_2O_7^{2-}$ 有一定的吸附能力,使周围的 $Cr_2O_7^{2-}$ 向沉淀上集中,并和新扩散来的 Ag^+ 继续反应;在沉淀外围一定距离内形成间歇区

（此区内 $Cr_2O_7^{2-}$ 浓度很低，不足以和 Ag^+ 生成沉淀），后扩散来的 Ag^+ 越过沉淀区、间歇区，形成第二环沉淀，如此反复，形成多层同心环。

　　在自然界中，一些矿物如玛瑙、玉石等的层状结构，树木的年轮，肾脏、胆囊的层状结石，都是这种周期性的环。因此，对李塞根环的研究有着许多实际的意义。

图 9-21　平面上的李塞根环　　　　　图 9-22　试管中的李塞根环（螺旋状）

4. 胶溶作用

　　在凝胶中加入胶溶剂使其形成溶胶的过程称为胶溶。电解质是最常用的胶溶剂。在胶溶作用中，所加电解质主要起稳定剂的作用，即通过化学反应或吸附作用等使分散质颗粒带电而分散在介质中。例如，在 HgS 凝胶中加入 H_2S，由于发生反应

$$HgS + H_2S \longrightarrow [HgS_2]^{2-} + 2H^+$$

而使 HgS 凝胶分散形成溶胶。

　　胶溶作用在土壤胶体的研究中十分重要。土壤主要以凝胶状态存在，若大量 Na^+ 流入土壤，所引起的胶溶作用会破坏土壤的团粒结构，使其耕作性能变差。

扫一扫

粉尘爆炸
乳状液的形成及应用
纳米材料
凝胶电泳

Summary

Chapter 9　Colloid Chemistry

1. The optical properties and the kinetic properties of some lyophobic sols are introduced: light scattering, Brown motion, diffusion and sedimentation.

2. The electric properties and the stability of sols includes electrophoresis, electroosmosis and structure of the electric double layer.

3. Stability and coagulation is the important properties of sol.

4. The preparation and properties of emulsions and foams are introduced.

5. The stability of emulsions and foams is briefly discussed.

6. The characteristics of gels are introduced in this chapter.

习 题

9-1 用 As_2O_3 与过量 H_2S 制备 As_2S_3 溶胶,稳定剂为 H_2S。判断下列电解质对该溶胶聚沉能力的强弱顺序:(1)NaCl;(2)$MgCl_2$;(3)$MgSO_4$;(4)$AlCl_3$。

9-2 氧化铁溶胶中胶体粒子的平均半径为 4.0×10^{-9} m。将溶胶稀释 5000 倍,在超显微镜下进行观察,视野容积为 2.4×10^{-14} m³,在连续 25 次观测中的粒子总数为 72。假定粒子为球形,粒子的密度为 5.2×10^3 kg·m⁻³,试求(1)该溶胶的原始浓度;(2)1dm³ 溶胶中所含氧化铁的粒子数及其总表面积。

9-3 293K 时,水的黏度为 1.002×10^{-3} Pa·s,金溶胶的扩散系数测定值为 1.38×10^{-10} m²·s⁻¹。试求金溶胶粒子的半径。

9-4 293K 时,半径分别为 2×10^{-4} m 和 2×10^{-5} m 的土壤颗粒在水中的沉降速率各为多少?已知水和土的密度分别为 1×10^3 kg·m⁻³ 和 2.65×10^3 kg·m⁻³,水的黏度为 1.002×10^{-3} Pa·s,重力加速度为 9.8m·s⁻²。

9-5 试从定义、产生原因、数值、影响因素等方面,比较 ζ 电势和热力学电势 φ_0 的异同。

9-6 增大外加电解质的浓度对溶胶粒子扩散层的厚度、ζ 电势、电荷密度和电动性质有何影响?

9-7 298K 时有一溶胶,胶粒直径为 5×10^{-8} m,分散介质的黏度 $\eta = 0.001$Pa·s,计算胶粒下沉 5.00×10^{-4} m 所需的时间。已知胶粒密度为 5.6×10^3 kg·m⁻³,分散介质密度为 1.0×10^3 kg·m⁻³。

9-8 乳化剂、起泡剂的乳化作用、起泡作用分别可归纳为哪几点?

9-9 试列举两种互不相溶的纯液体不能形成稳定乳状液的原因。

9-10 Reinders 指出,以固体(s)粉末作乳化剂时,有三种情况:(1)若 $\sigma_{s\text{-}o} > \sigma_{o\text{-}w} + \sigma_{s\text{-}w}$,固体处于水中;(2)若 $\sigma_{s\text{-}w} > \sigma_{o\text{-}w} + \sigma_{s\text{-}o}$,固体处于油中;(3)若 $\sigma_{o\text{-}w} > \sigma_{s\text{-}w} + \sigma_{s\text{-}o}$,或三个张力中没有一个大于其他二者之和,则固体处于水-油界面。只有在第三种情况下,固体粉末才能起到稳定作用。设 20℃时在空气中测得水(表面张力为 72.8mN·m⁻¹)对某固体的接触角为 100°,油(表面张力为 30mN·m⁻¹)对固体的接触角为 80°,水-油间的界面张力为 40mN·m⁻¹,试估计此固体的粉末能否对油水乳化起稳定作用。

9-11 对于某油-水体系,60% 的 Tween 60(HLB=14.9)与 40% 的 Span 60(HLB=4.7)组成的混合乳化剂的乳化效果最好,混合乳化剂的 HLB 值为各乳化剂的质均值。若现在只有 Span 85(HLB=1.8)与 Renex(HLB=13.0),二者应以何种比例混合?

9-12 结合凝胶的结构特点,讨论凝胶的稳定性。

9-13 影响高分子溶液胶凝的因素有哪些?

9-14 凝胶的性质有哪些?

9-15 下列哪些措施能增加凝胶的溶胀度?为什么?

(1) 使凝胶偏离等电 pH;(2) 加入中性盐;(3) 加入良溶剂;(4) 升高温度。

9-16 The radius of a sol particle is 2.12×10^{-7} m. After Brown motion, the mean displacement is 1.004×10^{-5} m, the mean interval time is 60 seconds, the temperature is 290.2K, the viscosity is 1.10×10^{-3} Pa·s. Then how much is Avogadro constant?

9-17 In the case of preparing emulsion, which aspects are reflected for the emulsification of emulgent?

9-18 Why the blowing agent can make foam stable?

第 10 章　高分子溶液

相对分子质量从几千到几十万甚至几百万的高分子具有与小分子大小不同的分子间作用力,其能够以分子状态自动分散成均匀的溶液,是一种胶体类的高分子溶液。高分子溶液的本质是真溶液,它的黏度和渗透压较大,丁铎尔现象不明显。高分子对溶胶具有稳定性作用和絮凝作用。最后讨论了高分子电解质溶液及其热力学特性——唐南平衡和唐南电势。

高分子(polymer,macromolecule)、低分子化合物间无决然分界,习惯上将相对分子质量大于 10000 的化合物称为高分子化合物。按其来源不同,常将高分子化合物分成天然高分子和合成高分子两大类。天然高分子化合物主要存在于自然界中的动植物体内,如纤维素、淀粉、天然橡胶、蛋白质和核酸等,此类高分子化合物与农业生物科学密切相关。合成高分子则是指一定单体通过化学反应(缩合反应、加成反应等)得到的聚合物,如塑料、聚丙烯酰胺、聚丙烯酸等。无机高分子(如玻璃、水泥等)在农业生物科学中应用不多,本书不予讨论。

多数高分子化合物的分子结构是由许多链节联结而成。由同一种链节联结而成的高分子化合物称为均聚物,如聚丙烯酰胺 $\left[\begin{matrix}-CH_2-CH-\\ \quad\quad\quad| \\ \quad\quad CONH_2\end{matrix}\right]_n$ 等;而由多种链节联结而成的高分子化合物称为共聚物,如蛋白质分子便是由许多不同的氨基酸以酰胺键联结而成。高分子化合物的性质不仅取决于组成链节的种类,而且还与链节数量、联结次序等因素有关,因此,高分子化合物的性质要比小分子物质复杂得多。

10.1　高分子化合物的相对分子质量

高分子化合物的相对分子质量不仅远大于小分子化合物,而且同一高分子化合物所包含的高分子大小不等,相对分子质量并不均一。即使是比较纯的高分子化合物,通常也只是不同聚合度分子的混合体。因此,高分子化合物的相对分子质量是其统计平均值,此统计平均值称为高分子化合物的均相对分子质量。高分子化合物的相对分子质量和其相对分子质量的分布状况决定着高分子化合物的许多性能,是表征高分子化合物行为的重要参数。值得注意的是,即使对同一高分子化合物样品,由于测定的实验方法不同,所得均相对分子质量的含义和数值也往往不同,这是由于不同实验测定方法代表不同的统计平均结果。

10.1.1　高分子化合物的几种相对分子质量

设某多分散的高分子化合物样品(由不同相对分子质量的级分组成)的总质量为 m,分子

总数为 N；其中相对分子质量为 M_B 级分的分子数为 N_B，其质量为 m_B，则该级分摩尔分数 $x_B = \dfrac{N_B}{N}$，其质量分数 $w_B = \dfrac{m_B}{m}$，$N = \sum\limits_B N_B$，$m = \sum\limits_B m_B$，$m_B = N_B M_B$，据此，几种常用的均相对分子质量表示如下。

1. 数均相对分子质量 $\overline{M}_n$

$$\overline{M}_n = \frac{\sum\limits_B N_B M_B}{N} = \sum\limits_B x_B M_B \tag{10-1}$$

在数均相对分子质量的统计过程中，相对分子质量小的级分对 $\overline{M}_n$ 的贡献较大。用渗透压法、凝固点降低法等依数性测定方法测定的是数均相对分子质量（molecular mass of the number average）。

2. 质均相对分子质量 $\overline{M}_m$

$$\overline{M}_m = \frac{\sum\limits_B m_B M_B}{m} = \sum\limits_B w_B M_B = \sum\limits_B \frac{m_B M_B}{\sum m_B} = \frac{\sum\limits_B N_B M_B^2}{\sum\limits_B N_B M_B} = \frac{\sum\limits_B x_B M_B^2}{\sum\limits_B x_B M_B} \tag{10-2}$$

在质均相对分子质量的统计过程中，相对分子质量大的级分对 $\overline{M}_m$ 的贡献较大。用光散射法测得的是质均相对分子质量（molecular mass of the mass average）。

3. 黏均相对分子质量 $\overline{M}_\eta$

$$\overline{M}_\eta = \left(\sum\limits_B w_B M_B^\alpha \right)^{\frac{1}{\alpha}} = \left(\frac{\sum\limits_B x_B M_B^{\alpha+1}}{\sum\limits_B x_B M_B} \right)^{\frac{1}{\alpha}} \tag{10-3}$$

式中：α 为经验常数，其值一般为 $0.5\sim1.0$。在黏均相对分子质量的统计过程中，相对分子质量较大的级分对 $\overline{M}_\eta$ 的贡献介于 $\overline{M}_n$ 与 $\overline{M}_m$ 之间。黏度法测定的是黏均相对分子质量（molecular mass of the viscosity average）。

4. Z 均相对分子质量 $\overline{M}_Z$

$$\overline{M}_Z = \frac{\sum\limits_B w_B M_B^2}{\sum\limits_B w_B M_B} = \frac{\sum\limits_B x_B M_B^3}{\sum\limits_B x_B M_B^2} \tag{10-4}$$

在 Z 均相对分子质量的统计过程中，相对分子质量大的级分对 $\overline{M}_Z$ 的贡献大于 $\overline{M}_m$。用超速离心沉降平衡法测得的是 Z 均相对分子质量（molecular mass of the Z-average）。

对同一多分散的高分子化合物，采用不同的统计平均方法，所得均相对分子质量的数值并不相同，其大小顺序为 $\overline{M}_Z > \overline{M}_m > \overline{M}_\eta > \overline{M}_n$。只有对单分散的高分子化合物（由单一相对分子质量的分子组成），其 $\overline{M}_n$、$\overline{M}_m$、$\overline{M}_\eta$、$\overline{M}_Z$ 的数值才是相等的。对不同的多分散高分子化合物，相对分子质量分布越宽，其各种均相对分子质量的差值越大。因此，表征多分散高分子化合物的均相对分子质量时，不仅要了解其均相对分子质量的大小，还要了解其相对分子质量的分布情况。

10.1.2 高分子化合物的相对分子质量分布

高分子化合物相对分子质量分布情况可用分布宽度指数(D)来描述。

$$D = \frac{\overline{M}_m}{\overline{M}_n} \tag{10-5}$$

对单分散的高分子化合物,$\overline{M}_n = \overline{M}_m$,$D=1$;对多分散的高分子化合物,分别测得其 $\overline{M}_n$ 和 $\overline{M}_m$,由式(10-5)可求得其 D 值。

样品的相对分子质量分布越宽,其 D 值越大,故可用 D 值来衡量多分散样品的相对分子质量分布情况。值得注意的是,若采用不同实验方法测得 $\overline{M}_n$ 和 $\overline{M}_m$,由此计算的 D 值往往误差较大。利用凝胶渗透色谱(GPC)技术可在同一次实验中测得 $\overline{M}_n$ 和 $\overline{M}_m$,所求得的 D 值准确度较高。

测定高分子化合物均相对分子质量的实验方法很多,现将常用的几种实验测定方法的适用范围及所测均相对分子质量的类型列于表 10-1。

表 10-1　高分子化合物均相对分子质量的测定

测定方法	适用的均相对分子质量范围	均相对分子质量的类型
渗透压法	$3 \times 10^4 \sim 10^6$	$\overline{M}_n$
沸点升高法		
端基分析法	$< 3 \times 10^4$	$\overline{M}_n$
凝固点降低法		
蒸气压下降法		
光散射法	$10^4 \sim 10^6$	$\overline{M}_m$
超速离心沉降平衡法及扩散速率法	$10^4 \sim 10^7$	$\overline{M}_m$ 或 $\overline{M}_Z$
黏度法	$10^4 \sim 10^7$	$\overline{M}_\eta$
凝胶渗透色谱法	$< 10^6$	各种均相对分子质量

10.2　溶液中的高分子

10.2.1 溶液中高分子的柔性

高分子化合物按其结构可分为线型高分子和体型高分子。溶液中的高分子多是线型的,其结构特点是长链由许多个 C—C 键组成,这些单键时刻都在围绕其相邻的单键做不同程度的内旋转,高分子在空间的排布方式不断变更而取不同的构象,如图 10-1 所示。溶液中高分子的这种结构特性称为高分子的柔性。

在实际的高分子溶液中,当高分子主链上连有侧链或其他基团时,将会对高分子链的内旋转造成阻碍;温度较低时内旋转也会受阻,因此溶液中高分子链的内旋转常以若干个链节(将主链上一个 C—C 键看作一个链节)为一个旋转动力单位。线型高分子主链中相当于一个旋转动力单位的部分称为链段。一个线型高分子有若干个链段,每个链段所包含的链节数越少,整个高分子包含的链段越多,其内旋转越自由,柔性越好。

溶剂对溶液中高分子的柔性也有影响。对良溶剂,溶剂与高分子间作用较强,高分子在溶液中舒展伸张,柔性较好;而对于不良溶剂,溶剂与高分子间作用较弱,高分子因链段间的相互吸引而紧缩,柔性较差。

溶液中高分子的柔性还可用构象熵(S)来定量描述。根据玻尔兹曼公式$S=k_B\ln\omega$,其中 ω 为高分子内旋转所形成的微观构象数,k_B 为玻尔兹曼常量。溶液中高分子的柔性越好,其内旋转产生的构象数越多,构象熵值越大。

10.2.2　溶液中高分子的形态

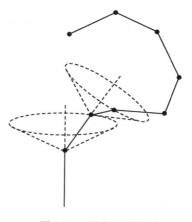

图 10-1　键角固定的高分子链的内旋转

溶液中高分子形态的存在概率与其构象熵值有关。某种形态的构象熵值越大,其存在的概率便越大。当线型高分子在溶液中取伸直形态时,只有一种构象,构象熵为零,其存在的概率最小。当线型高分子在溶液中呈自然弯曲形态时,构象数最多,构象熵值最大,其存在的概率也最大。溶液中线型高分子的这种出现概率最大的自然弯曲形态称为无规线团。溶液中的线型高分子一般以无规线团形态存在。

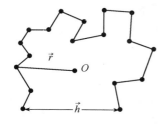

图 10-2　高分子链末端距和回转半径示意图
O 为分子质量中心

溶液中高分子形态的统计度量常用均方末端距($\overline{h^2}$)和均方回转半径($\overline{r^2}$)来描述。均方末端距指的是呈无规线团状高分子链末端距($\vec{h}$)的均方值,$\overline{r^2}$ 则为高分子链中各质量单元到分子质量中心距离的均方值,如图 10-2 所示。同一高分子形成的溶液,其 $\overline{h^2}$ 或 $\overline{r^2}$ 的值大,则表明溶液中高分子线团舒展伸张,柔性好;反之则表明高分子线团紧缩,柔性差。

10.2.3　高分子化合物的溶解过程

由于高分子化合物结构上的复杂性,其溶解过程分两阶段进行,如图 10-3 所示。无定形线型高分子与溶剂分子相接触时,溶剂分子由于扩散作用而陆续渗入高分子链段间的空隙,使得高分子的体积不断膨大,链段间的相互作用逐渐减弱,链段运动越来越自由,此阶段称为溶胀(swelling)。溶胀后的高分子在溶剂中进一步相互分离,溶剂与高分子相互扩散,最终高分子完全溶解在溶剂中形成高分子溶液,称为溶解或无限溶胀。溶解过程中,若溶剂的量有限,也可停留在溶胀阶段。网状高分子与溶剂接触时,由于其链段间通过化学键形成交联,因此即使在大量溶剂的浸润下,其溶解也只能停留在溶胀阶段。结晶性线型高分子,由于其分子晶格排列紧密,分子间作用力大,其溶解要比无定形高分子困难得多,此类高分子化合物溶解时常需加温,有时甚至要将温度升高至其熔点附近,使其晶态转变为无定形态时才能溶解。

图 10-3　高分子化合物的溶解过程示意图

1. 溶剂的影响

高分子化合物在溶剂中的溶解除遵循"相似相溶"规则外,其溶解还与高分子的溶剂化作用有关。一般亲电子性的高分子在给电子性的溶剂中易发生溶剂化而有利于溶解;给电子性的高分子能在亲电子性溶剂中发生溶剂化而溶解。亲电子性高分子在亲电子性溶剂中或给电子性高分子在给电子性溶剂中均不能发生溶剂化而不能互溶。例如,亲电子性的高分子化合物聚碳酸酯可溶于给电子性溶剂氯仿而不能溶于亲电子性溶剂环己酮;同样给电子性高分子化合物聚氯乙烯可溶于亲电子性溶剂环己酮而不溶于给电子性溶剂氯仿。

2. 添加物的影响

在高分子溶液中加入一定量的电解质,可降低高分子在溶剂中的溶解度。例如,在麦芽挤出汁液中加入适量硫酸铵时,汁液中的淀粉酶便会沉淀出来。这种在电解质的作用下,高分子物质因在溶剂中的溶解度降低而析出的过程称为盐析。使 $1dm^3$ 的高分子溶液发生盐析所需中性盐的最小浓度称为盐析浓度。显然,电解质的盐析浓度越小,其盐析能力越强。实验表明,电解质对蛋白质溶液的盐析起作用的主要是阴离子,其盐析能力与阴离子的种类有关。Hofmeister 比较了多种钠盐对蛋白质溶液的盐析能力,得到以下次序:

$$C_3H_4OH(COO)_3^{3-} > C_4H_4O_6^{2-} > SO_4^{2-} > CH_3COO^- > Cl^- > NO_3^- > I^- > CNS^-$$

电解质对高分子溶液的盐析作用与其对溶胶的聚沉作用不同。一般认为盐析的机理如下:向高分子溶液中加入电解质时,盐的离子发生溶剂化作用,从而使溶液中水的活度下降,造成盐离子与高分子争水,结果导致高分子化合物溶解度下降而析出。故加入离子的水化能力越大,其盐析能力越强。高分子溶液盐析所需电解质的浓度一般远大于溶胶聚沉所需电解质的浓度。盐析所得沉淀通过透析等方法排除电解质后可使其再度成为高分子溶液,而电解质对溶胶的聚沉通常不能逆转。

利用不同蛋白质的盐析浓度差异,可通过控制盐的浓度来分离混合蛋白质,称为分段盐析。例如,室温下向血清中加入适量硫酸铵,可将血清蛋白与球蛋白分离开。

在蛋白质水溶液中加入与水相溶的有机溶剂(如乙醇、丙酮等),通过改变其介电常数和脱水作用等途径也可降低蛋白质的溶解度,从而使蛋白质沉淀出来。这种作用也可用于不同蛋白质的分离。例如,在蛋白质水溶液中逐渐加入乙醇并冷却,可将不同的蛋白质分离开。

*10.2.4 高分子溶解过程的热力学处理

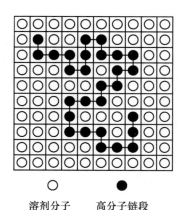

20 世纪 40 年代,弗洛里(Flory)-哈金斯(Huggins)从晶格模型出发,利用统计方法,导出了高分子溶解过程的熵变(ΔS_M)、焓变(ΔH_M)及自由能变化(ΔG_M)。

弗洛里-哈金斯似晶格模型理论的基本假设是:①将高分子溶液看作由许多小格子组成的三维晶格。每个溶剂分子占据一个格子,高分子的每个链段占据一个格子,如图 10-4 所示。②高分子的溶解过程可近似看作高分子与溶剂分子的混合过程。高分子混合前处于解取态(分子柔性与在溶液中相同),且混合前后体积不变。③所有的高分子都很柔顺,高分子排入晶格时,后一链段可放入前一链段最相邻的任一个空格中。

○ 溶剂分子   ● 高分子链段

图 10-4　高分子溶液的晶格模型

1. ΔS_M 的计算

根据以上假设,利用统计方法可导出:对单分散的高分子化合物

$$\Delta S_M = -R(n_1 \ln \phi_1 + n_2 \ln \phi_2) \tag{10-6}$$

式中: n_1 和 n_2 分别为溶剂和高分子的物质的量; ϕ_1 和 ϕ_2 分别为溶剂和高分子的体积分数; R 为摩尔气体常量。

对多分散的高分子化合物

$$\Delta S_M = -R(n_1 \ln \phi_1 + \sum_B n_B \ln \phi_B) \tag{10-7}$$

式中: n_B 和 ϕ_B 分别为高分子化合物中第 B 种级分的物质的量和体积分数。

2. ΔH_M 的计算

在 ΔH_M 的计算过程中,高分子溶液中只考虑高分子链段与最邻近溶剂分子间的相互作用。设高分子链段最邻近的溶剂分子数为 Z,则溶解过程中,高分子中的一个链段与最邻近的溶剂分子发生相互作用而引起的能量变化为

$$\Delta \varepsilon = \left[\varepsilon_{12} - \frac{1}{2}(\varepsilon_{11} + \varepsilon_{22}) \right] Z \tag{10-8}$$

式中: ε_{11}、ε_{22}、ε_{12} 分别为溶剂分子间作用能、高分子链段间作用能、溶剂分子与高分子链段间作用能。由此可得出

$$\Delta H_M = RT \chi_1 n_1 \phi_2 \tag{10-9}$$

式中: $\chi_1 = \dfrac{\Delta \varepsilon}{k_B T}$, k_B 为玻尔兹曼常量; T 为热力学温度; χ_1 称为哈金斯常量,其值与高分子的溶剂化作用有关。

3. ΔG_M 的计算

将式(10-6)、式(10-7)及式(10-9)分别代入 $\Delta G = \Delta H - T\Delta S$,得
对单分散的高分子化合物

$$\Delta G_M = RT(n_1 \ln \phi_1 + n_2 \ln \phi_2 + \chi_1 n_1 \phi_2) \tag{10-10}$$

对多分散的高分子化合物

$$\Delta G_M = RT(n_1 \ln \phi_1 + \sum_B n_B \ln \phi_B + \chi_1 n_1 \phi_2) \tag{10-11}$$

式中: $\phi_2 = \sum_B \phi_B$ 。式(10-10)和式(10-11)表明,高分子溶解过程中, $\phi_1 < 1$, $\phi_2 < 1$,溶解取决于哈金斯常量 χ_1 的值。若 $\chi_1 \leqslant 0$,则 $\Delta G_M < 0$,溶解必自发进行;若 $\chi_1 > 0$,将削弱熵增加对溶解的贡献,不利于溶解。

弗洛里-哈金斯似晶格理论为高分子的溶解描绘了一幅清晰的热力学图像。对少数体系,如橡胶-苯溶液,其理论值与实验值基本相符。但是,由于该理论的假设与实际情况偏离太大,对大多数体系,其计算值与实验值偏差较大。

10.3　高分子溶液的性质

10.3.1　高分子溶液与溶胶和小分子溶液的异同点

高分子化合物在适当介质中自发形成的溶液称为高分子溶液。由于高分子溶液中的溶质分子与溶胶中的分散相粒子大小相当，并且具有某些与溶胶相似的物理化学性质，因此，早期人们一直将高分子溶液看作典型的胶体溶液，并称之为"亲液溶胶"。随着科学的发展，已经逐渐认识到高分子溶液与溶胶有本质的差别。

1. 高分子溶液与溶胶的相同点

高分子溶液与溶胶的相同点有：①高分子溶液中的溶质分子与溶胶中的分散相粒子的大小均为 1nm～1μm；②高分子溶液中溶质的相对分子质量与溶胶中分散相粒子的相对粒子质量都不均一，且呈一定分布；③高分子溶液中的溶质分子与溶胶中的分散相粒子的扩散速率都比较缓慢，且均不能透过半透膜。高分子溶液中溶质分子与溶胶中分散相粒子大小相当是可利用胶体化学手段研究高分子溶液的主要原因之一。

2. 高分子溶液与溶胶的不同点

（1）热力学稳定性不同。高分子溶液中分散质粒子是单个大分子或数个大分子组成的束状物，不存在相界面，属分子分散体系，故其为热力学稳定的均相体系；溶胶中分散相与分散介质间存在着巨大的相界面和相当大的界面能，分散相粒子趋向于自发聚结，故其为热力学不稳定的多相体系。

（2）分散机理不同。高分子溶液是靠高分子化合物与溶剂间的亲和力自发形成的，其溶解过程中体系的吉布斯自由能降低，形成的溶液完全服从相律；溶胶则由于分散相与分散介质互不相溶，分散过程中必须对体系做功，即只有借助外力的作用并采用适当的方法，甚至有稳定剂存在时才能将分散相物质分散在分散介质中。在分散过程中，体系的吉布斯自由能增大，过程不自发，所得体系也不服从相律。

（3）受外加电解质的影响不同。溶胶中，由于界面能的存在，多靠双电层的排斥作用维持其聚结稳定性，因此溶胶对电解质的加入非常敏感，加入为数不多的电解质即可导致其双电层破坏，胶粒发生聚结；高分子溶液是分子分散体系，对电解质的加入很不敏感，大量电解质的加入也只能是影响其溶剂化程度等，间接地影响高分子物质的溶解度。热力学稳定性的不同是高分子溶液和溶胶间的根本区别。

虽然高分子溶液和小分子溶液同属于分子分散体系，但由于高分子溶液中溶质质点特别"大"，因此高分子溶液与小分子溶液在性质上也有许多不同之处。现将高分子溶液、溶胶、小分子溶液的某些特性列于表 10-2。

表 10-2　高分子溶液、溶胶、小分子溶液的性质比较

溶胶	高分子溶液	小分子溶液
分散相粒子的粒径为 1nm～1μm	溶质分子尺寸为 1nm～1μm	溶质分子尺寸小于 1nm
通常粒子质量不均一，为多分散体系	通常相对分子质量不均一，为多分散体系	相对分子质量是单一的，为单分散体系

续表

溶胶	高分子溶液	小分子溶液
扩散比较缓慢	扩散比较缓慢	扩散快
不能透过半透膜	不能透过半透膜	能透过半透膜
制备过程吉布斯自由能升高,不自发	制备过程吉布斯自由能降低,为自发过程	制备过程吉布斯自由能降低,为自发过程
热力学不稳定体系	热力学稳定体系	热力学稳定体系
多相体系,分散质为多个小分子或原子的聚集体	均相体系,分散质为单个大分子或数个大分子组成的束状物	均相体系,分散质为单个的小分子
非平衡体系,不服从相律	平衡体系,服从相律	平衡体系,服从相律
丁铎尔效应强	丁铎尔效应较弱	丁铎尔效应弱
黏度较小	黏度大	黏度小
对外加电解质敏感	对外加电解质不很敏感	对外加电解质不敏感

10.3.2　高分子溶液的渗透压

在高分子溶液中,由于其溶质分子的柔性和溶剂化,其渗透压要比相同浓度的小分子溶液大。麦克米伦(MacMillan)-梅耶(Mayer)将范特霍夫公式进行修正,得到高分子稀溶液的渗透压公式。

$$\pi = RT\left(\frac{c}{M} + A_2 c^2\right) \tag{10-12}$$

式中:π 为高分子稀溶液的渗透压;R 为摩尔气体常量;T 为热力学温度;c 为高分子溶液的浓度($kg \cdot m^{-3}$);M 为高分子化合物的相对分子质量,对多分散的高分子化合物,M 为数均相对分子质量。

$$A_2 = \frac{0.5 - \chi_1}{\rho_P^2 V_m} \tag{10-13}$$

式中:ρ_P 为溶液中高分子无规线团的密度;V_m 为纯溶剂的摩尔体积;A_2 称为第二维利(Virial)系数,其值与溶液中高分子的形态及高分子与溶剂间的相互作用有关。

式(10-12)表明,高分子溶液的渗透压不仅取决于高分子化合物的相对分子质量,还与溶液中高分子的形态有关。对良溶剂,$\chi_1 < 0.5$,$A_2 > 0$,此时 A_2 值越大,ρ_P 值越小,说明溶液中高分子无规线团越柔顺松散,高分子溶液的渗透压越大。值得注意的是,当 $\chi_1 = 0.5$ 时,$A_2 = 0$,此时 ρ_P 不变,高分子溶液的渗透压与溶液中高分子的形态无关,此时溶液中高分子的形态处于"无干扰"的理想状态,其溶剂称为 θ 溶剂。例如,1:9(体积比)的甲醇-丁酮即为聚苯乙烯的 θ 溶剂。在 θ 溶剂的条件下,测定高分子化合物的相对分子质量非常方便。在一定温度下,只需测得某个浓度高分子溶液的渗透压,即可求得其相对分子质量。

将式(10-12)整理得

$$\frac{\pi}{c} = RT\left(\frac{1}{M} + A_2 c\right) \tag{10-14}$$

根据式(10-14),一定温度下,测得不同浓度(c)高分子溶液的渗透压(π),以 $\frac{\pi}{c}$ 对 c 作图得一直线,从直线的斜率和截距可求得高分子化合物的数均相对分子质量及 A_2 的值。

10.3.3 高分子溶液的黏度

高分子溶液的黏度很大,是高分子溶液的重要特性之一。高分子溶液具有高黏性的主要原因有:①溶液中高分子的柔性使得无规线团状的高分子在溶液中所占体积很大,对介质的流动形成阻碍;②高分子的溶剂化作用使大量溶剂束缚于高分子无规线团中,流动性变差;③高分子溶液中不同高分子链段间因相互作用而形成一定结构,使流动阻力增大,导致黏度升高。这种由于在溶液中形成某种结构而产生的黏度称为结构黏度。当对溶液施以外加切力时,会引起溶液中结构变化,导致结构黏度改变。因此,高分子溶液的流变行为一般不服从牛顿黏性定律。

高分子溶液的黏度远大于纯溶剂的黏度,如1%的橡胶-苯溶液,其黏度是纯苯的十几倍。为了研究方便,高分子溶液的黏度常采用另外几种表示方法,列于表10-3。

表 10-3　高分子溶液黏度的表示方法

名称	符号	数学表达式	物理意义
相对黏度	η_r	η/η_0	溶液黏度 η 对溶剂黏度 η_0 的相对值
增比黏度	η_{sp}	$\dfrac{\eta-\eta_0}{\eta_0}$ 或 η_r-1	高分子溶质对溶液黏度的贡献
比浓黏度	$\dfrac{\eta_{sp}}{c}$	η_{sp}/c	单位浓度高分子溶质对溶液黏度的贡献
特性黏度	$[\eta]$	$\lim\limits_{c\to 0}\dfrac{\eta_{sp}}{c}$	单个高分子溶质分子对溶液黏度的贡献

比浓黏度 η_{sp}/c 反映了在浓度为 $c(\mathrm{kg\cdot m^{-3}})$ 的情况下单位浓度高分子溶质对溶液黏度的贡献,其值与浓度有关。

$$\frac{\eta_{sp}}{c} = [\eta] + k[\eta]^2 c \tag{10-15}$$

式中:k 为比例常数。根据式(10-15),一定温度下,测得不同浓度高分子溶液的比浓黏度 $\dfrac{\eta_{sp}}{c}$,以 η_{sp}/c 对 c 作图得一直线,从直线的截距可求得高分子溶液的特性黏度 $[\eta]$。

高分子溶液的特性黏度 $[\eta]$ 反映了单个高分子与溶剂分子间的内摩擦情况,对一定的高分子-溶剂体系,在一定温度下,其 $[\eta]$ 值一定。线型高分子溶液的 $[\eta]$ 与溶液中高分子化合物的相对分子质量及其在溶液中的形态有关,其定量关系可用斯道丁格(Staudinger)-马克(Mark)-霍温克(Houwink)经验公式来描述。

$$[\eta] = KM^\alpha \tag{10-16}$$

式中:K 为比例常数;α 与溶液中高分子形态有关,线型高分子的 α 值一般为 $0.5\sim1.0$。溶液中高分子无规线团越舒展松散,其 α 值越大,特性黏度越高。在 θ 溶剂的条件下,其 α 值最小,约为 0.5。对一定的高分子-溶剂体系,一定温度下,其 K 和 α 的值一定。表 10-4 列出几种常见高分子化合物-溶剂体系的 K、α 值。

表 10-4　几种常见高分子化合物-溶剂体系的 K、α 值

高分子化合物	溶剂	温度/℃	$K/(\mathrm{m^3\cdot kg^{-1}})$	α
醋酸纤维直链淀粉	丙酮	25.0	9.0×10^{-6}	0.90
	0.33mol·dm^{-3} KCl 水溶液	25.0	1.13×10^{-4}	0.50

续表

高分子化合物	溶剂	温度/℃	$K/(m^3 \cdot kg^{-1})$	α
聚 γ 苯甲基-左旋谷氨酸盐	二氯乙酸	25.0	2.78×10^{-6}	0.87
聚乙烯醇	水	25.0	2.0×10^{-5}	0.76
聚苯乙烯	苯	25.0	9.5×10^{-6}	0.74
天然橡胶	甲苯	25.0	5.0×10^{-5}	0.67
聚丙烯酰胺	$1 mol \cdot dm^{-3} NaNO_3$ 水溶液	30.0	3.73×10^{-5}	0.66

对某高分子-溶剂体系,若 K、α 已知,一定温度下测得其 $[\eta]$,由式(10-16)可求得高分子化合物的相对分子质量,对多分散的高分子化合物,所求 M 值为黏均相对分子质量。

例 10-1　25.0℃下,测得相对分子质量为 1.52×10^4 的天然橡胶在甲苯中的 $[\eta] = 0.0317 m^3 \cdot kg^{-1}$;相对分子质量为 6.69×10^5 的天然橡胶在甲苯中的 $[\eta]$ 为 $0.400 m^3 \cdot kg^{-1}$。求(1)25.0℃下,天然橡胶-甲苯溶液的经验公式 $[\eta] = KM^\alpha$ 中的 K、α 值;(2)25.0℃下,测得另一天然橡胶样品在甲苯中的 $[\eta] = 0.200 m^3 \cdot kg^{-1}$,试求其黏均相对分子质量。

解　(1)分别将 $M = 1.52 \times 10^4$,$[\eta] = 0.0317 m^3 \cdot kg^{-1}$,$M = 6.69 \times 10^5$,$[\eta] = 0.400 m^3 \cdot kg^{-1}$ 代入 $[\eta] = KM^\alpha$,得

$$\begin{cases} 0.0317 m^3 \cdot kg^{-1} = K \times (1.52 \times 10^4)^\alpha \\ 0.400 m^3 \cdot kg^{-1} = K \times (6.69 \times 10^5)^\alpha \end{cases}$$

解此方程组得

$$K = 5.0 \times 10^{-5} m^3 \cdot kg^{-1} \qquad \alpha = 0.67$$

(2)将 $[\eta] = 0.200 m^3 \cdot kg^{-1}$,$K = 5.0 \times 10^{-5} m^3 \cdot kg^{-1}$,$\alpha = 0.67$ 代入 $[\eta] = KM^\alpha$,得

$$0.200 m^3 \cdot kg^{-1} = 5.0 \times 10^{-5} m^3 \cdot kg^{-1} \times M^{0.67}$$

解得

$$M = 2.4 \times 10^5$$

高分子溶液的黏度还与高分子自身的结构形状有关。一般体型高分子溶液(如 γ-球蛋白溶液)的黏度要比线型高分子溶液(如 DNA 溶液)小得多;体型高分子溶液的黏度随浓度变化甚微,而线型高分子溶液浓度升高时,其黏度剧增,如图 10-5 所示。这可能与线型高分子溶液浓度增大时,溶液内部的高分子易于形成结构所致。

*10.3.4　高分子溶液的光散射

由于高分子溶液中溶质分子的大小与溶胶中的胶粒大小处于同一数量级,高分子溶液也具有散射光的能力。高分子溶液的散射光强与溶液中高分子的大小及形态有关。根据光散射的涨落理论,高分子稀溶液有

$$I(r,\theta) = \frac{4\pi^2}{Lr^2\lambda^4} n^2 \left(\frac{\partial n}{\partial c}\right)^2 \frac{c}{\dfrac{1}{M} + 2A_2 c} I_0 \left(\frac{1 + \cos^2\theta}{2}\right) \tag{10-17}$$

式中:$I(r,\theta)$ 为在距离散射质点为 r,与入射光方向成 θ 角处测定的高分子溶液中溶质分子的散射光强;L 为阿伏伽德罗常量;λ 为入射光的波长;I_0 为入射光强;n 为溶液的折光指数;c 为高分子溶液的浓度;M 为高分子化合物的相对分子质量;A_2 为第二维利系数。

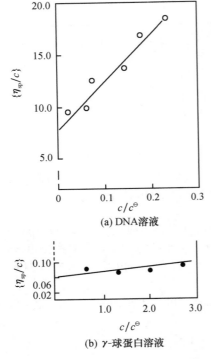

图 10-5 高分子的结构形状
对其溶液黏度的影响

式(10-17)表明,高分子溶质的相对分子质量越大,其散射光越强;线型高分子在溶液中越舒展伸张,A_2 值越大,其散射光越弱。

令 $K = \dfrac{4\pi^2}{L\lambda^4}n^2\left(\dfrac{\partial n}{\partial c}\right)^2$,$R_\theta = r^2\dfrac{I(r,\theta)}{I_0}$,代入式(10-17)整理得

$$\frac{1+\cos^2\theta}{2}\frac{Kc}{R_\theta} = \frac{1}{M} + 2A_2 c \qquad (10\text{-}18)$$

式中:R_θ 称为瑞利比。根据式(10-18),测得不同浓度下高分子溶液的散射光强,以 $\dfrac{1+\cos^2\theta}{2}\dfrac{Kc}{R_\theta}$ 对 c 作图得一直线,从直线的斜率和截距可分别求得高分子化合物的相对分子质量 M 和第二维利系数 A_2 的值。对多分散的高分子化合物,所求 M 值为质均相对分子质量。

10.3.5 高分子溶液的超速离心沉降

由于高分子的热运动,高分子溶液在重力场中一般不会发生沉降,但在其离心力远大于重力的超离心机中,溶液中的高分子便会在离心力的作用下沉降,其沉降速率与高分子的相对分子质量有关。因此,利用超离心技术可将相对分子质量不同的高分子分离开。这便是超速离心分离技术的基础。目前超速离心分离技术常用于天然高分子化合物的分离和提纯。

溶液中高分子的离心沉降速率与高分子的相对分子质量有关,可利用超速离心技术测定高分子化合物的相对分子质量。当离心力足够大时,溶液中高分子发生沉降,高分子溶液与其部分溶剂发生分离,从而在高分子溶液与溶剂间产生分界面,此分界面的移动情况可通过光学测量系统观察跟踪,并测得其沉降速率。当溶液中高分子等速沉降时,其离心力与沉降阻力相等,即

$$M(1-\overline{V}\rho_0)\omega^2 x = f\left(\frac{\mathrm{d}x}{\mathrm{d}t}\right) \qquad (10\text{-}19)$$

式中:M 为高分子化合物的相对分子质量;$\overline{V}$ 为高分子在溶液中的质量体积;ρ_0 为介质密度;ω 为离心机的角速率;x 为分界面离转轴中心的距离;f 为阻力系数;t 为时间。

若时间为 t_1 时,分界面在 x_1 处;时间为 t_2 时,其分界面在 x_2 处,将其代入式(10-19)积分整理得

$$M = \frac{f}{1-\overline{V}\rho_0}\frac{\ln\dfrac{x_2}{x_1}}{\omega^2(t_2-t_1)} \qquad (10\text{-}20)$$

假定高分子在溶液中沉降时所受到的阻力与其在溶液中扩散时所受到的阻力相同,则 $f = \dfrac{RT}{D}$,其中 D 为高分子在溶剂中的扩散系数,R 为摩尔气体常量,T 为热力学温度,代入式(10-20)得

$$M = \frac{RT}{D(1-\overline{V}\rho_0)}\frac{\ln\dfrac{x_2}{x_1}}{\omega^2(t_2-t_1)} \qquad (10\text{-}21)$$

对多分散的高分子化合物,利用式(10-20)或式(10-21)求得的 M 值为质均相对分子质量。此种测定高分子化合物相对分子质量的方法称为沉降速率法。

例 10-2　20℃时,某高分子化合物在转速为50400rpm(每分钟转数)的超离心机中沉降,20min 时其分界面距离离心机转轴中心为 5.00×10^{-2}m。60min 时其分界面距离转轴中心为 6.00×10^{-2}m。已知该高分子溶液的 $D = 6.0 \times 10^{-11}$m$^2 \cdot$s^{-1},$\bar{V} = 0.750 \times 10^{-3}m^3 \cdot$kg^{-1},$\rho_0 = 1000kg\cdot$m^{-3},试计算该高分子化合物的质均相对分子质量。

解
$$T = 273 + 20 = 293\text{K} \qquad \omega = \frac{2\pi \times 50400}{60\text{s}} = 5.28 \times 10^3 \text{s}^{-1}$$

$$t_1 = 60\text{s} \times 20 = 1200\text{s}, x_1 = 5.00 \times 10^{-2}\text{m}, t_2 = 60\text{s} \times 60 = 3600\text{s}, x_2 = 6.00 \times 10^{-2}\text{m}$$

$$M = \frac{8.314\text{J} \cdot \text{mol}^{-1} \cdot \text{K}^{-1} \times 293\text{K}}{6.0 \times 10^{-11}\text{m}^2 \cdot \text{s}^{-1} \times (1 - 0.750 \times 10^{-3}\text{m}^3 \cdot \text{kg}^{-1} \times 1000\text{kg} \cdot \text{m}^{-3})}$$

$$\times \frac{\ln \dfrac{6.0 \times 10^{-2}\text{m}}{5.0 \times 10^{-2}\text{m}}}{(5.28 \times 10^3 \text{s}^{-1})^2 \times (3600\text{s} - 1200\text{s})}$$

$$= 4.42 \times 10^2 \text{kg} \cdot \text{mol}^{-1} = 4.42 \times 10^5 \text{kg} \cdot \text{kmol}^{-1}$$

令 $S = \dfrac{\ln \dfrac{x_2}{x_1}}{\omega^2 (t_2 - t_1)}$,代入式(10-21)得

$$M = \frac{RT}{D(1 - \bar{V}\rho_0)} S \qquad (10\text{-}22)$$

式中:S 为沉降系数,其物理意义为单位离心力场下的沉降速率,量纲为 s。由于室温下生物高分子的 S 值一般为 $10^{-13} \sim 10^{-11}$s,因此常将 10^{-13}s 作为 S 的一个单位,称为 1 Svedberg(斯维德贝格)。

$$1 \text{ Svedberg} = 10^{-13}\text{s}$$

几种常见生物高分子的沉降系数和沉降速率法测得的相对分子质量列于表 10-5。

表 10-5　几种生物高分子水溶液的沉降系数及其相对分子质量

高分子物质	$S \times 10^{13}$/s	$\bar{V} \times 10^3$/(m$^3 \cdot$kg^{-1})	$D \times 10^{11}$/(m$^2 \cdot$s^{-1})	M/(kg$\cdot$kmol^{-1})
核糖核酸酶	1.64	0.728	11.9	1.23×10^4
血色素	4.31	0.749	6.9	6.80×10^4
尿酶	18.6	0.730	3.46	4.80×10^5
丛矮病毒	132	0.740	1.15	1.07×10^7
烟草花叶病毒	170	0.730	0.30	5.08×10^7

利用超速离心沉降技术测定高分子化合物的相对分子质量除沉降速率法外,还可采用沉降平衡法。在一定离心力作用下,当溶液中高分子的热运动与离心作用平衡时,在离转轴中心的不同距离处形成一个浓度梯度,并且此浓度梯度维持恒定,称为沉降平衡。此时,存在以下关系:

$$\frac{\mathrm{d}c_x}{\mathrm{d}x} = \frac{M(1 - \bar{V}\rho_0)\omega^2 x}{RT} c_x \qquad (10\text{-}23)$$

式中：c_x 为距离转轴中心 x 处高分子溶液的浓度。若在 x_1 处，其浓度为 c_1；在 x_2 处其浓度为 c_2，将其代入式(10-23)积分得

$$M = \frac{2RT\ln\frac{c_2}{c_1}}{(1-\bar{V}\rho_0)\omega^2(x_2^2-x_1^2)} \tag{10-24}$$

对多分散的高分子化合物，利用式(10-24)所求 M 值为质均相对分子质量。

若实验测定的是 x_1 和 x_2 处的浓度梯度 $(\mathrm{d}c/\mathrm{d}x)_{x_1}$ 和 $(\mathrm{d}c/\mathrm{d}x)_{x_2}$，代入式(10-23)得

$$\frac{(\mathrm{d}c/\mathrm{d}x)_{x_2}}{(\mathrm{d}c/\mathrm{d}x)_{x_1}} = \frac{x_2c_2}{x_1c_1}$$

令 $Z = \dfrac{\mathrm{d}c}{\mathrm{d}x}$，则

$$\frac{x_2c_2}{x_1c_1} = \frac{Z_2}{Z_1} \qquad \frac{c_2}{c_1} = \frac{x_1Z_2}{x_2Z_1}$$

将其代入式(10-24)得

$$M = \frac{2RT\ln\frac{x_1Z_2}{x_2Z_1}}{(1-\bar{V}\rho_0)\omega^2(x_2^2-x_1^2)} \tag{10-25}$$

对多分散的高分子化合物，利用式(10-25)所求 M 值为 Z 均相对分子质量。

10.4　高分子电解质溶液

高分子电解质溶液由于其溶质分子链上带有电荷，其溶液的许多性质与溶质分子链上所带电荷的符号、电荷数量及电荷分布情况密切相关。根据高分子链上所带电荷的不同，可将高分子电解质分成三类：①阳离子高分子电解质，如聚溴化 4-乙烯-N-正丁基吡啶；②阴离子高分子电解质，如聚丙烯酸钠；③两性高分子电解质，如蛋白质。以蛋白质为代表的两性高分子电解质对农业生物科学尤其重要，在本节中将重点讨论。

10.4.1　溶液中蛋白质分子的带电状况

蛋白质分子在水溶液中按下式电离：

显然，溶液中蛋白质分子的带电符号、电荷数量、电荷分布情况与溶液的 pH 密切相关。在等电 pH 下，溶液中蛋白质分子所带正、负电荷数量相等，净电荷为零。不同蛋白质分子上的酸性基团(羧基)和碱性基团(氨基)的数量不同，其等电 pH 也不相同。例如，血清蛋白的等电 pH 为 4.9，而血红蛋白的等电 pH 为 6.8。当溶液 pH 大于等电 pH 时，蛋白质分子上的负电

荷数量大于正电荷,整个蛋白质分子处于荷负电状态;而 pH 小于等电 pH 时,蛋白质分子上正电荷数量大于负电荷数量,蛋白质分子处于荷正电状态。溶液 pH 偏离等电 pH 越多,蛋白质分子所带净电荷的数量越大。因此,溶质带电状况对蛋白质溶液性质的影响直接表现为 pH 的影响。蛋白质溶液的许多性质,如线型蛋白质在溶液中的柔性、溶解度、黏度等均与溶液 pH 有关。

10.4.2　溶液中线型蛋白质分子的形态

溶液中线型蛋白质分子的形态与溶液 pH 有关。在等电 pH 时,蛋白质分子上等数目的正、负电荷相互吸引,无规线团紧缩,柔性最差;当溶液 pH 偏离等电 pH 时,蛋白质分子上同号电荷间的静电斥力使得其分子线团舒展伸张,柔性较好,如图 10-6 所示。溶液 pH 与等电 pH 偏离越大,线型蛋白质分子在溶液中的柔性越好。

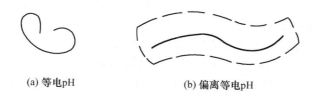

(a) 等电pH　　　　　(b) 偏离等电pH

图 10-6　溶液 pH 对线型蛋白质分子在溶液中形态的影响

10.4.3　蛋白质在水中的溶解度

蛋白质在水中的溶解度与溶液 pH 有关。在等电 pH 时,溶液中蛋白质分子所带净电荷为零,与水分子间的作用力最弱,水化程度最差,溶解度最小。当溶液 pH 偏离等电 pH 时,蛋白质分子上净电荷数量增加,水化作用增强,其溶解度增大。因此,在制备蛋白质饮料时,为防止蛋白质从溶液中沉淀析出,须将饮料的 pH 调至远离其等电 pH。

10.4.4　蛋白质溶液的黏度

蛋白质溶液的黏度也与溶液 pH 有关。在等电 pH 下,蛋白质溶液的黏度最小。溶液 pH 偏离等电 pH 时,蛋白质溶液的黏度明显增大,如图 10-7 所示。一般认为,溶液 pH 偏离等电 pH 时,蛋白质分子上带有一定数量的净电荷,溶液流动时,溶液中的反离子与蛋白质分子间的静电引力会对流动形成阻碍,使其黏性阻力增大;另一方面,蛋白质分子上的净电荷使其水化作用增强,且蛋白质分子上同号电荷间的排斥使得分子体积膨大,溶剂化作用又使得大量"自由水"束缚于蛋白质分子中,导致溶液黏度增大。而在等电 pH 时,蛋白质分子上等数量的正、负电荷相互吸引,分子卷曲,刚性变强,流动阻力最小,黏度最低。蛋白质溶液黏度随 pH 的这种变化还可用于蛋白质等电 pH 的测定。在 pH 很小或很大时,有时会出现其溶液黏度减小的现象,这可能是因为此时过量反离子的存在,使蛋白质的电离受到抑制,其有效电荷减少。

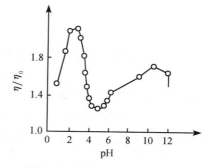

图 10-7　溶液 pH 对 0.67%动物胶水溶液黏度的影响(42℃)

10.4.5 蛋白质溶液的电泳

偏离等电 pH 时,蛋白质分子上带有一定数量的净电荷,在电场作用下,溶液中的蛋白质分子便可定向移动。不同蛋白质所带电荷的数量不同,等电 pH 不同,其电泳速率也不相同,从而可分离、分析不同蛋白质,其常用的实验方法有纸电泳与等电聚焦两种。

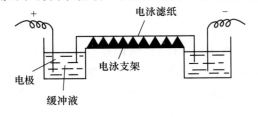

图 10-8　纸电泳示意图

1. 纸电泳

纸电泳是分离、鉴别蛋白质的最简便方法之一,其装置如图 10-8 所示。将一条用缓冲液浸湿过的滤纸条放在一个支架上,两头搭在缓冲液内,将样品点在滤纸条一定的位置上,接通电源后,不同蛋白质分子由于大小、带电状况不同,其电泳速率不同,一段时间后,不同蛋白质便分布在滤纸条的不同位置上,从而达到使不同蛋白质分离的目的。若同时在试样旁点上已知样品,通过比较试样与已知样品移动后的位置,便可鉴定出试样中所含蛋白质的种类。铁西里乌斯(Tiselius)就是利用这种方法分离了血清中的清蛋白和 α、β、γ 球蛋白。

2. 等电聚焦

等电聚焦是近年发展起来的一项新技术,其原理如图 10-9 所示。在一个直立的柱状容器中,介质的 pH 自上而下均匀递增,即形成一个均匀的 pH 梯度。将待分离的蛋白质溶液加入柱中,在柱的上端装上正极,下端装上负极,接通电源后,在电场力的作用下,蛋白质分子定向泳动。假设样品中有一种等电 pH 为 6 的蛋白质,当其处于 pH>6 的介质中时,分子因荷负电而向上泳动;若其处于 pH<6 的介质中,则分子因荷正电而向下迁移,最终到达等电 pH 时,蛋白质分子因失去净电荷而聚焦于等电 pH 处。这种蛋白质在等电 pH 处聚焦的现象称为等电聚焦。如果试样中含有不同蛋白质,由于其等电 pH 不同,聚焦的位置也不相同,从而可将其分离。等电聚焦的分辨率很高,不同蛋白质只要其等电 pH 相差 0.01~0.02,即可将其分离开。例如,用等电聚焦分离血清,可分离出 40 多种蛋白质。在利用等电聚焦分离蛋白质时,要注意防止对流和维持 pH 梯度的稳定,以免已分离的物质再度混合。

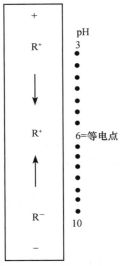

图 10-9　等电聚焦原理

10.5　唐南平衡

高分子电解质或溶胶在溶液中电离

$$RM_z \longrightarrow R^{z-} + ZM^+$$

R^{z-} 表示高分子离子或带电胶粒,称大离子,M^+ 表示小离子。当用半透膜将高分子电解质或溶胶与小分子电解质隔开时,小分子电解质可透过半透膜自由扩散,大离子不能自由通过半透膜,被束缚在半透膜的一侧。由于大离子带有电荷,静电引力的存在,使得小分子电解质在扩散达平衡时,在膜两侧的浓度不相等,而呈一定的分布。这种现象称为唐南(Donnan)平衡或膜平衡(membrane equilibrium)。

10.5.1　唐南平衡

把蛋白质钠盐 RNa_z 和 NaCl 溶液分别置于半透膜两侧,装 RNa_z 溶液的一侧称膜内,浓度为 c_1,装 NaCl 溶液的一侧称膜外,浓度为 c_2(图 10-10)。由于大离子 R^{z-} 不能透过半透膜扩散,而膜外的 Cl^- 向着无 Cl^- 的膜内扩散,设进入膜内 Cl^- 的浓度为 x。为保持膜两侧溶液的电中性,必有等量的 Na^+ 从膜外迁移到膜内。达平衡时,NaCl 在膜内外两侧的化学势相等

$$\mu_{NaCl内} = \mu_{NaCl外}$$

即

$$[\mu_{Na^+}^{\ominus} + RT\ln a_{内}(Na^+)] + [\mu_{Cl^-}^{\ominus} + RT\ln a_{内}(Cl^-)]$$
$$= [\mu_{Na^+}^{\ominus} + RT\ln a_{外}(Na^+)] + [\mu_{Cl^-}^{\ominus} + RT\ln a_{外}(Cl^-)]$$
$$a_{内}(Na^+)a_{内}(Cl^-) = a_{外}(Na^+)a_{外}(Cl^-)$$

当浓度很小时,可用浓度来代替活度,即

$$c_{内}(Na^+)c_{内}(Cl^-) = c_{外}(Na^+)c_{外}(Cl^-)$$

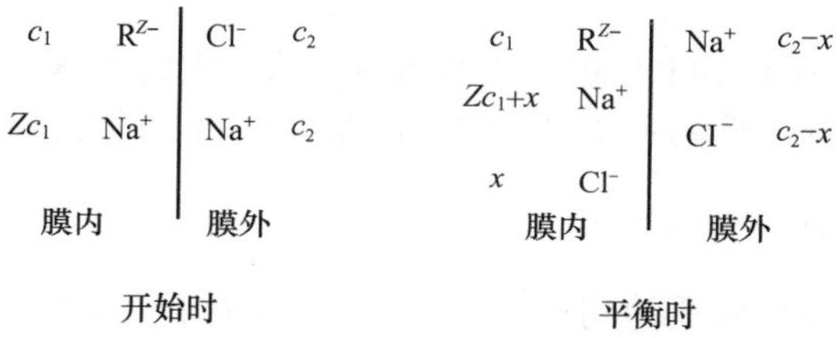

c_1	R^{z-}	Cl^-	c_2		c_1	R^{z-}	Na^+	c_2-x
Zc_1	Na^+	Na^+	c_2		Zc_1+x	Na^+	Cl^-	c_2-x
					x	Cl^-		

膜内　　　膜外　　　　　　膜内　　　膜外

开始时　　　　　　平衡时

图 10-10　唐南平衡示意图

对上面例子为

$$x(Zc_1 + x) = (c_2 - x)^2$$
$$x = \frac{c_2^2}{Zc_1 + 2c_2} \tag{10-26}$$

从式(10-26)可见:

(1) 当 $Zc_1 \gg c_2$ 时,$x \approx 0$,表示在此种情况下,电解质几乎进不到膜内。

(2) 当 $Zc_1 \ll c_2$ 时,$x \approx \frac{c_2}{2}$,即有 $\frac{1}{2}$ 的 NaCl 进入到膜内,NaCl 在膜内、外均匀分布。

(3) 平衡时膜内与膜外 NaCl 浓度之比 $\dfrac{c_{外}(NaCl)}{c_{内}(NaCl)} = \dfrac{c_2-x}{x} = 1 + \dfrac{Zc_1}{c_2}$。

由于非透过性大离子 R^{z-} 的存在,小离子在膜两侧的分布受到限制,产生唐南效应。结果造成了膜两侧小离子浓度不相等,并且大离子所带净电荷数越多,即 Z 值越大,小离子的分布越不均衡。

如果浓度为 c_1 的蛋白质钠盐 RNa_z 与纯水分别置于半透膜的两侧,则膜内的 Na^+ 要向无 Na^+ 的膜外扩散,为保持膜两侧都呈电中性,膜外必有等量的 H^+ 进入膜内,而膜外留下了等量的 OH^-,这种现象称为膜水解(图 10-11)。当扩散达平衡时,膜内、外两侧小分子电解质的化学势相等。所以有

$$\mu_{NaOH内} = \mu_{NaOH外}$$

即

$$c_{内}(Na^+)c_{内}(OH^-) = c_{外}(Na^+)c_{外}(OH^-)$$

膜内 $c_内(OH^-)=\dfrac{K_w}{x}$，代入上式得

$$(Zc_1-x)\dfrac{K_w}{x}=x^2$$

即

$$x^3=K_w(Zc_1-x)$$

故当 $Zc_1\gg x$ 时

$$x=(K_wZc_1)^{\frac{1}{3}}$$

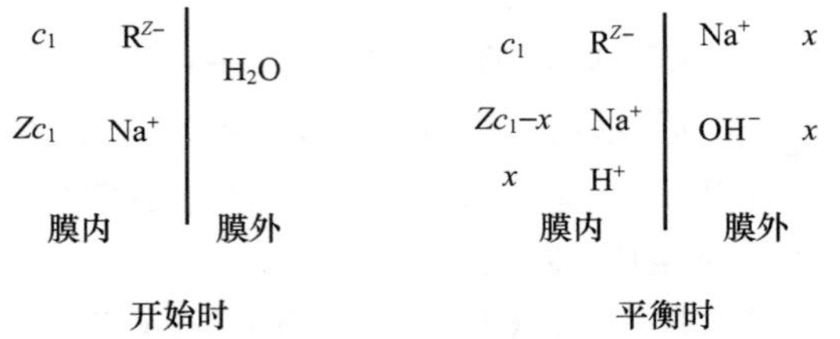

c_1	R^{Z-}		H₂O	c_1	R^{Z-}		Na⁺	x
Zc_1	Na⁺			Zc_1-x	Na⁺		OH⁻	x
				x	H⁺			
膜内		**膜外**			**膜内**		**膜外**	
开始时					**平衡时**			

图 10-11 膜水解示意图

膜水解使膜内 pH 降低，膜外 pH 升高。红细胞内部的 pH 比血球外血浆的 pH 低，就是因为血球内部含有大量的非透过性的带负电荷的血红蛋白大离子的缘故。

10.5.2 唐南平衡对高分子电解质溶液渗透压的影响

用渗透压法测高分子电解质的均相对分子质量时，由于膜水解和高分子电解质溶液中低分子量离子杂质的存在都会影响渗透压，实际上得不到高分子的真正均相对分子质量。现仍以蛋白质钠盐 RNa_Z 为例。

假设范特霍夫理想溶液的渗透压公式 $\pi=\Delta cRT$ 仍适用，达到平衡时

$$\begin{aligned}\Delta c &=c_1(R^{Z-})+c_内(Na^+)+c_内(Cl^-)-c_外(Na^+)-c_外(Cl^-)\\&=(Z+1)c_1+2x-2c_外(Cl^-)\end{aligned} \tag{10-27}$$

而

$$c_外(Cl^-)=[c_内(Na^+)c_内(Cl^-)]^{\frac{1}{2}}=[x(Zc_1+x)]^{\frac{1}{2}}=x\left(1+\dfrac{Zc_1}{x}\right)^{\frac{1}{2}}$$

根号项用二项式定理展开得

$$\left(1+\dfrac{Zc_1}{x}\right)^{\frac{1}{2}}=1+\dfrac{Zc_1}{2x}-\dfrac{Z^2c_1^2}{8x^2}+\cdots$$

上式略去高次项，并代入式(10-27)整理得

$$\Delta c=c_1\left(1+\dfrac{Z^2c_1}{4x}\right) \tag{10-28}$$

将浓度 $c_1(\text{mol}\cdot\text{dm}^{-3})$ 换成 $m_1(\text{kg}\cdot\text{m}^{-3})$，$c_1=\dfrac{m_1}{M}$，代入式(10-28)得

$$\dfrac{\Delta m}{M}=\dfrac{m_1}{M}\left(1+\dfrac{Z^2m_1}{4Mx}\right)$$

$$\pi=\Delta cRT=\dfrac{\Delta m}{M}RT=\dfrac{m_1}{M}\left(1+\dfrac{Z^2m_1}{4Mx}\right)RT$$

$$\dfrac{\pi}{m_1}=\dfrac{RT}{M}\left(1+\dfrac{Z^2m_1}{4Mx}\right) \tag{10-29}$$

式中:M 为大离子的均相对分子质量。以大离子的 $\frac{\pi}{m_1}$ 对 m_1 作图,可得一直线,外推得截距即为大离子的均相对分子质量 M,其值与大离子的带电情况无关。由式(10-29)可见,唐南效应对渗透压的影响,表现在 $\frac{Z^2 m_1}{4Mx}$ 一项上,即这种影响的大小与大离子所带电荷数 Z 的平方成正比,与大离子的质量摩尔浓度成反比,与扩散进入膜内的电解质的浓度成反比。

为消除带电大离子对其渗透压测定的影响,可采取如下方法:①对两性高分子电解质如蛋白质溶液,可将其调节至等电 pH 下测定,但由于在等电 pH 时,蛋白质易沉淀,因此常将溶液的 pH 调至和等电 pH 相差一个单位,以保持溶液的稳定性,同时电荷效应也不大。②加大膜外小分子电解质的浓度,对浓度为 $20\sim30\ kg\cdot m^{-3}$ 的蛋白质溶液,若用 $0.1mol\cdot dm^{-3}$ 的 NaCl,就能使测定误差降至允许的实验误差范围内。

10.5.3 唐南电势

当蛋白质钠盐和 NaCl 在膜两侧扩散达平衡时,膜内、外两侧 Cl^- 浓度不等

$$\frac{c_{\text{外}}(Cl^-)}{c_{\text{内}}(Cl^-)}=\frac{c_2-x}{x}=1+\frac{Zc_1}{c_2} \tag{10-30}$$

由于 $Z>1$,$c_{\text{内}}(Cl^-)<c_{\text{外}}(Cl^-)$。若用两个可逆的 Ag-AgCl 电极,分别插入膜内、外两侧的溶液中,就构成了一个浓差电池,其电势

$$\varphi=\frac{RT}{F}\ln\frac{c_{\text{外}}(Cl^-)}{c_{\text{内}}(Cl^-)}=\frac{RT}{F}\ln\left(1+\frac{Zc_1}{c_2}\right) \tag{10-31}$$

但实验结果表明,所测两极间电动势等于零。这说明,在系统中必然还有另一个电势存在,其值与浓差电动势大小相等,方向相反。此电势称唐南电势,又称膜电势。

将膜内、外溶液分别取出,用盐桥代替膜,将两溶液连起来,再在两溶液中各放入一支 Ag-AgCl 电极,所测两电极间的电势即为膜电势。

有许多人造膜和天然膜以及生物体内细胞膜对离子有高度选择性,即只允许一种或少数几种离子透过。例如,人体内细胞膜就是 K^+ 的半透膜,如将细胞内、外液体组成如下电池:

$$Ag,AgCl\ |KCl|\ 内液\ \vdots\ 细胞膜\ \vdots\ 外液\ |KCl|\ AgCl,Ag$$
$$(aq)\quad \beta\qquad\qquad \alpha\quad (aq)$$

得膜电势(membrane potential)公式

$$E=\Delta\varphi(\alpha,\beta)=\varphi_\alpha-\varphi_\beta=\frac{RT}{F}\ln\frac{a_{K^+}(\beta)}{a_{K^+}(\alpha)} \tag{10-32}$$

在生物化学上,常用式(10-33)表示膜电势

$$\Delta\varphi=\varphi_{\text{内}}-\varphi_{\text{外}}=\frac{RT}{F}\ln\frac{a_{K^+}(\text{外})}{a_{K^+}(\text{内})} \tag{10-33}$$

对静止的神经细胞,若活度系数均为 1 时其膜电势约为 $-91mV$,静止肌肉细胞膜电势约为 $-90mV$,肝细胞的膜电势约为 $-40mV$,对生命体实验测定出神经细胞的膜电势约为 $-70mV$,因为生命体中溶液不是处于平衡状态,故不可能测得准确数值。膜电势目前在工业生产、医药科学和生命体中的应用很多,如应用心电图判断心脏工作是否正常,通过脑电图可以了解大脑中神经细胞的电活性。此外还有监测骨架肌肉电活性的肌动电流图等。

10.5.4 唐南平衡在土壤研究中的应用

生物体系就是一个膜体系,正因为有膜的控制,才使一个生物体的不同部位各自进行着不同的生物化学

反应和能量传递。在土壤溶液中,可以将土壤胶粒和胶粒外分散介质构成的体系看作是一个无膜的唐南平衡体系。将土壤胶粒和胶粒外扩散层溶液看做是膜内部分,膜内部分仍呈电中性。将土壤溶液的本体部分看做是膜外部分,这是唐南平衡概念的延伸,正是这种延伸,解释了土壤学中许多问题,所以受到了土壤学家的重视。

人们在用电势法测定土壤溶液的 pH 时,发现土壤悬浊液的 pH 和它的平衡液的 pH 不同,这个现象称为悬液效应。尼古里斯基(Никольский)用唐南平衡解释了这个现象。

如图 10-12 所示,达到平衡时,根据唐南效应

$$a_{内}(H^+)a_{内}(A^-) = a_{外}(H^+)a_{外}(A^-) = a_{外}^2(H^+)$$

则

$$a_{内}^2(H^+)a_{内}(A^-) = a_{内}(H^+)a_{外}^2(H^+)$$

$$\frac{a_{内}^2(H^+)}{a_{外}^2(H^+)} = \frac{a_{内}(H^+)}{a_{内}(A^-)} = \frac{a_{内}(R^-)+a_{内}(A^-)}{a_{内}(A^-)} = 1+\frac{a(R^-)}{a(A^-)}$$

因为 $a(R^-) \neq 0$,所以 $\frac{a(R^-)}{a(A^-)} > 0$

即

$$\frac{a_{内}^2(H^+)}{a_{外}^2(H^+)} > 1$$

因此

$$pH_{内} < pH_{外}$$

图 10-12　悬液效应示意图

10.6　高分子对溶胶稳定性的影响

将高分子加入溶胶中,高分子与胶粒间会发生相互作用(如静电作用、氢键作用、范德华力作用等),吸附在胶粒表面。由于高分子自身结构的复杂性,高分子在胶粒表面上的吸附会导致溶胶性能的改变,如稳定性提高或发生絮凝等。研究表明,高分子对溶胶性能的影响与高分子在胶粒表面上的吸附情况及吸附高分子在溶液中的形态等因素有关。

10.6.1　高分子在固-液界面上的吸附

高分子的吸附不同于小分子,具有长链结构的线型高分子可含有多个吸附基团,每个吸附基团都有在固-液界面吸附的可能性,且溶液中的高分子又是柔性的,因此,吸附在固-液界面上的高分子会呈现出各种不同的形态,如图 10-13 所示。

高分子化合物在固-液界面上的吸附形态主要取决于以下几个因素:①固体表面的活化点位数;②高分子中可被吸附的官能团数;③高分子在溶液中的柔性;④溶剂分子的吸附;⑤高分子中吸附基团的位置等。

通过测定高分子在固-液界面上的吸附点位数可估测被吸附高分子的形态,也可通过测定

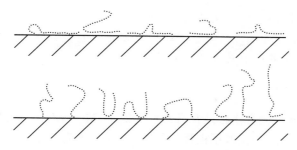

图 10-13 吸附态高分子示意图

一些表观吸附性质(如饱和吸附量与相对分子质量的关系等)来推测被吸附高分子的形态。

10.6.2 高分子对溶胶的稳定作用

在溶胶中加入一定量的高分子,能显著提高溶胶的稳定性。近期研究表明,高分子对溶胶的这种稳定作用来自于胶粒表面上的高分子吸附层对聚结的阻碍,称为空间稳定作用。具有空间稳定作用的高分子化合物称为高分子稳定剂。

对溶胶起稳定作用的线型高分子,其吸附形态一般为单点吸附或环式吸附,如图 10-13 所示。高分子长链的一部分吸附在胶粒界面上,另一部分伸向溶液中。当吸附着高分子的胶粒相互靠近时,会产生两种效应。一种是当吸附在胶粒表面上的高分子链节密度较大时,胶粒的靠近会导致高分子吸附层被压缩,吸附高分子伸向溶液中部分的运动受阻,构象数减少,构象熵降低,体系的吉布斯自由能升高,显然为非自发过程,自发的趋势是两胶粒相互分离,保持溶胶的稳定。这种稳定效应称为体积限制效应,如图 10-14(a)所示。

(a) 体积限制效应

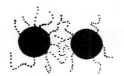

(b) 渗透压效应

图 10-14 高分子对溶胶的空间稳定作用示意图

当被吸附高分子伸向溶液部分的链节密度较小时,胶粒相互靠近会使得吸附高分子伸向溶液的链段互相交叉,使两胶粒间的局部高分子链段浓度增大,并产生局部渗透压,结果导致溶剂向胶粒间渗透,胶粒分开而保持稳定。高分子的这种稳定效应称为渗透压效应,如图 10-14(b)所示。

空间稳定作用包括上述两种效应。在以高分子为稳定剂的体系中,胶粒间的相互作用能(E)应由范德华吸引能(E_A)、双电层排斥能(E_R)和空间稳定作用能(E_S)三部分组成。

$$E = E_A + E_R + E_S \tag{10-34}$$

其总势能 E 随胶粒间距离 H 的变化曲线如图 10-15所示。由此可见,在以高分子作稳定剂的

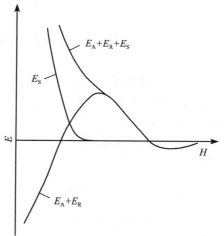

图 10-15 高分子对溶胶稳定作用的势能曲线

溶胶体系中,两胶粒在距离很小处聚结已不可能。

高分子对溶胶的稳定作用除与高分子在胶粒表面上的吸附形态有关外,还与高分子稳定剂自身的结构、相对分子质量及其浓度有关。

1. 高分子稳定剂的结构

作为稳定剂的高分子化合物必须含有两种性能不同的基团,一种是能够稳定地在胶粒界面吸附的基团,另一种是溶剂化作用很强的基团,而且两种基团的比例要适当。

2. 高分子稳定剂的相对分子质量

一般说来,在不发生多个胶粒吸附在同一个高分子上的情况下,高分子化合物的相对分子质量越大,其在胶粒界面上的吸附层越厚,稳定效果越好。但其相对分子质量太大时,溶解困难,使用不便。

3. 高分子的浓度

只有当高分子的浓度足够大时,即高分子足以在胶粒界面形成一个致密吸附层时,才能起到稳定作用。高分子浓度过低或过高都不利于溶胶的稳定。

高分子稳定剂不仅可用于稳定水溶胶,也可用于非水体系。近年来,高分子稳定剂广泛用于食品、农药、涂料等工业中。

10.6.3　高分子对溶胶的絮凝作用

向溶胶中加入少量可溶性高分子,有时会使溶胶出现絮状沉淀,这种现象称为絮凝(floc-culation)作用。具有絮凝能力的高分子化合物称为高分子絮凝剂。关于高分子对溶胶的絮凝机理,一般认为多个胶粒同时吸附在一个线型高分子链上,从而限制了胶粒的自由活动,其作用相当于几个胶粒以较远的距离聚集起来,最后失去动力学稳定性而下沉。高分子对溶胶的这种絮凝机理很像高分子长链在多个胶粒间架起了一座桥,称为桥联机理,如图 10-16 所示。

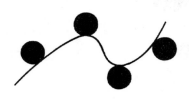

图 10-16　高分子对溶胶的絮凝作用示意图

高分子对溶胶的絮凝不同于电解质对溶胶的聚沉。其主要区别包括:①电解质的聚沉作用是通过压缩其双电层使胶粒合并而下沉;絮凝则是通过高分子在胶粒间桥联,使胶粒聚集而下沉。②电解质使溶胶聚沉的过程缓慢,沉淀颗粒紧密,体积小;而高分子对溶胶的絮凝过程快,沉淀疏松,易于过滤分离。③用电解质使溶胶聚沉时,其加入量较大;而用高分子使溶胶絮凝,其加入量较小。

高分子絮凝剂的絮凝能力与高分子自身的结构、相对分子质量、加入浓度等因素有关,现简述如下。

1. 高分子絮凝剂的结构

作为絮凝剂的高分子化合物一般都具有长链结构,在线形长链上连有多个能吸附于胶粒界面的基团,如 $-\overset{\displaystyle O}{\underset{\displaystyle ONa}{C}}$,　$-\overset{\displaystyle O}{\underset{\displaystyle NH_2}{C}}$,　$-OH$,　$-\overset{\displaystyle O}{\underset{\displaystyle ONa}{S}}=O$　等。高分子链在溶液中伸展性好,有利于絮凝。例如,用聚丙烯酰胺絮凝黏土时,高分子链上的酰胺基部分水解成羧酸盐,分子内的静电斥力使分子链伸展,其絮凝能力明显提高。当高分子链上连有支链时,不利于桥联,其絮凝能力明显降低。

2. 高分子絮凝剂的相对分子质量

线型高分子的相对分子质量越大,其絮凝能力越强。一般作为絮凝剂的高分子化合物,其相对分子质量为 $3\times10^6\sim5\times10^6$。

3. 高分子絮凝剂的浓度

高分子的加入浓度对其絮凝效果也有影响。一般当高分子在胶粒上的吸附量为其饱和吸附量的一半时,其桥联效果最好,絮凝能力最强。浓度太大或太小都不利于絮凝。

近几十年来,高分子絮凝剂广泛用于污水处理、造纸和食品等工业领域。除淀粉、动物胶、蛋白质等天然高分子絮凝剂外,还人工合成了许多新型高分子絮凝剂,如聚丙烯酰胺、聚丙烯酸等。

农业上将某些高分子化合物施入土壤,以促进土壤团粒结构的形成,提高其通气保水性能,有利于植物生长,有人认为其作用机理与絮凝类似。高分子化合物吸附在土粒上,将多个土粒桥联形成疏松的多孔结构,这种多孔结构有许多孔隙,具有良好的保水通气性能,类似于土壤的团粒结构。目前,国内外用于土壤改良的高分子化合物有聚乙烯醇、聚丙烯酸、聚甲基丙烯酰胺等。

 生物可降解高分子材料　　　

Summary

Chapter 10　The Solution of Macromolecules

1. The molecular weight average of macromolecules is depended on the methods of measurement and statistics.
2. The characteristics of macromolecules in solution, such as the distribution function of molecular weight averages, the osmotic pressure, light scattering by solutions, ultra-centrifugation and the intrinsic viscosity are predominately discussed.
3. The equilibrium distribution of ions in two compartments connected by a semipermeable membrane, in one of which there is a polyelectrolyte is discussed with Donnan equilibrium.

习　题

10-1　某高分子化合物样品含相对分子质量为 $2.0×10^4$ 的级分 20mol；相对分子质量为 $5.0×10^4$ 的级分 60mol；相对分子质量为 $1.0×10^5$ 的级分 20mol。试分别计算其 $\overline{M}_n$、$\overline{M}_m$、$\overline{M}_\eta$、$\overline{M}_Z$ 和分布宽度指数 D 的值。设其 $\overline{M}_\eta$ 计算式中 $\alpha=0.60$。

10-2　简述电解质对高分子溶液的盐析与其对溶胶的聚沉作用之间的区别。

10-3　将某高分子物质溶于 CCl_4 中，测得其 20℃时的渗透压数据如下：

$c/(kg·m^{-3})$	2.0	4.0	6.0	8.0
π/Pa	62.5	156.4	281.5	437.8

试求其均相对分子质量。

10-4　30℃时，测得均相对分子质量为 $8.0×10^5$ 的聚丙烯酰胺在 $1mol·dm^{-3}$ NaNO$_3$ 水溶液中的 $[\eta]$ 为 $0.294m^3·kg^{-1}$；均相对分子质量为 $2.0×10^6$ 的聚丙烯酰胺在 $1mol·dm^{-3}$ NaNO$_3$ 水溶液中的 $[\eta]$ 为 $0.538m^3·kg^{-1}$。求（1）30℃下，聚丙烯酰胺-$1mol·dm^{-3}$ NaNO$_3$ 水溶液体系 $[\eta]=KM^\alpha$ 经验式中的 K、α 值；（2）30℃下，测得另一聚丙烯酰胺样品在 $1mol·dm^{-3}$ NaNO$_3$ 水溶液中的 $[\eta]$ 为 $0.350m^3·kg^{-1}$，其黏均相对分子质量为多少？

10-5　20℃时，测得肌红朊蛋白质稀水溶液的沉降系数和扩散系数分别为 $2.04×10^{-13}$ s 和 $1.19×10^{-10}$ $m^2·s^{-1}$，该蛋白质的质量体积为 $0.741×10^{-3}$ $m^3·kg^{-1}$，水的密度为 $1.0×10^3$ $kg·m^{-3}$。试求其均相对分子质量。

10-6　简述高分子对溶胶的絮凝作用与电解质对溶胶的聚沉作用之间的区别。

10-7　298K 时，膜两侧有离子如此分布：膜内为 $0.1mol·dm^{-3}$ 的高分子电解质 RCl，膜外为 $0.5mol·dm^{-3}$ 的 NaCl 溶液。试计算平衡后各离子的浓度分布及渗透压。

10-8　将 1.30g 某高分子单元酸 HR 溶于 $100cm^3$ 稀盐酸中，假定 HR 能完全电离。将此溶液用半透膜与 $100cm^3$ 蒸馏水隔开，在 298K 条件下达平衡，测蒸馏水一侧的 pH 为 3.26，膜电势为 34.9mV。试求（1）盛 HR 一侧溶液的 pH；（2）HR 的均相对分子质量。

10-9　中国科学院南京土壤研究所曾测取广东某砖红壤样品在不同平衡液 pH 时的 ΔpH（悬浊液 pH 减去平衡液 pH）得数据如下：

平衡液 pH	6.43	6.36	5.61	5.32	4.91	4.38
ΔpH	−0.29	−0.21	−0.08	−0.01	+0.13	+0.19

其结论是此土壤的等电点在 pH 5 左右（用其他方法也证实了这一点），这个结论的根据是什么？

10-10　At 298K in the θ solvent, the osmotic pressure for polysterol solution is 60 Pa and concentration is 20 kg·m^{-3}. Please calculate relative molecular mass of the polysterol solution.

10-11　At 298K when the average relative molecular mass for polyvinyl alcohol water solution is $5.0×10^5$, the intrinsic viscosity $[\eta]$ is $0.429m^3·kg^{-1}$. With the average relative molecular mass $2.0×10^6$, the intrinsic viscosity $[\eta]$ is $1.23m^3·kg^{-1}$. If $[\eta]$ of the other polyvinyl alcohol water solution is $0.820m^3·kg^{-1}$, please calculate the average relative molecular mass.

10-12　What is the difference of electrolytic gelatinization between colloidal sol and macromolecular solution?

10-13　There is a semipermeable membrane with R^-Na^+ solution of concentration c_1 in it and pure water out of it. As a result of membrane equilibrium, the pH outside and inside the membrane has a change. This process is called membrane hydrolysis. If the membrane hydrolyzes at a small level and $c_1=0.1mol·dm^{-3}$, please calculate pH outside and inside the membrane.

第 11 章 结构化学基础

结构化学是在原子、分子水平上研究物质的微观结构和性能；介绍描述微观粒子运动规律的波函数，即原子轨道和分子轨道；研究分子轨道理论和配位场理论，了解轨道间相互作用的规律和化学键的本质；认识分子和晶体中原子的空间分布，了解分子的立体结构、晶体的周期性对称结构及其对 X 射线的衍射。

11.1 分子轨道理论

11.1.1 H_2^+ 结构和共价键的本质

氢分子离子 H_2^+ 在化学上不稳定，很容易获得一个电子变为氢分子，实验已证明它存在，并测定其键长为 106pm，键离解能为 $255.4kJ \cdot mol^{-1}$。正如氢原子是讨论多电子原子的基础，H_2^+ 为讨论多电子的双原子分子结构提供许多有用的信息。

1. H_2^+ 的薛定谔方程

H_2^+ 是一个包含两个原子核和一个电子的体系，其坐标如图 11-1 所示。

图 11-1 中的 A 和 B 代表原子核；r_a 和 r_b 分别代表电子与两个原子核的距离；R 代表两核之间的距离。

H_2^+ 的薛定谔(Schrödinger)方程以原子单位表示为

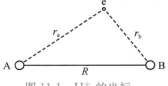

图 11-1 H_2^+ 的坐标

$$\left(-\frac{1}{2}\nabla^2 - \frac{1}{r_a} - \frac{1}{r_b} + \frac{1}{R}\right)\psi = E\psi \qquad (11\text{-}1)$$

式中：ψ 和 E 分别为 H_2^+ 的波函数和能量。等号左边括号中，第一项代表电子的动能算符，第二和第三项代表电子受核的吸引势能，第四项代表两个原子核的静电排斥能。由于电子的质量比原子核质量小得多，电子的运动速率比核快得多，电子绕核运动时，核可以看作近似不动。式(11-1)中不含核的动能项，电子处在固定的核势场中运动，此即波恩(Born)-奥本海默(Oppenheimer)近似。解得的波函数只反映电子的运动状态。改变 R 值可得一系列波函数和相应的能级，与电子能量最低值相对应的 R 就是平衡核间距 R_e。

2. 线性变分法解薛定谔方程

H_2^+ 的薛定谔方程可以精确求解，但精确求解的方法不能推广用于其他分子。有一种近似的解法——变分法解 H_2^+ 的薛定谔方程。

变分原理(variation principle)可表示如下:对任何一个品优波函数 ψ,用体系的 $\hat{H}$ 算符求得的能量平均值,将大于或接近于体系基态的能量(E_0),即

$$\langle E \rangle = \frac{\int \psi^* \hat{H} \psi \mathrm{d}\tau}{\int \psi^* \psi \mathrm{d}\tau} \geqslant E_0 \qquad (11\text{-}2)$$

据此原理,利用求极值的方法调节参数,找出能量最低时对应的波函数,即为和体系相近似的波函数。用线性变分法解 H_2^+ 的薛定谔方程得到两个波函数 ψ_1 和 ψ_2 及相应的能量 E_1 和 E_2。

$$\psi_1 = \frac{1}{\sqrt{2+2S}}(\psi_a + \psi_b) \qquad (11\text{-}3)$$

$$E_1 = \frac{\alpha + \beta}{1+S} \qquad (11\text{-}4)$$

$$\psi_2 = \frac{1}{\sqrt{2-2S}}(\psi_a - \psi_b) \qquad (11\text{-}5)$$

$$E_2 = \frac{\alpha - \beta}{1-S} \qquad (11\text{-}6)$$

式中:ψ_a、ψ_b 为氢原子基态的波函数;S 为重叠积分,或简称 S 积分,它与核间距离有关,当 $R=0$ 时,$S=1$,当 $R=\infty$ 时,$S \to 0$,R 为其他数值时,S 的数值可通过具体计算得到;α 称为库仑积分,又称 α 积分,它近似等于氢原子基态的能量 E_H;β 称为交换积分或 β 积分,它与 ψ_a 和 ψ_b 的重叠程度有关,在分子核间距条件下,β 为负值。

3. 共价键的本质

图 11-2 给出 H_2^+ 的能量随核间距的变化曲线($E\text{-}R$ 曲线)。由图 11-2 可见,E_1 随 R 的变化出现一个最低点,从能量的角度说明 H_2^+ 能稳定存在。但计算所得的 E_1 曲线的最低点为 $D_e = 170.8 \text{kJ} \cdot \text{mol}^{-1}$,$R_e = 132 \text{pm}$,与实验测定的最低点 $D_e = 269.0 \text{kJ} \cdot \text{mol}^{-1}$,$R_e = 106 \text{pm}$ 还有较大差别。

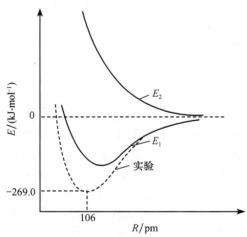

图 11-2　H_2^+ 的能量曲线(H+H$^+$ 能量为 0)

E_2 随 R 增加单调下降,当 $R=\infty$ 时,E_2 值为 0,即 H+H$^+$ 的能量为 0。

由于 β 在分子核间距条件下小于零,则 ψ_1 的能量比氢原子 1s 轨道低,当电子从氢原子的 1s 轨道进入 ψ_1 时,体系能量降低,ψ_1 为成键分子轨道。相反,电子进入 ψ_2 时,H_2^+ 的能量比原

来氢原子和氢离子的能量高, ψ_2 为反键分子轨道。图 11-3 给出一个氢原子和一个氢离子的 1s 轨道叠加形成 H_2^+ 的分子轨道的示意图。

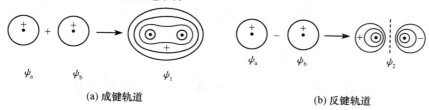

(a) 成键轨道　　　　　　　　　　　　　　(b) 反键轨道

图 11-3　ψ_a 和 ψ_b 叠加成分子轨道 ψ_1 和 ψ_2 的等值线示意图

　　量子力学计算揭示了共价键的成因:电子进入成键轨道后,两核之间的键区电子概率密度增大,两个原子核结合到一起,电子同时受到两核吸引,势能降低,有利于体系的稳定;电子进入反键轨道,在键中点的节面上电子的概率密度为零,两核处于排斥态,无法结合成分子。

　　图 11-4 为 H_2^+ 密度差值图,从态叠加原理角度反映共价键的形成。这是在空间各点分子轨道的电子云减去原子轨道电子云后的差值,实线为正,虚线为负。

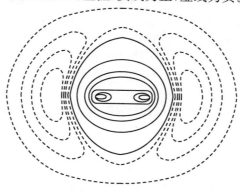

图 11-4　H_2^+ 电子云分布的差值示意图

　　由图 11-4 可见, ψ_1 轨道的成键作用实质上是增加了核间区域的电子云,聚集在核间的电子云同时受到两个原子核的吸引,即核间电子云把两个原子核结合在一起构成化学键,此即共价键的本质。

11.1.2　分子轨道理论和双原子分子结构

1. 分子轨道理论

　　(1) 分子中每个电子都在原子核与其他电子组成的平均势场中运动,第 i 个电子的运动状态用波函数 ψ_i 描述, ψ_i 称为分子中的单电子波函数,又称分子轨道。 $\psi_i^* \psi_i$ 为电子 i 在空间分布的概率密度,即电子云分布; $\psi_i^* \psi_i \mathrm{d}\tau$ 表示该电子在空间某点附近体积元 $\mathrm{d}\tau$ 中出现的概率。体系的总波函数可写成单电子波函数的乘积,即

$$\psi(1,2,\cdots,n)=\psi_1(1)\psi_2(2)\cdots\psi_n(n)$$

　　(2) 分子轨道可用原子轨道线性组合(linear combination of atomic orbitals, LCAO)得到。由 n 个原子轨道组合可得到 n 个分子轨道,线性组合系数可用变分法或其他方法确定。

两个原子轨道形成的分子轨道,能级低于原子轨道的称为成键轨道,能级高于原子轨道的称为反键轨道,能级接近原子轨道的一般称为非键轨道。

(3) 两个原子轨道要有效地组合成分子轨道,必须满足对称性匹配、能级相近和轨道最大重叠三个条件,其中对称性匹配是关键,如图11-5所示。

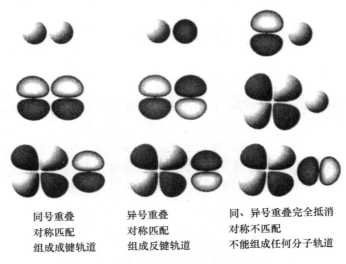

同号重叠	异号重叠	同、异号重叠完全抵消
对称匹配	对称匹配	对称不匹配
组成成键轨道	组成反键轨道	不能组成任何分子轨道

图 11-5　轨道对称性匹配图解

(4) 根据泡利不相容原理、能量最低原理和洪德(Hund)规则,分子中的电子按能量顺序由低到高填入分子轨道。

2. 分子轨道的分类和分布特点

按沿键轴分布的特点,分子轨道可分为 σ 轨道、π 轨道和 δ 轨道等类型。

1) σ 轨道和 σ 键

原子轨道沿键轴以"头顶头"方式形成 σ 分子轨道。其分布特点是:沿键轴一端观看,分子轨道没有节面,任意转动键轴,分子轨道的符号和大小都不改变。除 s 轨道可相互组成 σ 轨道外,p 轨道和 p 轨道、p 轨道和 s 轨道也可组成 σ 轨道。图11-6是各种 σ 轨道的示意图。

在 σ 轨道上的电子称为 σ 电子。在 σ 轨道上由于电子的稳定性而形成的共价键称为 σ 键。图11-7示意出 H_2^+、H_2 和 He_2^+ 通过 σ 键形成分子的情况。在 H_2^+ 中有一个 σ 电子占据成键轨道,称为单电子 σ 键。在 He_2^+ 中,两个电子在成键轨道,一个电子在反键轨道所构成的 σ 键成为三电子 σ 键。

三电子 σ 键的稳定性与单电子 σ 键的稳定性大致相等。若成键轨道和反键轨道都填满电子,它们的成键作用与反键作用相互抵消,则不能成键,如 He_2。通常可用键级来表达键的强弱,对于定域键

$$键级 = \frac{1}{2}(成键电子数 - 反键电子数)$$

键级越高,键越强。H_2 的键级为 1,H_2^+ 和 He_2^+ 的键级均为 1/2。He_2 的键级为零,不能成键。键级可近似看作两原子间共价键的数目。

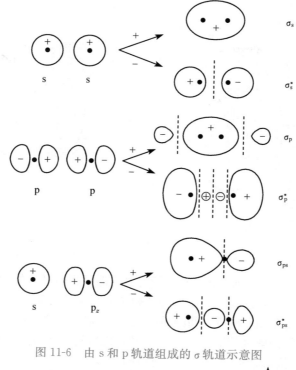

图 11-6　由 s 和 p 轨道组成的 σ 轨道示意图

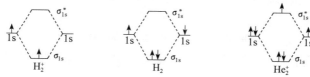

图 11-7　H_2^+、H_2 和 He_2^+ 的电子排布图

2）π 轨道和 π 键

原子轨道以"肩并肩"的方式形成 π 分子轨道。其分布特点是：沿键轴一端观看时，分子轨道有一个通过键轴的节面。在键轴两侧电子云比较密集，这种分子轨道的能级较相应的原子轨道低，为成键轨道，以 π_p 表示。当两轨道相减时，不仅通过键轴有一个节面，而且在两核之间波函数相互抵消，垂直键轴又出现一节面，这种轨道能级较高，称为反键轨道，以 π_p^* 表示。在 π 轨道上的电子为 π 电子，有 π 电子构成的共价键称为 π 键。根据 π 电子数是一个、二个或三个，分别称为单电子 π 键、π 键（二电子 π 键）或三电子 π 键。

两个对称性匹配的 d 原子轨道可以组成 π 轨道，d-dπ 键与 p-pπ 键类似。p 轨道与 d 轨道在对称性匹配的条件下也可形成 π 成键或 π^* 反键轨道。

3）δ 轨道和 δ 键

原子轨道以"面对面"方式形成 δ 轨道。其分布特点是：沿键轴一端观看时，分子轨道有两个通过键轴的节面。若键轴方向位于 z 方向，则两个 d_{xy} 或两个 $d_{x^2-y^2}$ 轨道重叠可形成 δ 轨道，如图 11-8 所示。这种分子轨道存在于某些过渡金属配位化合物中。

3. 同核双原子分子的结构与性质

1）分子轨道的能级顺序

分子轨道的能级顺序由组成分子轨道的原子轨道类型和原子轨道重叠的程度所决定。一

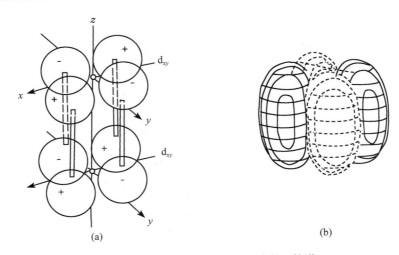

图 11-8　由两个 d_{xy} 轨道重叠而成的 δ 轨道

般参与组合的原子轨道能量越低,组合成分子轨道的能量也越低。轨道的主量子数越小,能量越低;原子轨道间的重叠程度越大,形成的分子轨道能量越低。第二周期的 2 个 $2p_z$ 轨道之间的重叠比 2 个 $2p_x$ 或 2 个 $2p_y$ 轨道之间的重叠大,即形成 σ 轨道重叠比形成 π 轨道重叠大,因此成键和反键 π 轨道间的能级间隔比成键和反键 σ 轨道间的能级间隔小。

根据上述原则,同核双原子分子中分子轨道的能级顺序为

$$\sigma_{2s} < \sigma_{2s}^* < \sigma_{2p_z} < \pi_{2p_x} = \pi_{2p_y} < \pi_{2p_x}^* = \pi_{2p_y}^* < \sigma_{2p_z}^* \tag{11-7}$$

分子光谱和光电子能谱的研究证明 F_2 和 O_2 分子的能级顺序确实如此。但是对第二周期中的 N_2、C_2 和 B_2 等同核双原子分子,实验测定的分子轨道能级顺序与式(11-7)略有不同,其顺序为

$$1\sigma_g < 1\sigma_u < 1\pi_u (两个) < 2\sigma_g < 1\pi_g (两个) < 2\sigma_u \tag{11-8}$$

两者的差别是 $2\sigma_g$ 高于 $1\pi_u$。

2) 同核双原子分子的结构

第二周期同核双原子分中,F_2 和 O_2 分子属于同一类型,能级顺序符合式(11-7),而 N_2、C_2 和 B_2 属于另一类型,能级顺序符合式(11-8)。根据分子轨道的能级顺序,可以按泡利原理、能量最低原理和洪德规则排出分子在基态时的电子组态。

F_2 的电子组态为

$$KK(\sigma_{2s})^2(\sigma_{2s}^*)^2(\sigma_{2p_z})^2(\pi_{2p})^4(\pi_{2p}^*)^4$$

在 F_2 分子中,K 层 1s 电子基本上保持各自的原子轨道,用 KK 表示。除了 $(\sigma_{2p_z})^2$ 形成共价单键外,还有 3 对成键电子和 3 对反键电子,它们互相抵消,不能有效成键。相当于每个 F 原子有 3 对孤对电子,是孤对电子提供者。

O_2 的电子组态为

$$KK(\sigma_{2s})^2(\sigma_{2s}^*)^2(\sigma_{2p_z})^2(\pi_{2p_x})^2(\pi_{2p_y})^2(\pi_{2p_x}^*)^1(\pi_{2p_y}^*)^1$$

O_2 比 F_2 少 2 个电子,因为 2 个反键 π^* 轨道能级高低一样,按照洪德规则电子尽可能分占 2 个轨道,且自旋平行。O_2 相当于生成 1 个 σ 键和 2 个三电子 π 键,可表示为

$$\cdot\ddot{O} - \ddot{O}\cdot$$

N_2 的电子组态为

$$KK(1\sigma_g)^2(1\sigma_u)^2(1\pi_u)^4(2\sigma_g)^2$$

光电子能谱证明 N_2 的三重键为 1 个 σ 键 $(1\sigma_g)^2$，2 个 π 键 $(1\pi)^4$，键级为 3。分子中无不成对电子，N_2 的键长特别短，只有 109.8pm，键能特别大，达 942kJ·mol^{-1}，分子惰性较大。在合成氨和自然界的固氮酶中，要削弱 N_2 的三重键才能使其活化。

4. 异核双原子分子的结构与性质

异核双原子分子中两个原子轨道对同一个分子轨道的贡献是不相等的，每个分子轨道的形式仍与同核双原子分子相似，可以用 LCAO-MO 描述。

异核双原子分子的分子轨道通常是：①对成键分子轨道的较大贡献来自电负性较大的原子（因为成键电子在这个原子附近出现的概率更大）；②对反键分子轨道的较大贡献来自电负性较小的原子（反键电子多出现在低电负性原子附近的轨道中）；③不同原子轨道重叠引起的能量降低，不像同核双原子分子中由相同能级原子轨道重叠引起的能量降低那样显著。

1）一氧化碳分子 CO

CO 和 N_2 是等电子分子，它们的分子轨道、成键情况和电子排布大致相同。基态 CO 的价电子组态为

$$(1\sigma)^2(2\sigma)^2(1\pi)^4(3\sigma)^2$$

CO 与 N_2 的差别是 O 原子提供给分子轨道的电子比 C 原子多 2 个，故 CO 的价键结构式可表示为

$$:C^- \!\equiv\! O^+: \quad 或 \quad :C\!-\!O:$$

箭头代表 O 原子提供一对电子形成的配键，两边的黑点表示孤对电子。O 原子的电负性比 C 原子高，但在 CO 分子中，由于 O 原子单方面向 C 原子提供电子，抵消了 C 原子和 O 原子由于电负性差异引起的极性，因此 CO 是个偶极矩较小的分子（$\mu=0.37\times10^{-30}$ C·m）；且 O 原子端显正电性，C 原子端显负电性，在羰基配合物中 CO 表现出很强的配位能力，以 C 原子端和金属原子结合。

2）一氧化氮分子 NO

NO 分子比 N_2 多一个电子，它的价电子组态为

$$(1\sigma)^2(2\sigma)^2(1\pi)^4(3\sigma)^2(2\pi)^1$$

由于 2π 轨道是反键轨道，因而 NO 分子出现一个三电子 π 键，键级为 2.5，分子为顺磁性。NO 的轨道能级如图 11-9 所示。

1987 年，Furchgott 发现哺乳动物血管内皮细胞能合成内源性 NO 以来，NO 的生理和病理作用日益受到人们的重视。许多研究表明，NO 是一种重要的细胞内信使和新的神经递质，又是效应分子。它介导并调节多种生理机制，在呼吸系统、神经系统、炎症和免疫反应中起着重要作用。

3）氟化氢分子 HF

根据能量相近和对称性匹配条件，氢原子的 1s 轨道（-13.6eV）和氟原子的 $2p_z$ 轨道（-17.4eV）形成 σ 轨道，价电子组态为

$$(\sigma_{2s})^2(\sigma)^2(\pi_{2p})^4$$

在 F 原子的轨道上有 3 对价电子，基本不参与成键，为 3 对非键的孤对电子。由于 F 的

电负性比 H 大,因此电子云偏向 F,形成极性共价键,$\mu = 6.60 \times 10^{-30}$ C·m。分子轨道能级如图 11-10 所示。

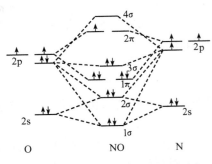

图 11-9　NO 价层分子轨道能级图

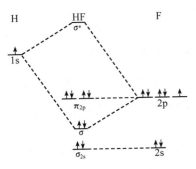

图 11-10　HF 分子轨道能级示意图

11.2　共轭分子的结构与 HMO 法

休克尔在解释苯的生成热比按环己三烯预期生成热要多的异常现象时,根据共轭体系生成离域 π 键的本质,建立休克尔分子轨道(HMO)法。在原子轨道线性组合成分子轨道(LCAO-MO)法的基础上,进一步引入某些简化假设,用于处理平面构型的有机分子,以定性或半定量方式阐明很多化学现象。

11.2.1　丁二烯离域大 π 键的 HMO 法处理

1. HMO 法的要点

(1) 由于 π 电子在原子核和 σ 键所形成的整个分子骨架中运动,可以将 σ 键和 π 键分开处理。

(2) 共轭分子具有相对不变的 σ 键骨架,而 π 电子的状态决定分子的性质。

(3) 对每个 π 电子 k 的运动状态用 ψ_k 描述,其薛定谔方程为

$$\hat{H}_\pi \psi_k = E_k \psi_k$$

2. 丁二烯的 HMO 法处理

以丁二烯为例,很容易了解其主要步骤:

(1) $CH_2{=}CH{-}CH{=}CH_2$ 分子中,参与形成大 π 键体系的 C 原子各贡献一个 p 轨道 ϕ_i,相互平行。按照 LCAO-MO 形成大 π 分子轨道

$$\psi = \sum_i c_i \phi_i = c_1\phi_1 + c_2\phi_2 + c_3\phi_3 + c_4\phi_4 \tag{11-9}$$

(2) 根据线性变分原理,得到丁二烯的 4 个 π 分子轨道及相应的能级如下:

$$\psi_1 = 0.372\phi_1 + 0.601\phi_2 + 0.601\phi_3 + 0.372\phi_4 \quad E_1 = \alpha + 1.618\beta \tag{11-10a}$$

$$\psi_2 = 0.601\phi_1 + 0.372\phi_2 - 0.372\phi_3 - 0.601\phi_4 \quad E_2 = \alpha + 0.618\beta \tag{11-10b}$$

$$\psi_3 = 0.601\phi_1 - 0.372\phi_2 - 0.372\phi_3 + 0.601\phi_4 \quad E_3 = \alpha - 0.618\beta \tag{11-10c}$$

$$\psi_4 = 0.372\phi_1 - 0.601\phi_2 + 0.601\phi_3 - 0.372\phi_4 \quad E_4 = \alpha - 1.618\beta \tag{11-10d}$$

因为 β 积分是负值,所以 $E_1 < E_2 < E_3 < E_4$。

丁二烯离域 π 键轨道示意图和相应的能级图如图 11-11 所示。

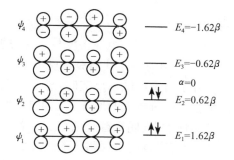

图 11-11　丁二烯离域 π 键分子轨道及能级图

（3）根据上述结果，计算作分子图。

（i）电荷密度 ρ_i——第 i 个原子上出现的 π 电子数，即等于离域 π 键中 π 电子在第 i 个碳原子附近出现的概率。

$$\rho_i = \sum_k n_k c_{ki}^2 \qquad (11\text{-}11)$$

式中：n_k 代表在 ψ_k 中的电子数；c_{ki} 为分子轨道 ψ_k 中第 i 个原子轨道的组合系数。

丁二烯分子基态时 ψ_1 和 ψ_2 为已占据轨道，每个轨道上有 2 个 π 电子，ψ_3 和 ψ_4 为空轨道，所以碳原子 $1(C_1)$ 上的 π 电子密度为

$$\rho_1 = n_1 c_{11}^2 + n_2 c_{21}^2 = 2 \times (0.372)^2 + 2 \times (0.601)^2 = 1.00$$

同理

$$\rho_2 = \rho_3 = \rho_4 = 1.00$$

（ii）键级 P_{ij}——原子 i 和 j 间 π 键的强度。

$$P_{ij} = \sum_k n_k c_{ki} c_{kj} \qquad (11\text{-}12)$$

基态丁二烯中各碳原子间 π 键级

$$\begin{aligned}
P_{12} &= n_1 c_{11} c_{12} + n_2 c_{21} c_{22} \\
&= 2 \times 0.372 \times 0.601 + 2 \times 0.601 \times 0.372 \\
&= 0.896
\end{aligned}$$

同理计算

$$P_{23} = 0.448 \qquad P_{34} = 0.896$$

（iii）自由价 F_i——第 i 个原子剩余成键能力的相对大小。

$$F_i = F_{\max} - \sum_i P_{ij} \qquad (11\text{-}13)$$

$F_{\max}$ 是碳原子 π 键级和中最大者，其值为 $\sqrt{3}$。$\sum_i P_{ij}$ 为 i 原子与其相邻各原子间的 π 键级和。

丁二烯分子中各碳原子的自由价为

$$F_1 = F_4 = 1.732 - P_{12} = 0.836$$
$$F_2 = F_3 = 1.732 - (P_{12} + P_{23}) = 0.388$$

（iv）分子图——把共轭分子由 HMO 法求得的电荷密度 ρ_i 写在元素符号下，原子间 π 键级 P_{ij} 写在原子连线上，用箭头标出自由价 F_i，这样就得到分子图。图 11-12 为丁二烯的分

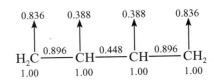

图 11-12　丁二烯的分子图

3. 分子图的应用

（1）电荷密度与反应位置。分子中电荷分布的不均匀为进攻试剂提供攻击中心：分子与亲电试剂反应时，易发生在电荷密度较大的原子上；分子与亲核试剂反应时，易发生在电荷密度较小的原子上；分子与中性自由基反应时，易发生在自由价较大的原子上。在 HMO 水平上，丁二烯的 4 个碳原子上 π 电荷密度相同，这是所有中性的奇、偶交替烃的特点。若各原子电荷密度相同，则三种反应都在自由价最大处反应。电荷密度也用于预测分子偶极矩。

（2）键级与键长。键级较大者键长短。丁二烯的双键键长 134.4pm 比典型的双键键长 133pm 长，而单键键长 146.8pm 比典型的单键键长 154pm 短。证实 HMO 法计算出的 π 键级为分数是正确的。由于 π 电子的离域化，丁二烯已不是纯粹的单、双键。丁二烯在基态下两端键级大、中间键级小，即两端短中间长。

11.2.2　离域 π 键和共轭效应

1. 离域 π 键

形成 π 键的电子不局限于两个原子的区域，而是在参加成键的多个原子形成的分子骨架中运动，这种化学键称为离域 π 键。若满足以下两个条件，就可形成离域 π 键：①成键的原子共平面（或共曲面），每个原子可提供一个垂直于平面的 p 轨道。②π 电子数小于参加成键原子的 p 轨道总数的两倍。

有机芳香化合物和烯烃类存在离域 π 键，离域 π 键可用 π_n^m 表示，n 为原子数，m 为电子数。下面示意出一些分子和离子形成离域 π 键的情况。

2. 共轭效应

一般包含双键和单键相互交替排列的分子形成离域 π 键，这类分子的物理和化学性质不是各个双键和单键性质的简单加和。这类分子表现出的特有性质称为共轭效应或离域效应。

共轭效应使分子更稳定,还影响分子的构型与构象(单键缩短、双键增长,原子保持共平面等)、分子的电性、颜色等。

　　芳香烃稠环化合物随着苯环数目的增加,离域 π 电子数目成倍增长,能量间隙减小,分子的电阻率下降几个数量级。例如,萘的电阻率约 $10^{19}\,\Omega\cdot cm$,蒽减少至 $10^{16}\,\Omega\cdot cm$。石墨层中离域 π 键扩展到整个二维平面,因此石墨具有金属光泽,能导电。

　　形成共轭 π 键还可以使化合物颜色发生变化。含双烯化合物吸收光子后,发生 $\pi\to\pi^*$ 跃迁,最大吸收波长 λ_{max} 约 220nm,随着共轭体系的增大,相邻分子轨道能级差减小,最大吸收波长向长波移动。例如,酚酞原为无色,与碱反应形成大 π 键,变为红色,如图 11-13 所示。

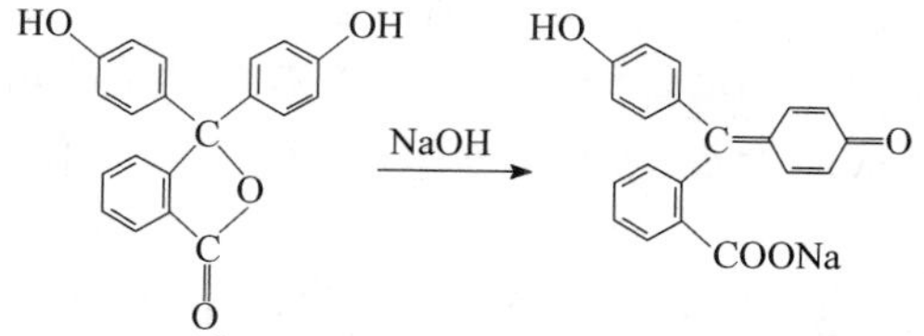

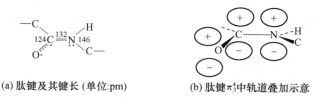

图 11-13　酚酞变色机理

3. 肽键

　　一个氨基酸的氨基与另一氨基酸的羧基缩合,失去一分子水而生成的酰胺键称为肽键,缩合脱水所得的产物称为肽。由两个氨基酸分子缩合形成的肽为二肽,由多个氨基酸分子缩合通过肽键连接而成的分子为多肽。下式表示二肽的形成:

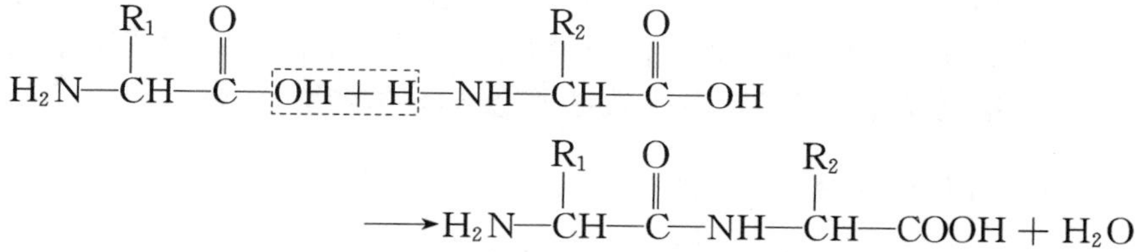

（结构式）

　　在肽键中,C═O 的 π 键电子和 N 原子上的孤对电子共同形成离域 π_3^4 键,使 C—N 间具有双键成分,键长缩短,C—N 和周围原子共平面,即形成平面构象而不能自由旋转,如图 11-14所示。

(a) 肽键及其键长 (单位:pm)　　(b) 肽键 π_3^4 中轨道叠加示意

图 11-14　肽键结构示意图

　　HMO 法是研究共轭分子结构的重要方法之一。但它的应用也有其局限性,一般只适用于平面构型的共轭分子。HMO 法是一种比较粗略的近似方法,因为完全忽略了重叠积分,也不考虑非相邻原子间的交换积分。由霍夫曼(Hofmann)发展的包含 σ 和 π 体系的扩展休克尔理论(EHMO),大大提高了 HMO 法的精度,但同时也增加了计算工作量。

11.3　配位化合物的结构和性质

配位化合物简称配合物,又称络合物,是一类含有中心原子(M)和若干配位体(L)的化合物。在阐明配位化合物结构的理论中,较重要的有价键理论、晶体场理论、分子轨道理论和配位场理论等。

晶体场理论是静电作用模型,把中心离子(M)和配位体(L)的相互作用看作类似离子晶体中正、负离子的静电作用。当 L 接近 M 时,M 中的 d 轨道受到 L 负电荷的静电微扰作用,使原来能级简并的 d 轨道发生分裂,引起电子排布及其他一系列性质变化,据此成功地解释了配位化合物的颜色、磁性和立体构型等性质。但由于模型过于简单,只考虑了静电作用,完全忽略中心离子(M)与配位体(L)之间的共价结合,无法解释不同配位体影响分裂能大小的变化顺序。

配位化合的分子轨道理论是用分子轨道理论的观点和方法处理中心离子与配位体的成键作用。在描述配位化合物分子的状态时,使用 M 的价层电子波函数 ψ_M 与配位体 L 的分子轨道 ψ_L 组成离域分子轨道 ψ

$$\psi = c_M\psi_M + \sum c_L\psi_L \qquad (11\text{-}14)$$

式中:ψ_M 包括 M 中$(n-1)$d、ns、np 等价轨道;$\sum c_L\psi_L$ 可看作 L 的群轨道。

11.3.1　配位场理论

配位场理论是晶体场理论的发展,其实质是配位化合物的分子轨道理论。配位场理论吸收了分子轨道理论的优点,适当考虑配位体与中心离子的共价结合,同时仍采用晶体场理论计算方法。配位场理论是晶体场理论与分子轨道理论结合的产物。

1. 八面体场配位化合物的分子轨道

设中心原子 M 处在直角坐标系原点,6 个配位体 L 位于坐标轴上。M 原子共有 9 个价轨道:d_{xy}、d_{xz}、d_{yz}、$d_{x^2-y^2}$、d_{z^2}、s、p_x、p_y、p_z。其中后 6 个轨道的极大值方向是沿 x、y、z 三个坐标轴指向配位体,形成轴对称的 σ 分子轨道,属于 σ 型;前 3 个轨道的极大值夹在轴间,只能形成 π 分子轨道,属于 π 型。

配位体 L 按与中心原子生成 σ 键或 π 键轨道,分别组成新的群轨道,与 M 的原子轨道对称性匹配。在此基础上,M 的 6 个 σ 型轨道与 L 的 6 个对称性匹配的群轨道线性组合,形成 12 个分子轨道。其中一半是成键轨道(a_{1g},t_{1u},e_g),能量比原子轨道低,另一半为反键轨道(e_g^*,a_{1g}^*,t_{1u}^*),能量比原子轨道高,如图 11-15 所示。

中心原子 M 的 π 型轨道(d_{xy}、d_{xz}、d_{yz})正好与配位体 L 的 σ 群轨道错开,受配体的影响较小,属于非键轨道(t_{2g})。非键轨道的能级处于成键轨道与反键轨道之间。

因配位体 L 电负性较高而能量较低,配位体的电子进入成键轨道,相当于配键。M 的 d 电子排在 t_{2g} 和 e_g^* 轨道上。其中 3 个 t_{2g} 非键轨道的能量较低,2 个 e_g^* 反键轨道能量较高。t_{2g} 和 e_g^* 间的能级差称为配位场分裂能 Δ_o,它与晶体场理论中 t_{2g} 和 e_g 间的 Δ_o 相当。

2. 八面体场的分裂能

八面体场分裂能 Δ_o 的大小随不同配位体和中心原子的性质而异,根据光谱数据可测得分裂能 Δ_o 的数值,并得经验规则如下:

(1) 对同一金属原子(M),不同配位体的场强不同,分裂能有大有小。一般而言,配位体分裂能大小次序为

$$CO, CN^- > NO_2^- > en > NH_3 > py$$
$$> H_2O > F^- > OH^- > Cl^- > Br^-$$

Δ_o 大者称为强场配位体,Δ_o 小者称为弱场配位体。π 键的形成是影响分裂能大小的重要因素,故不带电荷的中性分子 CO 是强场配位体,带电荷的卤离子是弱场配位体。

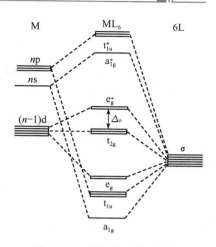

图 11-15　配位化合物分子
轨道能级图

(2) 对一定的配位体 L,分裂能 Δ_o 随 M 不同而异,其大小顺序为

$$Pt^{4+} > Ir^{3+} > Pd^{4+} > Rh^{3+} > Mo^{3+} > Ru^{3+} > Co^{3+} > Cr^{3+} > Fe^{3+}$$
$$> V^{2+} > Co^{2+} > Ni^{2+} > Mn^{2+}$$

中心离子的价态对 Δ_o 影响很大。例如,Mn^{2+} 对 H_2O 的 Δ_o 值为 $7800cm^{-1}$,而 Mn^{3+} 为 $21000cm^{-1}$。中心离子所处的周期数也影响 Δ_o 值。第二、第三系列过渡金属离子的 Δ_o 均比同族第一系列过渡金属离子大。例如,$Co(NH_3)_6^{3+}$ 为 $23000cm^{-1}$,$Rh(NH_3)_6^{3+}$ 为 $34000cm^{-1}$,$Ir(NH_3)_6^{3+}$ 为 $41000cm^{-1}$。

11.3.2　σ-π 配键与有关配位化合物的结构和性质

1. 金属羰基配位化合物

在金属羰基配位化合物中,CO 以碳原子和金属原子相连,M—C—O 在一直线上。CO 分子提供孤对电子给予中心金属原子的空轨道形成 σ 键,同时又有空的反键 π* 轨道可以与金属原子的 d 轨道形成 π 键,这种 π 键由金属原子单方面提供电子,称为反馈 π 键,如图 11-16 所示。

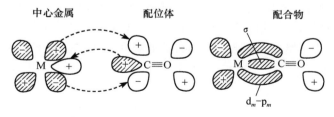

图 11-16　配位化合物中 σ-π 配键示意图

这样的键合称为 σ-π 配键。两方面的电子授受作用正好相互配合,互相促进,结果使 M—C 间的键比共价单键强,而 C—O 间的键比 CO 分子中的键要弱,因为反键轨道上有一定的电子。$Fe(CO)_5$ 的结构如图 11-17 所示。

CO 中毒(煤气中毒)的原因是血红蛋白的血红素辅基中 Fe^{2+} 上与 O_2 配合的配位点被 CO 分子取代,而 CO 与 Fe^{2+} 的结合力比 O_2 与 Fe^{2+} 的结合力强达 200 倍,从而使血红素失去

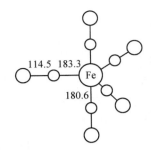

图 11-17　Fe(CO)$_5$ 的结构
（键长单位：pm）

了可逆运载 O$_2$ 的能力。CO 中毒的患者通常要安置在高压氧舱中,利用高分压的 O$_2$ 将被结合的 CO 置换出来。同样氰中毒是由于血红蛋白的 Fe^{2+} 与CN$^-$形成了 σ-π 配键,使血红素失去可逆运载 O$_2$ 能力。

2. 氮分子配位化合物

N$_2$ 分子中最高占据轨道($2\sigma_g$)能量较低(-15.6eV),作为 σ 给体,其给电子能力比 CO 的 3σ(-14.0eV)弱。N$_2$ 分子的最低空轨道($1\pi_g$)作为 π 受体,其能量较高(-7.0eV),它从金属离子的 d 轨道接受电子的能力又比 CO 差。因此 N$_2$ 与过渡金属生成配位化合物的能力比 CO 和 CN$^-$ 要差得多。

大气中约含有四千万亿吨氮气。地球上绝大多数动植物的细胞却不能直接吸收氮气转化为蛋白质、核酸等含氮的基础物质。自然界只有固氮微生物能在常温常压下高效地固氮成氨,每年为地球上提供约二亿吨生命必需的固定氮。用化学方法模拟微生物固氮的某些过程,研制能在温和条件下固氮的催化剂,是化学模拟生物固氮要探讨的中心课题。

固氮酶是一种能在常温常压下将 N$_2$ 还原为 NH$_3$ 的生物酶,存在于豆科植物的根瘤菌中,由 Fe-蛋白和 FeMo-蛋白两部分组成,结构相当复杂。1992 年,Kim 和 Rees 等用单晶 X 射线衍射法测定了固氮酶的活性成分——FeMo-蛋白的晶体结构,同时还确定了其活性中心 FeMo 辅基(FeMo-CO)的结构。这是化学模拟生物固氮研究的重大进展,将大大加速这一领域的研究进程。

我国的化学模拟生物固氮的研究工作于 1972 年初由中国科学院带头组织国内跨学科、跨系统的大协作而开始。目前,在棕色固氮菌固氮酶的高活性结晶状 FeMo-蛋白的制备、分子氮配合物的化学键理论、固氮酶活性中心模型、酶催化机理等方面都取得较大进展。

进一步了解固氮酶的结构,阐明固氮酶的机理,合成化学模拟固氮酶催化剂,实现常温常压下 NH$_3$ 的合成是 21 世纪广大生物和化学工作者要努力完成的艰巨任务。

11.4　次级键及分子自组装

次级键是共价键、离子键和金属键以外其他各种化学键的总称。次级键涉及分子间和分子内基团间的相互作用,涉及超分子、各种分子组合体和聚集体的结构和性质以及生命物质内部的作用等,内涵极为丰富。自组装是一种或多种分子由于次级键的存在,自发地组合形成分立的或扩展的超分子。

11.4.1　氢键

分子中与电负性大的原子 X(作为质子的给予体)以共价键相连的氢原子,还可以与另一个电负性大的原子 Y(作为质子的接受体)之间结合,并形成一种弱的键 X—H···Y,这种键称为氢键。X、Y 通常是 F、O、N 等原子以及按双键或三重键成键的碳原子。例如

$$\diagdown C-H\cdots O \quad 和 \quad \diagdown C-H\cdots N$$

$$\equiv C-H\cdots O \quad 和 \quad \equiv C-H\cdots N$$

大多数氢键 X—H⋯Y 是不对称的,即 H 原子距离 X 较近,距离 Y 较远。氢键可以为直线型也可为弯曲型,为了减少 X、Y 之间的斥力,键角尽可能接近 180°。氢键的键长是指 X 到 Y 之间的距离,一般比范德华半径之和要小,比共价半径之和大得多。例如,两个甲酸分子生成分子间氢键 O—H⋯O,O 与 O 之间的距离为 267pm,而范德华半径之和为 350pm,共价半径之和 162pm。

一般情况下,氢键中 H 原子是二配位,但某些氢键中 H 原子是三配位或四配位。

三配位　　　　　　　　　四配位

氢键的强弱与 X、Y 的电负性有关,与 Y 的半径大小也有关。氢键强弱主要判据是 X⋯Y 的键长和键能。键长可通过晶体结构准确测定,键能是指

$$XH \cdots Y \longrightarrow XH + Y$$

离解反应焓的改变量 ΔH。少数非常强的对称氢键 O—H—O 和 F—H—F,键能超过 100kJ·mol^{-1},在 KHF_2 中,F—H—F 氢键的键能达到 212kJ·mol^{-1},是迄今观察到的最强氢键。酸、醇、酚水合物和生物分子中,一般的氢键属于中强氢键,其键长为 250～320pm,键能为 15～50kJ·mol^{-1},弱碱、碱式盐和 N—H⋯π 体系中存在弱氢键,其键长为 320～400pm,键能小于 15kJ·mol^{-1}。

在有机化合物中,若分子的几何构型适合形成六元环的分子内氢键,则易先形成分子内氢键。剩余合适的质子给体和受体再相互作用,形成分子间氢键。

生命系统中氢键决定对生命过程具有根本意义的蛋白质二级结构。蛋白质是一系列的氨基酸缩合成的多肽链分子,在多肽主链中的 N—H 为质子给体,C=O 为质子受体,形成氢键 N—H⋯O ,决定了蛋白质的二级结构。通过氢键,DNA 分子的碱基才得以配对,形成稳定的双螺旋结构,如图 11-18 所示。

11.4.2　范德华力

分子之间还存在较弱的作用力——分子间力,或称范德华力,主要有静电力、诱导力和色散力。

1. 静电力

极性分子的永久偶极矩之间由于静电吸引作用产生的力称为静电力,其平均能量为

$$E_{\text{静}} = -\frac{2\mu_1^2\mu_2^2}{3kTr^6}\frac{1}{(4\pi\varepsilon_0)^2} \tag{11-15}$$

式中:μ_1 和 μ_2 分别为两个相互作用分子的偶极矩;r 为分子质心间的距离;k 为玻尔兹曼常量;T 为热力学温度;ε_0 为真空电容率,负值代表能量降低。可见偶极分子间作用能随分子永久偶

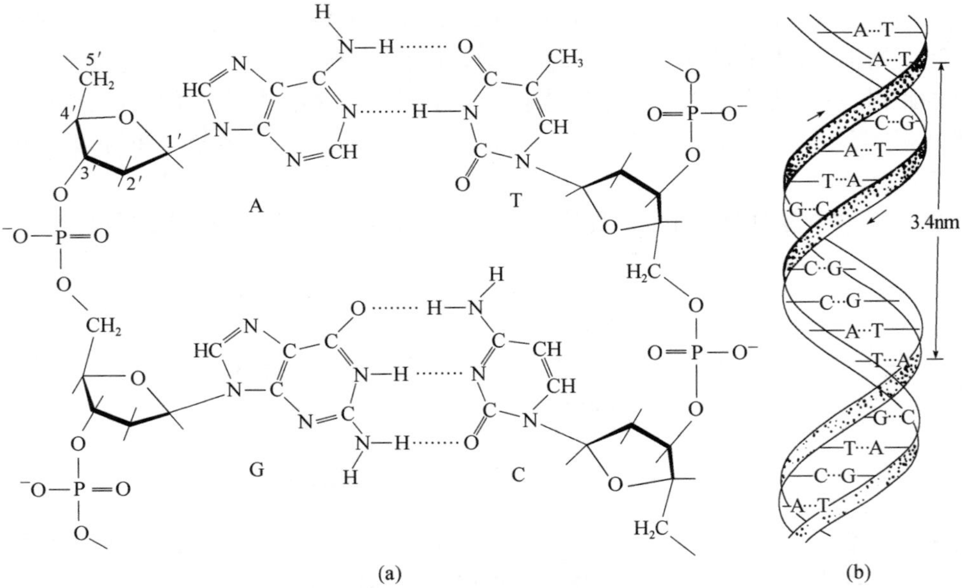

图 11-18   DNA 双螺旋结构

极矩的增加而增大,对同类分子,$\mu_1 = \mu_2$,$E_{静}$ 和偶极矩的四次方成正比。温度升高时,破坏偶极分子的取向,相互作用能降低。

2. 诱导力

极性分子的永久偶极可以诱导邻近分子极化,产生诱导偶极。永久偶极矩与诱导偶极矩之间的作用称为诱导力。这种相互作用与分子的极化率有关,其平均作用能为

$$E_{诱} = -\frac{\alpha_2 \mu_1^2}{(4\pi\varepsilon_0)^2 r^6} \tag{11-16}$$

式中:μ_1 为第一个分子的偶极矩;α_2 为第二个分子的极化率。

3. 色散力

非极性分子的电子云和原子核相对位移产生瞬时偶极矩,诱导邻近分子的瞬时偶极矩处于异极相近的状态,这种相互作用称为色散力。两个分子间的色散能为

$$E_{色} = -\frac{3}{2}\frac{I_1 I_2}{I_1 + I_2}\frac{\alpha_1 \alpha_2}{r^6}\frac{1}{(4\pi\varepsilon_0)^2} \tag{11-17}$$

式中:I_1 和 I_2 分别为两个相互作用分子的电离能;α_1 和 α_2 分别为它们的极化率。

静电力和诱导力只存在于极性分子,色散力则无论极性分子或非极性分子均存在。这些作用力不仅存在于分子之间,而且还存在于同一分子内的不同原子或基团之间。实验表明,一般分子之间的这三种力中色散力是主要的。

11.4.3   分子识别和超分子自组装

分子识别(molecular recognition)是由于不同分子间的一种特殊的、专一的相互作用,既满足相互结合分子的空间要求,也满足分子间各种次级键的匹配。超分子中,一种接受体分子的特殊部位具有某些基团,正适合与另一种底物分子的基团相结合,体现了锁和钥匙原理。当

接受体分子和底物分子相遇时相互选择,形成次级键;或者接受体分子按底物分子的大小尺寸,通过次级键构筑适合底物分子居留的孔穴结构。分子识别的本质就是使接受体和底物分子间有形成次级键的最佳条件,互相选择对方结合,使体系趋于稳定。

超分子自组装(supramolecular self-assembly)是指一种或多种分子依靠分子间的相互作用自发地组合起来,形成分立的或延伸的超分子。超分子化学为化学科学提供新的概念、方法和途径,设计和制造自组装构件元件,开拓分子自组装途径,使具有特定结构和基团的分子自发地按一定的方式组装成所需的超分子。

分子识别和超分子自组装的结构化学内涵体现在电子因素和几何因素两方面,前者使分子间的各种作用力充分发挥,后者使分子的几何形状和大小互相匹配,在自组装时不发生大的阻碍。分子识别和超分子自组装是超分子化学的核心内容。

超分子结构化学原理应用广泛,是生命科学、材料科学和信息科学等领域的重要基础。已发展起来的主-客体化学、包合物化学成为化学科学的重要分支。

LB 膜是一种超薄有序膜,因为纪念其创始人 I. Langmuir 和 D. B. Blodgett 而命名。LB 膜技术是在分子水平上制备有序的超分子薄膜技术。根据两亲分子在溶液表面的定向排列,进行二维自组装或多层的排列组合,形成各种分子水平的器件。图 11-19 表示基片已进行化学处理,具有亲水表面的成膜过程。图 11-19(a)为基片上提时,表面定向排列分子的亲水基团沉积到基片上,疏水基团向外垂直于基片平面,形成单层有序膜。图 11-19(b)为基片向下穿过单分子层,形成疏水基团和第一层疏水基团相向排列,将第二层固定沉积在其上。图 11-19(c)为再向上提时,两亲分子的亲水基团相向排列,固定沉积成第三层。以此类推,可制得一定厚度和有一定化学组成的超分子薄膜。

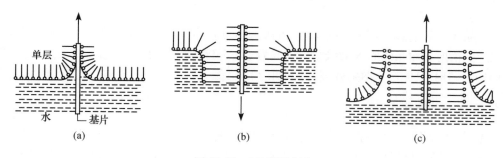

图 11-19　LB 膜的制备

11.5　晶体的结构和性质

11.5.1　晶体结构的周期性与点阵

1. 晶体的结构特征与晶体的性质

晶体是由原子或分子在空间按一定规律周期重复排列构成的固体物质。晶体中原子或分子的排列具有三维空间的周期性,这种周期性规律是晶体结构最基本的特征。而非晶体物质(如玻璃等)内部原子或分子的排列没有周期性,杂乱无章地分布。晶体和玻璃体的结构特点如图 11-20 所示。

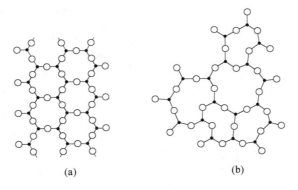

图 11-20   晶体(a)和玻璃体(b)的结构特点

晶体内部原子或分子按周期性规律排列的结构具有下列性质：

（1）均匀性。晶体内部各部分的宏观性质（化学组成、密度、硬度等）相同。非晶体也有均匀性，但与晶体的均匀性起因不同。

（2）各向异性。晶体的物理性质，如电导率、热导率、膨胀系数、折射率等随方向不同而不同。

（3）自范性。晶体在理想的生长环境中能自发形成规则的凸多面体，满足欧拉定理：F（镜面数）$+V$（顶点数）$=E$（晶棱数）$+2$。

（4）对称性。晶体的理想外形具有特定的对称性，这是内部结构对称性的反映。

（5）具有明显确定的熔点。由于晶体具有周期性结构，各部分都按统一方式排列。热振动破坏晶格导致晶体熔化时，各部分的温度相同。非晶体加热时，则是逐步软化成流体，没有明确的熔点。

（6）晶体对 X 射线的衍射。晶体结构的周期大小和 X 射线的波长相当，可作为三维光栅，使 X 射线产生衍射。而晶体的 X 射线衍射已成为了解晶体内部结构的重要实验方法。非晶体物质没有周期性结构，只能产生散射效应，得不到衍射图像。

2. 点阵和结构基元

在晶体内部，原子或分子在三维空间周期性地重复排列，每个重复单位的化学组成相同、空间结构相同，若忽略晶体的表面效应，重复单位的周围环境也相同。这种周期性结构包括两个要素：①周期性重复的内容（重复单位）称为晶体的结构基元（structural motif）；②周期重复的方式（重复周期的长度和方向）用单位平移矢量表示。每个结构基元所包含的内容可以是单个原子或分子，也可以是原子团或多个分子。为了研究晶体结构的周期性，不考虑每个结构基元所包含的具体内容，把它抽象成一个几何点。从晶体中无数个结构基元抽出来的无数个点在三维空间按一定周期重复排列，构成一个点阵。

点阵具有两个重要的基本性质：①点阵由无限多个周围环境相同的点组成；②从点阵中任意点阵点出发，按连接其中任意两个点阵点的矢量平移，整个点阵图形必能复原。可以依据这两个性质考查某一组点是否构成点阵。

结构基元是指重复周期中的具体内容。如果在晶体点阵中各点阵点的位置上按统一方式安置结构基元，就得到晶体结构，可以简单地将晶体结构示意表示为

晶体结构＝点阵＋结构基元

一维点阵称为直线点阵。例如，硒晶体中硒原子呈螺旋链状排列，每个结构基元包括 3 个

硒原子。聚乙烯在一定条件下可以形成晶体,伸展的聚乙烯链的结构基元为—CH_2—CH_2—。

二维点阵称为平面点阵。例如,Cu 晶体的一种密置层,每个 Cu 原子就是一个结构基元,对应一个点阵点。

三维点阵称为空间点阵。NaCl 晶体的三维周期结构及其相应的点阵如图 11-21 所示。

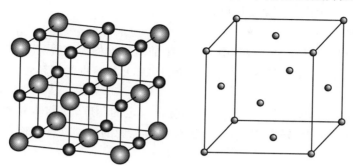

图 11-21　NaCl 晶体的三维周期结构及其点阵

3. 点阵单位

晶体可以抽象成点阵,点阵是无限的。只要从点阵中取一个小小的点阵单位即格子,就能认识这种点阵。

空间点阵必可选择 3 个不相平行的单位矢量 a, b, c,将点阵划分成并置的平行六面体单位,称为点阵单位或称空间格子。矢量 a, b, c 的长度 a、b、c 及其夹角 α、β、γ 称为点阵参数,如图 11-22 所示。

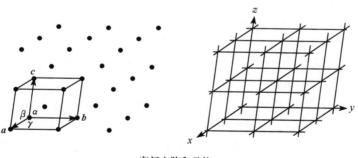

空间点阵和晶格

图 11-22　点阵的划分和晶格

空间点阵可任意选择 3 个不相平行的单位矢量进行划分,有无数种形式。规定正当格子的标准:①平行六面体;②对称性尽可能高;③含点阵点数目尽可能少。三条标准的次序不能颠倒。

11.5.2　晶体结构的对称性

1. 晶体结构的对称元素与对称操作

对称指一个物体包含若干等同的部分,这些部分能经过不改变其内部任何两点间距离的对称操作复原。许多动物的外形左右对称,具有镜面对称元素;许多植物的花朵和叶片绕对称轴排列,具有对称轴的对称元素,如梅花五瓣、百合花三瓣等。不改变物体内部任何两点间的距离而能使物体复原的操作称为对称操作。对称操作据以进行的旋转轴、镜面等几何元素称为对称元素。例如,水分子旋转 $180°$ 能够复原,旋转称为对称操作,旋转轴称为对称元素。

晶体的理想外形和晶体内部结构都具有特定的对称性,可用一组对称元素组成的对称元素系描述。晶体的对称性由其内部点阵结构确定,受到点阵的制约,这是晶体的对称性不同于一般物体(包括分子)对称性的主要原因。

1）晶体的宏观对称元素

晶体的理想外形及其在宏观观察中表现出来的对称性称为宏观对称性。晶体的宏观对称操作有四种:旋转、反映、倒反和旋转反演,相应的对称元素分别为旋转轴、镜面、对称中心和旋转反轴。

（1）旋转轴(n)。物体绕通过其中心的轴旋转一定的角度,使物体复原的操作称为旋转。旋转依据的对称元素为旋转轴,用 n 表示。能使物体复原的最小旋转角称为基转角(α),n 轴的基转角

$$\alpha = \frac{360°}{n}$$

受晶体内部点阵结构的制约,在晶体中存在的对称轴只有轴次为 1、2、3、4、6 共五种。

（2）镜面(m)。镜面是平分晶体的平面,在晶体中除位于镜面上的原子外,其他原子成对地排在镜面两侧,它们通过反映操作可以使晶体复原。反映操作的特点是图形按镜面 m 反映时,每一点都变到该点到镜面垂线的延长线上,在镜面的另一侧与镜面等距离的位置。

（3）对称中心(i)。从晶体中任一原子至对称中心(i)连一直线,将此线延长,必可在和对称中心等距离的另一侧找到另一相同原子。和对称中心相应的对称操作称为反演或倒反。

（4）旋转反轴($\bar{n}$)。旋转反演操动作是旋转与反演的联合动作,动作的特点是每一点沿轴线转动某一角度之后,接着按轴上的中心点进行反演,物体可以复原。对称元素是一条旋转轴加轴中央一个点,合在一起称为旋转反轴,用 $\bar{n}$ 表示。同样,受点阵结构的制约,旋转反轴的轴次只能为 1、2、3、4、6 五种,其中 $\bar{1} = i$,$\bar{2} = m$。因此,旋转反轴的轴次通常只有 $\bar{3}$、$\bar{4}$ 和 $\bar{6}$ 三种。

2）晶体的微观对称元素

晶体的点阵结构包括平移的对称操作。平移与宏观对称操作中的旋转和反映组合形成两个新的微观对称操作——螺旋旋转与滑移反映,相应的对称元素分别为螺旋轴和滑移面。

（1）螺旋轴(n_m)。螺旋轴对应的对称操作是旋转和平移的联合操作,螺旋轴 n_m 表示旋转 $2\pi/n$,接着沿轴平移 m/n 单位矢量。例如,2_1 轴的基本操作是绕轴转 $180°$,接着沿轴的方向平移 $1/2$ 个单位矢量。

（2）滑移面。滑移面对应的对称操作是反映和平移的联合操作。a 滑移面的基本操作是按该面进行反映后,接着沿 x 轴方向滑移 $a/2$。

点阵、螺旋轴和滑移面 3 种对称元素是晶体点阵结构所特有的,和它们相应的对称操作中都包含有平移成分,阶次是无限的。例如,我们熟悉的 NaCl 晶体的结构中存在无数个二重螺旋轴和 a 滑移面,也存在和二维平面点阵结构对应的平移矢量 a 和 b。

2. 晶胞

晶胞是晶体结构的基本重复单位。晶胞有两个要素:①晶胞的大小、形式,由 a、b、c 三个晶轴及它们的夹角 α、β、γ 决定;②晶胞的内容,由组成晶胞的原子或分子及它们在晶胞中的位置决定。图 11-23 为 CsCl 晶体的一个晶胞,Cl 与 Cs 以 1：1 存在。根据 Cl 的排列,可以取出

一个 $a=b=c,\alpha=\beta=\gamma=90°$的立方晶胞,其中 8 个 Cl 原子位于晶胞顶点,每个顶点为 8 个晶胞共有,晶胞中含 $8\times1/8=1$ 个 Cl 原子。Cs 位于晶胞中心。晶胞只含一个点阵点,为素晶胞。

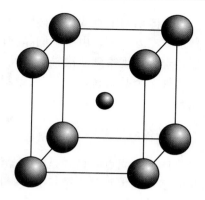

整个晶体就是按晶胞在三维空间周期地重复排列,相互平行取向,按每个顶点 8 个晶胞共有的方式堆砌而成。

晶胞中原子的位置用晶胞原点指向该原子的矢量 **r** 表示

$$r=xa+yb+zc$$

图 11-23　CsCl 型晶体的一个晶胞

式中:**a**,**b**,**c** 分别为以晶胞的三个边为坐标轴的轴上的单位矢量。晶胞中原子的坐标参数$(x,y,z)\leqslant1$,故又称为原子的分数坐标。例如,CsCl 晶胞中,若以 Cl^- 所在位置为坐标原点,则 Cl^- 的坐标参数为$(0,0,0)$,Cs^+ 的坐标参数为$(1/2,1/2,1/2)$。

晶胞是晶体结构的基本重复单位。结构基元是晶体周期性结构中重复排列的最小单位。两者的区别在于,结构基元对应的是点阵点,仅由点阵点不可能知道它们在点阵中的排列情况,也就不知道结构基元在晶体中的排列情况。晶胞包含结构基元的信息,也包含结构基元在晶体中的排列信息,故晶胞包含了晶体结构的全部信息。

3. 晶系

根据晶体的对称性,可将晶体分为 7 个晶系,每个晶系有它自己的特征对称元素(表 11-1)。

表 11-1　7 个晶系及有关特征

晶系	特征对称元素	晶胞特点	空间点阵形式
立方晶系 (cubic)	4 个按立方体对角线取向的 3 次旋转轴	$a=b=c$ $\alpha=\beta=\gamma=90°$	cP 体心立方 cI 体心立方 cF 简单面心立方
六方晶系 (hexagonal)	6 次对称轴	$a=b\neq c$ $\alpha=\beta=90°,\gamma=120°$	hP 简单六方
四方晶系 (tetragonal)	4 次对称轴	$a=b\neq c$ $\alpha=\beta=\gamma=90°$	tP 简单四方 tI 体心四方
三方晶系 (trigonal)	3 次对称轴	$a=b=c$ $\alpha=\beta=\gamma\neq90°$	hR R 心六方
正交晶系 (orthorhombic)	2 个互相垂直的对称面或 3 个互相垂直的 2 次对称轴	$\alpha=\beta=\gamma=90°$	oP 简单正交 oC C 心正交 oI 体心正交 oF 面心正交
单斜晶系 (monoclinic)	2 次对称轴或对称面	$\alpha=\gamma=90°\neq\beta$	mP 简单单斜 mC C 心单斜
三斜晶系 (triclinic)	无	—	aP 简单三斜

以有无特征对称元素为标准,表 11-1 按从上而下的顺序划分晶系。例如,若在晶体外形或宏观性质中发现 4 个 3 次轴,就可判定该晶体结构中必定存在立方晶系。由于立方晶系的晶体包含 1 个以上的高次轴,因此也将立方晶系称为高级晶系。

若晶体结构中有 6 次对称轴、或 4 次对称轴或 3 次对称轴,则该晶体分别为六方晶系、四方晶系或三方晶系。由于它们晶胞形状、规则性比立方晶系低,统称为中级晶系。六方晶系的特征是宏观可观察到 6 次轴对称性,但每个晶胞仍是 a、b 相等,夹角为 120°的平行六面体。

另外 3 个晶系是正交晶系、单斜晶系和三斜晶系,特征对称元素都不含高次轴,统称为低级晶系。

4. 晶体的空间点阵型式

晶体的空间点阵型式是根据晶体点阵结构的对称性,将点阵点在空间的分布按正当单位形状的规定和带心型式进行分类,共有 14 种类型,如图 11-24 所示。这 14 种型式最早(1866年)由布拉维(Bravias)推得,又称布拉维点阵或布拉维点阵型式。

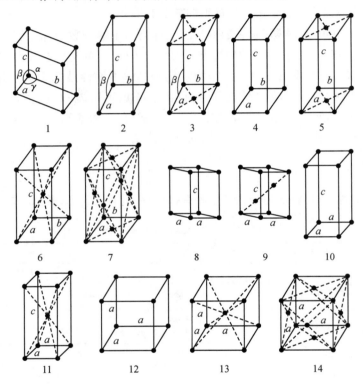

图 11-24　14 种空间点阵型式

1. 简单三斜(aP);2. 简单单斜(mP);3. C 心单斜(mC);4. 简单正交(oP);5. C 心正交(oC);
6. 体心正交(oI);7. 面心正交(oF);8. 简单六方(hP);9. R 心六方(hR);10. 简单四方(tP);
11. 体心四方(tI);12. 简单立方(cP);13. 体心立方(cI);14. 面心立方(cF)

5. 晶体学点群

晶体的理想外形及其在宏观观察中所表现的对称性称为宏观对称性。由于宏观观察不能区分平移的差异,微观结构中一些特殊的螺旋轴、滑移面在宏观中表现为旋转轴和对称面。在晶体外形和宏观观察中表现出来的对称元素只有对称中心、镜面和轴次为 1、2、3、4、6 的旋转轴和反轴,与这些对称元素相应的对称操作都是点操作。将晶体中可能存在的各种宏观对称元素通过一个公共点按一切可能性组合起来,总共有 32 种型式,称为 32 个点群。

晶体所属的点群是它各种宏观性质所共有的对称群,因此晶体的点群是该晶体的物理性质的对称群的子群。晶体学点群对研究晶体的结构和性质十分重要。

6. 晶面指标和晶面间距

晶体的空间点阵从不同的方向可以划分出不同的平面点阵族,实际晶体外形的每个晶面都与某一相应的平面点阵族平行。由于不同的平面点阵族其原子排列情况不同,它们的性质表现也不相同。对于这些不同的晶面(结构不同的平面点阵族),在晶体学中通常引用晶面指标这一概念,给予它们不同的符号或标记。

在晶体点阵中任取一点阵点为坐标原点 O,取晶胞的三个边为坐标系的三个坐标轴(x, y,z),以晶胞相应的三个边长 a、b、c 分别为 x、y、z 轴的单位长度。设有一平面点阵和 3 个坐标轴 x、y、z 相交,在 3 个坐标轴上的截数分别为 r、s、t(以 a、b、c 为单位的截距数目)。截数之比即可反映出平面点阵的方向。若直接由截数之比 $r:s:t$ 表示,当平面点阵和某一坐标轴平行时,截数会出现∞。为了避免出现这种情况,规定用截数的倒数之比 $1/r:1/s:1/t$ 作为平面点阵指标。由于点阵的特性,这个比值一定可化成互质的整数之比 $1/r:1/s:1/t=h:k:l$,所以平面点阵的取向就用指标 (hkl) 表示,即平面点阵指标为 (hkl),也称晶面指标。

显然,相互平行的一族晶面,其 (hkl) 相同。对于通过坐标原点的晶面,可以取其平行晶面表示。

图 11-25 中,r、s、t 分别为 3、3、5,而 $1/r:1/s:1/t=1/3:1/3:1/5=5:5:3$,该平面的点阵指标为 (553)。

平面点阵还可用图 11-26 表示,它示出了 (100)、(110)、(111) 三组点阵面在三维点阵中的取向关系。

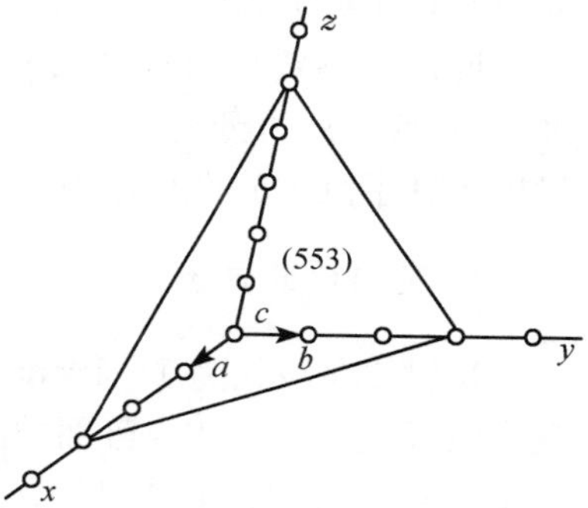

图 11-25　平面点阵(553)的取向

晶体外形中每个晶面都和一族平面点阵平行,所以 (hkl) 也用作和该平面点阵平行的晶面指标。当晶体外形的晶面指标化时,通常把坐标原点放在晶体的中心,外形中两个平行的晶面一个为 (hkl),另一个为 $(\overline{hkl})$。

平面点阵族中,相邻两个平面点阵之间的垂直距离称为晶面距离,用 $d_{(hkl)}$ 表示,下面给出不同晶系使用的不同计算公式:

立方晶系
$$d_{(hkl)}=\frac{a}{(h^2+k^2+l^2)^{1/2}} \tag{11-18}$$

正交晶系
$$d_{(hkl)}=\frac{1}{\left[\left(\frac{h}{a}\right)^2+\left(\frac{k}{b}\right)^2+\left(\frac{l}{c}\right)^2\right]^{1/2}} \tag{11-19}$$

六方晶系
$$d_{(hkl)}=\frac{1}{\left[4(h^2+hk+k^2)/3a^2+(l/c)^2\right]^{1/2}} \tag{11-20}$$

晶面间距离与晶胞参数、晶面指标有关,晶面间距离越大,在实际晶体表面出现的概率越大。

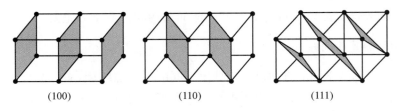

$$(100)\qquad\qquad (110)\qquad\qquad (111)$$

图 11-26　（100）、（110）、（111）在点阵中的取向

11.5.3　晶体对 X 射线的衍射

晶体的周期性结构使晶体能对 X 射线产生衍射效应,形成 X 射线衍射法。该方法于 1912 年问世,是认识物质微观结构的重要途径。20 世纪 50 年代,成功地运用该方法测定蛋白质的结构,为分子生物学的发展提供了基础。到 20 世纪 60～70 年代,计算机控制的单晶衍射仪问世,衍射数据收集的速度、精度大为提高。如今只要得到大小适宜的单晶样品,不论分子是否复杂或有无重金属原子,都能在几到几十个小时内测出其单晶结构,而且精度较高。

现在 X 射线衍射法已成为研究物质结构的重要手段之一,广泛用于晶体结构分析、颗粒度分析、残余应力分析、结晶度分析等方面,对化学、分子生物学、材料科学、表面科学等学科的发展起到了巨大的推动作用。

1. X 射线的产生

X 射线是波长为 $1\sim10^4$ pm 的电磁波。用于测定晶体结构的 X 射线,波长为 50～250pm,这个波长范围与晶体点阵面的间距大致相当。晶体衍射所用的 X 射线主要由两种方式产生,一是由普通 X 射线管中高速运动的电子冲击阳极靶面时产生,二是由电子同步加速环的同步辐射方式产生。

X 射线与可见光一样,有直进性,但折射率小,穿透力强。当它射到晶体上时,大部分透过,小部分被吸收,而光学的反射和折射极小,可忽略不计。

2. 衍射方向

晶体衍射方向就是 X 射线射入周期性排列的晶体中的原子、分子,产生散射后次生 X 射线干涉、叠加相互加强的方向。测定晶体的衍射方向,可以求得晶胞的大小和形状。

空间点阵可看成是由相互平行且间距相等的一系列平面点阵(hkl)所构成。当波长为 λ 的 X 射线入射到某一平面点阵族上时,每一平面上的点阵点都对 X 射线产生散射。对于点阵面 1 来说,若要求面上各点散射的 X 射线在某一方向上互相加强,则要求入射角 θ 和衍射角 θ' 相等,入射线、衍射线和平面法线三者在同一平面内,才能保证光程相等(光程差 $\Delta=0$),即点阵面 1 是一个等程面,如图 11-27(a)所示。

一个等程面上各点之间没有波程差。但任何等程面都是相互平行的一族点阵面,这些平行的等程面之间有波程差。图 11-27(b)表明,相邻两个等程面的波程差为 $MB+BN$,而

$$MB = BN = d_{(hkl)}\sin\theta$$

式中:$d_{(hkl)}$ 为点阵面(hkl)的点阵面间距。只有相邻等程面之间的波程差为波长的整数倍时,才会发生衍射,这就是布拉格(Bragg)方程。

$$2d_{(hkl)}\sin\theta_n = n\lambda \qquad\qquad (11-21)$$

式中:n 为衍射级数,为 $1,2,3,\cdots$,整数;θ_n 为衍射角。晶面指标(hkl)的一族点阵面,由于它和

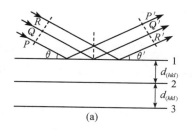 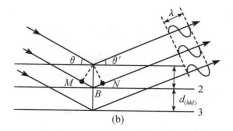

图 11-27　布拉格公式的推引

入射 X 射线取向不同,光程差不同,可产生 n 为 1、2、3、…,衍射指标为 hkl、$2h2k2l$、$3h3k3l$、…的一级、二级、三级、…衍射。衍射指标 nh、nk、nl 与相应的平面点阵族指标 (hkl) 为 n 倍关系。例如,晶面(110)由于它与入射线的取向不同,可产生衍射指标为 110、220、330、…的衍射,如图 11-28 所示。

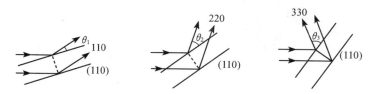

图 11-28　(110)面在不同衍射角上产生 110、220、330 等衍射的情况

这种 (hkl) 面上的所有 n 级衍射又可被视为 $(nh\ nk\ nl)$“晶面”上的一级衍射。例如,将真实的(110)晶面上发生的三级衍射——330 衍射,视为 330 晶面上发生的一级衍射。(330)并不一定是真实的晶面,而是所谓的“衍射面”。d_{330} 只有 $d_{(110)}$ 的 1/3。故布拉格方程可写成

$$2d_{hkl}\sin\theta = \lambda \qquad (11\text{-}22)$$

式中:$d_{hkl} = d_{(hkl)}/3$,通常把不加括号的这组整数 hkl 称为衍射指标,d_{hkl} 为衍射面间距。

3. 衍射强度

晶体对 X 射线在某方向上的衍射强度与衍射方向有关,也与晶体晶胞的原子空间分布有关。

原子种类不同,电子数目及分布不同,散射能力有大小之别,通常用原子散射因子 f 表示,它是一个自由电子在相同条件下散射波幅的 f 倍。f 随着 $\sin\theta/\lambda$ 的增加而减小,可以根据核外电子分布函数计算得到。

衍射 hkl 的衍射强度 I_{hkl} 正比于结构因子 $|F_{hkl}|^2$,还与晶体对 X 射线的吸收、入射光强、温度等多种物理因素有关。

通过衍射强度数据分析,可以设法测定晶体结构。根据系统消光,可以测定微观对称元素和点阵型式。

4. 单晶衍射法

单晶的 X 射线衍射实验有照相法和衍射法。早期是用照相法,一般挑选一粒直径为 0.1～1mm 的完整晶粒,用胶液粘在玻璃毛顶端,安置在测角头上,用一张感光胶片拍下一批衍射点,通过显影、定影后,测量计算出衍射方向和衍射强度,进而计算晶胞参数,了解体系

统消光及晶体对称性等。常用的照相法有 Laue 法、回摆法、Weissenberg 法和旋进法等,随着计算机控制技术的发展,照相法逐渐被衍射仪法所取代。

X 射线衍射仪包括测角仪、X 射线监测器和计算机控制系统三部分。通过计算机调整晶体坐标轴和入射 X 射线的相对取向以及 X 射线检测器的位置,记录下每一衍射 hkl 符合衍射条件的衍射线的位置和强度。

图 11-29(a)示出青蒿素($C_{15}H_{22}O_5$)的三维电子密度叠合图,图 11-29(b)示出青蒿素分子的结构式。这种分子的空间结构正是借助 X 射线单晶衍射法,由电子密度图测定出来的。

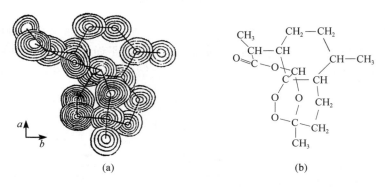

图 11-29　青蒿素晶体的三维电子密度叠合图(a)及其结构式(b)

5. 多晶衍射法

块状或粉末试样是由无数个随机取向的小晶粒组成的多晶样品。当单色化的 X 射线照射到多晶样品上时,产生的衍射花样与单晶不同。设入射的 X 射线于某一晶面(hkl)符合衍射条件,其夹角为 θ 时,则在衍射角 2θ 有衍射线。由于多晶中小晶块有各种取向,晶面(hkl)的衍射线分布在 4θ 的圆锥方向上。

这只是某种晶面的某一级衍射。实际上,满足衍射条件有多种晶面的多级衍射,形成大小不等的许多圆锥。多晶衍射实验要记录的是这些圆锥的衍射角 θ 及衍射强度 I。

多晶样品经 X 射线衍射曝光后,测量并计算衍射角 θ 的值,然后根据 θ 和入射波长 λ 并按布拉格方程求出晶面间距 d 值。

现在,多晶衍射仪已基本取代了粉末照相法。衍射仪中,测角仪和 X 射线探测器替代了粉末照相机和感光胶片。通过计算机控制系统控制着测角仪上的样品和 X 射线探测器按一定的方式绕中心旋转,把 X 射线的强度和相应的衍射角记录下来,并计算晶面间距 d 值。

X 射线衍射法已成为研究物质结构的最重要的手段之一,对生物学的发展起到了巨大的推动作用。20 世纪 50 年代,鲍林(Pauling)关于蛋白中 α 螺旋与 β 折叠结构模型,沃森(Watson)和克里克(Crick)关于 DNA 双螺旋模型的提出(为晶体 X 射线结构分析证实),使生物学发展进入分子生物学时代,指出从分子水平上理解生物大分子的结构与功能的道路。

目前已测定结构的生物大分子(蛋白质、核酸、酶等)有 3000 多个,其中独立结构有 300 多个。这些研究成果为深入了解生物大分子的组成、结构与功能的关系提供了丰富的资料和信息。

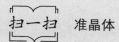 准晶体

Summary

Chapter 11　Elementary Structure Chemistry

1. Approximate electronic wave functions for molecule can be written as linear combinations of atomic orbitals. These one-electron wave functions can be called as molecular orbitals (MO). The theory of Hückel molecular orbital is approximate method to deal with the structures and properties of conjugated molecules. It can calculate the electron density distributing, bond order and free valence of the conjugated molecule.

2. Any solid consists of atoms or molecules. Usually these are arranged in space an order fashion, which we call a crystal.

$$crystal = lattice + structural\ motif$$

According to the symmetry, the crystal can be divided into 7 crystal systems, 14 lattice units and 32 crystal point groups. Crystal structures can be determined by x-ray diffraction method.

习　　题

11-1　MO 理论的要点有哪些? 对于多电子分子, 分子体系波函数是不是分子轨道?

11-2　什么是晶体衍射的两个要素? 它们与晶体结构(如晶胞的两要素)有何对应关系?

11-3　Give the ground-state MO electronic configuration for each of following: (1) He_2^+, (2) Be_2, (3) C_2, (4) N_2. Which of species are paramagnetic?

11-4　How many Na^+ and Cl^- ions are there per unit cell in the NaCl crystal?

第 12 章　光谱学简介

根据光与物质的相互作用,介绍原子光谱、分子光谱、拉曼(Raman)光谱和磁共振谱产生的基本原理,着重阐明各种波谱与物质的电子结构或空间结构的关系,简要说明各种波谱的解析和应用。

物质吸收或放出电磁射波的强度对频率所形成的关系图称为光谱(spectra)或波谱。研究光谱的基本原理、实验技术和应用的科学称为光谱学,是近代研究物质结构的主要手段。

12.1　光　与　光　谱

12.1.1　光谱的种类

光具有波动性和微粒性。光的波长、频率和速度的关系为

$$c = \lambda\nu \tag{12-1}$$

式中:c 为光速;λ 为波长;ν 为频率。

光子的能量决定于辐射的频率

$$E = h\nu = hc/\lambda \tag{12-2}$$

式中:E 为能量;h 为普朗克(Planck)常量,6.626×10^{-34} J·s。

原子、分子处于不停止的运动状态,这种运动在外部以辐射或吸收能量的形式(电磁辐射)表现出来。光谱是复合光按波长顺序展开的光学现象,更为广义、更为准确地表述是指电磁辐射按照波长或频率的有序排列。由于原子、分子的运动多种多样,因此光谱也是多种多样的。从不同的角度考虑可以把光谱分为不同的类型。

(1) 按照波长及测定方法划分,光谱可分为 γ 射线、X 射线、光学光谱、微波波谱和射频波谱(无线电波)等。通常所说的光谱仅指光学光谱。光学光谱又分为真空紫外、近紫外、可见、近红外和远红外。波谱技术指广义的电磁波谱技术。

(2) 按照光谱的外形划分,光谱可分为连续光谱、带状光谱和线状光谱。连续光谱是由炽热的固体或熔体发光引起的,这是物质跃迁到连续能级(非量子化)时产生的,大多见于光谱的背景上。其特点是在比较宽的波长区域呈无间断的辐射或吸收,不存在锐线和间断的谱带。例如,发射光谱分析中的炽热电极头及氩灯、钨灯等在一定波长范围内的辐射均是连续光谱。带状光谱来源于分子的辐射或吸收。分子外层电子实现能级跃迁时,产生电子-振动-转动光谱,在紫外、可见区形成具有精细结构的光谱带组,也称为紫外-可见光谱。由于跃迁产生光子能量离散,导致谱线宽度扩展,另外色散元件难以完全分开彼此靠近的谱线,因此分子光谱谱

线具有带状特性。线状光谱是由气态原子(或离子)辐射或吸收所引起的光谱,在外形上由无规则的相间谱线所组成。谱线不连续是原子或离子能级的不连续(量子化)决定的。

(3) 按照电磁辐射的本质划分,光谱可分为分子光谱、原子光谱、X 射线能谱和 γ 射线能谱等。分子光谱是由分子的电子能级、振动能级和转动能级的变化而产生的。原子光谱是由其外层电子的能级跃迁而引起的。X 射线能谱是由其内层电子的能级跃迁而引起的。γ 射线能谱是由原子核的衰裂产生的光子流所引起的。微波是由分子转动能级的跃迁引起的。

(4) 按照能量的传递形式划分,光谱可分发射光谱、吸收光谱、荧光光谱、磷光光谱以及拉曼光谱等。发射光谱是基于分子或原子吸收热能被激发后,电子自发跃迁到低能态时发生电磁辐射产生的光谱。吸收光谱是由于分子或原子吸收光子产生而引起的光谱。荧光光谱、磷光光谱是分子或原子的光致发光。拉曼光谱是分子对入射光散射产生的。

12.1.2　光谱性质与量子跃迁类型

波长、强度和谱型是光谱的三要素。波长是由能级差决定的,可根据特性谱线的波长进行定性分析。

光谱的强度则与能级间的跃迁概率,原子、离子或分子等粒子的数目以及粒子在能级间的分布三者有关。如果两个能级间的电磁跃迁概率为零,则相应的谱强度为零,不出现这条谱线,称为禁阻跃迁,否则跃迁是允许的。可利用光谱强度与浓度的线性关系进行定量分析。

根据光谱谱型可以了解主要量子跃迁类型和光谱产生的内在规律(表 12-1)。

表 12-1　光谱(电磁波谱)的性质

波长	频率/Hz	光子能量/eV	辐射类型	波谱类型	量子跃迁类型
<0.005nm	>6.0×10^{19}	>2.5×10^{5}	γ 射线	γ 射线光谱、穆斯鲍尔(Möss-bau-er)谱	核能级跃迁
0.005~10nm	6.0×10^{19}~3.0×10^{16}	2.5×10^{5}~1.2×10^{2}	X 射线	X 射线光谱、俄歇(Auger)光谱	K、L 层电子能级跃迁
10~200nm	3.0×10^{16}~1.5×10^{15}	1.2×10^{2}~6.2	真空紫外光	真空紫外光谱	
200~380nm	1.5×10^{15}~7.5×10^{14}	6.2~3.1	近紫外光	紫外-可见光谱	外层电子能级跃迁
380~750nm	7.5×10^{14}~3.8×10^{14}	3.1~1.6	可见光		
0.75~50μm	3.8×10^{14}~6.0×10^{12}	1.6~2.5×10^{-2}	近红外、红外光	红外吸收光谱	分子振动能级
50~1000μm	6.0×10^{12}~3.0×10^{11}	2.5×10^{-2}~1.2×10^{-3}	远红外光		分子转动能级
1~300mm	3.0×10^{11}~1.0×10^{9}	1.2×10^{-3}~4.1×10^{-6}	微波	微波谱、顺磁共振谱	分子转动能级、电子的自旋能级跃迁
>300mm	<1.0×10^{9}	<4.1×10^{-6}	无线电波	核磁共振谱	电子和核的自旋能级跃迁

12.2　原子光谱

原子光谱(atomic spectrum)是原子核外电子在不同能级之间跃迁而产生的光谱,分为原子发射光谱、原子吸收光谱和原子荧光光谱等。其波长涉及真空紫外、紫外、可见和近红外光区。

12.2.1　原子结构与原子能态

原子由原子核和核外运动的电子组成。根据量子力学理论,采用薛定谔方程来描述核外电子运动状态,求解薛定谔方程而引用主量子数 n、角量子数 l、磁量子数 m 和自旋量子数 s 等四个量子数表征量子状态。

外层有多个价电子的原子,由于电子间的相互作用,运动状态比单电子原子复杂得多,一般用量子数的矢量和表示核外电子运动状态。

主量子数 n 的意义和单电子原子相同。

总角量子数 L 用于说明轨道间相互作用,等于各个价电子的角量子数 l 的矢量和,即 $L=\sum l$,共有 $(2L+1)$ 个,分别用 S、P、D、F、$\cdots$ 表示,对应于 $L=0$、1、2、3、$\cdots$。

总自旋量子数 S 用于说明自旋与自旋的相互作用,等于外层价电子自旋量子数的矢量和,即 $S=\sum s$,$S=0,\pm 1,\pm 2,\cdots,\pm S$ 或 $S=0,\pm 1/2,\pm 3/2,\cdots$。

总内量子数 J 反映轨道与自旋的相互作用,为总角量子数 L 和总自旋量子数 S 的矢量和,即 $J=L+S$,也称为 $L\text{-}S$ 偶合。L 与 S 之间存在相互作用,可裂分产生 $(2S+1)$ 个能级,这也就是原子光谱产生光谱多重线的原因,用 M 表示,称为谱线的多重性(multplit)。

例如,钠原子只有一个外层电子,$S=1/2$,因此 $M=2$,即为双重线。而对于碱土金属,有两个外层电子,自旋方向相同时,$S=1$,$M=3$,即为三重线;自旋方向相反时,$S=0$,$M=1$,为单重线。

多电子原子的运动状态可用 n、L、S、J 来表示,这些量子数确定时,原子的运动状态(能级状态)即可确定。例如,第 30 号元素锌的原子处于基态时,最外层有两个 4s 电子,其运动状态可描述为 $n=4$、$L=0$、$S=0$、$J=0$。

12.2.2　光谱项与能级图

在光谱学上常用一个包含有量子数 n、L、S、J 的符号——光谱项(spectral term)来表示原子所处的能级状态,表示方法为 $n^{2S+1}L_J$。以钠原子为例,其基态和激发态光谱项列于表 12-2。

表 12-2　钠原子基态和激发态的光谱项

价电子组态	电子结构$(1s)^2(2s)^2(2p)^6(3s)^1$					$Z=11$
	量子数					光谱项
	n	L	S	J		
基态$(3s)^2$	3	0	1/2	1/2		$3^2S_{1/2}$
激发态$(3p)^1$	3	1	$\pm 1/2$	3/2	1/2	$3^2P_{3/2}$,$3^2P_{1/2}$
$(3d)^1$	3	2	$\pm 1/2$	5/2	3/2	$3^2D_{5/2}$,$3^2D_{3/2}$
$(4f)^1$	4	3	$\pm 1/2$	7/2	5/2	$4^2F_{7/2}$,$4^2F_{5/2}$

　　由于光谱线的产生是原子中价电子在两个能级间跃迁的结果,因此可以用两个光谱项来表示。例如,钠原子的价电子在基态(3s)和激发态(3p)之间跃迁时,产生两条 D 谱线,表示为

Na　588.996nm　$3^2 S_{1/2}$-$3^2 P_{3/2}$

Na　589.593nm　$3^2 S_{1/2}$-$3^2 P_{1/2}$

　　为表示谱线是两个能级间跃迁产生的,低能级符号写在前面,高能级光谱项写在后面。n 和 L 相同而 J 值不同的能级称为光谱支项,能量稍有差别,所产生的谱线波长很近,为多重线系。

　　理论上不同能级间均能产生跃迁,所得谱线很多。实际只有符合光谱选律(光谱选择定则)的跃迁才可能发生,具体如下:

　　(1) 主量子数的变化 Δn 为零或整数。

　　(2) 总角量子数的变化 $\Delta L=\pm 1$,即跃迁只能在 S 与 P 间、P 与 S 或 D 间、D 与 P 或 F 间等产生。

　　(3) 总内量子数的变化 $\Delta J=0,\pm 1$;但是当 $J=0$ 时,$\Delta J=0$ 的跃迁被禁阻。

　　(4) 总自旋量子数的变化 $\Delta S=0$,即不同多重性状态之间的跃迁被禁阻。

　　元素的光谱线系常用能级图来表示。图 12-1 为钠原子能级图,纵坐标表示能量,用 cm^{-1} 或 eV 表示;顶上是光谱项符号;实际存在的能级用横线表示,最下面的横线为基态,上面的横线为各激发态;可以产生的跃迁用线连接,并以波长值(nm)表示;由各不相同的高能级跃迁到同一低能级时发射的一系列光谱线称为线系。原子光谱是由许多谱线组成的线状光谱。

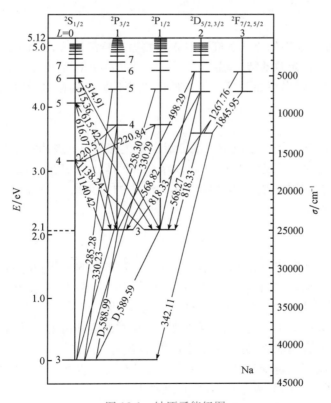

图 12-1　钠原子能级图

12.2.3　原子发射光谱及原子吸收光谱

1. 原子光谱与特征谱线

原子一般处于能量最低的基态,经热致激发或电致激发,外层电子从基态跃迁到不同的高能级(激发态)。跃迁的能级不同,形成原子激发态的能级不同,经约 10^{-8} s 外层电子就从高能级向低能级跃迁,释放多余的能量 ΔE,得到一条光谱线,ΔE 与发射光谱波长的关系为

$$\lambda = hc/\Delta E \tag{12-3}$$

激发作用所需能量激发称为激发能或激发电位,原子光谱的每一条谱线有其对应的激发电位。元素由基态到第一激发态的跃迁最易发生,需要的能量(称为第一共振电位)最低,产生的谱线也最强,该谱线称为共振线。大多数元素的共振线是元素所有谱线中最灵敏,也称为该元素的特征谱线。

对于钠原子,基态的光谱项为 $3^2S_{1/2}$,第一激发态的光谱项为 $3^2P_{1/2}$ 和 $3^2P_{3/2}$,Na 588.996nm 和 Na 589.593nm 是钠的两条共振线,由能级图得到第一共振电位为 2.1eV,根据上式计算出电子在基态与第一激发态间跃迁所辐射出光谱线的波长为

$$\lambda = hc/\Delta E = (1240.0/2.1)\text{nm} = 590.48\text{nm}$$

该计算值与实测值 588.996nm 和 Na 589.593nm 很接近。

原子的外层电子由高能级激发态向低能级基态跃迁时,能量以电磁辐射的形式出现,即产生原子发射光谱。

一定条件下,处于基态的原子蒸气吸收入射共振光特征谱线,产生原子吸收光谱。

气态自由原子吸收光源的特征辐射,原子的外层电子跃迁到较高能级,然后又跃迁返回基态或较低能级,同时发射出与原激发辐射波长相同或不同的辐射,即产生原子荧光光谱。

2. 原子发射光谱与谱线强度

原子发射谱线的产生是由于电子从高能级向低能级跃迁的结果,即原子或离子由激发态跃迁到基态或低能态时产生的。在热力学平衡条件下,某元素的原子或离子的激发情况,即分配在各激发态和基态的原子浓度遵守统计热力学中的麦克斯韦(Maxwell)-玻尔兹曼分布定律,即

$$N_i = N_0 \frac{g_i}{g_0} \text{e}^{-\frac{E_i}{kT}} \tag{12-4}$$

式中:N_i 和 N_0 分别为单位体积内处于第 i 个激发态和基态的原子数;g_i 和 g_0 分别为第 i 个激发态和基态的统计权重,是和相应能级的简并度有关的常数;E_i 为由基态激发到第 i 激发态所需要的能量(激发电位);T 为光源的温度(热力学温度)。

式(12-4)表明,处于不同激发态的原子数目主要与温度和激发能量有关。温度越高,越容易将原子或离子激发到高能级,处于激发态的数目就越多。同一温度下,激发电位越高,激发到高能级的原子或离子数越少。同一种原子激发到不同高能级所需要的能量不同,能级越高所需能量越大,原子所在的能级越高,其数目就越少。

电子处于高能级的原子不稳定,很快要跃迁到低能级同时发射出特征光谱。由于电子激发时可以激发到不同的高能级,可能以不同的方式跃迁到不同的低能级,发射出许多不同波长的谱线。

电子在不同能级之间的跃迁,只要符合光谱选律就可能发生。跃迁发生可能性的大小称为跃迁概率。设电子在某两个能级之间的跃迁概率为 A,这两个能级的能量分别为 E_i 和 E_0,发射的谱线频率为 ν,则一个电子在这两个能级之间跃迁时所放出的能量,即这两个能级之间的能量差 $\Delta E = E_i - E_0 = h\nu$。在热力学平衡条件下,共有 N_i 个原子处在第 i 激发态,故产生的谱线强度 (I) 为

$$I = N_i A_i h\nu \tag{12-5}$$

将式(12-4)代入式(12-5),则有

$$I = N_0 \frac{g_i}{g_0} e^{-\frac{E_i}{kT}} A_i h\nu \tag{12-6}$$

对上式简化,原子线的谱线强度可写为

$$I = K^0 N e^{-\frac{E_i}{kT}} \tag{12-7}$$

式中:K^0 为式(12-6)中各常数项合并而来的原子线常数;N 为等离子体中该元素处于各种状态的原子总数。

由式(12-7)可见,影响谱线强度的主要因素如下:

(1) 激发电位。谱线强度与激发电位成负指数关系,激发电位越高,谱线强度就越小。

(2) 跃迁概率可根据实验数据计算。跃迁概率与激发态寿命成反比,原子处于激发态的时间越长,跃迁概率越小,产生的谱线强度越弱。例如,产生 NaI 330.232nm 谱线的跃迁概率约为 NaI 588.996nm 谱线跃迁概率的 1/22,因而谱线强度也相应弱得多。

(3) 统计权重。谱线强度与激发态和基态的统计权重之比 g_i/g_0 成正比。

(4) 光源温度。温度升高,谱线强度增大。但随着温度的升高,虽然激发能力增强,易于使原子激发,同时也增强了原子的电离。只有在合适的温度范围内,谱线才有最大强度。在进行光谱分析时,适当控制温度,才能获得最高灵敏度。

(5) 原子密度。谱线强度与进入光源的原子密度成正比,即与基态原子总数成正比。一定条件下,基态原子数与试样中该元素浓度成正比,故谱线强度与被测元素浓度成正比,这是原子发射光谱用于定量分析的理论依据。

谱线强度还受许多其他因素的影响,如狭缝的宽度、曝光时间、光源、光谱仪、激发的方式和条件、样品的大小、状态、形状、组成及各种干扰等。

3. 原子吸收光谱

从光源发射的共振发射线通过某元素的原子蒸气,处于基态的原子蒸气吸收共振发射线,产生原子吸收光谱。

原子蒸气在一定的温度下,其绝大部分原子处于基态。将光源发射的不同频率的电磁辐射通过原子蒸气,入射光强度为 $I_{0\nu}$,有一部分电磁辐射被吸收,其透射光的强度 I_ν,$I_{0\nu}$ 与 I_ν 之间服从朗伯(Lambert)-比尔(Beer)定律,即

$$I_\nu = I_{0\nu} e^{-K_\nu L} \tag{12-8}$$

式中:K_ν 为原子蒸气对频率为 ν 的电磁辐射的吸收系数;L 为电磁辐射通过原子蒸气的厚度(火焰的宽度)。

在实际工作中使用锐线光源,用一个与待测元素相同的纯金属或其纯化合物制成的空心阴极灯作锐线光源,不仅可得到较窄的锐线发射线,而且使光源发射线与原子蒸气吸收线的中

心频率一致。原子的吸收系数(K)与单位体积原子蒸气中待测元素吸收辐射的原子数 N 成正比。

原子吸收光谱法是利用待测元素原子蒸气中基态原子对该元素共振线的吸收进行测定。在原子化过程中,待测元素离解成原子状态,包括基态原子和激发态原子。在一定温度下,体系处于热力学平衡条件时,激发态原子和基态原子的分布符合麦克斯韦-玻尔兹曼分布定律,满足式(12-4)。原子化温度一般低于 3000K,因此 N_i/N_0 值大都小于 10^{-3},即激发态原子数远小于基态原子数。因此在原子化时,激发态原子数可以忽略,认为基态原子数实际代表待测元素的原子总数。

在一定浓度范围和一定吸收光程的情况下,吸光度(A)与待测元素浓度(c)的关系可表示为

$$A = k'c \tag{12-9}$$

式中:k' 在仪器及实验条件选定时是一个常数。

原子发射光谱发射线的强度与激发态的原子数 N_i 有关,它与温度成指数关系,故发射光谱受温度的影响较大。而原子吸收光谱吸收线的强度与基态的原子数 N_0 有关,随温度的变化很小,近似为原子总数 N。因此原子吸收光谱受温度的影响小,测定的精密度和准确度较原子发射光谱好。

12.3　分子光谱

12.3.1　分子的运动与能态

分子内部运动形式主要有三种(不考虑核内运动和分子平动),即电子相对原子核的运动、各原子核的相对振动和整个分子的转动。不考虑各种形式运动的相互作用时,其总能量为

$$E = E_e + E_v + E_r \tag{12-10}$$

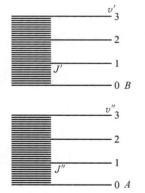

图 12-2　双原子分子能级示意图
A、B. 电子能级;v''、v'. 振动能级;
J''、J'. 转动能级

式中:E_e、E_v 和 E_r 分别表示电子、振动和转动能量。这三种运动能量是量子化的,其中每个电子能级包含若干振动能级,每个振动能级又包含若干转动能级,如图 12-2 所示。

当分子未受到外界能量作用的情况下,其外层价电子一般都处于能级中最低的能量状态,称为分子基态。当分子接受能量(如光的照射作用)后,电子跃迁到较高能态,此能态称为分子激发态,对应的能级称为分子激发态能级。分子对光的发射与吸收的过程和原子一样也是量子化过程。跃迁是在符合选择定则的某能级间才能发生,它由分子的本质特性决定。

分子从能级 E'' 到能级 E' 之间的跃迁吸收(或发射)相应能量的电磁波形成分子光谱(molecular spectrum),其波数为

$$\sigma = \frac{1}{\lambda} = \frac{E' - E''}{hc} = \frac{E'_e - E''_e}{hc} + \frac{E'_v - E''_v}{hc} + \frac{E'_r - E''_r}{hc}$$

$$= (T' - T'') + (G' - G'') + (F' - F'') \tag{12-11}$$

式中：$\dfrac{E}{hc}$ 称为谱项；T、G 和 F 分别称为电子、振动和转动谱项。

转动能级能量差很小，为 $0.004\sim0.005\text{eV}$，对应光子波长为 $100\mu\text{m}\sim1\text{cm}$，位于微波或远紫外区；振动能级能量差为 $0.05\sim1\text{eV}$，对应光子波长为 $1\sim25\mu\text{m}$，在红外区；电子能级能量差一般为 $1\sim20\text{eV}$，对应光子波长为 $100\sim1000\text{nm}$，位于可见、紫外区。可见-紫外光子在激发价电子的同时也能激发振动、转动能级的跃迁，得到的是分子的电子-振动-转动光谱，由复杂的谱带组成。

12.3.2　转动光谱

双原子分子的转动可用哑铃型刚性转子模型近似处理，即假设转动时两核间的距离不改变，转动能级为

$$E_\text{r}(J) = \frac{h^2}{8\pi^2 I} J(J+1) \qquad J = 0,1,2,\cdots \tag{12-12}$$

转动谱项为

$$F(J) = \frac{E_\text{r}(J)}{hc} = \frac{h}{8\pi^2 Ic} J(J+1) = BJ(J+1) \tag{12-13}$$

式中：I 为转动惯量，$I=\mu r_\text{e}^2$，μ 为两核的折合质量，r_e 为平衡核间距，即键长；J 为转动量子数；$B=h/8\pi^2 Ic$，称为转动常数。式（12-13）假设分子为线形，对于对称的四面体或八面体分子（如 CH_4、SF_6 等）也适用。

由量子力学可以得出，只有当能级跃迁伴随分子电偶极矩发生变化时，才能产生转动光谱。转动能级跃迁的选律如下：

（1）非极性分子（$\mu=0$），如 H_2、CO_2、CH_4 等，$\Delta J=0$，没有转动光谱。

（2）极性分子（$\mu\neq0$），$\Delta J=\pm1$。因此，对于极性分子（如 HCl、CO 等）允许的能级跃迁是从状态 J 到 $(J+1)$，吸收辐射能的波数为

$$\sigma = 2B(J+1) \qquad J = 0,1,2,\cdots \tag{12-14}$$

根据式（12-14），转动谱线是等距离的，间距为 $\Delta\sigma=2B$。根据上述刚性转子模型计算的转动光谱的谱线，在 J 较小时基本与实验事实相符，但当 J 较大时，即转动剧烈时，谱线间距会由于转动离心力而增大，I 随之变大。准确地计算分子的转动光谱，需要对刚性转子模型进行修正。修正后得到的非刚性转子的转动能级为

$$E(J) = \frac{h^2}{8\pi^2 \mu r_\text{e}^2} J(J+1) - \frac{h^4}{32\pi^4 \mu^2 r_\text{e}^6 k} J^2(J+1)^2 \tag{12-15}$$

相应的谱项为

$$F(J) = \frac{E(J)}{hc} = BJ(J+1) - DJ^2(J+1)^2 \tag{12-16}$$

式中：$B=h/(8\pi^2\mu Ic)$；$D=h^3/(32\pi^4 I^2 r_\text{e}^2 kc)$；$I=\mu r_\text{e}^2$。选律和刚性转子的一样，于是极性分子从转动能级 J 跃迁到 $J+1$ 吸收光子波数为

$$\sigma = 2B(J+1) - 4D(J+1)^2 \tag{12-17}$$

研究转动光谱可以求得转动惯量、核间距以及分子的对称性等。

12.3.3　振动光谱

把双原子分子近似看作为一维谐振子进行处理，即两个原子看成刚性小球，两原子间的化

学键看成为无质量的弹簧,键的力常数为 k,设分子振动的瞬时核间距与平衡核间距分别用 r 和 r_e 表示,势能为 $V=\dfrac{1}{2}k(r-r_e)^2$,其薛定谔方程的能级解析式为

$$E_v=\left(v+\frac{1}{2}\right)h\nu_e=\left(v+\frac{1}{2}\right)hc\sigma_e \qquad v=0,1,2,\cdots \tag{12-18}$$

式中:ν_e 为振动频率,$\nu_e=\sqrt{k/\mu}/2\pi$;v 为振动量子数;σ_e 为谐振子的振动波数。振动谱项为

$$G(v)=\frac{E_v}{hc}=\left(v+\frac{1}{2}\right)\sigma_e \tag{12-19}$$

根据量子力学原理可得出振动光谱选律如下:

(1) 非极性分子($\mu=0$),$\Delta v=0$,没有振动光谱;

(2) 极性分子($\mu\neq0$),$\Delta v=\pm1$。

该规律表明极性分子在振动过程中发生偶极矩变化,吸收或发射电磁波,有红外振动光谱,而非极性分子无振动光谱。此规律对多原子分子振动也适用。

按谐振子模型,极性双原子分子的振动光谱只有一条谱线,其波数正好是谐振子的本征振动频率 ν_e。而实验得到的双原子分子振动光谱线不是只有一条,除了一条最强的谱线外,还有若干条弱线,组成一个谱带。

非谐振子模型得到的振动光谱可有许多条谱,且谱线间距随 v 增大而减小。利用振动光谱的实验数据可以计算振动频率和非谐性常数,进而可以求得键的力常数 k 和同位素的质量和离解能等。

分子的振动能级比转动能级差大得多。用近红外区光子激发分子振动状态的同时,一定伴随有转动能级的变化。在分辨率较高的光谱仪中,对应于一种振动跃迁不是一条谱线,而是由许多相隔很近的谱线组成一个谱带,称为振动-转动光谱。图 12-3 给出 HCl 红外吸收谱带的精细结构。

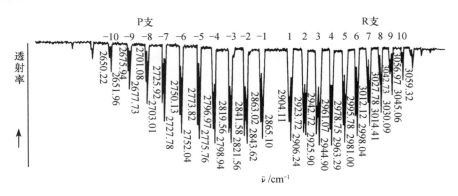

图 12-3　HCl 红外吸收谱带的精细结构

每条谱线都分裂为二。这种分裂是由于气体样品中含有 $H^{35}Cl$ 和 $H^{37}Cl$ 两种同位素分子引起的,它们的折合质量不同。由于分子在高能态时偏离刚性转子行为,两相邻谱线间距随温度升高逐渐缩小。

振转光谱的精细结构一般出现在样品是气体的情况。样品是液体或固体时,分子转动不自由,一般出现宽的吸收峰。

双原子分子的振动形式只有一种伸缩振动,多原子分子中的振动情况比较复杂。不考虑电子的运动,含 N 个原子的分子中在空间三个方向运动的自由度共有 $3N$ 个。经典力学分析

表明,经过坐标变换可分离出描写分子平动的三个自由度,以及描写分子转动的三个自由度(线性分子是两个),余下 $3N-6$(线性分子是 $3N-5$)个自由度描写分子中原子的相对运动,即简正振动自由度。这些简正振动都是独立的基本振动,复杂多原子分子的振动可用一组简正振动模式来替代,分子中每个原子的振动就是在单个模式下振动情况的叠加。

HCl 是线性分子,只有 $3\times2-5=1$ 个简正振动,振动频率是 $2886\mathrm{cm}^{-1}$。CO_2 是线性分子,$3\times3-5=4$,有 4 种简正振动,其中沿着链轴方向的振动称为伸缩振动,垂直于链轴方向的振动称为弯曲振动。对称伸缩振动由于电偶极矩不改变且为零,没有红外活性。其余 3 种振动有电偶极矩的变化,可以吸收或辐射红外光子。两种弯曲振动实际上属于同一类型,其能量是简并的,具有相同的吸收峰。

H_2O 是非线性分子,$3\times3-6=3$,有 3 种简并振动,即对称伸缩振动、不对称伸缩振动和剪式弯曲振动,这三种振动都有电偶极矩的变化,因此有红外特征频率。

不对称伸缩振动频率最高,对称伸缩振动频率次之,弯曲振动频率最低。不是所有简正振动的频率都能出现在红外光谱中,只有振动时瞬时电偶极矩有变化的那些简正振动才有红外活性。

对于复杂的分子进行全振动理论分析非常困难。实验表明,不同化合物分子中含有相同的化学键(如 N—H,C≡C 等)或相同的基团(如—CH_2,—NH_2 等),它们在振动光谱中出现相同或大致相近的吸收频率,说明特征基团或化学键的吸收峰在各种不同化合物的吸收光谱中是基本固定的,这类吸收峰成为化学键或基团的特征峰,特征峰的中心频率称为其特征频率。例如,C—H 的吸收峰为 $3000\sim2850\mathrm{cm}^{-1}$,—OH 的吸收峰为 $3650\sim3600\mathrm{cm}^{-1}$,C=O 的吸收峰为 $1725\sim1700\mathrm{cm}^{-1}$,C≡C 的吸收峰为 $2250\sim2100\mathrm{cm}^{-1}$。

分子的振动形式可以分为伸缩振动和弯曲振动。伸缩振动改变键长,频率一般较大,在 $4000\sim1300\mathrm{cm}^{-1}$,称为基团的特征频率区。特征区的频率受化学环境的影响很小,吸收峰较少重叠,较容易判断分子中存在的基团。

弯曲振动不改变键长,频率较小,在 $1600\sim400\mathrm{cm}^{-1}$,称为指纹区。指纹区中出现的光谱比较复杂,基团的振动频率对其化学环境的影响非常敏感。根据指纹区谱线的变化可以区别分子结构的不同。

在红外光谱中除了简正振动的基频峰,还有倍频峰($2\sigma_{e,1}$,$3\sigma_{e,1}$,$2\sigma_{e,2}$,$\cdots$)、合频峰($\sigma_{e,1}+\sigma_{e,2}$,$2\sigma_{e,2}+\sigma_{e,3}$,$\cdots$)、差频峰($\sigma_{e,1}-\sigma_{e,2}$,$2\sigma_{e,2}-\sigma_{e,3}$,$\cdots$)等。这些统称为泛频峰,是由于分子振动的非谐性和各种振动之间的相互作用造成的,这些吸收峰很弱,不易观察。

12.3.4　电子光谱

电子光谱是物质在紫外、可见电磁辐射作用下,分子中价电子(外层电子)在电子能级间跃迁而产生的,一般也称为紫外-可见光吸收光谱(ultraviolet-visible absorption spectrum)。

由于分子振动能级跃迁与转动能级跃迁所需能量远小于分子电子能级跃迁所需能量,故在电子能级跃迁的同时伴有振动能级与转动能级的跃迁,即电子能级跃迁产生的紫外-可见光谱中还包含有振动能级与转动能级跃迁产生的谱线,它是由谱线非常接近甚至重叠的吸收带组成的带状光谱。

1. 吸收过程与吸收定律

分子吸收紫外、可见光可视为两步过程,即激发过程和松弛过程。其激发过程可表示为

$$M + h\nu \longrightarrow M^* \qquad (12\text{-}20)$$

M 和光子 $h\nu$ 之间的反应产物是一个电子激发态粒子(标记为 M^*)。这种激发态的寿命是很短的($10^{-8} \sim 10^{-9}$s),它的存在可以通过某种松弛过程而中止。最常见的松弛类型是激发能转变为热能,即

$$M^* \longrightarrow M + 热能 \qquad (12\text{-}21)$$

除此之外,还可以由 M^* 分解形成新的分子而松弛,这是光化学反应;M^* 也可通过发射荧光或磷光发生松弛。由于寿命很短,M^* 的质量分数通常可以忽略不计。

紫外、可见光的吸收符合朗伯-比尔定律,这是光吸收的基本定律,也可以用于多组分吸收介质。

2. 电子能级跃迁类型

跃迁产生电子光谱的价电子包括成键电子(π 和 σ 电子)、非键电子(n 电子)和反键电子(π^* 和 σ^* 电子)。它们处在不同能级的相应分子轨道上。根据分子轨道理论,各类分子轨道的能量有很大差别。分子中这三种电子的能级高低次序为 $\sigma < \pi < n < \pi^* < \sigma^*$。

有机化合物最主要的电子跃迁类型有以下几种,如图 12-4 所示。

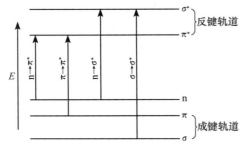

图 12-4　电子跃迁的主要类型

(1) 成键轨道与反键轨道之间的跃迁,即 $\sigma \rightarrow \sigma^*$,$\pi \rightarrow \pi^*$。其中 $\sigma \rightarrow \sigma^*$ 跃迁需要较大的能量,在远紫外区产生吸收($\lambda_{max} < 200$nm),饱和碳氢化合物仅含有 σ 电子,如丙烷 $\lambda_{max} = 135$nm。通常饱和烃在近紫外区无吸收,可用作其他有机化合物的溶剂。

当分子中含有不饱和键或芳环时,会产生 $\pi \rightarrow \pi^*$ 跃迁。单个双键的吸收在远紫外区,如乙烯 $\lambda_{max} = 185$nm。随着共轭体系的增大,吸收带向长波方向移动至近紫外甚至可见光区,通常以强吸收带出现。$\varepsilon > 7000$ 又称为 K 带。

(2) 非键电子激发到反键轨道,即 $n \rightarrow \sigma^*$,$n \rightarrow \pi^*$。实现 $n \rightarrow \sigma^*$ 跃迁所需要的能量较高,其吸收光谱在远紫外区和近紫外区,杂原子如氧、氮、硫及卤素等均含有不成键 n 电子。含杂原子的化合物可以产生 $n \rightarrow \sigma^*$ 跃迁,如甲醇(气态)$\lambda_{max} = 183$nm,$\varepsilon = 150$。而 $n \rightarrow \pi^*$ 跃迁发生在近紫外区,当分子中含有 C=O、N=O 和 C=S 等基团(同时含杂原子和不饱和键)时,会产生 $n \rightarrow \pi^*$ 跃迁。从图 12-4 可看出,这一跃迁的能级差最小,一般在 200~400nm 产生弱吸收带,$\varepsilon < 1000$,常称为 R 吸收带。

(3) 电荷迁移跃迁,即在光能激发下,导致电荷从化合物的一部分迁移至另一部分。

无机化合物的吸收带主要由电荷迁移和配位场跃迁(d-d 跃迁和 f-f 跃迁)产生。

3. 生色基与助色基

多原子分子常含有各种容易产生能级跃迁的基团,这些基团的结构特征是含有 π 电子的不饱和基团,能产生 $\pi \rightarrow \pi^*$、$n \rightarrow \pi^*$ 跃迁。简单的生色团由双键或叁键体系组成,如乙烯基C=C、羰基 C=O、亚硝基 NO_2、偶氮基—N=N—、腈基 C=N 等,这种基团称为生色基或发色基。这类生色基在不同的分子内孤立存在时,它们的吸收峰具有相近的 λ_{max} 和 ε_{max}。

助色基本身没有吸收,却能加强其他基团的吸收,或使吸收峰向长波移动。其结构特征是通常都含有 n 电子,当它们与生色团相连时,由于 n 电子与 π 电子的 p-π 共轭作用,导致 $\pi \rightarrow \pi^*$ 跃迁能量降低,生色基的吸收波长向长波移动,颜色加深。常见的助色基为连有杂原子的饱和基团,如—OH、—OR、—NH—、—NR$_2$ 和—X 等。

有机化合物的吸收谱带常常因引入取代基或改变溶剂,使最大吸收波长 λ_{max} 和吸收强度 ε 发生变化:λ_{max} 向长波方向移动称为红移,向短波方向移动称为蓝移(或紫移)。吸收强度(摩尔吸光系数 ε)增大或减小的现象分别称为增色效应或减色效应。

紫外-可见光谱在定性分析方面的应用主要依靠化合物光谱特征如吸收峰的数目、位置、强度、形状等与标准光谱比较,可以确定某些基团的存在。一般这种方法不能单独确定未知化合物的结构,还需与其他分析方法相配合。在利用紫外-可见光谱进行物质分子结构分析时,生色基与助色基有着重要意义。

12.4　拉曼光谱

一束单色光通过气体、液体或透明的固体介质时,大部分入射光透过,少部分光被物质吸收,有 $10^{-3} \sim 10^{-5}$ 的入射光被分子以不同的角度散射。根据光子与分子相互碰撞的不同形式分类,散射光又分为弹性散射和非弹性散射。

弹性散射的特征是入射光子与物质分子的碰撞不发生能量交换,散射光的频率与入射光频率相同,只改变方向,又称瑞利散射,其强度大约是入射光强度的 10^{-5},丁铎尔效应属于这种散射。

非弹性散射的特征是光子和分子之间碰撞时发生能量交换,不仅使光子改变运动的方向,也改变了能量。散射光的频率与入射光频率不同,其强度大约是入射光强度的 10^{-7}。1923 年,斯美克尔(Smekal)从理论上预言到了非弹性散射的存在。由于非弹性散射强度极弱,直到 1928 年印度物理学家拉曼在研究苯的光散射时才发现了非弹性散射效应,故将这种散射称为拉曼散射。

拉曼散射可以看成分子对光子吸收和发射的过程。当光透过物质时,分子在光的电磁场作用下诱导出一个变化的偶极,它的振荡成为次级光源的发射中心而发出光子,产生散射现象。拉曼散射的产生与分子的振动-转动能级的跃迁有关,如图 12-5 所示。

处于振动-转动基态的分子吸收入射光子 $h\nu$ 的能量后跃迁到激发中介态,中介态能级与稳定能级不同,分子处于该能态时很不稳定,立刻(大约 10^{-15} s)向回跃迁。其中绝大部分跃回原来能级,发射出与入射光相同频率的光子 $h\nu$,产生弹性散射。同时少部分跃回到 v_1 振动激发态,相应发射光量子的能量 $h\nu_s$ 和频率 ν_s,这种散射光的波长比入射光的波长长,称为斯托克斯线。

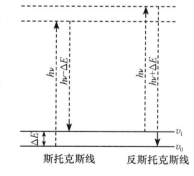

图 12-5　拉曼散射的能级跃迁

处于振动-转动激发态(v_1)的分子吸收入射光量子 $h\nu$ 跃迁到中介能态,同样立即向回跃迁,绝大部分发生弹性散射。很少量跃回到振动基态,发射出光子的能量 $h\nu_s$ 和频率 ν_s。这种散射光的波长要比入射光的波长短,称为反斯托克斯线。常温下多数分子处在振动基态($v=0$),只有少数分子的 $v>0$,所以拉曼散射中反斯托克斯线比斯托克斯线弱很多,一般很难观察到,如图 12-6 所示。

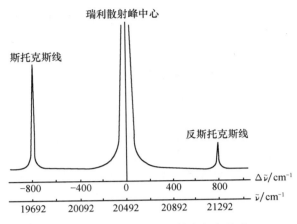

图 12-6　拉曼散射与入射光频率关系

　　分子的振动-转动引起分子以外电磁场方向的极化率发生变化,产生拉曼散射,否则只有瑞利散射而无拉曼散射。

　　除了球形对称分子如 CH_4、CCl_4 等外,无论是极性或非极性的双原子分子,对称或不对称陀螺多原子分子,其极化率在空间三维方向不全相同,转动时都引起在电场方向上极化率的变化,都有转动拉曼活性。

　　线性分子转动拉曼光谱的选律为 $\Delta J = 0, \pm 2$。当 $\Delta J = 0$ 时,散射线频率 ν 和入射线频率 ν_0 相同,属瑞利散射;当 $\Delta J = -2$ 时,属反斯托克斯线;当 $\Delta J = +2$ 时,属斯托克斯线。

　　振动拉曼光谱能量是分布在瑞利线两侧的一系列等距离谱线,它们与瑞利散射线之间的间距称为拉曼位移。从转动拉曼光谱数据可以计算分子的键长。

　　对于任何分子,在振动时其极率都会发生变化。所以,任何分子都有振动拉曼光谱,可得到振动波数 σ_e 和非线性常数 χ,进而计算出力常数 k 和离解能 D_0。

　　拉曼光谱与红外光谱都与分子的振动和转动能级的跃迁有关,这两种光谱具有相同的对象范围,但产生的原理不同。分子中有些跃迁没有红外活性,但有拉曼活性;有些跃迁过程有红外活性,却没有拉曼活性。如有对称中心的分子,其对称振动没有红外光谱,而有拉曼光谱;相反,其反对称振动有红外光谱,而无拉曼光谱。红外光谱与拉曼光谱具有互补性。

12.5　核磁共振和顺磁共振

12.5.1　核磁共振

　　原子核是由质子、中子等组成,原子核带有电荷,和电子一样有自旋运动,核自旋产生的角动量为

$$M_I = \sqrt{I(I+1)}\, \frac{h}{2\pi} \tag{12-22}$$

　　I 为核自旋量子数,质量数为奇数的核,I 为 1/2、3/2、5/2、$\cdots$,如 ^{1}H、^{13}C、^{19}F 的 $I = 1/2$,^{17}O 的 $I = 3/2$;质子数和中子数都是奇数时,I 为整数 1、2、3、$\cdots$,如 ^{2}H、^{14}N 的 $I = 1$,^{10}B 的 $I = 3$;质子数和中子数都是偶数时,核中质子与质子、中子与中子各自成对,I 为 0,如 ^{12}C、^{16}O、

^{32}S。$I=0$ 的核磁矩为零,称为非磁性核;$I\neq0$ 的核称为磁性核。

核自旋角动量值为 $I、I-1、\cdots、-I$,共有 $(2I+1)$ 个值,即核自旋角动量空间方向是量子化的,有 $(2I+1)$ 个取向。

核的自旋运动产生磁场,类似于一个小磁体。核磁旋比值越大,核的磁性越强,检测的信号就越易被观察。^{1}H,^{13}C 和 ^{14}N 核的核磁旋比值分别为 26.7519×10^{-7}T$^{-1}\cdot$s^{-1}、6.7283×10^{-7}T$^{-1}\cdot$s^{-1} 和 1.93×10^{-7}T$^{-1}\cdot$s^{-1}。

在磁感应强度为 B_0 的外磁场中,核磁矩与磁场相互作用,令外磁场方向为 Z 方向,则核自旋能级为

$$E=-\mu_{I_Z}B_0=-m_Ig_N\mu_NB_0 \tag{12-23}$$

由于 $m_I=I,I-1,\cdots,-I$,说明原来简并度为 $(2I+1)$ 的不同取向上的核磁矩,在外磁场 B_0 的作用下分裂成 $(2I+1)$ 个能级间隔为 $g_N\mu_NB_0$ 的不同能级。当 m_I 为正值时,核的磁矩顺着外磁场的方向,能量降低;反之,当 m_I 为负值时,核的磁矩与外磁场的方向相反,能量升高;当 m_I 为零时,核的磁矩与磁场方向垂直,能量为零。

对于质子 ^{1}H,$I=1/2$,$m_I=\pm1/2$,在外磁场作用下有两个核自旋能级。随着外磁场 B_0 的增加,能级间隔也随之增加,如图 12-7 所示。

核吸收能量从一个自旋状态激发到另一个自旋状态,跃迁选律是 $\Delta m_I=\pm1$,即跃迁发生在相邻两个能级间。当外磁场中的样品受电磁辐射时,若辐射的频率合适,其能量恰好等于核的两个相邻能级差,能量就可被核吸收,发生从低能级到相邻高能级的跃迁。这种辐射能被原子核吸收的现象称为核磁共振。

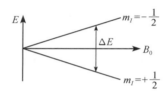

图 12-7　氢原子核在外磁场中的能级分裂

能量共振吸收后使核从低自旋能级激发到高自旋能级,若高能级的核没有其他途径回到低能级,将很快达到饱和,不再有净吸收,得不到吸收谱。实际上处在高能级的核可以通过非辐射的途径回到低能级,这种过程称为弛豫。弛豫过程有两种:一是高能级的核与周围分子作用,将能量转移为周围分子的热运动;二是处在高能级核的能量传递给周围其他低能级的核。前者称为自旋-晶格弛豫或纵向弛豫,后者称为自旋-自旋弛豫或横向弛豫。

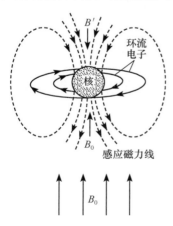

图 12-8　电子对抗磁场的屏蔽作用

大多数有机化合物中都含有碳、氢、氧原子,由于 ^{12}C 和 ^{16}O 的 $I=0$,没有核磁矩,不产生核磁共振。^{1}H 和 ^{13}C 的 $I=1/2$ 是磁性核,能产生核磁共振。^{1}H 的丰度大,磁性极强,共振谱中吸收峰强,是最主要研究对象,^{13}C 次之。最常见的核磁共振谱是 ^{1}H 核磁共振谱和 ^{13}C 核磁共振谱。

同种核在固定磁场 B_0 中的吸收频率不仅与核磁旋比 γ 和外磁场 B_0 有关,还受核周围化学环境的影响。如化合物各种不同基团上的氢所吸收的频率稍有不同,差异约为百万分之十左右。这是由于围绕氢核运动的电子在外磁场作用下产生了对抗磁场,同时还受到邻近其他的核磁场的影响,使氢核受到屏蔽作用,如图 12-8 所示。

当外加磁感应强度 B_0 一定,屏蔽常数越大,相应的共振吸收频率就越小,共振吸收峰移向较低频率端;当固定辐射频率

时,屏蔽常数越大,则氢核需在较大的外磁场感应强度下才能产生共振吸收,共振吸收峰移向较高磁场端。

由于屏蔽作用氢核相对于裸性质子的共振吸收峰发生位移,处于不同化学环境的氢核产生的位移不同,差别很微小,绝对值与仪器的 B_0 有关。为便于比较,通常选用一适当的化合物作为标准,将不同化合物的氢与标准物质中氢的核磁共振吸收相比较,按式(12-24)计算

$$\delta = \frac{\nu_{样} - \nu_{标}}{\nu_{标}} = \frac{B_{标} - B_{样}}{B_{标}} \times 10^6 \qquad (12-24)$$

式中:δ 称为化学位移;$\nu_{标}$ 和 $\nu_{样}$ 分别为固定 B_0 时样品和标准物质的共振吸收频率;$B_{标}$ 和 $B_{样}$ 分别为固定辐射频率时标准物质和样品的共振吸收的磁感应强度。

屏蔽常数 σ 以裸核为标准,计算化学位移用四甲基硅烷(TMS)为标准物质。它只有一个甲基氢的吸收峰,信号强,屏蔽常数比绝大多数分子的都大。规定 TMS 的化学位移 δ 为零,绝大多数基团的 δ 为正值,峰的位置出现在 TMS 的左边,通常把磁感应强度最大的一端画在右边,如图 12-9 所示。化学位移除了用 δ 表示外,还常用 τ 表示,取 TMS 的 τ 为 10,$\tau = 10 - \delta$。

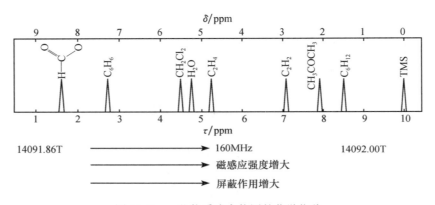

图 12-9　一些物质或官能团的化学位移

质子的环境不同,δ 一般为 0~10,不同化合物中同种化学基团的质子 δ 值变化不大。由共振吸收峰的位置可以确定对应的基团,根据吸收峰的大小可以知道该基团所含质子的相对数目,从而推测分子的结构。

图 12-10 为乙醇的核磁共振图。图谱中自左到右的吸收峰分别代表乙醇分子 CH_3(a)—CH_2(b)—OH(c)中 a、b、c 三种不同氢核的共振吸收。羟基中的氢核与电负性强的氧直接相连,电子云密度较其他氢核外的电子云密度都小,屏蔽作用也小,在较小的磁感应强度下产生共振吸收。远离—OH,屏蔽作用增强,产生共振吸收的磁感应强度增大,—CH_2—中的氢核对应第二个吸收峰。—CH_3 中的氢离—OH 最远,屏蔽作用最强,H(c)的吸收峰出现在磁感应强度最大处。三个吸收峰的积分线高度不同,可以求出 H(a)、H(b)、H(c)三种氢核的原子数之比为 3:2:1。

乙醇分子中含有三种化学环境不同的氢核,在高分辨率的核磁共振图谱中可以观察到三组分裂的峰,这主要是不同基团中氢核的相互作用引起的。氢核有两种自旋方式,分别形成与外磁场同向或反向的小磁场,使邻近的核感受到磁场强度的加强或减弱,一半共振吸收向低场移动,另一半则向高场移动,原来的信号分裂为强度相等的两个峰。这种作用称为自旋-自旋偶合。

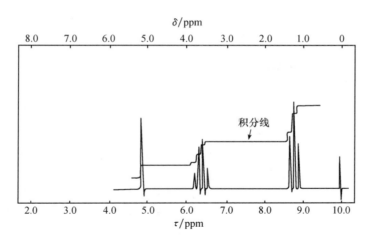

图 12-10　含痕量水的乙醇核磁共振图

乙醇分子中的—CH$_2$—使邻近的—CH$_3$吸收峰分裂为三重峰,其高度比为$1:2:1$。—CH$_3$中的三个氢核共有 8 种自旋组合方式,使邻近—CH$_2$—基团的吸收峰分裂为四重峰,其高度比为 $1:3:3:1$。—CH$_2$—的四重峰又受到—OH 的影响,每条谱线又分裂为双线,总共是八重峰。同样,—CH$_2$—也使—OH 的质子峰分裂为三重峰。

一般乙醇中含有痕量水,H_3O^+ 和乙醇中—OH 迅速交换质子,这种交换消除了—OH 和邻近质子的偶合,所以乙醇核磁共振谱中—CH$_2$—仍然是四重峰,—OH 是单峰。

谱线的分裂数与邻近基团有关,当某一基团的氢与相邻的 n 个等价氢偶合,吸收峰分裂为 $(n+1)$ 重峰,峰高之比为二项式展开式系数之比。若某基团的氢邻近分别有 m 个和 n 个两类不同的氢,则吸收峰分裂为 $(m+1)(n+1)$ 重峰。但若该氢核与邻近的这两类不同氢的偶合常数相等或成简单比例,则会发生峰的重叠而使数目减少。

自旋偶合常数 J 和化学位移不同,它是分子自身的结构属性,不受外磁场强度的影响,因此通过改变外磁场强度的方法可区别多重峰是由化学位移引起的还是由自旋偶合引起的。

核磁共振在帮助推断化合物的结构方面非常有用,通过化学位移可以推断化学基团或质子种类,通过吸收峰的积分线相对高度可以确定各类氢的数目比,由自旋偶合还可以了解基团间的相互作用和相对位置等。随着科学技术的发展,核磁共振在物理、化学、生物、医学及材料等领域中的应用越来越广泛和深入。

12.5.2　顺磁共振

顺磁共振(EPR)又称电子自旋共振(ESR),是测量和研究含有未成对电子的顺磁性物质的现代分析方法,主要应用于研究自由基、三重态分子、d、f 轨道未充满的过渡金属与稀土元素离子及其配合物等。顺磁共振的基本原理和实验方法与核磁共振相似。

当分子(原子或离子)中含有未成对电子,电子总自旋角动量 M_S 不为零,其值为

$$M_S = \sqrt{S(S+1)}h/2\pi \tag{12-25}$$

式中:$S=n/2$,为总自旋量子数,n 为未成对电子的数目。电子总自旋角动量的空间方向是量子化的。在 Z 轴方向的分量

$$M_{S_Z} = m_s h/2\pi \qquad m_s = S, S-1, S-2, \cdots, -S \tag{12-26}$$

式中:m_s 为电子自旋磁量子数。

由于未成对电子的自旋运动产生磁场，分子类似于一个小磁体。电子磁矩的空间取向是量子化的，m_s 共有 $(2S+1)$ 个值。在没有外磁场作用时，空间取向不同的电子磁矩具有相同的能量。当外磁场强度为 B_0 时，原来简并的能级分裂成具有相同能量间隔的不同能级，能级间隔随 B_0 的增大而增大。电子磁能级跃迁的选律是 $\Delta m_s = \pm 1$。如果只有一个未成对电子，$m_s = \pm \frac{1}{2}$，两种状态的能量分别是 $E_\alpha \left(+\frac{1}{2}\right)$ 和 $E_\beta \left(-\frac{1}{2}\right)$。当 $B_0 = 0$ 时，$E_\alpha = E_\beta = 0$，两种自旋状态能量相同。当 $B_0 \neq 0$ 时，能级一分为二，$E_\alpha > E_\beta$，如图 12-11 所示。

$$m_s = -\frac{1}{2}, +\frac{1}{2}$$

$$+\frac{1}{2}(E_\alpha)$$

$$h\nu$$

$$-\frac{1}{2}(E_\beta)$$

图 12-11　E_α、E_β 能级

垂直于磁场 B_0 的方向对样品施加电磁波，如果其频率合适，产生能量的共振吸收，使一部分低能级电子受激发跃迁到高能级中，相应产生吸收峰，这就是顺磁共振或电子自旋共振。

顺磁共振与核磁共振的原理相似。玻尔磁子 μ_B 比核磁子 μ_N 大三个数量级，顺磁共振的吸收频率比核磁共振的频率大三个数量级，所以顺磁共振的波长在微波区。和核磁共振一样，顺磁共振信号微弱，需用复杂的无线电技术监测，一般采用固定微波频率的扫场式测定。

分子内部各种磁性粒子产生局部磁场 B'，B' 与分子结构有关。当波谱仪采用扫场式时，固定电磁波频率 ν，顺磁共振吸收的磁场强度不再是 B_0，而是 $B = B_0 + B'$，需要满足的条件是

$$h\nu = g\mu_B B \tag{12-27}$$

式中：g 为朗德因子，其大小与相应未成对电子所处的化学环境有关，与核磁共振的化学位移有相似之处，提供分子内部结构的基本信息。

未成对电子与附近磁性核存在相互作用，使原来单一的顺磁共振谱线分裂成多重谱线，这些谱线称为超精细结构，谱线间距称为超精细结构常数，它反映了这种相互作用的大小。

如果一个未成对电子受到 n 个相同磁性核的影响，分裂峰数为 $(2nI+1)$。如果未成对电子同时受到两种不同磁性核的作用，超精细结构峰的分裂数为 $(2I_1+1)(2I_2+1)$，但吸收峰有一些可能会发生重叠。

图 12-12 为 DPPH 自由基的顺磁共振超精细结构，它的结构式为 $(C_6H_5)_2N—N—C_6H_2(NO_2)_3$，一个未成对电子同时受到两个 N 核的影响，共有 $2 \times 2I + 1 = 5$ 条谱线。

顺磁共振谱的检测灵敏度很高，分辨率好，在确定顺磁分子中未成对电子的位置、研究自由基反应动力学、顺磁离子在配位场中的价态对称性、催化剂的活性中心和反应机理、生物体内涉及电子转移的细胞代谢过程等方面起到强有力的作用。

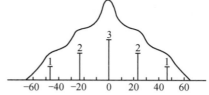

图 12-12　DPPH 的 EPR 谱图

扫一扫　绿色荧光蛋白

Summary

Chapter 12   Brief Introduction of Spectroscopy

1. Three types of molecular spectra are recognized: (a) rotation spectra, (b) vibration-rotation spectra, and (c) electronic band spectra. Raman spectra arise from the radiation scattered by molecules. Nuclear magnetic resonance (NMR) investigates the reversal of nuclear magnetic moments. The electron spin resonance (ESR) technique is the study of the properties of molecules containing unpaired electrons.

2. Atoms can make transitions between the orbits allowed by quantum mechanics by absorbing or emitting exactly the energy difference between the orbits. An atom can absorb or emit only certain discrete wavelengths (or equivalently, frequencies or energies). The wavelength of the emitted or absorbed light is exactly such that the photon carries the energy difference between the two orbits.

习　　题

12-1　简述分子内部运动和分子光谱的关系。

12-2　已知分子吸收光子的频率波数分别为 $0.1\sim81\text{cm}^{-1}$、$400\sim1000\text{cm}^{-1}$ 和 $8000\sim160\,000\text{cm}^{-1}$，试求每一种光子的能量大小范围。

12-3　分子光谱与原子光谱的产生和形态上有何异同？

12-4　简述原子发射光谱与原子吸收光谱形成的原理及应用。

主要参考书目

范康年. 2005. 物理化学. 2 版. 北京：高等教育出版社.

傅献彩，沈文霞，姚天扬. 2005. 物理化学(上、下册). 5 版. 北京：高等教育出版社.

高盘良. 2002. 物理化学学习指南. 北京：高等教育出版社.

高月英，戴乐蓉，程虎民. 2007. 物理化学(生命科学类). 北京：北京大学出版社.

顾惕人. 2001. 表面化学. 北京：科学出版社.

韩德刚，高执棣. 1997. 化学热力学. 北京：高等教育出版社.

韩德刚，高执棣，高盘良. 2001. 物理化学. 北京：高等教育出版社.

侯万国，孙得军，张春光. 1998. 应用胶体化学. 北京：科学出版社.

胡英，吕瑞东，刘国杰. 2007. 物理化学. 5 版. 北京：高等教育出版社.

李松林，周亚平，刘俊吉. 2009. 物理化学(下册). 5 版. 北京：高等教育出版社.

刘国杰，黑恩成. 2008. 物理化学导读. 北京：科学出版社.

刘俊吉，周亚平，李松林. 2009. 物理化学(上册). 5 版. 北京：高等教育出版社.

帅志刚，邵久书. 2008. 理论化学原理与应用. 北京：科学出版社.

孙世刚，陈良坦，李海燕. 2008. 物理化学. 厦门：厦门大学出版社.

印永嘉，奚正楷，张树永. 2007. 物理化学简明教程. 4 版. 北京：高等教育出版社.

Atkins P，Paula J de. 2006. Physical Chemistry. 8th ed. London：Oxford University Press.

Levine I. 2008. Physical Chemistry. 6th ed. New York：McGraw-Hill Science.

Mortimer R G. 2008. Physical Chemistry. 3rd ed. San Diego：Elsevier Academic Press.

附录 I　一些物质的标准热力学数据(298.15K、$p^{\ominus}=10^5\text{Pa}$)

单质或化合物	$\Delta_f H_m^{\ominus}$ /(kJ·mol^{-1})	$\Delta_f G_m^{\ominus}$ /(kJ·mol^{-1})	$S_m^{\ominus}$ /(J·mol^{-1}·K^{-1})	$C_{p,m}$ /(J·mol^{-1}·K^{-1})
Ag$_2$SO$_4$(s)	−715.88	−618.41	200.4	131.38
AgBr(s)	−100.37	−96.90	107.1	52.38
AgCl(s)	−127.068	−109.789	96.2	50.79
AgCN(s)	146.0	156.9	107.19	66.73
AgI(s)	−61.84	−66.19	115.5	56.82
AgNO$_3$(s)	−124.39	−33.41	140.92	93.05
AgSCN(s)	87.9	101.39	131.0	63.0
Br$_2$(g)	30.907	3.110	245.463	36.02
Br$_2$(l)	0	0	152.231	75.689
C(金刚石)	1.895	2.900	2.377	6.113
C(石墨)	0	0	5.740	8.527
CO(g)	−110.525	−137.168	197.674	29.142
CO$_2$(g)	−393.509	−394.359	213.74	37.11
CS$_2$(l)	89.70	65.27	151.34	75.7
CCl$_4$(g)	−102.9	−60.59	309.85	83.30
CCl$_4$(l)	−135.44	−65.21	216.40	131.75
CH$_3$Cl(g)	−80.83	−57.37	234.58	40.75
CH$_3$OH(g)(甲醇)	−200.66	−161.96	239.81	43.89
CH$_3$OH(l)(甲醇)	−238.66	−166.27	126.8	81.6
CH$_4$(g)	−74.81	−50.72	186.264	35.309
CHCl$_3$(l)	−134.47	−73.66	201.7	113.8
HCOOH(l)(甲酸)	−424.72	−361.35	128.95	99.04
C$_2$H$_2$(g)	226.73	209.20	200.94	43.93
C$_2$H$_4$(g)	52.26	68.15	219.56	43.56
C$_2$H$_4$O(g)(乙醛)	−52.63	−13.01	242.53	47.91
C$_2$H$_5$OH(g)	−235.10	−168.49	282.70	65.44
C$_2$H$_5$OH(l)	−277.69	−174.78	160.7	111.46
CaCl$_2$(s)	−795.8	−748.1	104.6	72.59
CaCO$_3$(s)	−1206.92	−1128.79	92.9	81.88
CaF$_2$(s)	−1219.6	−1167.3	68.87	67.03
CaO(s)	−635.09	−604.03	39.75	42.80

单质或化合物	$\Delta_f H_m^{\ominus}$ /(kJ·mol^{-1})	$\Delta_f G_m^{\ominus}$ /(kJ·mol^{-1})	$S_m^{\ominus}$ /(J·mol^{-1}·K^{-1})	$C_{p,m}$ /(J·mol^{-1}·K^{-1})
Cl$_2$(g)	0	0	223.066	33.907
F$_2$(g)	0	0	202.78	31.30
H$_2$(g)	0	0	130.684	28.824
H$_2$O(g)	−241.818	−228.572	188.825	33.577
H$_2$O(l)	−285.830	−237.129	69.91	75.291
H$_2$S(g)	−20.63	−33.56	205.79	34.23
HF(g)	−271.1	−273.2	173.779	29.133
HCl(g)	−92.307	−95.299	186.908	29.12
HBr(g)	−36.40	−53.45	198.695	29.142
HI(g)	26.48	1.70	206.594	29.158
Hg$_2$Cl$_2$(s)	−265.22	−210.745	192.5	—
Hg$_2$I$_2$(s)	−121.34	−111.0	233.5	—
Hg$_2$SO$_4$(s)	−743.12	−625.815	200.66	131.96
HgCl$_2$(s)	−224.3	−178.6	146.0	—
HgO(s,红)	−90.83	−58.539	70.29	44.06
I$_2$(g)	62.438	19.327	260.69	36.90
I$_2$(s)	0	0	116.135	54.438
KCl(s)	−436.747	−409.14	82.59	51.30
N$_2$(g)	0	0	191.61	29.125
NH$_3$(g)	−46.11	−16.45	192.45	35.06
NH$_4$Cl(s)	−314.43	−202.87	94.6	—
NO(g)	90.25	86.55	210.761	29.844
NO$_2$(g)	33.18	51.31	240.06	37.20
HNO$_3$(l)	−174.10	−80.71	155.60	109.87
NaCl(s)	−411.153	−384.138	72.13	50.50
NaOH(s)	−425.61	−379.49	64.46	59.54
O$_2$(g)	0	0	205.138	29.355
O$_3$(g)	142.7	163.2	238.93	39.20
PbBr$_2$(s)	−278.7	−216.92	161.5	80.12
PbCl$_2$(s)	−359.41	−314.10	136.0	—
PbI$_2$(s)	−175.48	−173.64	174.85	77.36
PbO(s,红)	−218.99	−188.93	66.5	45.81
PbO(s,黄)	−217.32	−187.89	68.70	45.77
PbO$_2$(s)	−277.4	−217.33	68.6	64.64
PbSO$_4$(s)	−919.94	−813.14	148.57	103.207
SO$_2$(g)	−296.830	−300.194	248.22	39.87
SO$_3$(g)	−395.72	−371.06	256.76	50.67

附录Ⅱ　一些有机化合物的
热力学数据(298.15K、$p^{\ominus}=10^5 \mathrm{Pa}$)

有机化合物	$M/(\mathrm{g} \cdot \mathrm{mol}^{-1})$	$\Delta_{\mathrm{f}} H_{\mathrm{m}}^{\ominus}/(\mathrm{kJ} \cdot \mathrm{mol}^{-1})$	$\Delta_{\mathrm{f}} G_{\mathrm{m}}^{\ominus}/(\mathrm{kJ} \cdot \mathrm{mol}^{-1})$	$S_{\mathrm{m}}^{\ominus}/(\mathrm{J} \cdot \mathrm{mol}^{-1} \cdot \mathrm{K}^{-1})$	$C_{p,\mathrm{m}}/(\mathrm{J} \cdot \mathrm{mol}^{-1} \cdot \mathrm{K}^{-1})$	$\Delta_{\mathrm{c}} H_{\mathrm{m}}^{\ominus}/(\mathrm{kJ} \cdot \mathrm{mol}^{-1})$
C(s)石墨	12.011	0	0	5.740	8.527	−393.51
C(s)金刚石	12.011	1.895	2.900	2.377	6.113	−395.40
CH_4(g)甲烷	16.04	−74.81	−50.72	186.26	35.31	−890
C_2H_2(g)乙炔	26.04	226.73	209.20	200.94	43.93	−1300
C_2H_4(g)乙烯	28.05	52.26	68.15	219.56	43.56	−1411
C_2H_6(g)乙烷	30.07	−84.68	−32.82	229.60	52.63	−1560
C_3H_6(g)丙烯	42.08	20.42	62.78	267.05	63.89	−2058
C_3H_6(g)环丙烷	42.08	53.30	104.45	237.55	55.94	−2091
C_3H_8(g)丙烷	44.10	−103.85	−23.49	269.91	73.5	−2220
C_6H_6(l)苯	78.12	49.0	124.3	173.3	136.1	−3268
C_6H_6(g)苯	78.12	82.93	129.72	269.31	81.67	−3302
C_6H_{12}(l)环己烷	84.16	−156	26.8	—	156.5	−3902
$C_6H_5CH_3$(g)甲苯	92.14	50.0	122.0	320.7	103.6	−3953
$C_{10}H_8$(s)萘	128.18	78.53	—	—	—	−5157
CH_3OH(l)甲醇	32.04	−238.66	−166.27	126.8	81.6	−726
CH_3OH(g)甲醇	32.04	−200.66	−161.96	239.81	43.89	−764
C_2H_5OH(l)乙醇	46.07	−277.69	−174.78	160.7	111.46	−1368
C_2H_5OH(g)乙醇	46.07	−235.10	−168.49	282.70	65.44	−1409
C_6H_5OH(s)苯酚	94.12	−165.0	−50.9	146.0	—	−3054
$HCOOH$(l)甲酸	46.03	−424.72	−361.35	128.95	99.04	−255
CH_3COOH(l)乙酸	60.05	−484.5	−389.9	159.8	124.3	−875
$(COOH)_2$(s)乙二酸	90.04	−827.2	—	—	117	−254
C_6H_5COOH(s)苯甲酸	122.13	−385.1	−245.3	167.6	146.8	−3227
$CH_3COOC_2H_5$(l)乙酸乙酯	88.11	−479.0	−332.7	259.4	170.1	−2231
$HCHO$(g)甲醛	30.03	−108.57	−102.53	218.77	35.40	−571
CH_3CHO(l)乙醛	44.05	−192.30	−128.12	160.2	—	−1166
CH_3CHO(g)乙醛	44.05	−166.19	−128.86	250.3	57.3	−1192
$C_6H_{12}O_6$(s)葡萄糖	180.16	−1274	—	—	—	−2808
$C_6H_{12}O_6$(s)果糖	180.16	−1266	—	—	—	−2810
$C_{12}H_{22}O_{11}$蔗糖	342.30	−2222	−1543	360.2	—	−5645
$CO(NH_2)_2$(s)尿素	60.06	−333.51	−197.33	104.60	93.14	−632
CH_3NH_2(g)甲胺	31.06	−22.97	32.16	243.41	53.1	−1085
$C_6H_5NH_2$(l)苯胺	93.13	31.1	—	—	—	−3393
$CH_2(NH_2)COOH$(s)甘氨酸	75.07	−532.9	−373.4	103.5	99.2	−969

附录Ⅲ 标准电极电势($298.15K$、$p^{\ominus}=10^5Pa$)

电极反应	$\varphi^{\ominus}/V$	电极反应	$\varphi^{\ominus}/V$
$Li^+ + e^- \longrightarrow Li$	-0.35	$AgCl + e^- \longrightarrow Ag + Cl^-$	$+0.22$
$K^+ + e^- \longrightarrow K$	-2.93	$Hg_2Cl_2 + 2e^- \longrightarrow 2Hg + 2Cl^-$	$+0.27$
$Rb^+ + e^- \longrightarrow Rb$	-2.93	$Cu^{2+} + 2e^- \longrightarrow Cu$	$+0.34$
$Cs^+ + e^- \longrightarrow Cs$	-2.92	$[Fe(CN)_6]^{3-} + e^- \longrightarrow [Fe(CN)_6]^{4-}$	$+0.36$
$Ra^{2+} + 2e^- \longrightarrow Ra$	-2.92	$ClO_4^- + H_2O + 2e^- \longrightarrow ClO_3^- + 2OH^-$	$+0.36$
$Ba^{2+} + 2e^- \longrightarrow Ba$	-2.91	$O_2 + 2H_2O + 4e^- \longrightarrow 4OH^-$	$+0.40$
$Sr^{2+} + 2e^- \longrightarrow Sr$	-2.89	$Ag_2CrO_4 + 2e^- \longrightarrow 2Ag + CrO_4^{2-}$	$+0.45$
$Ca^{2+} + 2e^- \longrightarrow Ca$	-2.87	$I_3^- + 2e^- \longrightarrow 3I^-$	$+0.53$
$Na^+ + e^- \longrightarrow Na$	-2.71	$Cu^+ + e^- \longrightarrow Cu$	$+0.52$
$La^{3+} + 3e^- \longrightarrow La$	-2.52	$I_2 + 2e^- \longrightarrow 2I^-$	$+0.54$
$Ce^{3+} + 3e^- \longrightarrow Ce$	-2.48	$MnO_4^- + e^- \longrightarrow MnO_4^{2-}$	$+0.56$
$Mg^{2+} + 2e^- \longrightarrow Mg$	-2.36	$MnO_4^{2-} + 2H_2O + 2e^- \longrightarrow MnO_2 + 4OH^-$	$+0.60$
$Al^{3+} + 3e^- \longrightarrow Al$	-1.66	$Hg_2SO_4 + 2e^- \longrightarrow 2Hg + SO_4^{2-}$	$+0.62$
$Ti^{2+} + 2e^- \longrightarrow Ti$	-1.63	$Fe^{3+} + e^- \longrightarrow Fe^{2+}$	$+0.77$
$Mn^{2+} + 2e^- \longrightarrow Mn$	-1.18	$Hg_2^{2+} + 2e^- \longrightarrow 2Hg$	$+0.79$
$Cr^{2+} + 2e^- \longrightarrow Cr$	-0.91	$Ag^+ + e^- \longrightarrow Ag$	$+0.80$
$2H_2O + 2e^- \longrightarrow H_2 + 2OH^-$	-0.83	$NO_3^- + 2H^+ + e^- \longrightarrow NO_2 + H_2O$	$+0.80$
$Cd(OH)_2 + 2e^- \longrightarrow Cd + 2OH^-$	-0.81	$Hg^{2+} + 2e^- \longrightarrow Hg$	$+0.86$
$Zn^{2+} + 2e^- \longrightarrow Zn$	-0.76	$ClO^- + H_2O + 2e^- \longrightarrow Cl^- + 2OH^-$	$+0.89$
$Cr^{3+} + 3e^- \longrightarrow Cr$	-0.74	$2Hg^{2+} + 2e^- \longrightarrow Hg_2^{2+}$	$+0.92$
$S + 2e^- \longrightarrow S^{2-}$	-0.48	$NO_3^- + 4H^+ + 3e^- \longrightarrow NO + 2H_2O$	$+0.96$
$Fe^{2+} + 2e^- \longrightarrow Fe$	-0.44	$Br_2 + 2e^- \longrightarrow 2Br^-$	$+1.09$
$Cr^{3+} + e^- \longrightarrow Cr^{2+}$	-0.41	$MnO_2 + 4H^+ + 2e^- \longrightarrow Mn^{2+} + 2H_2O$	$+1.23$
$Ti^{3+} + e^- \longrightarrow Ti^{2+}$	-0.37	$ClO_4^- + 2H^+ + 2e^- \longrightarrow ClO_3^- + H_2O$	$+1.23$
$PbSO_4 + 2e^- \longrightarrow Pb + SO_4^{2-}$	-0.36	$O_2 + 4H^+ + 4e^- \longrightarrow 2H_2O$	$+1.23$
$Tl^+ + e^- \longrightarrow Tl$	-0.34	$O_3 + H_2O + 2e^- \longrightarrow O_2 + 2OH^-$	$+1.24$
$Co^{2+} + 2e^- \longrightarrow Co$	-0.28	$Cr_2O_7^{2-} + 14H^+ + 6e^- \longrightarrow 2Cr^{3+} + 7H_2O$	$+1.33$
$Ni^{2+} + 2e^- \longrightarrow Ni$	-0.23	$Cl_2 + 2e^- \longrightarrow 2Cl^-$	$+1.36$
$AgI + e^- \longrightarrow Ag + I^-$	-0.15	$MnO_4^- + 8H^+ + 5e^- \longrightarrow Mn^{2+} + 4H_2O$	$+1.51$
$Sn^{2+} + 2e^- \longrightarrow Sn$	-0.14	$2HBrO + 2H^+ + 2e^- \longrightarrow Br_2 + 2H_2O$	$+1.60$
$Pb^{2+} + 2e^- \longrightarrow Pb$	-0.13	$Ce^{4+} + e^- \longrightarrow Ce^{3+}$	$+1.61$
$O_2 + H_2O + 2e^- \longrightarrow HO_2^- + OH^-$	-0.08	$2HClO + 2H^+ + 2e^- \longrightarrow Cl_2 + 2H_2O$	$+1.63$
$Fe^{3+} + 3e^- \longrightarrow Fe$	-0.04	$Pb^{4+} + 2e^- \longrightarrow Pb^{2+}$	$+1.67$
$2H^+ + 2e^- \longrightarrow H_2$	0	$H_2O_2 + 2H^+ + 2e^- \longrightarrow 2H_2O$	$+1.78$
$Ti^{4+} + e^- \longrightarrow Ti^{3+}$	0.00	$Co^{3+} + e^- \longrightarrow Co^{2+}$	$+1.81$
$AgBr + e^- \longrightarrow Ag + Br^-$	$+0.07$	$S_2O_8^{2-} + 2e^- \longrightarrow 2SO_4^{2-}$	$+2.05$
$Sn^{4+} + 2e^- \longrightarrow Sn^{2+}$	$+0.15$	$O_3 + 2H^+ + 2e^- \longrightarrow O_2 + H_2O$	$+2.07$
$Cu^{2+} + e^- \longrightarrow Cu^+$	$+0.16$	$F_2 + 2e^- \longrightarrow 2F^-$	$+2.87$